最新 家畜衛生ハンドブック

日本家畜衛生学会編

押田敏雄・平山紀夫・福安嗣昭　監修

養賢堂

執筆者一覧

青山 英俊	（公社）北海道酪農検定検査協会
明石 博臣	東京大学名誉教授
安斉 了	JRA 競走馬総合研究所
居在家 義昭	岩手大学農学部共同獣医学科繁殖機能制御学研究室
伊東 正吾	麻布大学獣医学部獣医学科内科学第一研究室
江口 正志	元（独）農業・食品産業技術総合研究機構動物衛生研究所
岡田 啓司	岩手大学農学部共同獣医学科生産獣医療学研究室
押田 敏雄	麻布大学獣医学部獣医学科衛生学第一研究室
柿市 徳英	日本獣医生命科学大学名誉教授
佐藤 幹	東京農工大学農学部生物生産学科畜産学
佐藤 繁	岩手大学農学部共同獣医学科産業動物内科学研究室
白井 淳資	東京農工大学農学部共同獣医学科獣医伝染病学
末吉 益雄	宮崎大学産業動物防疫リサーチセンター防疫戦略部門
永幡 肇	酪農学園大学獣医学群獣医学類獣医衛生学
野上 貞雄	日本大学生物資源科学部獣医学科医動物学研究室
羽賀 清典	（一財）畜産環境整備機構参与
日佐 和夫	元 東京海洋大学
平山 紀夫	麻布大学客員教授
福士 秀人	岐阜大学応用生物科学部共同獣医学科獣医微生物学
福安 嗣昭	麻布大学名誉教授
宮﨑 茂	（一財）生物科学安全研究所参与
山本 孝史	元 東京農業大学畜産学科家畜衛生学研究室

（50 音順）

「最新家畜衛生ハンドブック」の刊行によせて

佐澤弘士・田中享一編集の「新版家畜衛生ハンドブック」は昭和63年に刊行されました．この本の前身は石井進博士監修「家畜衛生ハンドブック」でした．

「新版家畜衛生ハンドブック」の刊行から既に四半世紀が過ぎました．この間に家畜の飼養形態，疾病の発生状況は大きく変化し，疾病予防に対する取組み方も変貌し，さらには，畜産物の衛生については，HACCPの考え方も導入され，実践されるようになってきました．

このような背景を受け，「新版家畜衛生ハンドブック」は加速度的にその内容が古典化し，この本を見るたびに，内容の大幅な改訂が必要であることを痛感してきました．しかし，この本の監修者の一人で，押田の恩師でもある田中享一先生は平成3年に他界され，改訂の相談も出来ず，思案も行き詰まり，「定年までに目処を立てなければと」焦るものの，もとより浅学非才な己の力だけでは改訂は困難と諦め掛けていました．

しかし，自身が理事長を務めていた**日本家畜衛生学会**が本2014年で折しも，創立40周年を迎えることとなり，その記念行事の一つとして，「新版家畜衛生ハンドブック」の改訂を提案した所，常務理事の理解が得られ，事業として取組むこととなりました．

「新版家畜衛生ハンドブック」は25名の著者でしたが，今回，発刊した書は22名とし，その先生方の多くは日本家畜衛生学会の会員で，いずれの項目も斯界の専門家により新しく執筆された原稿により構成され，その書名を「**最新家畜衛生ハンドブック**」としました．

本書の構成は①家畜の衛生管理，②栄養と飼養衛生，③繁殖衛生，④一般疾病とその予防，⑤感染症とその予防，⑥畜産物の衛生，⑦畜産廃棄物と環境，⑧家畜衛生に関する法的規制の8つのセクションより構成され，多くの図表，写真を挿入し，必要に応じて付録のCDに写真が収録されています．

本書は畜産関係者向きに，あるいは臨床や教育関係者向きにも十分に使用に耐え，上述のような広範な視野のもとに構成されています．また，豊富な索引を設け，その体裁もA5版，600頁と使いやすい大きさ，厚さを目指しました．座右の書として，専門家のみならず，畜産・獣医学を学ぶ学生諸君の近くに常備し，広く活用され，家畜衛生の本来の目的遂行に役立つことを切に望みます．

最後に，本書の企画に賛同され，執筆に精力的であった各先生方，養賢堂の担当・加藤仁氏，さらには養賢堂代表取締役社長・及川清氏に深甚の謝意を表します．

2014年10月

監修者代表　押田敏雄
（前　日本家畜衛生学会理事長）

The Japanese
Society of
Animal Hygiene

旧版の序文

本書は畜産関係者のための家畜衛生ハンドブックとして編集されたもので，その編集企画は石井進博士監修「家畜衛生ハンドブック」に準拠している．その初版が昭和32年に出版されて以来，昭和40年と49年に2度の全面改訂が行なわれて，昭和62年まで30年間，畜産の生産現場におけるよき実用書として，また農業関係の学生のための優れた教科書として広く利用されてきた．

石井博士は第3回の全面改定を意図された際，私ども両名に「新版家畜衛生ハンドブック」の企画編集を一任され，この企画は多くの共同執筆者の協力を得てここに完成した．本書がこれまでの旧版と大きく異なるところは，まず執筆者が全員一新され，その数も11名から25名に増加し，しかも家畜衛生の指導および教育の第一線で活躍されている方々である．

つぎに，本書では新しい知見をできる限り広く収載することに努めたため，総頁数において200頁以上増加し，飼養標準および家畜繁殖（牛）の基礎知識と，家畜の排泄物処理技術を新たに追加収載した．

本書は畜産関係者向きに広範囲な家畜衛生全般について記述したものであるため，臨床獣医師の方や家畜保健衛生所などに勤務の方などはさらに専門的な記述内容を望まれるかもしれない．例えば家畜疾病の各論において，診断検査法や治療法などの記載項目は本書にはなく，その代りに対策や手当てなどとなっており，獣医師でなくとも対応できる内容となっている．したがって疾病の診断，予防ならびに治療等の獣医学的な専門記述を望まれる獣医師に対しては，本書の姉妹書である「新編獣医ハンドブック」の利用をおすすめしたい．

本書がこれまで同様多くの畜産関係者の実用書として，また学生諸君の知識の糧となる教科書として広く活用利用され，家畜の健康保持，飼養環境の整備および管理技術の改善に役立つことを望んで止まない．

×　　　　×　　　　×

最後に，本書の企画出版に賛同され，繁忙中にもかかわらずご寄稿下さった執筆者各位と，企画から出版まで尽力された養賢堂編集部諸氏に深く感謝する次第である.

昭和 63 年春

佐澤弘士
田中享一

目　次

章末コラム

第2章　栄養と飼養衛生（宮﨑　茂）

第3章　繁殖衛生

第4章　一般疾病とその予防

第5章　感染症とその予防

章末コラム

第6章　畜産物の衛生

第7章　畜産廃棄物と環境（羽賀清典）

章末コラム

第 8 章　家畜衛生に関する法的規制

章末コラム

序　論

序.1. 畜産の変遷と家畜衛生

人類はおよそ1万年前の新石器時代に食糧生産革命の時代を迎えた．家畜を飼育する牧畜や，穀物を栽培する農耕が始まり，生活基盤が安定することによって人口が加速度的に増加するようになってきた．この時代は日本では縄文時代にあたり，狩猟，漁労，採集で食糧が確保されていた．

日本に仏教が伝来したのは538年であるが，この時以来，殺生が禁断され，表向きには肉食禁止令がまかり通るようになっていた．なお，当時は鹿，いのしし，マガモ，ウミウなどの鳥獣，オットセイ，アザラシなどの海獣が食されていたことが，遺跡の調査などで判明している．奈良時代以降になって，鹿，いのしし，鴨，熊などは別扱いで山肉と称して良く食べられていたようである．江戸時代になって，いのししはボタン，鹿はモミジ，馬はサクラと称され「薬喰い」などとの屁理屈の元に食されていたようである．

明治になって庶民の間にも肉食が始まり，牛乳，乳製品，鶏卵などの畜産食品も徐々に広まってきたが，この時期が畜産の黎明期と呼ぶことができる．具体的には，戦争の道具としての軍馬生産に力が注がれ，馬匹生産を主とした獣医・畜産学教育も全国でスタートするようになった．

農家が家畜を飼う理由として，「耕種以外の副収入を得る」，「肥料としてのふん尿が必要」，「労役対象として」などが挙げられる．耕種以外とは，米や蔬菜のみでは収穫が天候に左右されるので，小規模な飼養形態での畜産を行うことに尽きる．肥料としてのふん尿とは，現代のように化成肥料が普及していない時代は，肥料は売買の対象でなかったので，農家は自身で堆厩肥を調整し，肥料として，耕種に使用しなければならなかった．また，労役対象とは耕耘機やトラクターなどの農機がない時代では畑や田の作業のみならず物資の運搬にも牛や馬が活躍をしていた．

第二次世界大戦が終わり，空腹の国民の飢えを癒すために，食糧の増産がなされるようになってきたが，動物蛋白資源の確保も命題となった．1954 年に学校給食法が施行されたが，給食の主体はパンと牛乳（当初は脱脂粉乳）となり，副菜にはパンに対応する肉製品や乳製品などのいわゆる畜産食品が台頭してきた．そして，給食を食べてきた世代の人たちが，やがて購買層となれば，当然のように食生活は欧米化，つまり畜産食品の需要が高まってくるようになってきた．

農家も兼業農家から畜産農家へと変貌し，家畜の飼養頭羽数も右肩上がりに増加してきた．農家の専業化の原因は畜産物の需要の高まりばかりではなく，飼料などの飼養環境にもある．特に，養鶏や養豚では配合飼料が第一次世界大戦以降に開発がされた．それ以前の畜産農家は家畜を飼養するために広大な土地で家畜・家きんに見合った量の飼料を生産し，貯蔵していなければならなかった．しかし，配合飼料や飼料原料を購入すれば家畜の飼養が可能となり，広大な土地を必要としない集約的な畜産形態が進むようになった．また，家畜の飼養管理用機械・施設の改善には目を見張るものもあり，これらが頭羽数の増大に大きな拍車を掛けた．

飼養頭羽数が増大していく一方で，都会からの人々の農村回帰があった．つまり，戦後の経済成長によって日常生活が豊かになり，住宅を求める傾向も強くなり，都会から農村へ住宅を求めることになり，いわゆる農村部でのヒトと家畜の混住化が始まるようになる．さらに，一方では農家の後継者不足も深刻化してきた．さらに，悪臭・騒音・水質汚濁などに代表される環境問題が顕在化し，これらが農家数の減少に繋がり，結果として畜産農家の専業化や企業化を招来することとなった．これらのことより，家畜数は横ばいか微減の状態が続くことによって，農家 1 戸当たりの飼養頭羽数は確実に右肩上がりで増えることとなり，少ない場所に多くの家畜が集まることによって，当然ながらふん尿処理に代表される畜産の環境問題が社会問題化してきた．

さらに，現代では畜産物の輸入自由化問題や TPP 交渉の先行き不透明感も，畜産が大きな過渡期にあると言われる一因となっている．

序.2. 家畜衛生の意義および目的

一般的に,「家畜とは人類がその生活に必要とする利用目的のために，改良，繁殖，飼養，育成してきた動物」と定義がされる．その利用目的とは「食・飲用生産物」としての肉，乳，卵や「装飾・衣料用生産物」としての毛皮，角，蹄，骨を得ることや，労役用としての利用がある．具体的には，牛，馬，めん羊，豚，鶏そのほかの家きん，家兎が挙げられ，拡大解釈すれば，キツネ，たぬき，フェレット，コイ，ハマチなども包含される．また，関連法規ごとに対象家畜の定義や範囲は異なることがあるが，概略，牛，豚，馬，めん羊，山羊，鶏，蜜蜂，水牛，あひる，七面鳥，うずら，鹿，いのしし　の13種類が列挙される．

また，家畜衛生とは上記の家畜を対象として，①家畜を群または集団として捉え，②疾病や障害の発生予防に主体をおき，③家畜の健康を維持・増進し，生産性を向上し，畜産振興に寄与することを目的としている．さらに，これらを実践することで，④畜産物の安全性の確保，⑤畜産の環境問題への対応が図られることとなる．つまり，家畜衛生とは，⑥獣医学的，畜産学的な広範多岐に亘たる知識と技術を総合的に応用実践する行動分野と定義される．

なお，家畜衛生（学）の内容として，1）環境衛生，2）疾病予防，3）管理衛生，4）飼養衛生，5）畜産物の衛生，6）家畜衛生行政と関係法規　などの項目が以下のように列挙される．

1）　環境衛生：空気，水，土壌，日光，畜産廃棄物，そ族，衛生害虫
2）　疾病予防：病因論，疫学，海外からの防疫
3）　管理衛生：飼養衛生の知識と管理，畜舎構造，畜舎衛生管理，放牧管理・衛生，輸送衛生
4）　飼養衛生：飼料に対する知識，生産病，中毒
5）　畜産物の衛生：安心・安全な畜産物
6）　家畜衛生行政と法規：行政組織と関連法規の解釈と運用

序.3. 家畜の疾病と防疫の変遷

明治時代になると，それまでの鎖国政策から解放され，海外との人的交流や物資の輸出入が盛んとなり，動物の往来もなされるようになり，家畜伝染病も数多くが日本に侵入するようになってきた．海外からの最初の伝染病は「牛疫」であり，明治維新直後の1873年から4年間に亘って流行した．

「牛疫」の発生を受け，1876年「疫牛処分仮条例」が制定された．また，国際的には牛疫の防疫対策の推進のために国際的な機関として，国際獣疫事務局（OIE）が1924年に設立された．日本は1930年にこれに加盟し，防疫対策は強化され，国内では1922年以降の発生は見られず，牛疫自体も2011年に地球上から根絶したことをOIEは宣言した．

豚コレラは死亡率がきわめて高い豚の急性ウイルス病で，法定伝染病に指定されている．1888年に北海道での初発以来，長年に亘って流行が繰り返されてきた．有効なワクチンとその適切な接種，とさつや殺処分による防疫措置によって清浄化が進められ，2007年に国内での撲滅が宣言された．

また，今世紀の初めに，口蹄疫が国内でも発生（2000年）し，その後，2010年にも宮崎県で大発生し，牛・豚，約29万頭を殺処分する結果となり，約5カ月後に終息宣言が発表された．かつて，口蹄疫は海外悪性伝染病（現在，当該国には発生はないが，侵入すると被害がきわめて甚大となり得る伝染病）という位置づけがなされていたが，新興感染症や再興感染症として注目を浴びる結果となった．

検疫は水際作戦とも呼ばれるが，わが国は島国という地の利を活かしての検疫の効果が海外悪性伝染病の侵入阻止の実態からも理解される．しかし，各国が検疫を強化しても，国境を越えて移動する渡り鳥が原因とされる鳥インフルエンザのような疾病には残念ながら，なす術が見当たらないのが現実である．この場合には国内での防疫活動が重要となってくる．

長年に亘って発生が見られなくなって，過去の伝染病とされていた家畜伝染病が国際化の進んだ現代では，どんなルートで日本に侵入してくるかは不明である．そのような意味合いで国際的な防疫は重要である．具体的には前述のOIE，国連食糧農業機関（FAO）や世界保健機構（WHO）などが連携を強化させ，国際防疫に努めている．

さらに，狂犬病やエボラ出血熱などのようにヒトと家畜に共通する感染症，いわゆる人畜共通感染症の制御も重要である．原因が特定され，ワクチンなどが開発された疾病は国内防疫での対応も可能であろうが，輸出入を伴う国際防疫ではヒト，家畜についての検疫体制が不可欠となる．

序.4. 安全な畜産物の生産

国民の食生活が豊かになってきたが，食品の安心・安全に対する関心や意識も向上してきた．乳，肉，卵などの動物資源は蛋白源の供給を考えると大変に重要な食品といえる．一方で，「家畜衛生」の究極の目的は安心・安全な畜産物を製造し，提供することに尽きると言っても過言ではない．

安心・安全な畜産物を提供するためには，①農場の衛生レベルを高める，②低農薬・減薬剤で家畜と家きんを飼養する，③加工処理工場での衛生的な取扱を行う，④作業全般を通して適切な温度管理を行う，⑤動物，ヒト，物品に対して愛情を以て接する　などを心掛ける必要がある．

序.4.1　家畜の飼養衛生管理基準

口蹄疫や高病原性鳥インフルエンザの発生に呼応して，農林水産省（農水省）は2011年に家畜伝染病予防法を改正し，家畜の所有者が遵守しなければならない基本的な衛生管理の方法である「飼養衛生管理基準」を家畜ごとに定めた．

この基準の概略は，Ⅰ．家畜防疫に関する最新情報の把握，Ⅱ．衛生管理区域の設定，Ⅲ．衛生管理区域への病原体の持込み防止，Ⅳ．野生動物からの病原体の感染防止，Ⅴ．衛生管理区域の衛生状態の確保，Ⅵ．家畜の健康観察と異常が確認された場合の対処，Ⅶ．埋却などの準備，Ⅷ．感染ルートなどの早期特定のための記録の作成および保管，Ⅸ．大規模所有者に対する追加措置　などについて記載されているが，この基準は感染防止，動物福祉などに繋がるものである．

序. 4. 2　農場 HACCP

一般の消費者における食の安心・安全に対する関心は年々高まっている．食中毒は毎年発生しており，その患者数は 2013 年で 931 件 20,802 人となっており，この中で畜産物に関わるものはそれぞれ，5. 4%，2. 3% を占めている．また農場経営に打撃を与える口蹄疫，PED（豚流行性下痢），また人獣共通感染症としても危惧されている鳥インフルエンザなど，農場における大規模な感染症が発生しており，今後も発生が危ぶまれる．

そこで農水省は farm to table の観点から，「飼養衛生管理基準」を 2011 年に改定し，従来のものより厳しいものとした．また同じ年に，農水省が推進している「農場 HACCP（Hazard Analysis Critical Control Point）認証」の審査を開始した．さらに 2014 年より，食品の安全性を向上させるために HACCP 支援法も制定され，認証の後押しをしている．

HACCP とは危害分析重要管理点のことで，その内容は作業工程を明らかにし，最も重要な管理点（許容限界）を決めて管理していくシステムである．農水省が推進している農場 HACCP 認証とは，HACCP にマネジメントシステムを融合，継続的に発展するシステム作りを強化した国際的な審査規格である ISO 22000（ISO : International Organization for Standard）をベースとし，応用したものである．

生産農場にこの認証制度を導入することによって，農場における従業員の意識の向上，疾病罹患率の減少など，さまざまなことが改善されるといわれている．

序. 4. 3　生産段階における動物用医薬品などの残留基準（ポジティブリスト制度）

食品の安全性についての議論が盛んとなった 2003 年に「食品衛生法」が改正された．これにより，加工食品を含むすべての食品中の動物用医薬品，飼料添加物および農薬（農薬等）への規制が強化され，基準が設定されていない農薬等が一定量を超えて残留する食品の販売などを原則禁止する制度として「ポジティブリスト制度」が施行された．従来から実施されてきたのは，残留基準が設定されている農薬等を対象とする「ネガティブリスト制度」であり，残留基準の設定がない農薬等やリストにない農薬等を含む食品の流通に対する規制は困難であった．

つまり，残留する可能性のある農薬等については，すべての食品に安全性評価に基づいた基準値を設定・リスト化する一方，基準値を定めていない農薬等やリストアップされていない農薬等については一律基準の 0.01 ppm が適用され，それ以上では規制の対象となり，販売や流通が禁止される．なお，基準は諸外国などの基準を参考にして，5 年ごとの見直しが行われている．

序.4.4　放射性物質汚染

2011 年 3 月 11 日，東日本大震災によって東京電力福島第一原子力発電所は地震による直後の巨大津波を受け全電源の喪失により炉心の冷却を行うことが不可能となり，水蒸気爆発を起こし稼働を停止した．また，燃料棒もメルトダウンし，チェルノブイリに匹敵するような大惨事となった．

環境に放出した放射性物質による健康被害が心配されるが，核分裂生成量として多く，半減期が長い放射性セシウム汚染が問題となる．この事故以前はわが国では食品中に含まれる放射性セシウムのヒトへの被曝線量を年間 5 mSv とし，これを根拠に飲料水，牛乳および乳製品を 200 Bq/kg，そのほかの食品については 500 Bq/kg を暫定値としていた．

今回の事故の影響とされる放射性セシウムが農畜産物，水産物などの食品から暫定値以上のものが数多く検出され，出荷停止を余儀なくされた．現行では一般食品 100 Bq/kg，乳児用食品と牛乳は 50 Bq/kg，飲料水は 10 Bq/kg として，2012 年 4 月以降から適用している．

第1章 家畜の衛生管理

1.1. 環境と衛生

家畜を含めた生命体は自然環境を構成する一部分であり，外部環境からの影響を受けるとともに，外部環境に影響を与えている．すなわち，両方向に影響し合う関係にある．換言すれば，生命体は自然環境である大気，水域，土壌，天候，気候，地勢，ほかの動植物，微生物などとの相互関係によって成り立っている．

家畜は野生動物とは異なり，産業動物として，乳，肉，卵，臓器，毛，皮などの生産を目的に飼育され，遺伝的に改良され，近年は生産工場化される傾向にある．さらには，多頭羽飼育の進行に伴い，大容量の排せつ物が排出されるが，適切に処理利用をしなければ，悪臭，硝酸塩の増加，衛生害虫の増加，感染症のまん延などに繋がる．飼料は多くを海外から輸入し，牛を対象とすれば，濃厚飼料の多給は各種疾病を発生させるので，粗飼料などの牧草や乾草を与えることで反すう家畜の健康が維持される．しかし，二酸化炭素，メタン，亜酸化窒素などの地球温暖化ガスは，反すう家畜のあい気，排せつ物の堆肥化や浄化などで発生している事実から，家畜の健康に影響するとともに，人間にも関係する．家畜は飼育者である人間に依存していることから，外部環境（畜舎内）をコントロールすることによって快適性の維持が可能である．近年，飼育動物の福祉（アニマルウェルフェアー）は法的に整備され，動物愛護法に基づく「産業動物の飼育及び保管に関する基準」や家畜伝染病予防法に基づく「家畜飼養衛生管理基準」などが定められている．これらは，法令上の基準などを遵守する必要がある．その結果として，動物の衛生が確保されると推察される．

一方，伴侶動物（犬，猫，馬など）では，人間社会との関係は産業動物とは異なり，人間の福祉，レジャー，スポーツ，情操教育，祭祀などの目的に飼育されている．これらは，人間と伴侶動物の相互作用が重要であり，動物愛護法に基づき，適切な飼育管理を行わなければならない．

1.1.1. 家畜の飼育環境

1.1.1.1. 環境要因とストレス

動物をとりまく環境要因には，物理的要因，化学的要因，生物学的要因，社会的要因，地勢的要因，気候的要因に大別される．各種環境要因とその環境要素は**表 1-1** に示した．ただし，環境要因は必ずしも一つの要因に含まれるものではなく，幾つかの範疇にまたがり，生体はこれらの環境要因からの影響を複合的に受けている．わが国は南北に長い国土を有し，亜寒帯から亜熱帯にまたがり，平均的降水量が多く，湿潤な特徴を有している．また，畜舎はウインドウレス鶏舎を除き，家畜家きんは自然の気候変動や立地条件の影響を強く受ける．

(1) ストレスの定義

ストレス（stress）とは，元々物体に外部から物理的な力が加わった際に生ずる歪み（ひずみ・ゆがみ）を意味しており，外部環境から刺激を受けて生体内部に発生する歪み，即ち，生体に悪影響をもたらすすべての事象である．この際の刺激をストレッサー（stressor）と呼び，前述した環境要因が許容範囲を超え

表 1-1　環境要因と環境要素

環境要因	環　境　要　素
物理的要因	温度，湿度，風（風速，気動），光線，気圧，気流，音，畜舎・付属施設の構造　など
化学的要因	空気組成（酸素，二酸化炭素　など），有害ガス（アンモニア，硫化水素　ほか），水，薬物，農薬，塵埃，飼料，飼料添加物　など
生物的要因	動物相（節足動物，鳥類，ほ乳類，爬虫類　ほか），植物相（人工草地，自然野草地，森林　ほか），土壌や水の微生物相，有害微生物相　など
社会的要因	人間（飼育管理者），同種動物間の順位，人工施設　など
地勢的要因	緯度，標高，自然景観，河川，湖沼，海域，土壌，傾斜，日当たり，風向，植生，森林の状態　など
気候的要因	平均気温・湿度，風速，日照時間，紫外線量，降雨，降雪，降霜　など

ればストレッサーとなる．また，ストレスにより，生体は，自律神経系，内分泌系および免疫系の働きを経由し，恒常性（homeostasis）を保つ方向に働く．

(2)　物理的環境要因とストレス

物理的環境要因の中で家畜にとって最も重要な要素として気温がある．**図1-1**に「環境温度の変化に対する体温と産熱の関係」を示した．家畜は摂取した飼料から，乳，肉，卵を生産し，成長もするが，体温維持にエネルギーとして消費されれば，生産も成長も低下する．体温維持のための消費エネルギーが少なく，生産や成長への影響が小さい温度範囲を快適温度域（**表1-2**）すなわち

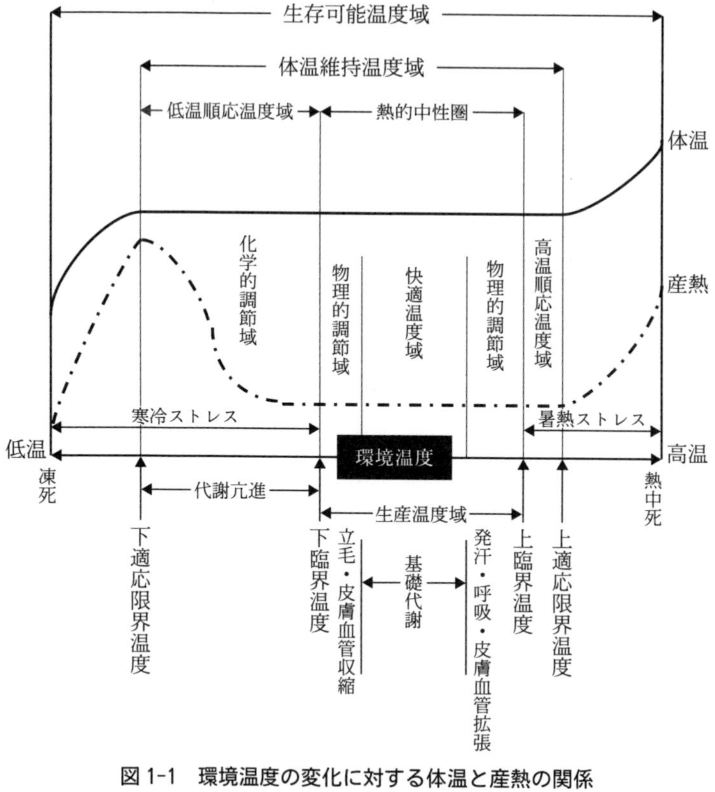

図1-1　環境温度の変化に対する体温と産熱の関係
（山本禎紀：1978を改変）

表 1-2　家畜の適温域

畜　種	適温域（℃）
泌乳牛	5〜20
育成牛	10〜25
肉　牛	5〜25
子　豚	20〜30
肥育豚	10〜25
産卵鶏	20〜30
ブロイラー	15〜25

表 1-3　上臨界温度（生産限界温度）と暑熱ストレスの生産への影響

家畜種	上臨界温度	生産性の変化
乳　牛	24〜29℃	乳量減少，乳質悪化，繁殖率の低下
豚	25〜30℃	繁殖率低下，肉質悪化
めん羊	29〜32℃	羊毛生産量減少
鶏	30〜33℃	産卵率低下，卵殻の脆弱化，へい死

表 1-4　暑熱刺激および寒冷刺激に対する生体反応

項　目	暑熱刺激	寒冷刺激
自律神経系	交感神経緊張低下	交感神経緊張上昇
内分泌系	甲状腺ホルモン合成抑制	アドレナリン分泌亢進
	アルドステロン分泌亢進	グルココルチコイド分泌亢進
免疫系	抑制	抑制
呼吸循環系	呼吸数増加（熱性多呼吸）	心拍数増加
	心拍数増加（強い暑熱刺激）	血圧上昇
脂質代謝	不変または抑制	亢進
発汗作用	亢進	抑制
尿量	減少	増加
食欲	低下	亢進
立毛	なし	あり
ふるえ	なし	あり
行動	水浴，泥浴，休息，放熱姿勢	寄り添い行動，移動

基礎代謝域である．さらに，生産温度域は，熱的中性圏（zone of thermoneutrality）であり，快適温度域と物理的調節域の範囲でもあり，下臨界温度から上臨界温度までの範囲でもある（**表 1-3**）．すなわち，生産限界温度域とも呼称され，エネルギーは生産活動に消費され，体温調節には基礎代謝程度の消費にとどまっており，温度ストレスのきわめて小さい温度域である．しかし，下臨界温度から下適応限界温度の幅は上臨界温度から上適応限界温度の幅よりも広い．すなわち，家畜は一般に低温に強く，高温に弱い．

表 1-5　体熱の放散の4経路

経　路	内　容
放　射	体表面から外気中に放出される熱をいう．体表面積と外気温度の差や皮膚・被毛の性状が関係する．
対　流	体表面から気流（気動）によって放出される熱をいう．これは，体表面積と外気との温度差および風速が関係する．
伝　導	外界にある物体との接触面を通じて放出される熱をいう．体表面と物体との温度差，両者の熱伝導が関係する．
蒸　散	水分の蒸発に伴う熱の放散をいう．家畜は汗腺の発達が不十分であり，家禽は全く汗腺を持たないことから，蒸散による放熱が困難である．このことから，呼気による蒸散が主となる．

表 1-6　乳牛の環境温度・湿度と体感温度[1)]

温度（℃）	湿度（%）	体感温度（℃）
15～24	40	10. 8～18. 4
25～31	40	19. 3～24. 4
32～40	**40**	**25. 2～32. 1**[2)]
15～22	60	12. 3～18. 7
23～28	60	19. 6～24. 2
29～40	**60**	**25. 1～35. 2**[2)]
15～20	80	13. 7～18. 5
21～26	80	19. 5～24. 3
27～40	**80**	**25. 2～37. 8**[2)]
15～19	90	14. 4～18. 3
20～25	90	19. 3～24. 2
26～40	**90**	**25. 2～38. 9**[2)]

1)：体感温度＝乾球温度×0. 35＋湿球温度×0. 65
2)：ゴシック体の数値は25℃を超えて危険域である

一方，沖縄や九州南部地域と北海道では気温が大幅に異なる．例えば，ホルスタイン種の乳牛は各地域で馴致されるので，快適温度域や生産温度域は沖縄県で高く，札幌市では低くなる．下臨界温度および上臨界温度を超えて環境温度が低下あるいは上昇すると産熱量の増大が起こり，家畜自体の生産性は著しく阻害される．暑熱刺激および寒冷刺激に対する生体反応を**表 1-4** に，体熱の放散の4経路を**表 1-5** に示した．

湿度は気温と同様に体温調節に多大な影響を及ぼす要因である．70% を超えた湿度は体温の放散を蒸散によって行うことが非常に困難である．このように高温多湿条件下では体温上昇を招き易い．一方，低温高湿では伝導による熱の損失が大きく，体温の低下を招き易い．暑熱環境には，湿度によって暑熱湿潤型と暑熱乾燥型がある．前者は

表 1-7　光線（太陽）の種類

大分類	波　長	小　分　類
赤外線	800〜5, 000 nm	近赤外線（800〜2, 500 nm） 中間赤外線（2, 500〜4, 000 nm） 遠赤外線（>4, 000 nm）
可視光線	400〜800 nm	—
紫外線	10〜400 nm	UV-A, UV-B, UV-C,

参考：太陽光 10, 000 Lux，蛍光灯 1, 000 Lux

表 1-8　光線の主な役割

分　類	役　　　　割
赤外線	熱エネルギーの供給源（深部温熱効果），血管拡張効果 血流促進効果，生体の恒常性維持
可視光線	自律神経の安定化（目→視床下部→自律神経） 脳内ホルモンの生成と抑制（セロトニン，メラトニン　など）
紫外線	光（UV-A）合成物質の生成（ビタミン D_3（UV-B），ヒスタミン，キニン，プロスタグランジン，プラスミン　など） Ca の骨への吸収，UV-B で生成したメラニン色素の UV-A による酸化と褐色化

熱帯雨林のように相対湿度が 95% 以上になる地域，後者は砂漠地帯で 10% 以下の相対湿度を示す地域であるが，わが国は該当しない．しかし，本州，四国，九州では，梅雨の季節と猛暑の夏季があり，この時期は暑熱ストレスにより，熱射病など生産性と飼料摂取量の低下が起こるので，十分な対策が必要である．

参考までに，乳牛の環境温度・湿度と体感温度の関係を**表 1-6** に示した．

光線は紫外線，可視光線，赤外線に区分される（**表 1-7**）．紫外線はビタミン D の生成に不可欠であり，皮膚の真皮層で 7-デヒドロコレステロールをビタミン D_3 に変換する（**表 1-8**）．しかし，**表 1-9** に示すように，UV-B はオゾン層の破壊からその線量が増加傾向にあり，皮膚のメラニン生成のみならず白内障や発癌に関与する．

一方，家畜の光線過敏症は，①摂取したオトギリソウなどの植物成分と UV-

表 1-9　光線と加害

分　類	加　害，他
可視光線	線量過多で網膜火傷の危険あり．
UV-A (320〜400 nm)	太陽光の 5.6% が到達，日焼け．
UV-B (280〜320 nm)	太陽光の 0.6% が到達，日焼け（火傷），メラニン生成，発癌作用（高齢者），白内障
UV-C (190〜280 nm)	地上に到達せず，殺菌作用（250〜260 nm），生体に対する破壊作用最強

表 1-10　フリーラジカル生成による皮膚障害（光線過敏症）の原因植物・成分および発生機序

原因植物	光活性成分	太陽光線の種類
植物成分性（primary）		
オトギリソウ ソバ パセリ・セロリ	ヒペリシン (hypericin)	可視光線＋UV-A
	ファゴピリン (fagopyrin)	同上
	フロクマリン (furocoumarin)	同上
肝原性（secondary）		
青草＋肝障害	クロロフィルを肝で代謝→フィロエリスリン[1]生成→肝障害で胆汁に排せつ不能の結果	同上

1） phylloerythrin

A および可視光線によってフリーラジカルの生成に伴って皮膚障害を発症するものと，②青草を肝障害に罹患する家畜が摂取すると，クロロフィルが代謝されてフィロエリスリンを生成し，この光活性物質は胆嚢から排せつされるが，肝機能に障害があるために血中にとどまり皮膚障害をもたらすものがある（**表 1-10**）．光線は生体の日周リズムに関係し，家畜の繁殖や産卵性に大きく関与し，生産効率の良し悪しを決める重要因子である．赤外線は温熱効果が高く，冬の暖房効果に役立つが，夏季には熱射病（熱中症）の原因となる．

音すなわち騒音について，家畜種による可聴音域と発生音の周波数は，犬で15〜50,000 Hz，452〜1,080 Hz，猫で60〜65,000 Hz，760〜1,520 Hz，であり，めん羊や牛の最小可聴音は7,000 Hz，8,000 Hzである．さらに，牛の鳴き声は500〜1,000 Hzと言われる．一方，騒音のレベルはホン（phon）あるいはデシベル（dB）で表す．ジェット機の離発着や新幹線通過，競艇場騒音，コンプレッサー，ジーゼルハンマー，交通騒音などは，60〜140 dBであり，騒音の生体に対する作用は，次の三つに分けて考えられる．①強い音刺激によって聴覚器が退行変性を起こし，難聴になる．②中枢神経系に波及し，心肺機能が変化して恐怖や驚きによって情動中枢，自律神経中枢あるいは内分泌中枢などが刺激され，失調，変調あるいは賦活化されて生産性に影響を及ぼす．③音刺激に家畜が反応して急激な行動を引き起こし，骨折，流産などの被害をもたらす．ただし，音刺激に対しては，馴れの現象が速やかに形成されるため，被害を改めて検証することは困難である．家畜の騒音に対する反応事例は，さらには，これに振動が加われば被害は甚大となるので，避けなければならない．

(3) 化学的環境要因とストレス

空気の通常成分は**表 1-11** に示すように，窒素に次いで酸素が高い．この酸素は地球上の哺乳動物を始め家畜にとって不可欠な物質である．生体内における酸素の分布は酸素ガスの分圧勾配に比例して物理的に拡散移動する．酸素は水に対する溶解度は小さいため，生体内では鉄原子を含有する酸素色素ヘモグロビンが酸素運搬に重要な役割を担っている．しかし，ヘモグロビンは一酸化炭素や一酸化窒素との親和性が高く，これらのガスの存在は酸素運搬に先んじて行うので，容易に中毒，すなわち，酸素欠乏に陥る．類似の現象に硝酸塩中毒があるが，これは亜硝酸イオンの作

表 1-11　通常の空気組成

成　分	濃　度
窒素（N_2）	78.1%
酸素（O_2）	20.9%
オゾン（O_3）	0.03 ppm（ml/m³）
二酸化炭素（CO_2）	350 ppm
一酸化炭素（CO）	0.1 ppm
メタン（CH_4）	1.6 ppm
亜酸化窒素（N_2O）	0.3 ppm
亜硝酸（NO_2）	0.02 ppm
アンモニア（NH_3）	0.01 ppm
亜硫酸（SO_2）	0.002 ppm

用により，ヘモグロビン鉄が3価の原子となりメトヘモグロビン血症を起こし，酸素運搬能が阻害された結果，酸素欠乏に陥る．牛などの家畜は急激な高地（4,000m以上）への移動により，高山病に罹患する．これは大気圧と酸素分圧の低下により，呼吸困難，呼吸性アルカローシス，意識障害，消化機能低下，不眠などの症状を呈する．しかし，わが国では1,000m程度であり問題はないと考えられる．

家畜飼養に伴う悪臭ガスのうち，アンモニアが最も多量に発生するので，適切な対応が必要である．悪臭防止の観点から，規制値は地域により5ppm，2ppmあるいは1ppm以下となっている．本ガスは刺激性が強く粘膜に炎症を起こし，気管や鼻が感染症に罹患し易くなる．そのほかに，亜酸化窒素，メタンなどは対流圏にとどまれば，二酸化炭素の何倍もの温室効果を示し，地球温暖化を進行することとなり，さらに暑熱ストレスとその対応に迫られることとなる．

酸素は酸化ストレスに関与する．フリーラジカル，すなわち活性酸素の生成は酸化ストレスであり，活性酸素による障害作用と生体システムによる活性酸素除去作用との間の均衡が崩れて前者に傾いた状態と一般的に定義される．活性酸素は体内で酸素を利用する過程で，取り込む酸素の0.1〜0.2%が活性酸素に必然的に変わる．酸化ストレスは細胞内分子（DNAなど）に酸化ダメージを与え，細胞機能の低下に伴い，疾病の発生に関与すると考えられている．一方，活性酸素はアポトーシスや感染を抑制する物質として機能しており，生体に必要な物質でもある．生体には活性酸素による損傷から自身を保護するための抗酸化防御システムが備わっており，大きく二つに分類できる．すなわち，抗酸化物質と抗酸化酵素である．

酸化ストレスの発生が乳牛で調べられており，乳牛側の要因としては周産期，高乳量および分娩時の高ボディコンディションスコアー（BCS）の低下幅が大きい場合が報告されている．管理する側の要因として，高エネルギー飼料の給与，長時間の拘束，暑熱環境が挙げられる．これらの要因から生じる酸化ストレスが乳房炎，代謝病，繁殖障害，生産性低下などに関与する．

(4)　生物学的環境要因とストレス

動物相は，同種および異種の動物間での相互作用がある．牛，馬，山羊，など多くの動物種では同種の個体間で社会的順位が形成されている．優位な個体ほど，食物，水，配偶者などに関して優遇される．しかし，劣位のものは餌などについては不満足で，これがストレスとなる．また，個体同士が初めて接する時や過密飼育はストレスとなり，疾病の要因となる．

畜舎や放牧地には，カラス，スズメ，ハト，キジなどの野鳥や，犬，猫，ネズミ，イタチ，タヌキ，キツネ，マングースなどの哺乳類やヘビなどが出没する．これらの動物は餌，飲み水，卵を求めて現れることが多いが，物的被害のほかに病原微生物を機械的媒介，生物学的媒介するとともに，ふん尿経由で伝播するので注意を要する．すなわち，餌場，水飲み場，飼料倉庫，排水溝，堆肥舎，などの衛生的な管理や動物の侵入を防止するような設計と構造を具備する必要がある．

動物相の節足動物であるダニ，シラミ，ノミ，ハエ，アブなどは衛生害虫と呼ばれ，家畜を吸血したり病原体を媒介したり，生産の低下に繋がるので，これら衛生害虫の増殖を抑制することが重要である．

植物相は，放牧地の牧草や野草に混じって有毒植物が存在する．キョウチクトウ，ワラビ，イヌスギナ，スズラン，トリカブトなど身近な植物が多く含まれることから，放牧地ではこれら植物の生育に注意を要する．

微生物相は，自然界や構築物の土壌，床，壁，水，や生体の腸内，口腔内，皮膚，手足，蹄などに必ず生息し，その微生物相は有用な微生物群が役割を担っている．しかし，病原性を有する微生物種であるクロストリジウム，腐蛆菌，黄色ブドウ球菌，レンサ球菌，大腸菌，有害原虫などが存在し，生体の免疫機能の低下により，疾病を発病する．例えば，蹄葉炎，乳房炎，下痢症などの原因となる．

(5)　社会的要因とストレス

家畜やペットは人間の管理下に置かれているため，飼育管理者との間に相互関係が成立している．飼育管理者は家畜やペットからみた場合，動物に直接関与する要因であり，社会的順位が高いので，通常，人間に注意が向けられている．その結果，家畜やペットと飼育管理者との関係は良好に保たれる．しかし，家畜やペットの移動時，輸送，ワクチン接種，採血，毛刈り，除角，去勢などのハンドリングはストレス負荷を増大させるので注意を要する．

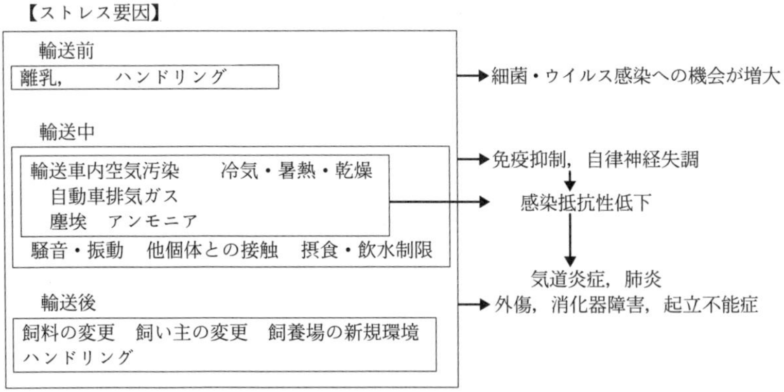

図 1-2　輸送疾患の原因となるストレス要因と発生過程

1. 1. 1. 2.　輸送とストレス

家畜のストレス性疾患として代表的，典型的なものは，輸送ストレスである．家畜はその一生を通じて，同一の場所で飼養されることは稀である．通常は地域を移動している．繁殖地から肥育地（牛，豚）や育成地（牛，馬）への移動，飼養地からと畜場への移動（牛，豚，羊），育成地から調教場やレース場への移動（競走馬）が行われる．輸送手段は，トラック，列車，船舶，航空機が用いられる．ただし，輸送中に取引場や一時繋留場を経由することもある．

家畜の輸送中および輸送前後における環境の変化が誘引となり，牛，馬では発熱を伴う呼吸器疾患が，豚では発熱と筋肉の痙れんが生じ，最悪の場合は死に至る．このような疾患をいわゆる輸送熱（shipping fever, transport fever）と呼んでいる．一方，広義の輸送疾患には，上述の疾患のほかに，運搬に際して発生する打撲，裂傷，骨折，捻挫などの外傷や消化器障害，起立不能症なども含まれる（**図 1-2**）．なお，輸送ストレスは上述の産業動物だけでなく，犬などの伴侶動物や実験用小動物（モルモットやマウスなど）の輸送に際しても発現することが知られる．以下に牛，豚，馬および羊の輸送病について解説する．

(1)　牛

牛呼吸器病（bovine respiratory disease : BRD）あるいは牛呼吸器病症候群（bovine respiratory disease complex : BRDC）と称する病態が国内外で知られている．この

表 1-12　輸送に伴う家畜のストレス要因

輸送とその前後	ストレス要因
輸送前	離乳，去勢，除角，注射，運搬車への搬入
輸送中	振動，騒音
	車輛内の塵埃，細菌，アンモニア，高温・高湿
	冷気，乾燥
	他個体との同居・接触
輸送後	飼料の変化，飼育管理者の変更，急激な過食や運動

疾患の発生は，牛の輸送後 10 日以内（通常）に，発熱と上部気道や気管支・肺に炎症を生じ，肺炎症状が重篤化するとへい死することもある．この疾患の発生要因は複雑であるが，以下に述べる輸送中および輸送前後の牛へのストレス要因が関与している（**表 1-12**）．例えば，輸送前の去勢や除角あるいは輸送車への搬入操作（ハンドリング）は BRDC を発症し易い．

輸送ストレス疾患の予防対策は，①子牛の輸送は離乳直後を避け，栄養環境への馴致後とし，やむを得ない場合はミルクのみとする．②生後 3〜4 カ月齢は移行抗体の減退と抗体産生能の低下期であることから，輸送を避ける．③輸送前後のハンドリングは輸送熱の要因となるので，ワクチンや抗生物質の投与をする．④去勢や除角直後の輸送は避ける．⑤過密での輸送を避ける．⑥輸送時間・距離は短い程良い．⑦24 時間を超える場合は，水と餌を与える．⑧盛夏季は換気や送風により熱中症の予防をする．⑨冬季には冷気が直接牛に当たらないように配慮する．⑩妊娠末期の牛の輸送は十分な注意を要する．などである．これらの対策が不十分であれば血液中にグルココルチコイドが増加することから，マクロファージの食作用の抑制，リンパ球からのサイトカイン産生の抑制および細胞性免疫機能が抑制される．また，子牛や妊娠末期の牛に輸送ストレスが加わると，輸送後に起立不能，腸管運動抑制を主徴とする輸送テタニー（transit tetany）が発症することがある．低マグネシウム血症，輸送前の過食，輸送中の摂食・飲水制限，輸送後の急激な運動，飽食など，主に消化吸収機能，栄養条件の変化が誘引となる．副甲状腺ホルモン機能の低下や妊娠による低カルシウム血症がある場合にも発症し易くなる．

牛の輸送熱の発症に関与する病原体は，病原細菌として *Mannheimia haemolytica, Pasteurella multocide, Histophilus somni, Arcanobacterium pyogenes* などがある．さらに，*Mycoplasma* spp. も関与しており，発症の先行因子と推定される．これらの病原細菌は呼吸気道内に常在しており，輸送などのストレスが生体に作用した時にこれらの細菌などの増殖性が高まり症状が顕在化する．一方，これらの細菌に加えて，牛の呼吸器病関連ウイルス感染症である牛伝染性鼻気管炎，牛パラインフルエンザ，牛 RS ウイルス病，牛ウイルス性下痢・粘膜病，牛アデノウイルス病などのウイルスも先行感染から始まるといわれている．わが国における輸送病では *M. haemolytica* によるマンヘイミア性肺炎が BRDC の中で特にへい死に至る経済的損失から重要である．

(2)　豚

主な豚の輸送ストレス要因は，輸送前のハンドリング，過密での輸送，暑熱環境，と畜場への搬入，豚のストレス感受性遺伝子の存在などである．その結果，豚ではストレスによって交感神経緊張を生じ易く胃潰瘍や下痢症などの消化器障害が出現する．問題になるのは，農場からの搬出，と畜場への運搬，搬入によるストレスで輸送中あるいは輸送後に悪性高熱と痙れんを発現し，最悪の場合はへい死する例もある．

これらは，筋肉細胞内の小胞体に存在するリアノジン受容体（ryanodine receptor）の遺伝子の異常が起こり，細胞質内のカルシウムイオン濃度の上昇に対して過剰に反応し，小胞体からのカルシウムイオン放出が必要以上に生じる．その結果，筋肉の異常痙れん（収縮）が発生する．一方，豚のむれ肉（pale soft and exudative pork : PSE 肉）は強い酸性を示し，色が淡く，柔らかく，保水性に欠けており，と肉の経済的価値を著しく低下させる．むれ肉の発生要因としては，輸送や密飼いあるいはとさつ時のストレスが影響しているので，十分な注意が必要である．

一方，豚ストレス症候群（porcine stress syndrome : PSS, 豚悪性高熱症）は，前述のむれ肉やリアノジン受容体異常を示す遺伝子の存在が明らかにされている．

(3)　馬

わが国の輸送熱は，競走馬の長距離輸送に伴って発生している．北海道一関東一関西一九州などへの長距離である．それらは，育成牧場と調教場，調教場

表 1-13　馬の輸送熱に関する全身症状

全身症状	所　見	
項目	標準値など	輸送熱
体温	37. 0～37. 8℃	38. 6 以上，40. 0℃ で肺炎の可能性
呼吸数	8～16 回/min	著しく上昇，持続する（最大 120 回/min）
心拍数	28～40 拍/min	持続的上昇（最大 240 拍/min）
体重	—	1 時間当たり 0. 45～0. 55% の割合で減少
発咳	—	発熱馬は湿性の咳を認める
蒸散	馬は汗腺が発達 蒸散機能高い	

表 1-14　馬の輸送熱に関する血液所見

血液性状	輸送熱所見
血液 ACTH	輸送開始から上昇　発熱時には顕著に上昇
血球性状	好中球の増加，好酸球とリンパ球減少
リンパ球幼若化反応	低下する
顆粒球コロニー刺激因子（G-CSF）	G-CSF 濃度の上昇
肺サーファクタント量	肺炎発症初期から増加
スーパーオキサイド	輸送 23 時間以降に減少
SOD 活性	増加（過酸化反応の増大による）

表 1-15　馬の輸送熱に関する病理と微生物所見

肺　の　所　見
1. 発熱馬では，右肺葉部あるいは副葉に肺炎病変部が多く認められる
2. 肺炎像が激しい症例では，左右の肺後葉の間質や胸膜に水腫を伴う胞膜肺炎を観察する
3. 肺胞・気管内に好中球，赤血球，マクロファージの多量浸潤
4. 肺胞 I 型，II 型上皮細胞の変形，破壊像が観察される
5. 肺炎病巣や上部気道からは *Streptococcus equi* subsp. *zooepidemicus* が多く分離される
6. 肺および気管の肺側⅓の下部気道に *Pseudomonas* 属，*Enterobacter* 属，*Bacillus* 属を認める.

とレース場の間の輸送である．輸送中および輸送後に体調不良，体温上昇などにより競技成績への悪影響のほか，肺炎により死亡することもある．これらの馬輸送熱については，日本中央競馬会により体系的に調査研究が行われている．

輸送熱発生状況は10年以前で年に500頭程度と推定されていたが，近年は，高速道路の整備や馬運車の改良（空調設備の搭載）などで輸送技術が向上したことにより，以前より発生は減少している．北海道日高から滋賀県栗東までの輸送調査例では2歳前後の馬29頭中13頭が発熱した．これは輸送経験の少ない若い馬に多発する．輸送距離および時間が長い程（18〜20hr以上）多発する．さらには，馬運車，航空機，フェリー内の浮遊塵埃，浮遊細菌量，アンモニア濃度，温湿度などの上昇や揺れなどで環境が悪化する．

輸送熱の全身症状，血液所見，病理学的・微生物学的所見をそれぞれ**表1-13**，**表1-14**，**表1-15**にまとめた．輸送熱の予防と対策は，輸送前後，輸送中で異なる．

輸送前では，生後1〜2カ月より子馬に対して輸送のための馴致を実施する．繁殖馬や育成馬も長期間輸送をしていない場合は馴致する．鼻漏，下顎リンパ節の腫脹，発咳，高体温の馬は輸送を中止する．輸送車内の清掃，消毒，乾燥を十分に実施する．乾草は新鮮で，塵埃を振るい落したものを積み込む．細菌感染対策に抗生物質を投与する（ただし，耐性菌に注意する）．

輸送中は，6〜8時間ごとに停車して十分な休憩をとる．輸送中は体液の喪失が大きいので，給水と給餌を実施する．高温多湿は防ぎ，換気を十分に行う．乾草や寝わらは車内の浮遊塵埃量を上昇させるので，十分な工夫をする．馬の保定は緩やかにし，頭頸部が自由に下方向に動けるようにする（誤嚥防止と下部気道への細菌などの侵入防止）．

輸送後には，運動を避け，十分な給水，給餌とともに休養を与える．輸送熱罹患馬は，輸送終了直後より数日間（4日程度）体温の計測を実施し，発熱馬は気管支肺胞洗浄を実施すると予後が良好となる．

(4)　山　羊

シバヤギを用いた1時間の輸送を行った調査では，血漿中のコルチゾル，グルコースおよび遊離脂肪酸が輸送開始直後から増加し，最高値は3項目ともに対照区に比べ，5〜6倍の値であった．対照区レベルに輸送区が戻るのは2時間後であった．また，雄と雌では，雌の方が高い値を示した．すなわち，輸送中のコルチゾルなどの増加レベルには性差の存在が明らかにされている．

1. 1. 2. 環境が関与する疾病と対策

「環境要因とストレス」で述べているが，疾病は環境要因が関与する．家畜の環境は社会・経済の状態，経営者の考え方などによって制約を受けるが，実際的に家畜の生理，生産および疾病に大きく影響するのは，気候のほかに畜舎構造や放牧地の状態，飼養管理の状況である．家畜の飼養環境は，気候や地域，飼料給与や行動制御の方法，自然条件からの保護または人工環境作製の方法などの影響を受ける．環境要因と環境要素の概要は表 1-1 に示した．

1. 1. 2. 1. 疾病に対する環境の関与

(1) 疾病の区分

環境が疾病の発生に関与する方法や割合を考慮すると，家畜の疾病は次の 3 群に区分できる．

第 1 群は，生物的要因の要素である病原体との関係が強い感染病で，多くの場合，病原体の感染のみで発病する疾病であり，物理・化学的要因の影響は比較的少なく，感染すれば必ず発病して伝播力がきわめて強いと考えられる疾病である．例えば，牛の海外悪性伝染病，牛流行熱，気腫疽，炭疽，破傷風，豚コレラ，ニューカッスル病，高病原性鳥インフルエンザなどがこの群に含まれる，これらの対策には，検疫や保菌動物の淘汰などの感染源対策，種々の感染経路を遮断する方法および予防接種がある．

第 2 群は，不良な物理・化学的環境や飼養管理の失宜に関係深い感染病で，既に全国的に分布する病原性の弱い病原体や通常では病原性のない微生物によって起こる．この感染病は，飼料などの給与が不適当な場合，不良な物理・化学的環境におかれた場合，ほかの疾病と複合した場合などに初めて発病する．例えば，牛のパラインフルエンザやマンヘイミア，パスツレラによる肺炎，子牛の下痢症，豚の流行性肺炎，萎縮性鼻炎，伝染性下痢症，伝染性コリーザ，各家畜のマイコプラズマ性肺炎などが含まれる．

第 3 群は，不良な物理・化学的環境および飼養管理の失宜による疾病で，飼料や水の不適当な給与，中毒，暑熱や寒冷による直接の疾病，外傷などのような各種の生理失調と非感染病が含まれる．

(2)　季節と疾病

家畜の疾病は1年を通じて発生するものもあるが，わが国は四季の変化を伴うことから，季節の影響を受けて発生する疾病の種類が異なる．その原因として次の3点が挙げられる．

1）　気象条件の影響

熱射病，日射病のように気象条件が直接疾病に係るが，夏季，冬季の暑熱と寒冷は前述したように，ストレスが感染症に対する抵抗性を低下させるため，畜舎内外のこれらに対する対策が重要である．

2）　病原体と家畜害虫の生態

夏季には温暖となり，感染症を媒介する家畜害虫の発生も盛んとなり，同時に病原微生物も生存・増殖が盛んとなることから，関連する疾病が発生し易いので家畜害虫の発生予防対策が重要である．

3）　家畜飼養の季節性

季節的に家畜飼養の形態が変わることが要因となることがある．顕著な例は，放牧病であり，放牧に際しては十分な馴化が必要である．しかし，馴化が不十分な場合はストレスとなり，多くの家畜に代謝障害，感染症などが見られることがある．

1. 1. 2. 2.　物理・化学的環境が関与する疾病と対策

(1)　暑熱と寒冷

1）　暑　熱

熱射病，日射病が主であり，生産への影響としては，乳量低下，乳質低下，産卵率低下，飼料効率低下，肥育低下，抗病性低下，繁殖能低下などである．

a）　乳牛・肉牛の疾病対策

畜舎内外から畜舎内温度を下げ，体感温度とストレスの低減ならびに飼料給与などの工夫する技術としては，植物・寒冷紗の設置．温度上昇の激しい場合や熱射病患畜の発生時には冷水を直接噴霧する．同時に冷水を十分に給与する．窓，戸の開放と換気，換気扇・扇風機・ダクトファンなどにより送風する．細霧装置による冷房．畜舎内外にスプリンクラーなどにより屋根への散水・放水する．屋根への石灰塗布（日差しの反射効果）をする．その際に屋根にガルバリウム材（亜鉛とアルミニウムの合金メッキの鋼板）を用い，その表面に動力にて石灰乳を散布する．良質な飼料，主要なビタミン，ミネラルの給与．新鮮な水の給与．パドックなどに日除けを設ける．密飼いを避ける．熱射病・日射病の早期発見．放牧牛では，庇蔭林（日陰）のある放牧区を使用する．ほかは畜舎内と同様である．毛刈りの実施も有効である．

b） 豚の疾病対策

前述の牛への対策とほぼ同様である．ほかに，クーリング・パッドによる冷房を実施する．特に分娩豚舎は必要である．照明にLEDを用いるのも有効である．

c） 鶏の疾病対策

牛や豚とほぼ同様である．飼料の設計を見直し，給与時間を工夫する．また，鶏舎周囲に日陰用として遮光資材の利用や蔓系の植物を植える．

2） 寒　冷

呼吸器・肺の疾病に伴う発咳や下痢が主である．

a） 乳牛・肉牛の疾病対策

成熟した成牛は耐寒性が高い．哺乳子牛は保温が必要である．しかし，保温を目的に換気を停止するのは，ふん尿由来のアンモニアなどの有害ガスによる肺炎の原因となるので注意を要する．畜舎内の高湿度は体温を奪うので，乾燥した敷料に交換する．水道水の凍結には注意を要する．

b） 豚の疾病対策

飼養管理では温度，湿度，換気が重要である．子豚は被毛が少なく，皮下脂肪が薄いため外界温度の影響を受け易く，低体温で死に至る．また，母豚に寄り添って暖をとるために圧死する例もある．出生直後から哺乳期間は30～32℃，体重20kg程度で22℃を保持する．湿度は60～80%が適正である．さらには，ふん尿由来のガスは肺炎の原因となるので，換気を実施する．

c） 鶏の疾病対策

産卵率の低下や呼吸器疾患が発生する．防寒・防風対策が飼料効率に重要である．開放鶏舎ではカーテンなどで冷風が直接当たらないようにする．一方，換気はアンモニアガスによる呼吸器病や産卵率低下防止に必要である．飲水器の凍結に注意する．

温度の具体的数値などは「物理的環境要因とストレス」の表1-2，表1-3で示したので参考にされたい．

(2)　放牧環境と疾病対策

放牧は牛，めん羊，馬などが対象家畜であるが，気象的要因として温度，湿度，日射，風雨，雷，雪，あられ，霧，霜などの大気現象に直接さらされる．これらの現象のなかで，雷は放牧地の大木の下などに家畜が数頭集まることから，落雷によって感電死することがあるので，避難小屋などに早めに誘導するなどの対策が必要である．そのほかの項目は，暑熱と寒冷の項に述べた．

一方，地勢的要因としては高山病がある．高山病は2,700m以上で発生することから，わが国では1,000m程度であり問題はない．傾斜地利用では底地で肥料過剰になり易いため，雑草が繁茂し易いので管理に注意する．雨量の多いわが国では，土壌成分，草種，気象条件などによってミネラルバランスが崩れることから，低マグネシウム血症やセレン欠乏に伴う白筋症などが発症するので，土壌成分の把握をする．

(3)　畜舎環境と疾病対策

畜舎環境は前述した「物理的環境要因」ならびに「暑熱と寒冷」の項で述べているが，有害ガス，塵埃，畜舎の床構造などが問題となる．

1)　有害ガス

家畜ふん尿由来のガスのうち，最も関係するのはアンモニアガスである．ほかに二酸化炭素，硫化水素，メチルメルカプタンなども発生するが，その発生量・濃度は少ない．アンモニアガス（無水アンモニア）は眼鼻や呼吸器に炎症を起こし，腐食損傷の原因となる．人の許容濃度は25ppm，眼鼻の粘膜刺激50ppm，最小致死濃度は1,500ppm（即死）である．ラット，マウス，ウサギおよび猫の50%致死濃度は，それぞれ2,000ppm/4hr，4,230〜4,837ppm/1hr，7 g/m^3/1hr，10,066ppm/m^3/1hrであり，哺乳動物での最小致死濃度は5,000ppm/5minである．すなわち，毒性が高く，麻痺し易いガスである．特に，鶏舎では鶏ふんの性質上，発生量および濃度ともに高いので，脱臭や換気などに十分な注意を要する．

2)　塵　埃

畜舎の乾草により塵埃の発生は多くなる．特に，給飼や家畜の活動時に急増する．この塵埃による家畜の肺機能への障害についての研究はあまりなされていないものの，病原体を運搬して疾病の伝播（塵埃感染）に関与すると推定される．このことから，塵埃の畜舎内での飛散・浮遊をできる限り抑制するための換気や清掃が重要である．近年，大気中の粉塵は粒子状物質（particulate matter；PM）と呼ばれ，このサイズが1 μm以下では肺胞に達するが，0.02 μm付近が最も肺胞への沈着が多いとされ，肺疾患の原因となる．

3） 畜舎構造

畜舎は本来家畜を自然条件から保護する目的で使われているが，その構造や使用方法が不適切な場合には，前述した温湿度条件，空気中のガスなどのほか，創傷の発生や病原体による汚染から疾病の多発を招くことが危惧される．例えば，牛のフリーストール（放飼い）とタイストール（繋飼い）を比較すると，放飼いは行動が自由である反面，牛同志の競合などによる外傷や骨折が起こり易い．一方，繋飼いでは，行動の束縛が大きい，床が滑り易いなどの場合に乳房や肢蹄の損傷を起こし易い．また，ふん尿の搬出が容易な構造が望ましく，速やかな搬出は感染症や有害ガスによる肺疾患の予防につながる．

1.1.2.3. 環境要因が関与する感染症

（1） 病原微生物

病原微生物が清浄な環境に侵入する経路は，感染家畜，媒介動物，汚染した塵埃，土壌，水，器物，飼料，人など非常に広く存在する．病原体が家畜の体内に侵入し，感染が成立すると，家畜は発病する．その結果，病原体により異なるが，家畜体内で増殖した病原体は排出されるため，その環境での主要な汚染源となり，家畜群にまん延する．そこで，この原因病原微生物を速やかに明らかにして，拡散防止に努めなければならない．

病原体が土壌中で芽胞を形成し長期生存して感染源となる土壌病の原因菌に炭疽菌とクロストリジウム属菌がある．芽胞は熱・乾燥・酸・アルカリなどにきわめて抵抗性であり，自然環境で感染源となる．炭疽菌の芽胞は，土壌中で50年以上も生存し，高湿度（100%），高温（37℃）とともに栄養源の有機物があると芽胞が急速に増殖を始める．このような場所は池や水たまりであり，家畜が水飲みに来た際に感染する．

ウイルスや細菌の多くは，pH，温度，湿度，栄養などの条件が揃わなければ生存し，感染することは困難である．

畜舎汚水は活性汚泥法などの生物処理が実施されるが，適切な運転がなされていれば，多くの病原微生物は99.9%以上が不活化される．一方，固形分の堆肥化では55℃以上の発酵熱が持続するので，やはり不活化される．

(2)　感染・発病と環境

病原体が家畜の体内に侵入する経路として，飼料や水を経由する消化器感染，空気中の浮遊塵埃や咳などの飛沫による呼吸器感染，直接動物間で感染する接触感染，皮膚から病原体が侵入する経皮感染などがある．病原体が家畜の体内に侵入しても，抵抗力が大きい場合は感染が成立しない．感染力と抵抗力が拮抗する場合は不顕性感染となり，不良環境下では発病し，ほかの家畜への汚染源となる．感染力が抵抗力より大きい場合は顕性感染となり，発病して臨床症状を示すとともに，周囲に病原体を排出する．感染病の発現は，環境における病原体の存在，病原体の家畜体内への侵入および抵抗力によって左右されるものであり，疾病防除における環境整備は重要である．

一方，現在多発している乳房炎，肺炎，下痢などの疾病の病原体の多くは，単独では病原性の低いものや，通常は動物の皮膚，消化管などに存在する常在微生物である．これらが生体防御機能の低下によって上述の疾病を起こすと考えられている．物理・化学的環境要因と生体防御能の低下との関係は不明な点が多いが，例えば次のような点が指摘されている．

環境温度の急変は家畜に対してストレスとなり，脳下垂体・副腎系の賦活とともに免疫機能，特に細胞性免疫の変化が注目される．寒冷では細胞性免疫が低下し，豚の伝染性胃腸炎などの感染症が発病または疾病が増悪している．しかし，暑熱では，ある程度までは，感染に対する防御能が高まるが，極端な高温では抵抗性が低下するといわれている．

感染の成立には各種の環境要因が関与する．鼻孔粘膜，気道の気管や卵管の粘膜上皮には繊毛があり，有害物質を認識すると異物の侵入に対し排出する繊毛運動を行う．この際，アンモニアガスなどで繊毛運動が低下すると，病原微生物の侵入を容易にする．すなわち，排せつ物の畜舎からの適切な排出と処理対策が重要である．一方，既に述べたが，暑熱や寒冷などはストレスとなり，免疫能は低下し，容易に侵入，感染する．また，ハンドリングや輸送においても，慎重に取り扱う必要がある．

(3) 疾病媒介動物

吸血昆虫やダニは，吸血による刺咬刺激により採食行動や栄養などに影響を与えるのみならず，病原体を媒介する．病原体を媒介する節足動物は病原体が体内で増殖して伝播する生物的ベクターと，口器や脚に付着して伝播される機械的ベクターに分けられる．ベクターと疾病との関係は，鶏ロイコチトゾーン，牛の流行熱，アカバネ病などはヌカカ，豚の日本脳炎はコガタアカイエカ，牛の小型ピロプラズマ病はフタトゲチマダニなどがある．したがってこれらの疾病を予防するには，これらのベクターの生態を理解したうえで防除することが重要な方法である．節足動物のほかに，野生動物やミミズなども病原体を媒介するとともに，畜舎や放牧地に病原体を持ち込むことが知られている．

1.2. 牛の飼養管理と衛生

1.2.1. 飼養衛生管理基準

生産段階における畜産物の安全性を確保することを目的に家畜（牛，豚，鶏）などの所有者が守らなければならない飼養衛生管理基準が定められている．「家畜伝染病予防法」第 12 条の 3 には，家畜の所有者が遵守すべき飼養に関する基本的な衛生管理の方法を飼養衛生管理基準として定め，「家畜伝染病予防法施行規則」第 21 条において規定されている．

飼養衛生管理基準は，対象として蜜蜂を除き法令に掲げるすべての種類の家畜であり，畜種別により具体的な内容が定められている．畜産物の安全性向上のために個々の生産農場における衛生管理を向上させ，病原微生物などによる汚染リスクを低減し健康な家畜を生産することが重要である．飼養衛生管理基準を遵守することが危害要因の侵入を防ぐための基本的事項である．

飼養衛生管理基準の事項として，Ⅰ家畜防疫に関する最新情報の把握など，Ⅱ衛生管理区域の設定，Ⅲ衛生管理区域への病原体の持ち込み防止，Ⅳ野生動物などからの病原体の感染防止，Ⅴ衛生管理区域の衛生状態の確保，Ⅵ家畜の健康観察と異常が確認された場合の対処，Ⅶ埋却などの準備，Ⅷ感染ルートの早期特定のための記録の作成および保管，Ⅸ大規模所有者に関する追加措置などが記載されている．具体的には，「Ⅱ衛生管理区域の設定」では，農場の敷地を衛生管理区域とそれ以外の区域に分けて境界を定めなければならない．「Ⅲ衛生管理区域への病原体の持ち込み防止」では，衛生管理区域の出入り口を必要最小限とし，不必要な者の立ち入りおよび家畜との接触を制限すること，衛生管理区域の出入り口付近に消毒設備を設置し，立ち入る車輌に対し出入りの際に消毒させ，立ち入る者に手指および靴の消毒を行わせること，ほかの農場などの畜産関係施設で使用したまたは使用した恐れのある物品を持ち込む場合の洗浄と消毒および海外で使用した衣服および靴を衛生管理区域に持ち込まないことなどである．

1.2.2. 乳牛の飼養管理と衛生

1.2.2.1. 新生子牛の飼養管理

(1) 初乳給与の意義

初乳は，蛋白質，脂肪，ビタミン，免疫グロブリン（Ig）が豊富であり新生子牛には不可欠の栄養源である．初乳を介する移行抗体は感染防御のうえから重要であり，新生子牛への移行抗体の賦与を目的とした初乳の給与は，出生から6時間が効果的であり出生後24時間以降では抗体の移行は困難となる．初乳給与として，出生後2～4時間以内に初乳を適量（0.5～1L）給与し，次いで分娩後6時間以内に1～2Lを与え，12時間以内に計3L程度の給与が必要である．適切に給与された初乳中のIgは吸収され摂取後24時間でピークに達し，生後約3～5週間の感染防御に重要な役割を担っている．経産牛の初乳中のIg濃度は初産牛のそれよりも高く，分娩直後の初乳Igは数日後のそれよりも高濃度である．初乳摂取による移行抗体量と血清総蛋白量との間には正の相関性があり，出生後24時間の新生子牛において，血清総蛋白量が5.5～6g/dL以上を示す場合は初乳摂取が良好とされている．初乳の品質の点からは，初乳中のIg濃度とその比重値との間には正の相関性があることから初乳の品質評価に比重値が応用される．比重1.047以上では高濃度にIgが含まれ初乳としての価値が高い．

(2) 子牛の飼養管理

効果的に初乳が給与された後は，代用乳や発酵初乳を基礎にした給餌プログラムに準拠して飼育される．一般に粗蛋白質20%，脂肪15〜20%程度の代用乳が用いられる．生後2週齢までに人工乳の給与を開始し，自由採食として良質の乾草を与える．子牛の第一胃の容積と機能は，人工乳や乾草のような固形飼料の摂取量の増加と関連し発達する．この時期の主な栄養源は生乳と代用乳である．生後40日前後で離乳し，良質の固形飼料を給与する．3カ月齢までは穀類75%，粗飼料25%位の割合が望ましいとされている．離乳までの時期は下痢などの消化器障害や肺炎などに罹患し易いので疾病の早期発見と対策が重要である．新生子牛は低温には比較的強いが，高湿度や換気が不十分な環境には弱い．子牛の健康管理上の留意点として，生後2カ月齢までは単独飼いとし，敷料を豊富に与え，石灰乳などで消毒したカーフハッチを活用し清潔で乾燥した状態に保つことが必要である．

1. 2. 2. 2. 育成牛の飼養管理

離乳後2〜3カ月の間は，子牛の日齢，発育状態を考慮して群で飼育する．自由採食させる飼料として，粗飼料と濃厚飼料の混合飼料を用いれば両者の配合割合により養分含量の異なった飼料を調製することが可能となる．6カ月齢までは，徐々に粗飼料の割合を増し，穀類50%，粗飼料50%が望ましいとされている．栄養管理は日本飼養標準に準拠して行う．発育状態を確認するためには育成牛の体重や体高を計測し，月齢別の発育体重と体高を示した正常発育曲線と比較する．3〜15カ月齢までの子牛の標準体重は月齢から次式：W（体重kg）＝21×（T（月齢）－3）＋98で算出することも可能である．育成牛の体重と体高を測定し発育状況から授精時期を決定する．一般にホルスタイン種においては，初回の分娩月齢23〜25カ月を目標に，生後14〜15カ月齢で体重約350〜360kgで初回交配が行われる．

1. 2. 2. 3. 乳牛の飼養管理

物理化学的および生物学的なストレスを排除し，乳牛の生産性を高めるために必要な施設環境とその一般管理は重要である．ここでは換気，牛床環境と牛の快適性にふれる．

(1) 換　気

乳牛が飼養されている環境は，換気が良好であり清潔で乾燥しており，安楽性と安全性が保持されていることが理想である．暑熱ストレスを軽減するうえから換気は最も重要である．換気の目的は，牛舎内の温度と湿度を調整し，新鮮な空気を供給することにある．タイストール牛舎での換気は，夏季は可能な限り壁を解放した横断換気が望ましい．

(2) 牛床環境

牛床の役割は，乳牛に休息のための居住空間と安楽性を提供することにある．乳牛に快適な牛床の条件については，乳牛側の条件として，快適である，起立・横臥が容易である，採食飲水が容易である，拘束ストレスがない，牛体が清潔に保たれる，などが挙げられる．管理側には個体群管理が容易である，衛生的である，維持管理費が低コストである，作業効率が高いなどのメリットがある．牛床の幅と長さ，ネックレールの位置，ブリスケットボード（胸垂板）の位置，乳牛の頭の突き出し空間の有無が重要な要因となる．牛床の幅は牛の横臥姿勢と起立動作に影響する．牛床幅は腰角幅の2倍程度は最低でも必要であり，搾乳作業のためのスペースも必要である．牛床の長さは乳牛が横臥した時に必要なサイズであり，坐骨端から肩端までの長さが目安となる．

標準的な牛床空間として牛床幅120～130 cm，ブリスケットボードから牛床後端までの長さ170～175 cm程度，ネックレールの位置は牛床後端から165～175 cmとされている．乳牛の起立，横臥，採食，ふん尿の落下状況を観察して調節する．

(3) 横臥率

乳牛の安楽性と密接な関係があり，タイストール牛舎で牛床が快適な場合には牛の横臥率は80%以上あり，問題がある場合には70%以下になると見られている．しかし，牛床での横臥率が高くても牛体が汚れ，環境性乳房炎の発生が問題となる場合には，横臥行動や歩様動作を観察し牛舎全体の快適性や管理上の問題点を検討する必要がある．

フリーストール牛舎での牛床の快適性は，乳牛の横臥率〔牛床横臥（使用）頭数/牛床利用可能数)〕で表される．評価は平均の牛床横臥率は70～80%，快適で横臥し易い場合には80%以上，問題がある場合には70%以下と見られている．牛床の快適性を判断する場合には，搾乳終了 1. 5 時間後から 2 時間の間に横臥状況を観察する．横臥率が低い場合には，牛床，空間，敷料，そのほかのいずれに起因しているか特定し改善する．

1. 2. 2. 4. 乳牛の栄養管理

(1) ボディコンディションスコア

乳牛の栄養状態を視診および触診で判断する方法に，ボディコンディションの評価が用いられている．ボディコンディションスコア（body condition score : BCS）は体脂肪の蓄積程度を示すものである．適正な体脂肪の蓄積は乳生産や健康維持と密接な関連性があり，その評価は牛群の栄養管理に重要である．体脂肪の蓄積程度の判定は，乳牛の腰角，寛骨，坐骨，尾根部，肋骨などで行い BCS で表す．BCS は 1 の削痩状態から 5 の肥満状態までを 0. 25 もしくは 0. 5 単位に細分化して評価する．

BCS 3 以下と 3. 25 以上に見分ける主要な部位は尻部の外観であり，BCS 3 以下の牛は，腰角と寛骨と坐骨の 3 点で構成する外観が「V」字型を示すが，BCS 3. 25 以上の牛は，この部位が「U」字型の外観を示す（図 1-3）．BCS 3〜3. 25 は，泌乳期の多くのステージに理想的な BCS であり，全般にエネルギーバランスの良い乳牛であることを示す．BCS 3. 5〜3. 75 は初妊牛の妊娠後期や経産牛の乾乳期および分娩期の理想的な BCS である．BCS 2. 5 以下は明らかな削痩状態であり，その許容範囲は牛群の 10% 以内とされている．BCS 4. 0 以上の乳牛は，分娩後の乾物摂取量が有意に低いために，BCS の低

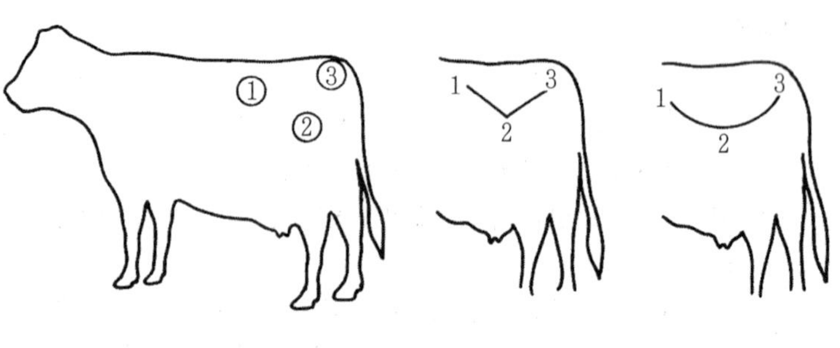

① 腰　角　② 股関節　③ 坐　骨

図 1-3　ボデイコンデイションスコアの観察

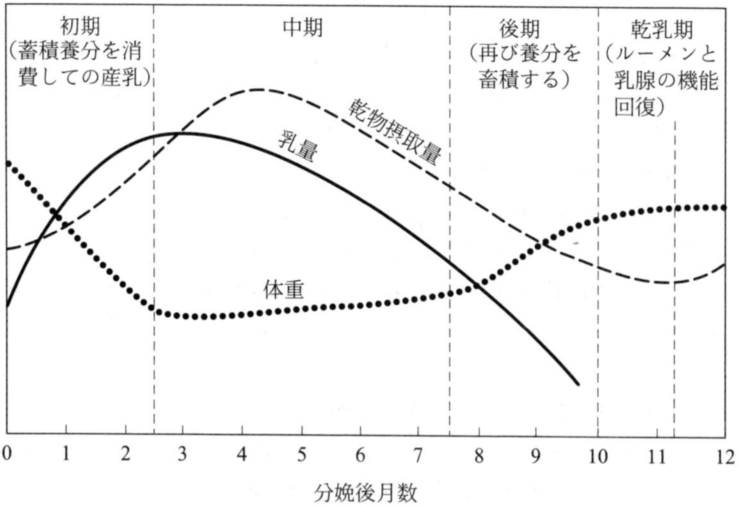

図 1-4　乳牛における分娩後の乾物摂取量，乳量および体重の推移
（Hutjens, M. F.: 1986）

下が早く，分娩後の代謝病の発生リスクが高く改善が必要とされる．

(2)　フェーズ・フィーディング

乳牛の栄養要求量は泌乳ステージにより大きく異なる．各乳期における泌乳量，乾物摂取量および体重の変化を図（**図 1-4**）に示す．高泌乳牛の泌乳および栄養特性の違いに基づき，泌乳ステージを 4〜5 期に分類した乳期別の栄養管理をフェーズ・フィーディング（phase feeding）という．効率的な乳生産管理ならびに栄養と関連した代謝疾患の理解と発生予防から栄養学的な知識が求められる．ここでは泌乳ステージを 5 期に分類した場合の栄養管理について概要を記載する．

1)　フェーズ 1（泌乳前期：分娩〜分娩後 50 日）

分娩前 1 カ月から分娩および分娩後 2〜3 カ月は乳牛にとり，分娩，泌乳開始，高泌乳，子宮修復，発情および受胎と最も急激な生理的な変化が起こる時期である．適切な栄養管理，代謝病や繁殖疾患の予防管理および泌乳衛生管理が重要である．

乳量は急激に増加し，分娩後 4〜6 週で最高乳量を示すが，乾物摂取による栄養供給が乳生産に必要な栄養要求量を充足し得ないためエネルギー不足を招く．その結果として，体脂肪の動員による体重の減少を起こし，栄養的なストレス状態に陥る．泌乳牛の周産期疾患と密接に関連しており，乳熱，ケトーシス，第四胃変位，脂肪肝，乳房炎，分娩後の無発情の誘因と見られている．栄養管理として，良質の粗飼料を給与し乾物摂取量を高め，適切な粗蛋白質（CP）量と分画のバランスを考慮して給与する．繊維含量のレベルとして，酸性デタージェント繊維（ADF）18% 以下，中性デタージェント繊維（NDF）は 28% 以下にならないようにする．ボディコンディションの目標は 2. 75〜3. 0 である．

2） フェーズ **2**（泌乳中期：分娩後 **50〜200** 日）

乾物摂取量が最大となり，エネルギーバランスはプラスに転じる．最高泌乳量を長く維持させるよう栄養管理を行う．栄養管理として，第一胃内環境の恒常性を目的として 1 日に数回以上に分け粗飼料と穀類を給与する．乳量，乳成分を参考に栄養バランスを適正化する．ボディコンディションの目標は 3 である．

3） フェーズ **3**（泌乳後期：分娩後 **200〜305** 日）

泌乳量は減少する．摂取養分は栄養要求量よりも過剰になり易く肥満になり易い．栄養管理として，粗飼料給与を主体とし BCS を 3〜3. 5 に調整する．

4） フェーズ **4**（乾乳前期：分娩前 **60〜21** 日）

乳腺組織やルーメンの機能回復の時期である．栄養管理として，乾乳期牛の維持，胎子発育を考慮し，栄養要求量を適正にして肥満を避ける．分娩後の第四胃変位の予防のために，乾草を給与する．Ca（40〜50 g/日），P（30〜35 g/日）の給与量を適正に保つ．BCS は 3. 5〜3. 75 にする．

5） フェーズ **5**（乾乳後期；分娩前 **21** 日〜分娩）

泌乳開始の準備と代謝障害の予防に重要な時期である．栄養管理として，第一胃内微生物を泌乳期用飼料に慣らすために濃厚飼料を徐々に増量する．分娩前後 1 週間は飼料の急変を避ける．Ca と P の過剰給与を避ける．

(3) 栄養管理と疾病

分娩前 2〜4 週間から分娩後 2〜4 週間は移行期もしくは周産期といわれ，分娩後の疾病，特に代謝病は移行期の栄養管理と密接な関係がある．移行期の管理が不適切な場合に予測される結果として，乳熱，脂肪肝およびケトーシスなどの代謝障害，後産停滞や子宮内膜炎などの繁殖障害，ルーメンアシドーシスおよび第四胃変位などの消化器障害，ピーク時の乳量低下が問題となる．

(4)　代謝プロファイル

泌乳牛は，泌乳ステージにより物質代謝が異なるほか，疾患により血液成分は大きく変化する．代謝プロファイルテストは，牛群の栄養管理の失宜に起因する低生産性や潜在的な代謝疾患において，血液生化学的データから問題点を明らかにし，給与飼料を適正化することで関連疾患の発生を低減化することにある．牛群から各乳期牛を選択・抽出し複数の項目について血液検査を実施する．

代表的な検査項目には，エネルギー代謝：血糖，遊離脂肪酸，総コレステロール，蛋白代謝：尿素窒素，アルブミン，ミネラル代謝：カルシウム，無機リン，マグネシウム，肝機能：コレステロール・エステル比，γ-グルタミルトランスペプチダーゼ（γGTP），グルタミックオキザロアセティックトランスアミナーゼ（GOT），そのほか：ヘマトクリット，γ-グロブリン，などがあり，その目的に応じて選択される．

実施方法として，各乳期から個体を選択し測定を行い，各々の測定値の分布から上限値，下限値で示した正常範囲との関連において，各個体の測定値から示される分布を群の情報として捉え，それらの意義を解釈して栄養管理の適正化を図る．

得られた代謝プロファイルテストの成績を基礎にして，ボディコンディションスコア，乳用牛群能力検定（乳検）成績，飼料給与成績，飼養管理の状況などから，総合的に牛群の健康状態や栄養状態を評価し改善を図る．

1. 2. 3.　肉用牛の飼養管理と衛生

1. 2. 3. 1.　肉用牛の哺育と育成

(1)　新生子期の管理

1）　出生と初乳

子牛の事故が最も多いのは出生前後であるので，適切な分娩管理が要求される．リッキング（母牛が新生子牛の体表を舐める行為）は子牛の体表を乾燥させ，血液循環を促進し，早期の起立を促す．母牛がリッキングをしない場合は飼養者がタオルなどで全身を十分にマッサージする．

初乳は新生子牛の重要な栄養源であるとともに移行免疫の供給源でもある．免疫グロブリン（Ig）G の巨大分子は飲作用（pinocytosis）により腸管から取り込まれるが，生後 6 時間を過ぎると取り込み能力が低下し始め，24 時間後にはほぼ消失する．

初乳には IgG のほかに，IgA，リンパ球，マクロファージ，サイトカインなどさまざまな免疫関連物質が含まれる．子牛が十分な抗体を獲得するためには，生後 6 時間以内に 100 g の免疫グロブリンを初乳から得る必要がある．比重 1. 05 の初乳には，約 60 g/L の IgG が含まれる．

2） 栄養管理

生乳や代用乳の 1 日当たり給与量目安は体重の 12〜14% である．子牛の第四胃で特異的に分泌されるキモシンは，母乳の消化に重要な働きをするが，生後 2〜3 週齢から分泌が低下するので，徐々に固形飼料（人工乳など）への移行を図る．

子牛の第一胃の発育を促すために，生後まもなくから柔らかい乾草とスターター（人工乳）を少量給与する．生後 2〜3 カ月頃に，スターターを子牛用の配合飼料（日量 1. 0〜1. 5 kg）に徐々に変更し，消化器の発育と栄養供給を図る．

3） 飼養管理による疾病制御

a） 出生時

臍炎は出生環境の不衛生と，出生後の子牛の臍帯の処理の不適切で発症する．臍炎は肝臓や膀胱の感染，さらには敗血症を引き起こす場合がある．尿膜管開存は，出生後，臍帯の鋏などによる切断や鉗圧，結紮および臍炎などによって臍帯の不完全退縮が生じて発症する．

胎便停滞は出生後の十分量の初乳の給与とリッキングにより予防する．

b） 飼養管理に起因する下痢症

哺乳バケツの乳首内部の洗浄不良，代用乳の温度管理の不備や給与過剰などによっても下痢は発症する．下痢は生体内に入った異物（病原微生物，不消化脂肪など）を体外に排出する生体防御反応であるので，初診時からの止瀉剤の使用は禁忌である.

分娩後の母牛がエネルギー不足の場合，消化率の低い長鎖飽和脂肪酸が乳脂肪に移行し，これを飲んだ子牛は消化不良の脂肪便（白痢）を排出する．断乳療法が有効である.

c） 飼養管理上の感染症対策

感染症は，まん延と常在化を防ぐための発症牛の隔離と畜舎消毒が重要である．哺乳ロボットを用いた集団飼育は感染症が牛群全体にまん延し易いので注意する.

(2) 育成牛の飼養管理と疾病制御

離乳後から子牛市場出荷月齢である10カ月齢までの育成期は，ルーメン形成に重要な時期である．粗飼料主体で濃厚飼料を少量給与し，過肥にならないように注意する.

去勢牛は濃厚飼料過剰・粗飼料不足の飼料給与により尿石症が発症し易い.

1.2.3.2. 肉用牛の肥育管理

(1) 飼養形態および飼養管理

黒毛和種牛は9〜12カ月齢で肥育農家に導入され，26〜30カ月齢，体重700〜800kgを目安として出荷される．他品種の肉牛やホルスタイン去勢牛の肥育期間は黒毛和種牛より短く，ホルスタイン牛の場合は1〜4週齢で肥育農家に導入され，18カ月齢で出荷される.

肥育ステージは，以下の5ステージに分類される.

予備期（1カ月間）は10カ月齢前後で子牛市場から導入した牛の群飼と飼料への馴致期間であり，粗飼料主体でルーメンの発達を促す.

肥育前期（3カ月間）は，筋肉，骨格，ルーメンを発育・成熟させる期間で，粗飼料主体で濃厚飼料を徐々に増やしていく．13カ月齢からはビタミンAの制限を始める.

肥育中期（6カ月間）から本格肥育を開始する．十分なエネルギーを給与しながら，ビタミンAのコントロールを行う.

肥育後期（6カ月間）からわらの給与を減らし，濃厚飼料を飽食させる．ビタミンA欠乏症が発症し易い.

仕上げ期（6カ月間）は，食欲が低下するので，濃厚飼料の濃度を上げると同時に，肉の脂肪の不飽和脂肪酸割合を高めるために，濃厚飼料をデンプン系から油脂系に変更する．

(2) 飼養管理による疾病制御

1） 導入時の衛生管理

肥育素牛はさまざまな農家から導入することになるため，牛群内に病原微生物が侵入し易い．また長距離輸送の影響で日和見感染も発症し易い．そのため導入検査を行って異常牛を隔離するとともに，ビタミンA剤，抗生物質，ワクチンなどの投与により疾病予防を行う．

2） ビタミン**A**コントロール

ビタミンAは脂肪前駆細胞の脂肪細胞への分化を抑制する．肥育中期〜後期前半（15〜23カ月齢）は血清ビタミンA濃度が30 IU/dL以下となるように制限することにより脂肪細胞の分化・増殖を促進し，脂肪交雑を促進するが，24カ月齢以降は給与を再開する．

ビタミンAコントロールに失敗すると，皮膚の角化亢進，四肢の冷性浮腫，尿石症，盲目，筋肉水腫（ズル）などが発現する．

3） 第一胃アシドーシス（ルーメンアシドーシス）

肥育牛の給与飼料は粗飼料不足・濃厚飼料過剰が常態化している．これが行き過ぎると乳酸が過剰生成され，ルーメンpHが著しく低下してルーメン常在微生物叢が死滅する．その結果，ルーメンアトニー，鼓脹症，第四胃変位，ルーメンパラケラトーシス，肝膿瘍などが誘発され，エンドトキシンが全身性のさまざまな障害を引き起こす．

4） 肝臓障害（肝炎）

黒毛和種牛の肝臓の半分は，肝出血，鋸屑肝，胆管炎などがと畜検査で発見されて廃棄される．これらの疾患の原因は濃厚飼料多給によるエンドトキシンの増加，ビタミン制限によるフリーラジカル除去因子の減少などであるので，適切な飼料給与およびビタミンコントロールにより予防する．

1. 2. 3. 3. 繁殖牛の飼養管理

(1) 飼養形態

繁殖用雌牛の飼養形態は，小頭数飼育の場合は単房での飼育が主体であるが，多頭飼育の場合はフリーバーンやペンにおける群飼や，タイストールなどの繋留飼育が主体となる．

小頭数飼育農家の場合は，分娩後3〜5カ月間は母牛と子牛を同居させて飼養する．多頭飼育農場では，母牛の繁殖成績向上と子牛の下痢症予防の目的で，分娩直後に母子分離（超早期母子分離）を行う場合も増えている．

(2) 分娩管理

清潔な分娩房と乾燥した十分量の敷料は，子牛の感染症の予防につながる．

第2破水から胎子娩出までは2時間程度を要する．第2破水直後の助産は，産道が開大していないために母牛の産道裂傷や胎子の骨折などの原因となるので，胎位・胎向の異常がない限り，早めの助産は控える．

子牛は出生後2〜4時間程度で起立し，初乳を摂取する．母牛が子牛のほ乳行動を拒絶する場合は，母子分離して子牛に初乳製剤を給与する．

(3) 栄養管理

1) 基本的な飼料給与方法

繁殖用雌牛において，体を維持するための基礎飼料は粗飼料の飽食が望ましく，分娩前1カ月から子牛の離乳までは濃厚飼料を与えることが一般的である（図1-5）．

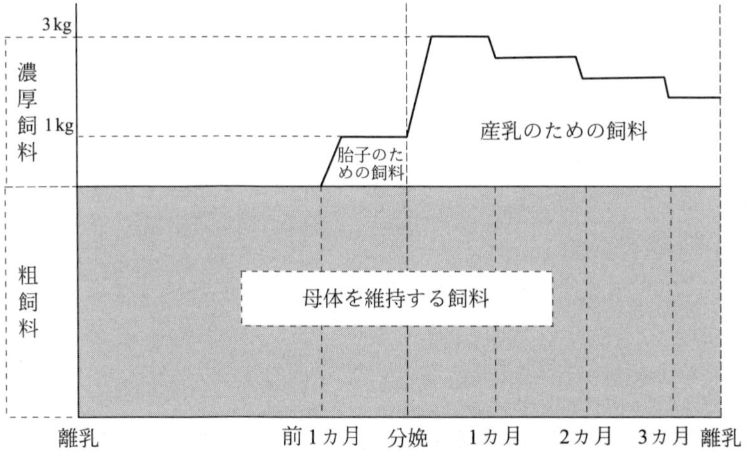

図1-5　繁殖用雌牛の基本的な飼料給与量

オーチャードグラスやチモシーグラスを飽食させた場合，蛋白充足率が200％前後になり，繁殖障害や子牛の母乳性白痢が多発する．

2）妊娠末期の栄養管理

分娩前の1カ月間は，急速に大きくなる胎子への栄養供給と，それに伴い減少する母牛の乾物摂取量の補完のために，濃厚飼料を1kg程度増給する．

3）分娩後離乳および受胎までの栄養管理

母牛のエネルギーが不足すると発情発現が遅れ，受胎率が低下し，子牛の母乳性白痢が多発する．黒毛和種牛の乳量は5〜8kg/日なので，産乳飼料として最大で2〜3kg程度の濃厚飼料の増給が必要になる．

4）妊娠期の栄養管理

離乳および受胎後の妊娠期は過肥にならないように注意する．過肥は次の分娩後の繁殖成績の低下や子牛の母乳性白痢の誘因となる．

1.2.4. 放牧牛の飼養管理と放牧衛生

1.2.4.1. 牛の放牧飼養

(1) わが国の放牧

放牧は家畜を牧草地や放牧地に放し，牧草，野草や樹葉などを自由に採食可能な状態にして家畜を飼養しその生産を行う飼養方式である．わが国の乳牛および肥育牛の放牧では，乳用育成牛は公共の中規模・大規模育成牧場での育成，搾乳牛は集約もしくは粗放放牧による粗飼料を活用した乳生産コストの低減を目的とした方式および生後約6カ月までの肥育素牛の生産を目的にした肥育繁殖雌牛の放牧が一般的である．

(2) 放牧地と草地管理

草地は草種構成により生産性，草質，生育季節および環境耐性などが異なる．放牧地の牧草はイネ科とマメ科の混播が一般的であるが，鼓脹症の発生予防の観点からマメ科率は30％以下にすることが望ましいとされている．野草は一般的にミネラルが多く栄養バランスも良いとされている．低マグネシウム血症予防のために発生牧野では，窒素とカリウムの過剰な施用は避け，マグネシウム肥料を施用するなどの対策が必要とされる．不食過繁草は定期的に掃除刈りを行い，再生を促す．

(3)　放牧の形態

放牧方式は放牧の期間，牧野の利用形態および家畜集団の構成により選択される．放牧期間により，年間を通じて放牧する方式を周年放牧，春から秋までと季節を限定して放牧する方式を季節放牧という．1日のうち時間を決めて放牧する場合を時間放牧，昼間だけの放牧を昼間放牧，夜間のみの放牧を夜間放牧と呼んでいる．牧野の利用形態では，長期間同じ牧野に放牧する連続放牧，放牧地を幾つかの牧区に区切って輪換しながら放牧する方式を輪換放牧という．輪換放牧をさらに集約化し，放牧地を移動式の電気牧柵で囲み1日に1〜2回放牧地を移動させ1日に3〜20時間放牧させる様式を集約放牧というが，その方法を帯状放牧（ストリップ放牧）と呼び草地の利用効率は高い．

搾乳牛を対象とする放牧は，放牧草が利用できる季節に行われる季節放牧であり，昼間，夜間もしくは昼夜放牧の時間放牧で牛舎もしくは搾乳舎に比較的近い放牧地が利用される．

放牧施設には牧区，牧柵，通路，給水施設，休息場，庇蔭舎，管理舎が設けられる．

1.2.4.2.　放牧牛の疾病

(1)　放牧病

放牧が直接の原因もしくは間接的な誘因で発症する疾病を放牧病と呼ぶ．発症の要因には気象環境，衛生害虫，有毒植物，放牧場での管理失宜があり，これらの影響を小さくすることが放牧病対策の基本である．わが国の放牧牛で発生数が多い放牧病には小型ピロプラズマ病，消化器病，呼吸器病，趾間腐爛，皮膚糸状菌症，牛乳頭腫症，牛白血病，伝染性角結膜炎，未経産牛乳房炎がある．発生頻度は低いが死亡・廃用率の高いグラステタニー，ワラビ中毒，牛肺虫症，鼓脹症，熱射病，日射病などは特定の地域や牧場に多発する傾向が観察されている．

(2)　放牧病の発生要因

放牧病の発生要因には大きく感染性のものと非感染性のものがある．放牧に伴う感染症の原因としてウイルス，細菌，マイコプラズマ，真菌，原虫，寄生虫などの感染病原体との直接的ならびに間接的な接触や媒介動物（ベクター）による病原体の伝播に伴なう感染など放牧病の多くを感染症が占めている．非感染性のものには熱射病や日射病などの物理的要因，低マグネシウム血症によるグラステタニー，コバルト欠乏症，セレン欠乏症，硝酸塩中毒などの土壌栄養学的な要因，鼓脹症などの採食に伴う消化器疾患，ワラビ中毒に代表される有毒植物の摂食に伴う疾患，放牧地の地形や地勢的な環境に伴う蹄疾患など多くの要因の影響を受ける．

(3) 放牧病対策の概要

放牧病の対策は上記の放牧病および放牧病の発生に関与する多くの要因を効果的に排除もしくはその影響を小さくすることにある．入牧前検査，放牧開始から退牧までの期間，放牧牛の定期的な健康検査を行い，異常畜を早期に見出し適切な処置を施す．特に入牧前の検査は一般臨床検査，血液検査，ふん便検査などにより感染症の有無や栄養状態を調べ，放牧の適否を判断する．侵入すると被害が大きい感染症であるヨーネ病，牛白血病，牛ウイルス性下痢粘膜病，サルモネラ感染症，小型ピロプラズマは入牧時もしくは放牧過程で確認されたら放牧牛から排除する．主要な感染症に対しては入牧前に混合ワクチンを接種して備える．内部寄生虫および外部寄生虫に対する駆虫を目的としたプログラムを実施する．また，入牧直後は気象環境や飼料の急変および牛群編成に行動学的な影響など種々のストレスを受ける．これらの影響を軽減し種々の環境に適応させることを目的として，入牧予定日の 1 カ月以上前に放牧馴致を行う必要がある．

1. 2. 4. 3. 放牧家畜の健康管理

(1) 衛生管理プログラム

放牧牛を放牧する前にあらかじめその牧野の過去の疾病発生状況を調べて，疾病の種類，発生頻度および処置対応を整理し，健康検査，血液検査，ふん便検査などを取り入れた衛生管理プログラムを作成し，衛生管理対策をたてる．放牧場へは複数の生産農家から牛が集められるので，病原微生物が集積される危険性があるため入牧時検査が重要である．

1) 入牧前の健康管理

入牧 1 カ月前に一般臨床検査，血液検査，ふん便検査などにより感染症の有無や栄養状態から放牧適否の判定を行う．放牧適否判定項目は牧場や地域の疾病発生状況を考慮して決定する．ヨーネ病，牛白血病，牛ウイルス性下痢粘膜病，サルモネラ感染症，小型ピロプラズマ病の感染個体は入牧させない．感染症の予防を目的とした入牧前のワクチン接種には牛伝染性鼻気管炎，牛ウイルス性下痢粘膜病および牛パラインフルエンザ感染症ワクチンなどの混合ワクチンや気腫疽，アカバネ病，イバラキ病，牛ヒストフィルス・ソムナス感染症などのワクチンが用いられる．

2） 放牧中の健康管理

入牧時には体重や胸囲などの体格検査，外傷，皮膚病の有無，肢蹄の異常，貧血の有無，栄養状態，鼻汁，発咳などの症状の有無を観察し，必要に応じて体温測定や血液検査を実施し放牧適否の最終判定を行う．予備放牧は放牧馴致を牧場で行うことであり，乾草や配合飼料などの補助飼料を給与しながら徐々に放牧時間を延長し本放牧に移行させる．放牧環境に慣れるまでの1〜2カ月間は衛生管理および家畜管理において注意を要する時期であり，異常を早期に発見して処置するためにも放牧牛の観察は重要である．

3） 退牧時の健康管理

放牧牛の退牧時には衛生検査を実施し疾病や感染病原体ならびに媒介衛生動物を農場や牛群へ持ち込ませないよう退牧時に確認検査を行う．

4） 有毒植物の対策

放牧家畜が摂取することで起こる中毒の原因となる代表的な有毒植物としてアセビ，イチイ，オトギリソウ，トリカブト，ユズリハ，ワラビなどが知られており中毒の危険性を回避するためにこれらを草地から除去する．硝酸塩中毒は窒素の過剰施肥，多雨，日照不足や高温などの条件により牧草中の硝酸態窒素が増加する．高濃度の硝酸態窒素を摂取することで本症の発症誘因として関与する．

5） 衛生害虫の防除

衛生害虫の中には病原微生物を媒介するものがあり放牧家畜に与える影響は大きい．アブ・ハエ類は牛白血病，未経産牛乳房炎や伝染性角結膜炎のベクターであることから衛生害虫の回避・忌避を目的に牛体へ薬剤や忌避剤を使用する．小型ピロプラズマ病を媒介するフタトゲチマダニは放牧牛に吸血し世代交代するがダニの卵へは移行しないため幼ダニは小型ピロプラズマ病の感染力を保有しない．本病の対策として数年間休牧して原虫保有ダニを制御したり草地更新および殺ダニ剤で対策する．

1.2.5. 牛舎と付属施設

1.2.5.1. 牛　舎

牛舎内の主要な施設環境として，タイストール（繋ぎ飼い方式）およびフリーストール（自由移動方式）牛舎が一般的である．わが国の乳牛の80％は繋ぎ飼いで飼養されている．繋ぎ飼いは運動以外の機能が集中一体化されており，一般的には小～中規模の飼養形態における個体管理に適している．

フリーストール方式は，密閉式　部分開放式　開放式など放し飼いによる飼養方式であり，フリーバーン（ルーズバーン）方式の欠点を改良する方式として考案された．比較的広い区画の中に乳牛が個別に専有できる牛床（フリーストール）を有しており牛床で自由に休息することが可能である．

1.2.5.2. 給餌・給水設備

タイストールでは飼料運搬車，フリーストールでは自動給餌器や給餌車が活用されている．給水設備としてはタイストールではウオータカップが主流であるがフリーストールでは立体型給水設備が利用されている．飼料の給与法として，給餌方式には粗飼料と濃厚飼料を別々に給与する分離給餌方式と粗飼料と濃厚飼料を混合して給与する混合飼料方式（TMR方式）がある．

1.2.5.3. 搾乳設備

タイストールではバケットミルカーおよびパイプライン，フリーストールではミルキングパーラが常設されている．また自動搾乳ロボットも利用される．搾乳された生乳はバルクタンクに貯乳される．搾乳機（ミルカー）の種類にはバケットミルカー（フロアー型，サスペンス型）を用いた搾乳は繋ぎ飼い牛舎で使用されてきた．パイプラインミルカーは搾乳した生乳を直接パイプを通じて生乳処理室へ送乳する方式であり，牛舎内で使用するカウシェイド用パイプラインミルカーと専用搾乳室で使用するミルキング用パイプラインミルカーの2種類がある．ミルキングパーラにはスタティクパーラ（アブレスト，タンデム，ヘリンボーン，パラレル），内搾りロータリーパーラ（ヘリンボン，タンデム，パラレル），外搾りロータリーパーラ（パラレル）などがあり大規模酪農場での搾乳システムとして採用されている．繋ぎ牛舎では，バケットミルカーなどの搾乳ユニットを作業者が運ぶのが一般的であるが搾乳作業者の軽労化，省力化と作業の効率化を目的に搾乳ユニット自動搬送装置も使用されている．フリーストール式牛舎では繋ぎ飼い式牛舎に比べて泌乳器と運動器の病傷が多く発生する傾向にあり，病傷予防のために敷料や床材などの施設環境に留意する必要がある．搾乳ロボットは，入室してきた乳牛の搾乳を機械で行うBOX型のロボットでありミルキングロボットとも呼ばれる．搾乳作業を人の代わりに行い搾乳作業が自動化されている．ロボット搾乳システムには乳量，乳温，乳成分の計測や異常乳に対するアテンションならびに反すう時間の計測などの機能を有している．

1.2.5.4. ふん尿搬送設備

ふん尿の性状は飼養管理方式と深く関わりがあり，牛舎構造や換気構造，使用している敷料の種類と量などにより異なる．牛舎から搬出されるふん尿性状は，タイストール方式では，固形25%，半固形64%，液状11%，フリーストール式牛舎では固形26%，半固形59%，液状15%であり，フリーバーン方式では，固形50%，半固形50%を示している．ルーズバーン方式では豊富な敷料を使用し，比較的広い休息場に敷料を追加しながら使用することから，ふんの形は半固形から固形の性状になる．フリーストール方式では，繋ぎ飼い方式に比べ半固形から固形の割合が少なく液状の割合が高くなる．繋ぎ飼い方式の牛舎ではふん尿溝に接置されたバーンクリーナが広く利用されている．フリーストールではバーンスクレーパや小型ローダを用いてふん尿の処理が行われる．そのほかのふん尿搬出の方法にはスノコ式牛舎を利用した固形分と液状分の分別処理が行われる．スラリーはふんと尿が分離されていない状態では流動性に富み，ローダ類やバーンスクレーパによる搬出が容易でポンプによる搬送が可能になる．スラリーのふん尿混合物はポンプによる機械的取り扱いが容易で作業性に優れているが，施設整備と液肥を還元可能な圃場面積の確保が条件となる．ふん尿処理方法には乾燥処理，堆肥化処理，液状コンポスト化処理，汚水浄化処理，バイオガス・コジェレーションシステムなどがある．

1.2.6. 牛の衛生管理

1.2.6.1. 衛生管理の要点

ここでは病気のうちで感染病原体の感染で起こる感染症に対する衛生管理にふれる．農場の牛群を感染症から守り，健全な生産活動を維持していくためには，問題となる感染症に対する対策が必要である．感染症は，①感染源がある，②感染経路（接触，経口，呼吸器，生殖器など）がある，③感受性動物が存在することで成立する．病原体を農場へ「入れない」ことが原則であるが，牛群内へ侵入した場合は，可能な限り早期にその異常を発見するために日常的な牛群の観察が必要である．

牛群において感染症に罹患した個体を発見するためには，健康時の牛の状態を把握しておく必要があり，搾乳時や飼料給与時に牛の健康状態や異常の有無を観察する．問題となる主な感染症は，呼吸器，消化器および泌乳器に関連している．感染症は，一個体から群へと伝播することから，牛群内で複数の個体に類似の症状が観察されるが，症状の出現程度や出現までの時間に個体差がある．

牛群の定期的な検診とともに問題となる感染症の有無と問題牛の把握が重要である．牛の新規導入や集団牧野からの退牧時および品評会など牛が集合した場所からの帰舎などにおいては，その後の健康状態の異常の有無を把握する．畜産関係者は家畜防疫の保守事項を厳守して業務にあたらなければならない．

1.2.6.2. 清浄化対策

外部から病原微生物が農場内に持ち込まれる最大の経路は感染した牛によるものである．外部から導入する家畜の検査や隔離は，外部からの病原微生物の伝播を防止するうえで重要である．病原微生物に感染し発病した牛は多くの病原微生物を飼育環境に排せつするため感染牛の隔離あるいは淘汰は，感染源対策および清浄化対策として重要である．

感染経路には間接的な接触による農場外からの病原微生物の伝播や農場内における直接または間接接触による病原微生物の伝播がある．牛群で特に把握し制御すべき感染症の代表的なものに下痢・消化器感染症として，①牛のヨーネ病（細菌），②サルモネラ症（細菌），③牛ウイルス性下痢・粘膜病（ウイルス）

がある．牛群で対策すべき感染症としての下痢・消化器感染症には，①大腸菌感染症（細菌），②ロタウイルス感染症，③コクシジウム症（原虫），④クリプトスポリジウム症（原虫），乳腺の感染症として，①黄色ブドウ球菌性乳房炎，②マイコプラズマ性乳房炎，③流産を起こすネオスポラ症（原虫），④牛白血病（ウイルス）や蹄感染症である蹄皮膚炎（細菌）などがある．それぞれの対策は該当する病原体により感染源および感染経路が異なるので農場における清浄化対策は各々の感染症を参照されたい．

1.2.6.3. 疾病誘因の排除

疾病は大きく栄養や管理失宜に関連した代謝病や生産病，繁殖管理との関連で起こる繁殖生理疾患，外傷などに起因する運動器疾患，放牧が誘因となる放牧病，遺伝子の異常に起因する遺伝病，病原微生物の感染により発症する感染症など，それぞれの疾病の誘因（原因）は異なる．ある疾病は単一の誘因（原因）から起こるものもあれば，生産病のように栄養，管理，環境，個体，遺伝など多くの要因が関与して疾病発症の誘因となることがある．疾病を減らすためには問題となる疾病についてその原因や誘因を可能な限り排除することである．

1.2.6.4. 疾病予防対策

(1)　ワクチン，薬剤などの投与プログラム

ワクチンは動物に免疫を与え感染症を予防する生物学的製剤である．ワクチンは細菌やウイルスなどの病原微生物を原料に作られ生ワクチンと不活化ワクチンがある．生ワクチンはウイルスや細菌の病原性をできるだけ低下させているが，感染性と免疫原性は維持されている．不活化ワクチンはウイルスや細菌をホルマリンなどの薬品や温度，紫外線などの不活化処理で感染性をなくし免疫原性を残したものである．牛用ワクチンにはウイルス性呼吸器病，下痢症や異常産などの予防ワクチンが市販されている．農場での感染症予防のためにワクチンを応用する場合は，ワクチンを接種する牛の年齢，移行抗体の保有状況，牛群の抗体陽性率，地域における疾病の流行状況などを考慮して，獣医師の指示の下にワクチネーション・プログラムを作成することが重要である．薬剤についても用途に応じ適正な薬剤を選択し，定められている用法・用量などに準拠して使用する．

(2) 病原体の侵入防止と消毒

農場乗り入れ車輌については，専用の消毒施設を設置し対応するか，手動噴霧器などを常備してタイヤ消毒を実施する．施設に通じる敷地内の道路は日常的に石灰散布を行う．畜舎への出入りは，長靴を洗浄し踏み込み消毒槽で消毒する．農場外車輌の乗り入れは管理エリアまでとし家畜エリアへの乗り入れを制限する．農場への訪問者に対して農場の入り口に感染症の制圧に必要な事項を掲示し注意を喚起する．

(3) 害虫，衛生動物の駆除

衛生動物は，動物の体表に寄生したり家畜感染症の病原体を保有・媒介したり，体内に保有する毒物により動物体に直接・間接に害を及ぼす動物であり，家畜衛生との関わりのうえから節足動物およびネズミ類が問題となる．衛生動物の防除には衛生動物の発生予防と駆除が含まれるが，環境の整備による防除，物理的・機械的防除，生物学的防除および化学的防除がある．化学薬品を使用して防除する方法を化学的防除といい殺虫剤や殺そ剤が含まれる．アブ・ハエ類は病原体の媒介動物であることからその回避・忌避を目的にした牛体への薬剤適用や忌避剤が用いられる．

1.2.6.5. 防疫：バイオセキュリティ

農場防疫の基本は，感染症の原因となる病原微生物を農場へ「入れない」，農場内に「拡げない」そして農場から「持ち出さない」ことにある．その目的は，家畜を感染症から守り健康を維持するとともに生産物の安全性を確保することにある．

(1) 施設と防疫

農場の敷地を「居住エリア」と「農場エリア」に区分し，「農場エリア」をさらに「管理エリア」と「家畜エリア」に区分する方法がある．「管理エリア」は事務所，貯蔵庫，サイロ，堆肥舎や道路からなり，「家畜エリア」は畜舎，パドック，家畜用通路など家畜の飼養に直接関係する領域とする．農場エリアの出入り口，周囲に「無断立ち入り禁止」の看板を設置して外部からのヒトの立ち入りや車輌の進入を制限する．農場エリアと居住エリアの出入り口を分ける．車輌のタイヤ消毒を行う施設を設ける．

(2)　外来者，車輌に対する対策

1)　外来者

人々の多くは複数の農場に出入りするため，その衣服や靴などに病原微生物が付着する危険性が高い．病原微生物の持ち込みを防ぐために，農場の出入り口に踏込消毒槽を設置し効果的な薬液の選択とともに有効な消毒液を調製する．外来者にはブーツカバーの着用もしくは消毒済みの長靴の使用や替え着の使用も備える必要がある．農場エリアへは外来者の立ち入りを制限する．家畜エリアに立ち入る外来者に対しては，原則として農場専用の長靴，作業衣，帽子，手袋などの着用を義務付ける．

2)　車　輌

酪農場へは集乳車，飼料運搬車，診療車，家畜運搬車など農場外からの車輌が進入するが，車輌については専用の消毒施設を設置するか，手動噴霧器などを常備してタイヤ消毒を実施し，施設に通じる敷地内の道路は日常的に石灰散布を行う．農場外車輌の乗り入れは管理エリアまでとし，家畜エリアへの乗り入れを制限する必要がある．家畜市場やと畜場，農場間を移動する車輌は洗浄・消毒を実施する．

3)　飼料など

輸入飼料の場合には，それらの輸出国が海外伝染病に対する安全性が検証されているか確認しておく必要がある．

(3)　牛群の把握

牛群において感染症に罹患した個体を発見するためには，健康時の牛の状態を把握しておく必要があり，搾乳時や飼料給与時に牛の健康状態や異常の有無を観察する．問題となる主な感染症は，呼吸器，消化器および泌乳器に関連している．

(4)　導入牛に対する対策（着地防疫，隔離など）

ほかの都道府県から家畜を導入する場合には，所轄の家畜保健衛生所に移入家畜導入計画書などを提出する．着地した導入牛を一時的に隔離飼養し，感染症の有無を確認するための施設が必要となる．家畜，作業機材などは一般の飼育施設と隔離し，個体間の接触を避けることが重要である．新規導入牛は導入時および導入後一定期間，健康状態の観察が必要である．集団牧野からの退牧

時や乳牛品評会からの帰舎などは，飼料や飲水をほかの飼養家畜と共用させず隔離飼養するなど検疫期間を設ける．

1）　導入時の観察

隔離された施設で飼養し健康状態の観察を行なう．検温や乳房の観察，異常を認めた場合は速やかに適切な処置を行う．

2）　導入後の観察

導入牛はほかの家畜から十分に隔離できるような施設で約 2〜3 週間程度飼育する．導入時の観察項目に加え，元気，食欲，ふん便，反すう，目やに，鼻鏡の異常，行動に注意を払い継続的な観察を行う．異常を発見した場合は適切な対応を行う．

3）　そのほか

作業着および靴は隔離施設専用としほかの施設との共用を避ける．野生動物，愛玩動物の施設内への出入りを防ぎ，ハエなどの衛生害虫は駆除する．畜舎の壁，通路，飼槽および牛床は日常的に消毒する．家畜を一般飼育施設に移動した後は十分な消毒を実施する．

(5)　農場内の作業

酪農場までに着用する衣服および靴と農場内で着用する作業衣ならびに靴は別のものを使用する．畜舎の出入りは，長靴（底）を洗浄し踏み込み消毒槽で消毒を行う．感染症に対する感受性の高い子牛が飼養されている畜舎では専用の長靴を用意し履き替える．使用した衣服は作業終了後に消毒液に浸漬し洗濯する．

(6)　牛舎消毒

牛舎消毒は病原体の侵入と農場内でのまん延防止を目的として行う．対象とする病原微生物により効果のある消毒薬を選択する．

(7)　異常牛が疑われた場合の対応

飼養家畜が伝染性の感染病を疑わせる症状や急死を確認した場合，特に，家畜伝染病の患畜などを発見した時は，都道府県知事（所轄の家畜保健衛生所長）への届出の義務がある．

(8)　酪農場における海外伝染病の侵入防止対策

海外から農場への疾病侵入リスク要因としては，①導入家畜，野生動物および衛生昆虫，②従事者を含め酪農場に出入りするヒト（衣類や靴を含む），③肉や畜産物，乳製品などの動物由来物品，④飼料，水，敷料，などの酪農資材，⑤酪農場の設備機材，⑥酪農場に出入りする車輌，⑦治療薬やワクチンなどの医薬品などがある．海外伝染病を疑う疾病が農場で発生した場合には速やかな対応が必要であり，家畜保健衛生所に連絡する．

1.3. 豚の飼養管理と衛生

1.3.1. 飼養衛生管理基準

(1) 家畜防疫に関する最新情報の把握など

豚の伝染性疾病の発生の予防およびまん延の防止に関し，家畜保健衛生所から提供される情報を必ず確認し，家畜保健衛生所の指導などに従う．家畜保健衛生所などが開催する家畜衛生に関する講習会への参加，農林水産省のホームページの閲覧などを通じて，家畜防疫に関する情報を積極的に把握する．また，関係法令を遵守するとともに，家畜保健衛生所が行う検査を受ける．

(2) 衛生管理区域の設定

自農場を，衛生管理区域とそれ以外の区域に分け，境界が分かるようにする．

(3) 衛生管理区域への病原体の持込み防止

衛生管理区域の出入口の数を最小限にする．必要のない者を衛生管理区域に進入させず，豚に接触する機会を最小限とする．農場出入口付近への看板の設置などをする．

(4) 衛生管理区域に立ち入る車輌の消毒

衛生管理区域の出入口付近に消毒設備を設置し，車輌入場者に，衛生管理区域に出入りする際に消毒設備を利用して車輌の消毒をさせること．

(5) 衛生管理区域および豚舎に立ち入る者の消毒

衛生管理区域および豚舎の出入口付近に消毒設備を設置し，進入者に対し，衛生管理区域および豚舎に出入りする際に消毒設備を利用して手指の洗浄または消毒および靴の消毒をさせること．

(6) 衛生管理区域専用の衣服および靴の設置および使用

衛生管理区域専用の衣服や上から着用する衣服および専用靴やブーツカバーを設置し，衛生管理区域への進入者に確実に着用させること．

(7) ほかの畜産関係施設などへの立入者などが衛生管理区域へ進入する際の措置

当日にほかの畜産関係施設などに立入った者（家畜防疫員，獣医師，家畜人工授精師，飼料運搬業者そのほかの畜産関係者を除く.）および過去1週間以内に海外から入国または帰国した者を，必要がある場合を除き，衛生管理区域に進入させない．

(8) ほかの畜産関係施設などでの使用物品などを衛生管理区域へ持ち込む際の措置

ほかの畜産関係施設などで使用し，または使用したおそれがある物品で，飼養する豚に直接接触するものを衛生管理区域に持ち込む場合には，洗浄または消毒をする．豚の飼養管理に必要のない物品を豚舎に持ち込まない．

(9) 海外で使用した衣服などを衛生管理区域へ持ち込む際の措置

過去4カ月以内に海外で使用した衣服および靴を衛生管理区域に持ち込まない．やむを得ず持ち込む場合には，事前に洗浄，消毒などする．

(10) 処理済みの飼料の利用

豚に食品循環資源の再生利用などの促進に関する法律（平成12年法律第116号）第2条第3項に規定する食品循環資源を原材料とする飼料を給与する場合には，事前に加熱そのほかの適切な処理をする．

(11) 野生動物などからの病原体の感染防止

畜舎の給餌設備および給水設備ならびに飼料の保管場所にネズミ，野鳥などの野生動物の排せつ物などが混入しないようにする．

(12) 飲用に適した水の給与

飼養する豚に飲用に適した水を給与する．

(13) 衛生管理区域の衛生状態の確保

畜舎そのほかの衛生管理区域内にある施設および器具の清掃または消毒を定期的にする．注射針を原則1頭1針とし，少なくとも豚房ごとに交換する．人工授精用器具そのほか体液が付着する物品は1頭ごとに交換または消毒をする．

(14)　空豚房の清掃および消毒

豚の出荷または移動により豚舎または豚房が空いた場合，清掃・消毒をする．

(15)　密飼いの防止

豚の健康に悪影響を及ぼすような過密飼養をしない．

(16)　家畜の健康観察と異状が確認された場合の対処

豚が特定症状を呈していることを発見した時は，直ちに家畜保健衛生所に通報する．また，農場からの豚およびその死体，畜産物ならびに排せつ物の出荷および移動をしない．不必要に，衛生管理区域内にある物品を衛生管理区域外に持ち出さない．

(17)　特定症状以外の異状が確認された場合の出荷および移動停止

豚に特定症状以外の異状であって，豚の死亡率の急激な上昇または同様の症状の豚の増加が確認された場合（非伝染性疾病は除く．）には，直ちに獣医師の診療もしくは指導または家畜保健衛生所の指導を受ける．また，豚が監視伝染病ではないことが確認されるまでの間，農場からの豚の出荷および移動をしない．豚が監視伝染病であった場合，家畜保健衛生所の指導に従う．また，豚にそのほかの特定症状以外の異状が確認された場合には，速やかに獣医師の診療を受け，または指導を求める．

(18)　毎日の健康観察

毎日，豚の健康を観察する．

(19)　豚を導入する際の健康観察など

導入元の農場などにおける疾病の発生状況や豚の健康状態の確認などにより健康な豚を導入する．導入豚が伝染性疾病でないことを確認するまでの間，ほかの豚と直接接触させない．

(20)　豚の出荷または移動時の健康観察

豚の出荷または移動の直前には，当該豚の健康状態を確認する．

(21)　埋却などの準備

埋却の用に供する土地（肥育豚（3 カ月齢以上）1 頭当たり 0.9 m^2 を標準とする．）の確保または焼却もしくは化製のための準備をしておく．

(22)　感染ルートなどの早期特定のための記録の作成および保管

次に掲げる事項に関する記録を作成し，少なくとも 1 年間保存する．

1） 入場者について

a 家畜の所有者および従業員を除く衛生管理区域への進入者の氏名および住所または所属名

b 衛生管理区域への進入年月日およびその目的

c 入場者が過去1週間以内に海外から入国し，または帰国した場合にあっては過去1週間以内に滞在したすべての国または地域名および当該国または地域における畜産関係施設などへの立入りの有無.

2） 豚の所有者および従業員について

海外に渡航した場合には，その滞在期間および国または地域名

3） 導入豚について

豚の種類，頭数，健康状態，導入元の農場などの名称および導入の年月日

4） 出荷または移動を行った豚について

種類，頭数，健康状態，出荷または移動先の農場などの名称および出荷または移動の年月日

5） 豚の異状について

異状の有無ならびに異状がある場合にあってはその症状，頭数および月齢

（23） 3,000頭以上豚を飼養している大規模所有者に関する追加措置

1） 連絡体制について

所有者は，農場ごとに，家畜保健衛生所と緊密に連絡を行っている担当の獣医師または診療施設を定め，定期的に獣医師または診療施設から飼養豚の健康管理について指導を受ける.

2） 通報ルールの作成について

所有者は，従業員が飼養豚において特定症状を呈していることを発見した場合，所有者（所有者以外に管理者がある場合にあっては，所有者および管理者）の許可を得ず，直ちに家畜保健衛生所に通報することを規定したものを作成し，これを全従業員に周知徹底する．家畜の伝染性疾病の発生の予防およびまん延防止に関する情報を全従業員に周知徹底する.

1.3.2. 養豚と管理技術

近年，大型化してきた豚の飼養形態は，交配・分娩から肥育・育成まで一貫

システムで行ういわゆる一貫生産経営がある．1養豚場敷地内に，妊娠豚舎，交配舎，繁殖雄豚舎，分娩舎，離乳豚舎および育成・肥育豚舎などが存在する形態から，繁殖・分娩・哺乳を1農場，離乳・肥育を別の1農場にするツーサイトシステム，離乳と肥育を別々の農場とするスリーサイトシステム，離乳と肥育を複数の農場に分散するマルチサイトシステムも見られる．

また，飼養管理や疾病対策として，オールイン・オールアウト（AIAO）方式を取り入れる養豚場が増加しており，スリーセブンシステムなど3週間分の母豚を1グループとし，3週間隔で交配，分娩，離乳させ，七つの母豚グループを形成し，ロット毎にAIAOするシステムも見られる．

繁殖能力と産肉能力も高度に育種改良されたハイブリッド豚や銘柄豚が現れた．

1.3.3. 豚の飼養管理

1.3.3.1. 豚舎と付属施設

豚舎構造としては，閉鎖型の無窓（ウインドウレス）豚舎あるいは開放型豚舎がある．また，一部では放牧地を設けている．床は，全面または部分的なスノコ床，コンクリート床，オガコ（オガクズ）床，また，最近では，発酵床などが見られる．

農場は，周囲に悪臭，塵埃の発生源がないこと，上水道，井戸水が十分に受給できる場所で，排水処理が容易にできる場所にする．農場バイオセキュリティとして，農場への病原体の侵入を防止するために農場をほかの養豚場および幹線道路からなるべく隔離させる．農場周囲にはフェンスなどを設け，出入口を限定して農場への進入を規制し，豚舎には防鳥ネットを設置する．施設は，清掃し易いように整理・整頓する．農場の出入口は2カ所以内に限定し，1カ所は導入豚や飼料搬入口などとし，他方は出荷専用とし，そこに車輛用の消毒施設あるいは消毒場所を設け，一般豚舎とできるだけ離れた農場の両極に配置する．農場内では，病原体が拡散しないように施設を管理区，豚飼養区および処理区の3区域に分けて配置する．照明設備として，豚舎および作業員更衣室においては，150 Lx（ルクス）以上に，飼料保管庫，廃棄物保管施設，トイレにおいては，80 Lx以上を保持する．

管理区には管理棟（事務室，更衣室など）および搬入保管施設（飼料庫，資材庫など）などを設置する.

また，飼料運搬車が場内に進入しなくても飼料補給ができるように飼料タンクを配置設備する.

豚舎は交配豚舎（離乳後母豚の休息，導入豚の育成，雄豚の収容，交配，受胎確認），妊娠豚舎（妊娠母豚の飼養），分娩豚舎（分娩母豚と新生子豚の飼養），子豚育成舎（離乳後子豚の育成），仕上豚舎（肥育豚の飼養），隔離豚舎（事故豚の隔離・治療）および検疫豚舎（導入豚の観察）を設置する．豚舎は，互いに約20m以上隔離し，特に，隔離豚舎および検疫豚舎は，それぞれほかの施設からできるだけ離れて設置する．豚舎およびその付属施設は，できる限り管理作業が一方向（ワンウェイ）にできるように配置する．豚舎は原則として，断熱構造とし，換気・空調にも十分配慮する．さらに，床，天井，壁は水洗・消毒が容易にでき，かつ耐水性に富む構造にする．豚舎間の移動では，衣服や長靴の交換あるいは，上着の着用あるいは長靴の洗浄・消毒を徹底する．豚舎の出入り口には，手指消毒施設，踏込み消毒槽，器具の洗浄場などを設置し，出入りする際には，手指，作業衣，作業靴などについて，伝染病の病原体が拡がるのを防止するために消毒をする．消毒液は定められた濃度で作製し，踏み込み消毒槽は，できるだけ毎日交換する.

豚舎から排出されるふん，汚水そのほかの廃棄物を処理する施設は常風の風下側，端部に配置し，この区域で使用する器材，車輛などは専用のものとし，出入口には消毒槽を設置する．また，周辺の一般住居あるいはその予定地などにも考慮して設置する.

また，100頭以上の豚を飼養する農場では，「家畜排せつ物の管理の適正化及び利用の促進に関する法律」が2004年から全面的に適用され，ふん尿処理施設の整備・改善および家畜排せつ物の管理が義務化されている.

1.3.3.2. 子豚期

(1) 子豚の生理的特徴と管理

新生子豚は寒さに弱いので，保温箱，コルツヒーターなどで保温には十分注意する．また，この時期は，下痢を起こし易い．下痢の原因として，病原大腸菌感染，コクシジウム感染やスノコ床下からのすきま風，母豚の産褥期無乳症などの体調不良などがある．子豚は，初乳を飲まないと母豚の免疫が移行しない．初乳中の免疫抗体を小腸から吸収できる飲作用（ピノサイトーシス）の時間は，生後24時間までであり，十分吸収させるには，生後4〜6時間以内に初乳を飲ませる必要がある．豚は多産系なので，産まれた子豚は出生順序により競争力に差が出る．子豚間のバラツキを少なくするには，分割授乳をすると良い．

また，母豚の乳頭にかみ傷や離乳後の尾かじりなどがみられる場合，出生後に，断尾，切歯をする．また，貧血予防のために鉄剤を投与する．

（2）　子豚の成長と離乳

子豚の出生体重は1.2〜1.4kgである．自然離乳は2〜4カ月齢であるが，生産性向上のために，3〜4週齢（7〜10kg）で強制離乳させる．離乳時のストレスなどを軽減化するために，離乳前から消化し易い穀類，動植物性の蛋白質，糖類，各種のビタミンやミネラルなどや抗生物質，消化酵素など添加された人工乳で「餌付け」を行う．繁殖に使用しない雄の子豚は，離乳前に去勢する．

1.3.3.3.　育成期

子豚は，ほぼ同じ日齢あるいは体重の群に分けられる．ここでは，子豚が生後約75〜80日までの期間を過ごし，体重は約30kg超までに増加する．この時期は，母豚からの移行抗体が低下し，また，環境の変化として，豚群編成，飼料の変化，給水器の変化，給餌器の変化，気温の変化などがあり，病気に罹り易い時期である．

1.3.3.4.　肉豚期

体重がおよそ110〜120kgに達すると出荷となり，それまでの生後160〜210日までの期間である．飼料と給水の適正管理が重要である．飼養形態として，給餌と給水が独立したドライフィーディング，末端で混合されるウェットフィーディングや混合したものを配管で送るリキッドフィーディングがある．出荷前のこの時期の抗菌剤治療の際には，特に休薬期間を厳守しなければならない．

1.3.3.5.　成豚（繁殖）期

（1）　種雌豚・種雄豚の管理

種雌豚の候補豚は，体重約30kg，60kg，100kgの各段階で，発育の程度，乳頭数や配列，歩様などで選抜する．体重60〜80kgから繁殖用飼料を給与し，馴致期間を設けて，必要なワクチン接種をして抗病性をつけ，2〜3回目の発情時に（体重約130～150kg）で初回の授精を行う．

種雄豚についても栄養管理は重要であるが，体重が大きいので，個体別に管理し，1日当たり2～3kgの給餌量が目安となる．30℃を超える夏では，ビタミン，ミネラル，アミノ酸などを補給し，暑熱対策を行う．冬は，給餌量を増やし，気温16℃前後を目安に管理する．ワクチネーションと駆虫を計画的に行う．

(2) 妊娠豚の管理

発情誘起のために，雄豚に近づけて，採光や照明をとる．発情確認は，最低限，朝夕の2回は行う．再発情チェックと，妊娠鑑定を徹底する．妊娠鑑定は，通常30日と50日前後に行う．授精後30日以内の早期流産チェックを徹底する．妊娠期と授乳期を通じた栄養管理を徹底する．母豚は分娩と授乳で約35kg体重が減少するので，離乳後の母豚に対しては栄養補給を行う．授精後は給餌制限し，3週後から冬場2kg，夏場1.6kgを目安に，分娩1カ月前から3～4kg増量給餌する．

1.3.4. 衛生管理

1.3.4.1. 衛生管理の要点

養豚場の衛生状況を把握するためには，計画的に血清学的検査あるいは病原学的検査などを実施する．豚群集団における各種疾病の浸潤状況を定期的に明らかにしておく．未だ診断方法が確立していない慢性伝染病などの場合，生前においては被害状況との因果関係が明確にできない場合も多い．よって，疾病発見，疾病浸潤の指標として，繁殖回数，受胎率，死流産回数やその状況，母豚1腹当たりの子豚の離乳頭数，へい死・淘汰頭数，育成状態などに関する記録をとり，一般衛生状況を把握しておく．飼槽内の残飼について観察する．過密な状態で豚を飼養しないようにする．オガコ豚舎の場合，使用するオガコなどについては，安全性と品質が適切で，床面は良好な状態を維持管理する．地下水を飲料水として使用する場合は，年1回以上水質検査をする．

疾病対策として，衛生管理が重要視され，AIAO方式を取り入れる養豚場が増加している．AIAO方式とは，豚を移動・出荷する際，豚舎内の豚全頭を搬出させて，完全に空舎にして，徹底的に水洗・洗浄・消毒・乾燥させて，一定の空舎期間の後に新たな豚を一斉に導入する方式である．これにより，豚舎環境中にいた病原菌が次の導入ロットの豚に環境から感染することがなくなり，豚舎内の病原体の持続感染の連鎖を絶ち切ることができる．外から病原体の侵入を阻止するには，豚のAIAO方式だけでは不十分であり，外来者の制限や，外部導入豚の隔離，検疫・馴致・検査など，バイオセキュリティを徹底することにより，外部から病原菌を持ち込まないシステムを構築する必要がある．

1.3.4.2. 清浄化対策

病気の早期発見と隔離が重要である．毎日，健康観察を実施し，異状が認められた豚は直ちに隔離し，症状，頭数および月齢を記録する．不健康な状態とは，飼槽に寄りつかず，食べ残しがある．発育不良，削痩，群内個体における大きさのバラツキ，不穏，流延，苦悶，沈うつ，異様な興奮，狂騒旋回，痙れん，麻痺などの意識障害や神経症状，跛行，打撲，捻挫，関節炎，排尿・排ふん時の背・飛節の異常わん曲，壁や柱に体を擦りつける，目の異常（活力がない，結膜の貧血・充血・黄色化，眼瞼浮腫，アイ・パッチ），鼻鏡の乾燥，黄白色鼻汁，鼻曲がり，発咳，発熱，嘔吐，群を離れ，豚舎の隅にうずくまる，背を丸めて小股に歩く，被毛・体表の光沢が悪く，逆立つ，下痢あるいは尻の汚れ，尾の出血，皮膚の水胞・嚢胞・膿瘍・痂皮形成・チアノーゼや紫斑，異常に水を飲むなどである．一方，健康な状態とは，日齢に応じた適度な発育，食欲旺盛で，食べ残しがなく，元気があり，活発で歩様がしっかりしている．また，被毛・体表に光沢があり，目は温和で活力があり，鼻端は湿潤で淡桃色し，鼻汁は透明で少量であり，尾を活発に振る．ふんは下痢や便秘がなく，悪臭を伴っていない．

1.3.4.3. 疾病誘因の排除

豚の伝染病予防対策としては，病原体を農場内に侵入させないことが大原則である．不幸にも，病原体が侵入した場合は，病気の発生時に感染病の発生を最小限に抑え込むまん延防止が重要となる．伝染病は，ウイルス，細菌あるいは寄生虫などの病原体が豚に感染し，体内で増殖することによって発病する．伝染病の発生状況，症状の程度あるいは被害状況は，病原因子側の条件として，微生物自体の病原性の強弱，感染量，種類などがあり，宿主側要因として，品種，系統，日齢，性別，免疫の有無，栄養状態，先天的・後天的素質，そして，環境要因として，季節，気象，地域性，飼料・水，密飼い，飼養管理の失宜，衛生管理不良などがあり，それらによって大きく状況は左右される．よって，伝染病の発生を予防するには，感染源の排除，感染経路の遮断，宿主の感染防御能の強化が必要で，そのためには飼養衛生管理を常時徹底することが重要となる．

また，伝染病だけでなく，各種疾病の誘因として，豚舎環境が深く関与としている．温度や湿度である．暑熱対策としては，豚は発汗作用が十分でなく，高温多湿で熱射病や肺充血を起こし易いので，豚舎の屋根や壁などには断熱材，断熱塗装などを施す．また，水浴槽・シャワーなどを設備する．ウインドウレス豚舎の場合，落雷事故など夏季の停電の際には，しばしば甚大な集団死亡事故が起きるので，十分注意する．一方，寒冷対策としては，保温のための豚舎周囲，特に北西部は防風対策を施し，北風の侵入を防ぐ．寒冷時には下痢を起こし易い．初生豚では体温調節機能が未発達のため，10℃以下では，寒冷死，15〜20℃では行動の不活発，軟便，下痢の多発，著しい発育遅延が起きる．子豚の発育適温は，20〜25℃（1週齢以内は27〜36℃）なので，豚舎に隙間風が侵入しないようにし，保温箱を設置する．子豚の保温には，ガスブルーダー，コルツヒーター，遠赤外線ヒーターやヒータマットを使用する．スノコ床の場合，下からの冷風で豚の体温が下降するので冷風の当たらない休憩場所やマットを設置する．温度計の設置は，豚の生活環境の位置が好ましいが，豚が触れないで，作業上，邪魔にならない箇所にする．離乳子豚でも低温感作は，初生豚と同様の障害が見られる．豚の健康を維持する最適湿度は，50〜80％が良いとされる．これらの対策として消毒と浮遊塵埃の減少，加湿の目的で年間を通じて1日に3〜4回時間を決めて自動噴霧器による消毒薬の噴霧を実施する．特に，冬季の低湿度は豚の呼吸器複合病（PRDC）などを誘引する．

1. 3. 4. 4. 疾病予防対策

(1) ワクチン，薬剤などの投与プログラム

ワクチンが市販されているオーエスキー病，豚繁殖・呼吸障害症候群，豚サーコウイルス関連疾病，豚丹毒，マイコプラズマ肺炎，萎縮性鼻炎，豚流行性下痢，伝染性胃腸炎，豚パルボウイルス感染症，日本脳炎，豚インフルエンザ，グレーサー病，豚大腸菌性下痢症，豚のアクチノバチラス感染症などについて

は，その地域に適した衛生管理プログラムを考慮した計画的ワクチン接種を励行して，病気の発生を予防する．ワクチンによって豚群に有効な免疫を与えることは，例え，病原体が飼育場に侵入した場合でも，病気の発生を阻止するうえで，きわめて有効な手段となる．

飼育場に常在している慢性細菌性疾病対策，特に，ワクチンの開発されていない細菌性疾病対策や，ウイルス性疾病に付随する細菌の二次感染症対策には，抗菌剤や抗生物質製剤を飼料添加するなどして，病気が最小限になるように努める．その際，豚肉中に抗生物質残留がないように休薬期間を遵守しなければならない．また，成長促進目的の抗菌性飼料添加物使用の見直しが検討されている．その背景には，耐性菌の出現・増加がある．抗菌剤の適正使用が求められている．

(2)　病原体の侵入防止と消毒

1)　進入制限

養豚団地の場合，経営の異なる養豚場であっても，一旦，団地内で法定伝染病が発生すれば，近隣農場は伝播の危険性があるだけではなく，移動制限などの法的措置の対象となる．よって，養豚団地は一つの運命共同体であることを自覚し，団地内への部外者の進入を制限し，車輛消毒などバイオセキュリティに努めることが肝要である．団地内において，個々の衛生対策の徹底度が異なっていては，その地域バイオセキュリティは危うい．2010 年の口蹄疫は牛農場と養豚場が密集する地域で流行し，ローカルスプレッド（不特定要因で周辺に発生拡大する）があったとされる．一つの団地を大規模養豚場と考えて防疫対策を講じる必要がある．

農場バイオセキュリティとして，前述した飼養衛生管理基準を遵守する．また，農場にはできるだけ，シャワー（浴）室を設置し，入場者は農場専用の下着や作業衣を着用し，農場から出る際にもシャワーで頭髪を含む身体表面を洗浄し，着替える．毎時，入場者の記録（氏名，住所，所属，入場日，目的）をする．農場で帽子，手袋や衣服などが用意されていない場合には，清浄な衣服あるいは防護服および履物やシューズカバーを持参しておき，着用する．履物および手指の消毒を励行する．履物の消毒は，踏込み消毒槽で行う．消毒前に履物を予備洗いし，消毒槽を日陰に置く．消毒薬は，週に 2 回以上，汚れが著しい時にはその都度取り替える．なお，履物が，ふん尿や泥などで著しく汚染する恐れのある場所では，履物そのものを交換する．

車輛の場内進入は原則禁止とする．やむを得ず，飼料運搬車輛など入場させる場合は，場外または入口の車輛消毒装置や動力噴霧器で車輪や車台の下部の泥土や塵埃を消毒する．運転席などは消毒液を噴霧するか消毒液に浸した布でよく拭く．薬剤，敷料など資材の搬入に際しても，必要に応じて噴霧消毒を行う．

2） 清掃・消毒

豚舎とその周辺の清掃，ふん尿の適切な処理，排水溝の整備および悪臭防止対策を励行する．また，施設に適した消毒法を確立し，定期的な消毒を励行し，従事者名を記録する．各豚舎に出入りする際には，手指，作業衣，作業靴などについて，伝染病の病原体が拡がるのを防止するために，入口に手指消毒施設，踏込み消毒槽，器具の洗浄場などを設置する．管理棟，豚舎，飼料庫など構内に配置されている施設については定期的に清掃，消毒を行い，豚，作業着および作業靴などを清潔に保つ．特に，豚舎については，以下の AIAO 方式に従い，清掃・消毒を徹底する．豚舎はできる限り，AIAO 方式で運営するものとし，オールアウトした豚舎は，ふん，飼料などを搬出した後，十分に天井，壁，床を清掃，水洗・洗浄および消毒し，一定の乾燥期間をおいて次の豚群を導入（オールイン）する．AIAO 方式を採用できない豚舎については，一定期間使用後，必ず，空舎期間を設け，徹底した清掃および消毒を行う．特に，分娩舎においては綿密な衛生対策を講ずる．豚舎は毎日清掃を行い，特に，通路，飼槽，排ふん所などは少なくとも 1 週間に 1 回は消毒を行う．近年，空舎期間の仕上げとして，煙霧消毒が試みられている．噴霧や発泡で届かないスノコ裏面，床下，パイプ内などの消毒が期待されている．また，水洗・洗浄，消毒，乾燥などの効果について，定期的な豚房床，壁など施設の目視点検と拭き取り検査など衛生モニタリングが必要である．除ふんベルトや除ふんスクレイパーの定期的点検をする．

3） 豚の導入と出荷

豚を導入する際には，導入元飼育場の衛生管理状況やその周辺地域における感染病の発生状況について十分に調査し，導入元，頭数，健康状況および導入日を記録する．慢性型の呼吸器疾患や消化器疾患，確認が困難な感染病については，血清学的検査や病原学的検査などを実施する．また，必要な予防接種が計画的に実施されていることを確認する．導入豚を輸送する車輌は，洗浄・消毒がされていることを確認する．輸送車の到着時に，車内が適切な環境であることを確認する．導入豚の馴致として，少なくとも1カ月間は隔離検疫豚舎に収容し，必要なワクチン接種などを実施し，異状のないことを確認してから，豚体を消毒し，一般豚舎へ移動する．

精液の受入は，購入元の取り扱いおよび衛生管理状況を把握し，系統記録を確認する．保管は，適切な温度で管理する．

また，出荷などで豚を農場から外に出す場合には，当該豚が移動することにより豚の伝染病疾病の病原体が拡がるのを防止するため，当該豚の健康状態を確認する．即ち，臨床的に異状がなく，投薬履歴がある豚は休薬期間を終えていることを確認し，体表が汚れていないようにする．また，出荷・移動先，頭数，健康状況および出荷・移動日を記録する．

(3)　害虫，衛生動物の駆除

豚舎，管理舎，倉庫などにおいて飼料および飲水にネズミ，野鳥などの野生動物の排泄物などが混入しないように汚染防止，侵入防止あるいはネズミの駆除や害虫駆除を実施する．日常の害虫対策として，電撃殺虫器や粘着式捕虫器なども使用されている．養豚団地は一つのコロニーであり，それらのコロニー内では，ゴキブリ，ハエ，ネズミあるいはカラスなど野鳥の往来が考えられる．豚舎の屋根または壁面に破損がある場合には，遅滞なく修繕を行うとともに，窓，出入口などの開口部にネットそのほかの設備を設けることにより，野生動物や害虫の侵入の防止に努め，害虫・害獣駆除とともにそれらが媒介すると考えられるサルモネラなどの定期的なモニタリングが必要である．

1. 3. 5.　SPF 豚農場の衛生管理

1. 3. 5. 1.　SPF 豚の生産方法

SPF（specific pathogen free）豚とはあらかじめ指定された病原体を持っていないという意味で，無菌豚ではない．発達の障害となったり，肉質に悪影響を与えたりする五つの疾病（オーエスキー病，萎縮性鼻炎，豚マイコプラズマ病，豚赤痢，トキソプラズマ病）の病原体を持たない母豚から産まれた子豚を，衛生的に管理された環境で育成された豚のことである．前述の五つの対象疾病が排除されれば，衛生レベルが向上し，ほかの病気の発生も非常に少なくなっていく．それに伴い薬剤の使用が少なくなり，体内残留薬剤の心配も解消し，薬剤耐性菌の発生も抑制できる．SPF 豚は病気によるストレスが少なく，健康で安全なおいしい豚に育つ．SPF 豚の生産で，飼料要求率の改善，出荷頭数の増加，衛生コストの低減などが図られている．

SPF 豚生産ピラミッドは，その頂点に SPF 原々種豚農場（中核農場），その下に SPF 原種豚農場（種豚増殖農場），その下の 3 段目にコマーシャル農場（繁殖肥育一貫生産農場）で成り立っている．SPF 豚の流通は，SPF 豚生産ピラミッドの頂点から，下方のコマーシャル農場への垂直流通が基本になっている．そのほかの流通は認められていない．

1. 3. 5. 2. SPF 豚農場の衛生管理

SPF 養豚経営で最も重要なことは，長期に亘り SPF 豚状態（健康な状態）を維持することである．そのためには定期的な SPF 状態であることの確認検査が必要である．日本 SPF 養豚協会の SPF 認定規則では年 1 回の衛生検査を義務付けている．SPF 豚農場に病原菌などを持ち込まない飼養衛生管理基準の遵守しなければならない．また，監視（モニタリング）対象疾病として，豚繁殖・呼吸障害症候群，豚胸膜肺炎，内・外部寄生があり，徹底した防疫コントロールが必要である．近年，生産農場への HACCP 導入が推進されており，①生産環境の衛生管理として施設の設計・設備およびその保守・衛生管理，②豚の衛生管理として原材料（素豚，飼料，使用水など），豚の取り扱い，豚の運搬方法，出荷豚・出荷先に関する情報，③ヒトの衛生管理として外来者および飼養従業者の衛生・教育・管理などが確実に継続的に実施されていることが求められている．豚の疾病の中で重要な伝染病予防対策としては，病原体を農場内に侵入させないことが原則である．前述した立ち入り制限は，農場バイオセキュリティとして，きわめて重要である．

1. 3. 5. 3. SPF 豚の導入方法

豚舎の豚をオールアウトした後に導入する．特に，コンベンショナル農場からの変換時には，農場の飼育豚をオールアウトし，農場内の排せつ物の搬出・

処理し，不要器材をすべて撤去する．豚舎全体の清掃と洗浄を行い，石灰散布消毒をする．豚舎消毒を徹底し，その後，SPF豚を導入し，衛生管理基準を遵守・継続する．

1.3.5.4. SPF豚の飼養管理

SPF豚農場での飼養管理は一般の養豚場のそれと基本的には変わらない．SPF豚は飼料効率が良いので，特に種豚が過肥になり易く，注意を要する．SPF豚農場だから特別のことをするわけではなく，SPF豚の飼養管理の基本は，いかにして外部からの病気の侵入を防ぐかである．

1.3.5.5. SPF豚の検定

核農場および増殖農場に対するSPF検定の対象疾病は前述の5疾病であり，血清学的試験，病原体の分離，病理検査を主体とし，年間の実施回数および検査頭数に一定の基準を示しているほか，検定成績の保存を義務付けている．コマーシャル農場に対するSPF検定は，年1回以上，各農場や増殖農場における方法に準拠する．また，母豚1頭当たりの離乳頭数が21頭以上など主要な生産項目について生産成績が一定基準を上回ることが必要で，記録しなければならない．SPF豚農場の認定は，日本SPF豚協会が行っている．

1.4. 家きんの飼養管理と衛生

1.4.1. 飼養衛生管理基準

予防衛生の目的は，鶏群の疾病を防ぎ健康に飼育することによって，鶏の持つ遺伝的能力を最大限に引き出すことと，安全な鶏肉を作ることにある．予防衛生の原則は，鶏群への病原体の侵入防止に努めることにある．

1.4.1.1. 農場外から感染症の侵入を防止するための処置

(1) 農場内には関係者以外の人や車の立ち入りを原則として禁ずる．

(2) 業務上やむを得ず外来者を入場させる場合は，農場内には更衣室を設け，外来者には農場内備え付けの作業着，長靴，帽子の着用を義務付ける．

(3) 外来の車は専用の駐車場に駐車させ，やむを得ず農場内に入れる場合には車輌消毒装置で，車を洗浄消毒する．

(4) 野鳥などの鶏舎内への侵入を防止する．

(5) 農場周囲には，野良犬や野良猫が侵入しないように，フェンスを設ける．

(6) 農場内に同一日齢の鶏が飼育されていても，各鶏舎は独立した鶏群として衛生管理の基本を守ることで，鶏舎間の健康を損なう要因の伝播を予防できる．

(7) オールイン・オールアウト方式の飼育を励行する．

(8) 導入するひなは健康で適正にワクチン投与されたもので，衛生管理の行き届いた種鶏由来のひなであることが重要である．

1. 4. 1. 2. 鶏舎出入り時の消毒と衛生管理

(1) 各鶏舎の入口には，手指および履物の消毒施設を設け，鶏舎外着，内着および鶏舎外長靴，内長靴の使い分けを義務付ける．

(2) 衣服は常に清潔なものを着用する．

(3) 各鶏舎の長靴の消毒については，以下のとおり行う．

消毒薬として，オルソ剤，クレゾール，逆性石鹼を用い長靴には鶏ふんなどさまざまな汚染物が付着しているので，水洗によりこれらの汚れを十分に取ってから消毒槽に漬ける．

踏み込み槽の近くに水洗い装置を設置，消毒薬は毎日交換するよう心がける．

(4) 手指の消毒薬は，逆性石鹼を使用し，薬液は毎日取り替えるようにする．

(5) 死亡鶏，淘汰鶏は，細菌増殖の温床になるので，毎日必ず除去する．

1. 4. 1. 3. 鶏舎内の清掃および消毒

(1) ふんは出荷後できる限り速やかに農場外へ除去する．ふんはマレック・ウイルス，ニューカッスル・ウイルス，ガンボロ・ウイルス，有害細菌などの温床となるため，迅速な除去が重要である．

(2) 殺虫対策を実施する．黒虫（コクヌストモドキ，ゴミムシダマシ）はウイルス，細菌，コクシジウムなどを媒介するので，殺虫することが重要である．

(3) 鶏舎の殺虫作業は殺虫剤の種類によって実施時期を選ばなければならない.

(4) 鶏舎を水洗いする前に，薬剤を散布する.（水洗により虫が壁の中や，天井に隠れてしまう前に実施する.）

(5) 鶏舎の水洗消毒が終了し，入すう準備のため敷料を舎内に搬入してから殺虫剤を散布する.（舎内が入すうのために温められて，出てきた虫を殺虫剤に接触させる.）

(6) 水洗後に消毒を行う.

1.4.1.4. 鶏舎周囲の消毒

(1) 鶏舎内のみならず鶏舎周囲の有害因子を除去する.

(2) 連続して鶏舎を使用すると，鶏舎周囲にも有害微生物（サルモネラ，クロストリジウム，コクシジウム）が存在するので，健常ひなを導入しても，飼育期間中にこれらの菌に感染する可能性がある.

(3) 鶏舎周囲に石灰を散布する.（粒状の生石灰3〜5kg/坪）

1.4.1.5. ネズミ対策

(1) 腸炎菌やネズミチフス菌は，人の食中毒の原因になるので，公衆衛生上重要な問題である.

(2) 鶏舎内に生息するネズミはこれらの菌に汚染されている可能性があり，鶏に伝播する危険性がある.

(3) ネズミ駆除は衛生問題ばかりでなく，配電盤などにも巣を作り，電気事故や火災の原因を作るため防除対策は重要である.

1.4.1.6. 野鳥やハエ対策

(1) 野　鳥

1) ひな用の餌を食べることによる被害や，ドバトのように鶏に近縁の鳥類は，共通の伝染病（ニューカッスル病，鳥インフルエンザなど）の病原体を保有している可能性がある.

2) 鶏舎内や倉庫などに野鳥が入らないように，ネットを設置し戸締りをし，侵入し易い隙間を塞ぐ.

3) 鶏舎や倉庫など野鳥の営巣場所とその周辺は消毒し，巣の材料や野鳥のふんなどは処分する.

4) 野鳥や水きん類の生息場所や飛来場所に近づかないようにする.
5) 場内への野鳥飛来の防止に努める（場内の餌こぼし除去，場内の整理整頓）.

(2) ハ エ

1) 人に不潔感，不快感を与えるだけでなく，疾病伝播の危険性があるためハエの防除は重要である.
2) 湿った敷料，湿った飼料などを取り除き，乾燥した敷料と入れ替える湿り防止対策を実施する.
3) ハエの幼虫がいれば，有機リン系かカーバメイト系の粉剤または微粒剤を散布する.
4) ウジの発生場所となる鶏舎周囲と，鶏ふん置き場周囲へ生石灰を散布する.
5) 飛び回る成虫にはピレスロイド系の薬剤が効果的である.
6) 殺虫剤は効果維持のため，系統の異なる薬剤をローテーションで使用する.

1.4.2. 採卵鶏の飼養管理

採卵鶏の飼養管理は，発達段階に応じて幼すう期，育すう期（中びな，大びな），成鶏期（採卵期）に分けることができる．この3期の中で最も長期間であるのは卵を生産する採卵期ではあるが，幼すう期，育すう期に関しても適切な飼養管理を行わなければ，育成率の低下だけでなく，後の産卵成績にも影響が出る．特に，育成初期の増体や消化器官の発達，および衛生管理とワクチン接種などの管理を適切に行わなければ，生産上，深刻な問題が発生する要因となる．以下に，各期における代表的な飼養管理を述べる.

1.4.2.1. 幼すう期

ひなを導入してから最初の5週間を幼すう期と呼ぶ．近年では，3週齢までを幼すうと定義することもある．幼すう期の飼育管理で注意しなければいけない点は，(1) 入すう時の温湿度と廃温，(2) 餌付け方法，(3) 給与飼料と給与量，(4) 給水方法と量，(5) 換気方法と量，(6) 各週齢の目標体重，(7) 鶏病予防薬とワクチン接種のスケジュール，(8) バイオセキュリティ，(9) 舎内の消毒，の9項目を計画的に行う点である．気象条件，環境条件，病気の発生状況によって，これらの計画は変更しなければいけない場合があるが，その場合，問題点や対策方法を整理して，慎重に計画を変更しなければいけない．また，近年は動物福祉の観点からその議論は難しいが，デビークを行う場合は，この期の早い時期（6～10日齢）に行う．

(1)　入すう時の温湿度と廃温の計画

孵化直後のひなは，体温を調節する能力が非常に低い．よって，ひな到着時には，すでに鶏舎内温度を30～33℃，相対湿度を70％程度に調整しておかなければならない．電熱バタリーや，床などの温度調節が十分でない場合はブルーダーなどで熱源を補助する．赤玉卵を生産する鶏の場合，若干初期の温度を高くするのが一般的である．舎内温度は，ひなの状態をよく観察して調節する．すなわち，温源周辺にひなが集まっている場合は温度が低く，逆に離れてパンティングを行っている場合は温度が高いと判断する．餌付け後2日程度から，徐々に温度を下げ（1週間で3℃程度），3～5週間で廃温する．廃温計画は，外気温によって決定する．湿度も温度に従い，低下させる．

(2)　餌付け方法

市販の餌付け用飼料（スターター飼料）を給与する．餌付け用飼料は敷き紙上に撒き餌とし，餌箱（トレイ）の中に入れることにより，ひなが飼料を摂取し易い環境を作る．

(3)　給与飼料と給与量

日本飼養標準では，育成用として0～6週齢を同一の栄養要求量で記載してあるが，現在市販されている餌付け飼料は，代謝エネルギー（ME）3, 050 kcal/kg および粗蛋白質（CP）24％のクランブル飼料が一般的となっている．グリシン，セリン，メチオニン，リジンが不足し易いアミノ酸である．1週間は餌付け飼料を使用し，その後は幼すう用飼料に切り替える（ME 2, 900 kcal/kg 程度，CP 21％）．給与量は，入すう時の1日10gから6週齢までに1日40gへと徐々に増やしていく．

(4)　給水方法と量

現在の農場では，ニップル型の給水器が多いが，餌付け時には補助的に円筒型の給水器や給水盤を使用する場合もある．いずれも，人の飲料水に準じた新鮮で清潔な水を供給するよう心掛けるとともに，詰まりなどに注意する．ニップル型の場合，15 羽に 1 口は設置する．

(5) 換気方法と量

冬季は冷風が直接当たらないよう工夫する．ただし，温度に注意するあまり換気不足にならないよう配慮する．逆に夏季では，開放鶏舎，セミウインドウレス鶏舎では気温 29℃ 以下の場合は自然換気，30℃ 以上ではルーフファンなど強制換気が必要となる．

(6) 各週齢の目標体重

後述（1. 4. 2. 2. 育すう期）を参照．体重は，産卵成績に大きく影響する要因であるため，この期の管理は重要である．

(7) 鶏病予防薬とワクチン接種のスケジュール

後述（1. 4. 2. 5. 衛生管理）を参照．ワクチンの接種は主にこの期に行う．

(8) バイオセキュリティ

後述（1. 4. 2. 5. 衛生管理）を参照．

(9) 舎内の消毒

ひなを導入する前に，十分な清掃とスチームクリーナー・高圧洗浄機で水洗し乾燥させた後に，1 回目はオルソ剤など，2 回目は逆性石鹸などで消毒し，十分乾燥させる．幼すうから育すうは，オールイン・オールアウトを原則とする．

1. 4. 2. 2. 育すう期

6～14 週齢を中すう，14～20 週齢程度を大すうと呼ぶ．最近では，給与飼料に合わせて 4～9 週齢を中すう，10～17 週齢を大すうと定義することが多い．飼料は，中すうには ME 2, 800 kcal/kg，CP 18%，大すうには ME 2, 800 kcal/kg，CP 14% 程度の飼料を給与する．特に，大すうに，栄養濃度の高い飼料を給与すると，過大過肥になるばかりでなく，産卵開始も早まり，商品価値の低い小さい卵を生産してしまうため，適切ではない．したがって，10 週齢頃までは各種鶏会社が示した体重指標より大きく育て，その後は体重指標に合わせて，ばらつきをなくす育成法が適切である．また，この期は，体が大きくなるのに合わせて 1 羽当たりの飼育面積を改善する必要がある．飼料給与量は，17 週齢で 80 g が目安となる．

1.4.2.3. 成鶏期（産卵期）

成鶏期には，成鶏舎へと移動する場合が多い．育すうと同様に，清掃・水洗・消毒を行い，移動前日までには必ず飼料と水をセットしておく．産卵は，20〜21週齢頃から開始するが，少なくとも18週齢には成鶏舎への移動を完了し，成鶏用飼料（ME 2,850 kcal/kg程度，CP 17%程度，カルシウム3.4%程度，アミノ酸は中すうレベル）に切り替える必要がある．鶏は，卵を産み始めてからも体重が増加するため，飼料給与量は産卵最盛期である30週齢後まで徐々に増加させ，日量を115〜120gにしていく．飼育面積もケージ飼いで400〜450 cm^2/羽，平飼いで25〜30羽/坪（3.3 m^2）が適切とされている．卵生産を行う成鶏期で重要な点は，光線管理，卵殻質の管理および換羽である．成鶏期を，その成長に合わせてフェーズ1〜3までに区分して，飼料を変える農場もある．

(1) 光線管理

卵を生産するためには，日長を一定に調節する必要がある．鶏の卵生産には下垂体から分泌される性腺刺激ホルモンと卵巣から分泌される卵胞ホルモンが必要であり，このうち性腺刺激ホルモンの分泌応答に光線が重要となっている．よって，性成熟のコントロールや開放鶏舎における早春の産卵低下を防止するためには光線を管理しなければいけない．管理時間は14〜16時間の明期で，5〜10 Lx程度の光が必要となる．

(2) 卵殻質の管理

卵殻は，卵の商品価値にとって重要な点となる．軟卵，破卵，無殻卵は商品価値がほとんどなく，生産現場では良い卵殻質を保つことを重要視している．良質の卵殻質を保つためには，産卵開始の少なくとも10日前より，カルシウム含量の高い（2.0〜2.5%以上，成鶏用飼料でも良い）飼料を給与し，卵殻カルシウムの供給源である骨髄骨をしっかりと形成させることが重要となる．また，産卵前期，中期，後期と成長するに伴い，飼料中のカルシウム含量を増加させることも必要である．これは，加齢が進むに従って，卵重が増加し，卵が大きくなるため，必要となるカルシウム量も増加するためである．一方，加齢が進むことによりカルシウムだけではなく，飼料自体の摂取量も増加していく．しかし，過剰な栄養摂取は，余分な脂肪が着くだけでなく，卵重が大きくなり過ぎる現象も引き起こす．日本では，大きな卵（LLサイズ）は商品価値が低い．

よって，卵重の制御のために，日々の飼料摂取量を把握し，種鶏会社などが提示する週齢に応じた栄養素要求量を超えることのないよう，飼料の給与量を変えていくことも必要である．

(3) 換　羽

採卵鶏は加齢とともに，その産卵能力，卵殻質が低下し，卵重も大きくなる．本来，鳥類は日長が短くなると，ホルモンの関係で休産すると同時に，古い羽毛が新しい羽毛に生え替わる性質を持っている．この性質を利用した技術が換羽である．従来は，400日齢以降に2週間程度の絶食を行い，体重を25〜30%減少させ，強制的に換羽を行うことが一般的であったが，現在は，動物福祉の観点から適切ではないとされ，栄養の低い飼料を給与することで体重減少を誘導する，誘導換羽が普及している．換羽を行うことにより，生産寿命が4カ月程度延びるといわれている．ただし，これは各農場の経営理念によるものが大きく，採卵鶏の入れ替えを早くして生産効率を上げる農場もあれば，換羽を3回行い，長く生産する農場もある．

1.4.2.4. 環境衛生

(1) 鶏の適温域と体温調節反応

成鶏の適温域は13〜24℃，あるいは10〜30℃とされている（湿度も影響する）．汗腺を持たない鶏は，低温より高温のストレスに弱く，夏季には生産性が低下するだけでなく，時には熱死を引き起こし，甚大な被害をもたらす．鶏はパンティング（喘ぎ呼吸）をし，羽を膨らませあるいは羽ばたくことにより体温を低下させる行動をとる．一方，低温では，熱を産生するための飼料摂取量が増大し，生産効率が低下する．前述のように，孵化直後のひなは体温調節機構が発達していないため，特に低温に弱い．

(2) 高温環境における生産機能

夏季の暑熱ストレスにより，採卵鶏は生産性が低下する．気温が25℃以上になると，温度が1℃上昇するごとに，飼料摂取量が1.5%，産卵率が1.5%，卵重が0.2〜0.3g低下するといわれている．また，体温維持のためのパンティングは，呼吸による細菌感染のリスクを増加させるとともに，血中のCO_2を低下させることにより，カルシウムイオン量を低下させ，卵殻質の低下を引き起こす．さらに，飲水量の増加により，軟便となり，排せつ物処理や衛生面での問題となる．重曹（炭酸水素ナトリウム）の飲水給与，換気やクーリングパッド，屋根への散水などが有効であることが知られている．

1.4.2.5. 衛生管理

(1) ワクチン，薬剤などの投与プログラム

産卵鶏では，産卵を行っている間は抗生物質が使用できないため，伝染性の疾病を予防するためのワクチン接種が重要となっている．現在，日本で使用されている代表的なワクチンを**表1-16**に示した．

なお，ワクチンのプログラムは，各地域で危惧されている疾病の種類によって異なるが，幼すう期に6～7回程度の接種と，中すう期に混合ワクチンを接種するのが一般的である．

(2) 病原体の侵入防止と消毒

基本的には病原体を持ち込まない，拡散させないことが大切となる．車輛を含めて，外部から来るものはすべて消毒の対象とし，点検記録を残すことが推奨されている．特に，近年ではサルモネラの汚染や鳥インフルエンザの発生を消費者が懸念していることもあり，厳重な防疫体制をとっている．消毒は，先に述べたように，オールイン・オールアウトを原則として，水洗，そして2段階の消毒を行う．

表1-16　主なワクチンとその接種法

疾　　病	接 種 法	備　　考
MD：マレック病	注射	通常は孵化場で接種
ND：ニューカッスル病	飲水・点鼻・噴霧・注射	法定伝染病
IB：伝染性気管支炎	飲水・点眼・噴霧・注射	呼吸器症状
FP：鶏痘	穿刺	カによって媒介
IBD：ガンボロ病	飲水・注射・経口	免疫能力の低下
IC：伝染性コリーザ	注射	A，C型菌
ILT：伝染性喉頭気管支炎	点鼻・噴霧・注射	呼吸器症状，顔浮腫
EDS：産卵低下症候群	注射	軟卵，産卵低下
MG：マイコプラズマ・ガリゼプチカム感染症	点鼻・噴霧・注射	産卵数減少
AE：鶏脳脊髄炎	飲水・注射	神経症状

(3) 害虫，衛生動物の駆除

害虫やネズミ，野鳥などの動物は，時によって生産に甚大な被害を与える．ロイコチトゾーンを媒介するニワトリヌカカ，ワクモ，トリサシダニなどの吸血害虫が問題になる．いずれも，カの防除および化学的防除（ペルメトリン製剤，カルバリル製剤など）を行う．さらに，サルモネラの進入を防ぐために，ネズミの進入を防止する．また，近年の鳥インフルエンザの流行から，特に開放鶏舎では野鳥の進入を防止することも重要である．

(4) 死亡鶏やそのふん，敷料の処理

育成段階や採卵鶏には，死亡鶏が出る．死亡鶏が出た場合，それが感染性のものでないことを確認し，場合によっては，鑑定を依頼する．原因の同定が遅れたことによる鳥インフルエンザなどの拡大が起こり，個別農場だけの問題ではなくなることもあるので，適切に扱わなければいけない．死亡鶏の処理は，焼却するか埋却する．ふんや敷料も同様に扱い，直ちに処理する．処理の遅れは，感染源の放置となり，感染の拡大を引き起こすことがある．

1.4.3. 肉用鶏の飼養管理

肉用鶏は，各育種会社の育種改良により，急速に体重が増加し，飼料効率が改善している．種鶏会社のマニュアルによれば，1996年には，3kg到達日齢が54日，その時の飼料要求率が1.95であるのに対し，2012年では45日および1.78と格段にその性能が亢進していることが理解できる．したがって，このような育種改良のスピードに細かい飼育管理技術が追いついていないため，生産現場では問題が起きた時に対処的に解決しているのが現状である．これは，飼養標準に記載してある栄養素要求量に関しても，同様である．生産者や飼料メーカーは，種鶏会社から提供される飼養マニュアルを元に，独自の栄養素組成を決定している．肉用鶏は，現在，4段階の飼料給与体系が一般的であり，それぞれ，餌付け（スターター），前期，中期（後期），仕上げに分けることができる．スターターの前に，入すうから3〜5日齢程度までにひなにプレスターターを与える5段階の飼料を用いる，中期と仕上げを同一飼料にするなど，期の分け方に関しては，農場でそれぞれ決めている場合が多いので，本稿では一般的な例として説明する．なお，肉用鶏の中で，地鶏および銘柄鶏，および肉用鶏の種鶏管理，特に雄の制限給餌に関しての詳細は，種鶏会社のマニュアルなどを参照されたい．

1.4.3.1. 入すう前までの管理

肉用鶏は，平飼いで飼育する．そのため，オールイン・オールアウトを原則として飼育し，入すう前の徹底的な衛生管理が重要となる．採卵鶏の入すう時と同様に，前ロットの出荷が終わった後，直ちに清掃，洗浄を行う．平飼いであるため，洗浄は100 L/坪程度で行い，天井のはり，給餌・給水パイプの上側，ウインドウレス鶏舎の入気口や排気ダクト，給水器，給餌器などにも注意する．その後，消毒を行い，乾燥後，床面に石灰を塗布する．その上によく乾燥した敷料を5 cm以上敷く．次に，餌付け準備として，チックガード（ひなの餌付けを行うために囲う柵）を設置し，敷紙を敷き，ブルーダー（熱源）を設置する．チックガード内は敷料を厚めにすると良い．また，敷料内温度は20℃以上に保つ．平飼いの場合，初生ひなの腹部を冷やすことが，初期の発育を阻害し，生産性を低下させる．チックガード内の温度は32℃，ブルーダー直下40℃程度になるよう，調節する．照明は25 Lx以上を必要とする．給餌器，給水器をセットするが，餌付け時には餌付け箱や補助ドリンカー・給水盤などを使用する場合が多い．湿度は70%前後が適切であるとされ，低過ぎる場合は，散水などで補助する．ほかの管理は，産卵鶏で述べた事項に準ずる．

1.4.3.2. 入すうから1週齢（あるいは10日齢，餌付け）

肉用鶏の能力を最大に発揮するためには，餌付け時の管理が最初の重要な点となる．入すう時には，あらかじめ飼料と水をセットしておく．餌付け用飼料あるいはプレスターター飼料は，クランブルや練り餌を使用する．栄養素組成は，各飼料メーカーによって異なるが，一般的にMEはほかの期に比べ低く（3, 50 kcal/kg程度），CPは高い（22%程度）．ただし，アミノ酸を補給して，CP 20%程度にする場合もある．トウモロコシ，大豆粕主体の飼料であれば，メチオニン，リジン，スレオニンが添加されることが多い．飼料は，1日量として約12 g/羽を4〜5回に分けて給与し，音の出る餌付け皿や敷紙の上に広範囲に撒く．給水は，先端から水滴が見える程度にニップル型の水圧を調節するとともに，入すうから2日間は，補助ドリンカーを併用する．温度は，入すう〜7日齢の間，32〜29℃へと徐々に温度を下げる．湿度は，少なくとも入すうから 3 日間は 70% に維持する．飼料は，1 日齢で 15〜17 g，3〜4 回に分けて給与，2 日齢で 20〜22 g を給与する．3 日齢以降は，不断給餌とし，徐々に給餌器への移行を行う．チックガードを徐々に広げ，3〜4 日齢以降に，敷料の湿り具合を確認しながら，換気を開始する．ただし，温度は規定温度を保持する．

1. 4. 3. 3.　1 週齢から 3 週齢（前期）

換羽も始まり生理的にも舎内環境的にも大きな変化が起きる時期であり，体重が増加し温度変化に対する感受性も高い時期である．一方で，必要な換気量も急激に増加するため，温度と換気の状態に特に注意する必要がある．温度は，14 日齢で 26℃，21 日齢で 24℃ まで低下させる．換気は，酸素 19. 6% 以上，二酸化炭素 0. 3% 以下，一酸化炭素 10 ppm 以下，アンモニア 10 ppm 以下，粉じん 3. 4 mg/m^3 が基準となる．この時期に，鶏は急速に成長するため，飼育密度や換気量を鶏舎に合わせて，またひなを観察して決定していく．増体に伴い，ふん尿の排せつ量も多くなるため，床面の状態にも注意を払う必要がある．飼料は，スターターより若干 CP を下げるが，この時期の成長が後の代謝疾病などの発症に影響するため，十分な栄養の給与を行うのが原則である．しかし，栄養過多になっても，同様の疾病を起こす要因ともなる．自動給餌器への移行を，この時期に完了する．この移行が適切でないと，体重がばらつく原因となる．ニップルの高さを目線よりやや上方に，給水器の皿の底を雌ひなの胸の高さに調整するのが適正である．衛生面では，ニューカッスル病やガンボロ病などは，親からの移行抗体が消失し，外界からの鶏病侵入に対する防御機能が低下するこの時期に感染することが多い．また，クロストリジウムやコクシジウムが感染し易い時期でもある．よって，これらの感染源を持ち込まないよう，バイオセキュリティには十分注意する必要がある．

1. 4. 3. 4.　3 週齢から 5 週齢（中期または後期）

ひなは換羽の時期に入り，環境温度の変化に敏感となる．よって，舎内環境を良好に維持しながらストレスを与えない換気管理が重要となる．舎内温度は 35 日齢にかけて 19℃ まで徐々に低下させる．夏季の場合，温度が下がらないことがあるが，換気を多くして，あるいはクーリングパッドなどを利用して，できるだけ適正温度に近づける．床面は，舎外が高湿度で，舎内外の温度差が小さい場合には，湿りが多くなる．その場合，床面からの熱を増やして換気を多くするのが適切である．一方，寒冷期における急激な換気は，舎内の温度バランスを崩し，体重のばらつきを出すだけでなく，直接外気の冷風が当たることにより，育成率の低下を引き起こす．給餌・給水ともに，この期では自動化されてはいるものの，急成長時期であるため，低過ぎて水や飼料をこぼさないよう，またすべての鶏が摂取できるように，成長に合わせて高さをこまめに調整する．また，急速に成長するため，摂取量・排せつ物量のいずれも急激に増加し，舎内のアンモニアや CO_2 濃度も増加するため，換気に注意する必要がある．特に，換気扇の台数と稼動箇所は，風の流れとひなの散らばり方をよく観察し，換気を調節することが重要である．呼吸器障害などは，この期に起こり易い．飼料は，通常，前期飼料よりMEを若干上げ（3,200kcal/kg），CPを若干下げた（18%程度）マッシュの飼料を使用する．

鶏の成長に伴い，1羽当たりの床面積が少なくなるため，この期（21〜28日齢程度，農場によっては35日齢）で中抜きを行う．中抜きとは，若鶏として出荷することである．出荷に関しては，1.4.3.5で詳しく述べる．これにより，1羽当たりの床面積を確保し，これ以降の生育環境を改善することができる．

1.4.3.5. 5週齢以降出荷まで

羽が生え揃い，体温調節能も成熟して，環境に対する適応力も確立しているものの，成長により舎内は過密となり，環境は徐々に悪化していく．さらに，床面の空きスペースが徐々に減り，排ふん量が増えるため，床面環境も悪くなっていく．舎内の温度は18℃程度の温度域に維持し，新鮮な空気が十分個体に届くよう，また，舎内における温度差が少なくなるよう制御する．舎内の湿度も高くなるので，湿度を下げ，適時敷材を補充し，床面を清潔に保つ．

出荷は，体重が3kg弱になった時点で行う．これは3.5kg以上の体重になると解体ラインで適切な解体が難しくなるためである．この期の体重は1日当たり約100g増加するため，出荷予定日を算出して，計画的に出荷を行う．出荷前7日間は，抗生物質などの給与・投与は厳禁である．さらに，処理予定時間の10〜12時間前より，飼料の給与を停止する．これは，腸管内容物を少なくし，解体時にと体の細菌汚染を防ぐためである．出荷は，鳥カゴに入れて輸送する．鳥カゴに入れる羽数は，季節，出荷時間，体重，輸送距離によって調整する．鶏をできるだけ騒がせないように，丁寧に捕鳥し，圧死の発生，手羽折れ，打ち身など，生産性に直結する事故を防ぐ.

1.4.3.6. 衛生管理

(1) ワクチン，薬剤などの投与プログラム

ワクチンは，産卵鶏と同様，肉用鶏における感染を予防する重要な管理の一つである．接種する種類は，産卵鶏で示したものとほとんど同じであり，また各地域で危惧されている疾病の種類によって異なるが，その接種プログラムは若干異なる．まず，マレック病，伝染性喉頭気管支炎および鶏痘は，孵化場で孵化直後，あるいは19日胚へ投与する．農場では，ニューカッスル病（ND），鶏伝染性気管支炎（IB）およびガンボロ病（伝染性ファブリキウス嚢病 IBD）のワクチンを投与することが多い．それぞれ，ND は 2 週齢，4 週齢で飲水，IB は 1 日齢で点眼（28 日齢で噴霧や飲水を追加することもある），IBD は 14～28 日齢で飲水による接種が一般的である．いずれも，その地域で流行している型のワクチンを用いなければ効果がないので，注意が必要である.

(2) 病原体の侵入防止と消毒

産卵鶏と同様であるが，肉用鶏は，ウインドウレス鶏舎で生産することが多いので，病原体の侵入は，産卵鶏に比べ少ない．また，採卵鶏に比べ，飼育期間が短いため，オールイン・オールアウト，そしてその時の洗浄・消毒をしっかりと行えば，大きな問題が発生することは少ない．しかし，平飼いであることから，十分な消毒を行っても，サルモネラや大腸菌症などで被害が出ることがある．また近年は，全期無薬飼育の農場も多く，バイオセキュリティを十分行わなければ，生産性を含め，大きな損害が出る可能性がある．洗浄・消毒以外に特に防疫面で注意すべきことを以下に述べる．①入すう前に農場外へ鶏ふんを搬出すること，②鶏ふん倉庫と鶏舎間を隔離して管理すること，③農場内用の作業着，長靴，帽子，手袋などの分離を徹底すること，④事務所，更衣室の整理・整頓，消毒を行うこと，⑤車輌消毒用の動力噴霧装置，消毒液を準備して使用すること，⑥飼料，ひな搬入業者用長靴を準備し，消毒すること，⑦更衣室にシャワー室（あるいはエアーシャワー）を設置すること，⑧作業動線を明確にし，汚染を拡大させないこと　を実行し，下記に示す害虫，野生動物対策を行えば，大きな問題は起こらない.

(3) 害虫，衛生動物の駆除

基本的には，産卵鶏と同様である．ネズミは腸炎菌やネズミチフス菌を媒介し，配電盤などで電力をショートさせ，甚大な被害を与えることがあり，その防除対策は重要である．ハエ，野鳥も伝染性のウイルスや細菌を伝搬する可能性があり，この対策も必要となる．

1.4.4. うずらの飼養管理

1.4.4.1. 育成期（餌付けから30日齢前後）

(1) 育成方式

うずらは，孵化してから10日間程度は，育すう舎（室）および育すう器内で飼養する．育すう舎は，保温，保湿，換気が容易にできる断熱構造のもので，さらに強制換気ができる換気扇を備える．育すう器は，立体式のアルミ製またはステンレス製のバタリー育すう器または木箱（いずれも間口90cm×奥行き60cm×高さ12cm）で，収容羽数は100～200羽とする．1回の導入規模に合わせて必要な個数の育すう器を準備する．育すう器の給温には，通常ランプあるいは電熱球などを利用するが，育すう器の下床面や育すう舎の壁などにボイラーによる温水循環ポンプなどを利用して育すう舎内を暖める形式もある．11日齢頃から30日齢頃までは，木箱（間口60cm×奥行き30cm×高さ10cm）へ移動して飼養する．

上記育成方式のほか，新しい育成方式としてケージ育成システムがある．これは専用の育成ケージ（間口25cm×奥行き54cm×高さ15cm）で，初生から大すうまでを小群で一貫育成する方式である．今までの育成方法に比べて中すう期の移動がなく作業の大幅な省力化が図られる．小群で育成するため，闘争や圧死などの事故が少なく育成率が高いことが最大の特徴で，さらにケージ育成システムをより低コストで普及性の高いものにするため，育成ケージのサイズを既存の木箱と同程度のサイズ（間口60cm×奥行き35cm×高さ12cm）に変更した改良タイプも開発されている．これを用いて初生から大すうまで一貫飼育してもケージ育成システム（改良前）と同じ高い育成率を得ることができる．

(2) 入すう準備（入すう一週間前まで）

育すう舎および育すう器の清掃，水洗い，消毒などの入すう準備は，良いうずらを育成するための第一歩である．これら入すう準備は，余裕を持ってなるべく入すう予定日の一週間前までに終了するように準備を進める．ひなが到着する少なくとも24時間前までには，育すう器内の温度・湿度の調整および飲水などの準備を完了する．

1）　清掃および水洗い

入すうに備え，育すう舎内の取り外せる育すう器具類はすべて舎外に出し，育すう舎や育すう器具類に付着しているホコリやふんをホウキやふんかきなどを用いて清掃する．その後，高圧洗浄器などを用いて，十分な水量で育すう舎内を入念に水洗いする．水洗いは2回以上行った方がその後の消毒効果が高まる．

2）　消　毒

消毒は，市販の消毒薬を用いて育すう舎内および育すう器具類を全面的に噴霧しよく乾燥させる．特に育すう器具類は，消毒後，日光によく当てるなどして乾燥させる．消毒薬の使用に際しては，消毒対象物に合った消毒薬を選択する．

3）　入すうおよび餌付け

ひなが到着したら直ちに入すうする．特に冬季は，到着までの間に低温などの温度感作の影響を受ける恐れが大きいため，入すうは素早くかつ丁寧に行う．また，ひなを育すう器内へ入れる時は，面倒でも1羽ずつ給水器の水にくちばしをつけ水を含ませることが大切である．給水器内の水は，入すう前日から給水器内に満たしておき，育すう舎内で暖めておいたものを与える．入すう終了後は，しばらく育すう舎内を薄暗くするなどして，ひなを休ませるようにする．なお，餌付けは，ふ化後約30時間以内までに行うようにする．

4）　育すう器内の温度および湿度

ひなは，一般に鶏のひなに比べ高い温度が必要である．そのため育すう器内の温度をうずらの適温域に調整することが大変重要である．特に，餌付けから4日齢までは38℃前後の高い温度に設定する．その後1週齢までは36℃，2週齢までは32℃，3週齢までは28℃，4週齢以降は25℃に設定する．常に温度計およびひなの状態（育すう器内の分布状態）に応じて，育すう器内の温度を調整する．育すう器内の温度が，低いとひなは温源を中心に密集し，圧死するひなが増加する．逆に高温の場合は，温源から離れて分布し，口を開けてあえぐ．最適温度下では温源を中心に同心円上に分布し，体を伸ばして寝るひなが多い．餌付け後，体内の水分が減少していくため，湿度に対する配慮も大切である．特に初生から4〜5日齢までは，80％前後の高めの湿度に保つことが必要である．そのため，育すう舎内に加湿器を設置したり，温源部近くに水盤を置いたり，あるいは，床面に南京袋などの吸湿性のあるものを敷き，その上に水を散布することも有効な方法である．

5） 換　気

育すう期は鶏と同様，換気よりも温度や湿度を重視する時期である．しかし，育すう器内の保温を重視するあまり，育すう室内を密閉して換気が疎かになり，結果的にひなが死亡したり発育障害を起こしたりする危険性がある．ひなの状態を見ながら適当な範囲内で換気口の開放度合いを調節する．冬季などの寒冷期の入すうでは，特に保温重視に陥り易いので注意が必要である．

6） 給餌および給水

育成期は不断給餌とする．給餌は，温度とともに丈夫なうずらを育てるため，とても大切なことである．特に，10日齢までの幼すう期は重要で，給餌箱の中の飼料がなくならないよう常にチェックし，少なくなれば補充する．給水についても，制限することなく給水器内に常に水が満たされるようにする．少なくとも1日1回は給水器内の水を取り替える．

7） 光線管理（照明時間と照度）

育成期の照明時間は，30日齢まで24時間が慣行方法である．これにより50％産卵日齢を45日前後に調整することができる．産卵初期の商品化できない過小卵（9.5g以下）の発生を低減させる技術として，漸減漸増法による光線管理技術がある．育成後期から産卵期にこの方法を用いれば，性成熟は24時間照明の方法に比べて，20日程度遅れるものの，産卵初期に多発する過小卵（9.5g以下）が減少し，9.5g以上の商品化卵（規格卵）が増加する．なお，照明時間の漸減漸増は，タイマーを用いると簡単にでき，照度は5Lx程度とする．

8） 飼　料

a） 育成期の栄養要求量

うずらの粗蛋白質（CP）要求量は，鶏に比べて高く，日本飼養標準では，育成期の CP 要求量は 24%，さらに，代謝エネルギー（ME）要求量は，2, 800 kcal/kg とされている．市販のうずら育成用飼料もこれらの要求量以上で配合されているので，餌付けから初産日齢または成鶉舎移動前までは，これらの飼料を給与する．

b） 飼料原料

一般にうずら用飼料の原材料は，ほぼ養鶏用飼料と同じで，飼料原材料別に分類すると，穀類（トウモロコシ），植物性油粕（大豆粕，ゴマ粕，ナタネ粕など），食品副産物（ヌカ類），動物性蛋白質（魚粉）さらに添加物（ビタミン類やミネラル類など）などである．うずら用配合飼料は粗蛋白質水準を高くする必要があるため，動物性蛋白質である魚粉を多く添加する傾向がある．

1. 4. 4. 2. 産卵期（移動から廃鳥まで）

(1) 成鶉舎移動および移動時の管理

疾病予防のため，成鶉舎へうずらを移動する前までに，成鶉舎の除ふん，清掃，水洗および消毒を完了させる．育成舎から成鶉舎への移動は，遅くても 30～35 日齢前までに終了させる．産卵開始前までに，新しい環境にうずらを慣れさせ，ストレスをできるだけ少なくさせる必要があり，移動後 3～7 日間は，成鶉舎内を頻繁に巡回して，うずらが正常に飼料を食べ，水を飲んでいるかなど状態をよく観察する．5% 産卵に達したところで，成鶉用飼料に切り替える．成鶉用飼料に切り替え後 7 日までは，育成飼料中の飼料添加物（合成抗菌剤）がうずら卵へ残留する危険性があるので，産卵した卵はすべて廃棄処分とする．成鶉舎内の多数のロットの混在や，飼料タンク数などの理由でロットごとの管理ができない場合は，成鶉舎移動後に成鶉用飼料へ切り替える．なお，成鶉は，立体式のケージまたは木箱（間口 60 cm×奥行き 40 cm×高さ 12 cm）での飼育が標準的である．

(2) 給餌・給水・1 羽当たりの給餌スペース

給餌および給水は，制限することなく十分な量を与える．産卵期の飼料摂取量は約 21 g（給餌飼料の粗蛋白質が 24% の場合）である．給餌スペースは，産卵性や生存率に大きな影響を与えるため，1 羽当たり 2 cm 以上確保できるようにする（例えば，間口が 60 cm，奥行きが 40 cm のケージの場合 30 羽収容すれば，1 羽当たりの給餌スペースは，2 cm となる）．

(3) 温度・換気

産卵期のうずらの適温域は鶏に比べ狭く，最適な温度は 22℃～26℃ である．年間を通して，成鶉舎内の温度を 22℃～26℃ の範囲内にすることで安定した産卵率が確保できる．特に冬季に 10℃ 以下，夏季に 30℃ 以上になると産卵率が大きく低下する．うずらは汗腺がないため 30℃ 以上になると，くちばしを開いて激しく呼吸をするような状態がよくみられるようになる．うずらは，温度変化に対する適応性が比較的低いので，できるだけ温度差をなくすように，こまめに成鶉舎内の温度調整を行い，換気も，安定的生産にとって重要な要素の一つである．成鶉舎内に入り悪臭が激しければ，換気不良なので直ちに換気する．さらに，アンモニアガスなどの有害ガスが成鶉舎内に充満しないよう定期的な除ふんを行う．

(4) 光線管理（照明時間と照度）

うずらは鶏と同様に，日照時間が漸減してくると産卵率が低下し，やがて休産となる．産卵期に安定した産卵率を確保するため，照明時間はタイマーを使い 14 時間連続照明，照度は 5 Lx 程度とする．多くの養鶉農家では，24 時間照明が行われているが，24 時間照明は，14 時間照明と比較して産卵性には大差はないものの，飼料摂取量が多くなることや生存率の低下が確認されている．また，照度と産卵性の関係では，照度が高くなるに伴い産卵率は高くなり，飼料摂取量も増加するが，生存率は低下する傾向である．うずらは，点灯の刺激で産卵が誘起され，明暗周期の光線管理下では，産卵は明期の後半に集中する．

(5) 1 羽当たりの飼育面積

産卵期の 1 羽当たりの飼育面積は 80 cm^2（間口 60 cm，奥行き 40 cm のケージでは，30 羽収容に該当する）となるように調整する．多くの養鶉農家では 1 羽当たりの飼育面積が 60 から 70 cm^2 であるが，最近の研究成果から 1 羽当たりの飼育面積を 80 cm^2 とすることで，60 cm^2 および 70 cm^2 と比べて明らかに産卵率，飼料摂取量，卵殻質，生存率および収益性が改善されると報告がある．

(6) 飼　料

1) 産卵期の **CP** および **ME** 水準

日本飼養標準（家禽）では，初産以降の産卵期のうずらの CP 要求量は 22%，ME 要求量は 2, 800 kcal/kg とされている．市販の成鶉用配合飼料の CP 水準は

23～25%，ME 水準は 2, 800 kcal/kg と日本飼養標準の要求量を満たしているので，これら市販の配合飼料を給与する．最近の研究成果から産卵期（5% 産卵～廃鶉）の CP 水準を，22% まで低減させても産卵性への影響はほとんど認められないことから，産卵期は CP 水準を 22% まで低減させることも可能である．さらに，産卵期を前期，中期，後期に分けて，時期ごとの産卵量に応じた CP 水準に切り替える期別給餌法を用いた場合，産卵中期（21 週齢）以降は，CP 水準を 20% まで低減できる．

2） 産卵期のカルシウム水準とカルシウム粒度

日本飼養標準（家禽）2004 年では，産卵期のカルシウム要求量は 2. 5% とされている．市販の成鶉用配合飼料については，カルシウム水準が 2. 5% 以上配合されているので，市販の配合飼料を給与する．最近の研究成果からカルシウム水準を要求量の 2. 5% から 3. 0% または 3. 5%，さらに炭酸カルシウムの形状を，粉末（パウダー）から中粒（0. 6～1. 0 mm）にすることにより，産卵後期の破卵を低減することができる．

1. 4. 4. 3. 衛生管理

（1） 鶉舎と設備

鶉舎および器具の清掃または消毒を定期的に行うとともに，作業衣，作業靴などを清潔に保つ．鶉舎に出入りする場合には，手指，作業衣，作業靴などについて，うずらの伝染性疾病の病原体が拡がるのを防止するために必要な消毒を行い，作業衣，作業靴などは履き替える．踏み込み消毒層を設置し，作業衣や長靴の履き替え場所も設置する．ほかの農場などに立ち入った者がみだりに鶉舎に立ち入らないようにするとともに，ほかの農場などに立ち入った車輌が農場に出入りする場合には，当該車輌の消毒に努めるため，消毒用噴霧器の設置を義務付ける．鶉舎の屋根または壁面に破損がある場合には，遅滞なく修繕を行う．

（2） ワクチン，薬剤などの投与

うずらのニューカッスル病，マレック病，鶏脳脊髄炎，サルモネラ症，潰瘍性腸炎，コクシジウム症および条虫症などに効能を持つワクチンや治療薬は市販されていないので，これらの投与については獣医師とよく相談して行う．

(3) 病原体の侵入防止と消毒

1) 清掃および水洗い

疾病防除や衛生管理のためには，農場の徹底した清掃・消毒が必要である．飼育期間が終了した育すう舎，育成舎および成鶉舎，使用した器具器材の除ふん・清掃および水洗を実施する．特にふんの落ちる場所は重点的に清掃する．徹底した清掃および水洗作業を行うことにより，次に行う消毒の効果が十分に発揮される．高温高圧洗浄機やスチームクリーナーは効果的である．

2) 消　毒

水洗後1〜2日位は放置して乾燥させる．その後，消毒薬を用いた消毒を行う．使用する消毒薬は消毒対象物により選定し，添付の使用指示書に従った希釈倍数で使用する．農場周辺や弱アルカリ性であるうずらのふんなどには，安価で入手し易い消石灰を定期的に散布することにより，安定した消毒効果が期待できる．

(4) 害虫，衛生動物の駆除

飼料および水に，ネズミおよび野鳥などの野生動物の排せつ物などが混入しないよう努めるため，これら小動物の侵入防止のための網やカバーを設置する．窓，出入口などの開口部にネットそのほかの設備を設けることにより，ネズミ，野鳥などの野生動物およびハエ，カなどの害虫の侵入防止に努め，必要に応じて駆除する．条虫症の中間宿主であるガイマイゴミムシダマシ，コメノゴミムシダマシ，ハラジロカツオブシムシなどをうずらが捕食しないようにするために，これら甲虫類の侵入防止および殺虫剤による駆除が必要である．

1.5. 馬の飼養管理と衛生

1.5.1. 飼養衛生管理基準

家畜伝染病予防法では，馬の飼養衛生管理基準として，①家畜防疫に関する最新情報を把握すること，②衛生管理区域を設定すること，③管理区域内へ立ち入る人や車輌を制限しその消毒を行うなど，病原体の持ち込み防止措置を講ずること，④野生動物などから馬への感染防止措置を講ずること，⑤定期消毒を行うなど，衛生管理区域の衛生状態を保つ措置を講ずること，⑥馬の移動状況などについて記録の作成および保存を行い，また健康観察を毎日行って異常があれば直ちに獣医師の診療を受けること，⑦200 頭以上の馬の所有者は獣医師からの定期的な健康管理指導を受けること　などが定められている．

これら馬での基準は，埋却などの準備を定めていないなど，ほかの家畜の飼養衛生管理基準と一部異なる点はあるものの，伝染病による被害を最小限に止めるために最小限守るべき措置をまとめたものであり，馬の飼養管理者はこれを遵守しなくてはならない．

1. 5. 2.　馬の品種と用途

馬は世界中に 150 あるいは 200 の品種があるといわれている．これらの品種をその用途や体型あるいは体格ごとにまとめて呼ぶことも多く，わが国では古くから軽種，重種，中間種および在来種の 4 種類の呼称が良く使われてきた．

一方，日本の馬の登録団体であるジャパン・スタッドブック・インターナショナルと日本馬事協会では，軽種馬，輓系馬，乗系馬および小格馬の 4 種類に馬を分類し，それぞれ品種登録を行っている．その代表的な品種には，アラブ（**図 1-6**）やサラブレッド（以上軽種馬），ブルトン（**図 1-7**）やペルシュロン（以上輓系馬），クォーターホースやセルフランセ（以上乗系馬），ファラベラ（**図 1-8**）やアメリカンミニチュアホース（以上小格馬）などがある．また，日本在来の小格馬を特に日本在来馬と呼び，北海道和種馬，木曾馬，対州馬，トカラ馬，

図 1-6　アラブ（JRA 原図）（CD 収録）

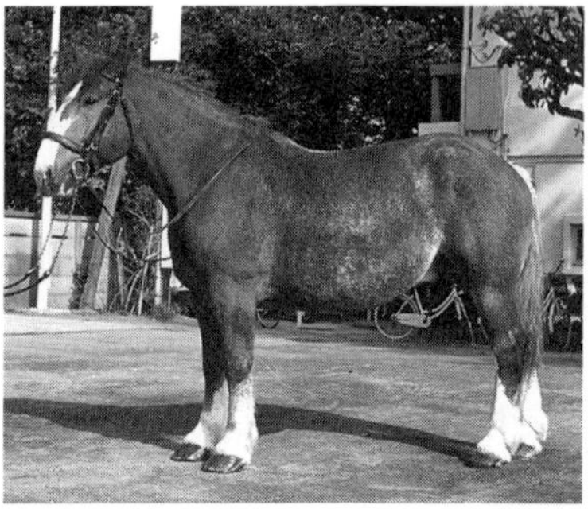

図 1-7　ブルトン（JRA 原図）（CD 収録）

御崎馬，与那国馬，宮古馬および野間馬の8品種が認定され，各地でその保護が図られている．

なお，農林水産省では上記の分類とは別に，馬をその用途に比重をおいて軽種馬，農用馬，乗用馬，小格馬，在来馬および肥育馬の6種類に分類し，統計をとっている．

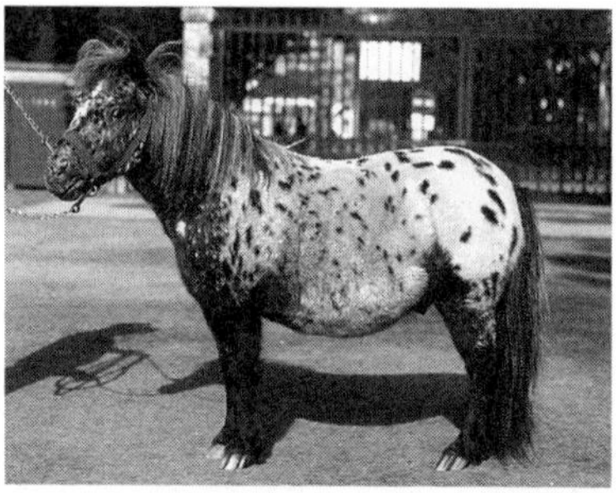

図1-8　ファラベラ（JRA原図）（CD収録）

1.5.3. 飼養管理と衛生

1.5.3.1. 子　馬

どの時期の馬を子馬と呼ぶのかについて明確な定義はないが，ここでは生まれてから離乳するまでの馬を子馬とし，その飼養および衛生管理のポイントについて記述する．

この時期の馬は免疫機能が未だ十分に発達しておらず，成馬には病気を起こさないような病原性の弱い微生物に感染して，下痢や呼吸器病を起こすことが多い．弱病原性微生物による感染の予防のためには，厩舎やパドックなど飼育環境を清潔に保つこと，新鮮な水や腐敗のない飼料を与えること，体温測定など毎日の健康観察を行うこと，などが効果的である．また，呼吸器病の予防には厩舎の通気を良くしておくことも必要である．

新生子馬は，娩出後にまずポピドンヨード剤などで臍帯を消毒する．その後は通常は3時間以内に自力で立ち上がるので，初乳をできるだけ早く（必ず24時間以内に）飲ませる（**図1-9**）．初乳には感染防御に必要な免疫グロブリンが大量に含まれている．馬はヒトと違って胎子の状態で母馬からの感染防御抗体を受け取ることができないため，初乳を摂取することはその後の健康管理に大変重要な意

図1-9　生後すぐに初乳を飲む子馬（JRA原図）（CD収録）

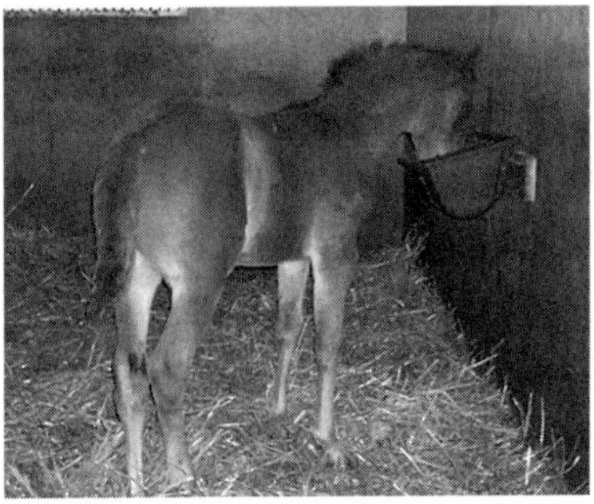

図 1-10　クリープフィーディング
（JRA 原図）（CD 収録）

味を持つ（4. 6. 3. 4. 免疫不全症の項参照）．なお，初乳を十分に摂取した子馬でも生後 3 カ月頃までは特に感染症に罹り易いため，この時期は体温測定を含む毎日の健康観察や飼育環境の衛生管理に十分注意を払うことが大切である．

分娩 1〜2 週間目頃から，母馬の乳中栄養成分および子馬のほ乳量は徐々に減り始め，子馬は母乳に加えて飼料や放牧地の草を食べるようになる．この時期に見られる母馬のふんを摂取する行動は，消化に必要な腸内菌を体内へ取り込むための正常な行為であるが，寄生虫の感染を予防するために母馬は分娩前に駆虫処置を済ませておき，子馬も定期的に駆虫処置を行うことが必要である．

離乳までの期間，子馬にはほ乳期子馬専用の濃厚飼料を与える（クリープフィーディング：**図 1-10**）．クリープフィーディングには，不足する栄養成分の補給以外に，離乳後の飼料摂取に慣れさせる効果もある．なおこの間には母馬と子馬がお互いの濃厚飼料を食べないよう，飼桶などの設置方法を工夫する必要がある．

サラブレッドの場合，放牧は生後 1〜2 週間目位から親子だけでまず始め，その後 3〜4 週間経過してからほかの親子のいる放牧地へ移すのが良いとされる．放牧の目的は，牧草の摂取による栄養供給に加え，運動による基礎体力の向上，さらにはほかの馬と一緒にすることで社会性を身につけさせることにある．放牧地は 4 ha 以上あることが望ましく，乾燥した地面，清潔な飲み水，有毒植物を混じない良質な牧草（チモシーなどイネ科植物），安全な牧柵などを備える必要がある．また，馬ふんのこまめな除去に加えて，定期的な耕作あるいは休牧を行うことで，寄生虫対策を講じる．なお，狭いパドックの共用はロドコッカス感染症の感染リスクを高めるので，避けるべきである．

離乳は 6 カ月齢前後に行うが，それまでに濃厚飼料や牧草の摂取に十分慣れさせておく必要がある．離乳は子馬にとって大きなストレスであるが，同じ放牧地の親子を同時期に日を少しずつずらしながら離乳させることで，ストレスを軽減することができる．離乳後は一時的に成長停滞が認められるが，やがて回復するのであわてることなく，飼料を増やして運動器疾患の原因になる過剰成長にならないよう，注意が必要である．

1.5.3.2. 育成馬

離乳後の馬に与える飼料は，個体ごとの成長の様子や運動量をよく見きわめながら給与量を調節する必要がある．サラブレッドの場合，放牧は，1頭当たり1ha程度の良質な牧草の生えた放牧地で行うことが望ましく，十分な運動をさせるためには昼夜放牧などの長時間放牧が好ましいが，気候の変動や衛生昆虫の発生などの健康管理面にも考慮しながら時間帯や長さを調節する．放牧地には清潔な水を飲める場所が必要であり，強い日差しや雨風を凌げる場所も欲しい．気候が良くなり急速に生長した牧草には，フラクタンと呼ばれる易消化性炭水化物が多量に含まれており，摂取量が多過ぎると疝痛や蹄葉炎の原因になる．その対策としては，伸びすぎた牧草を6〜8cm程度残して刈り込むと良い（掃除刈）．また1日1回は馬を厩舎に入れ，体温測定を始めとする健康観察を行うとともに，給餌を行って全体の栄養のバランスをとる．1日の飼料給与量は体重の2〜3%を目安とし，濃厚飼料はその中の半分以下に抑える．

この時期は，蹄の手入れも重要である．適切な護蹄管理と定期的な削蹄を行うことで，蹄の疾病を防ぎ，成長や運動負荷に伴う運動器疾患の予防にもなる．

18カ月齢以降の育成後期になると，競走馬を目指すサラブレッドでは人を乗せるための馴致が始まる．この時期の馬は運動器（骨や関節や筋肉や腱）が成長する過程にあるため，急激あるいは過剰な運動負荷はしばしば運動器疾患をもたらす．個体ごとの状態をよく観察しながら，段階的に馴致を進めていくことが大切である．

馴致が終わって本格的に騎乗運動を始めるころには，馬自身のケガを予防するために，さらにはヒトとの関係性を高めるために，集団放牧は行わないようにする．ただし，健康管理のために，日中の一定時間を使って小さなパドックに個体ごと放牧する．飼料は濃厚飼料と乾草が中心となるが，新鮮な牧草も多少与える必要がある．また，運動量が増すとカルシウムや電解質あるいは各種ビタミンの必要量も増すので，これらの微量成分が不足しないよう注意する必要がある．

1.5.3.3. 競走馬

競走馬は激しい調教とレースが課せられるため，運動器疾患に罹り易い．また運動に見合う栄養補給が求められる一方で，厩舎内で過ごす時間も長くなることから，疝痛などの消化器疾病が多くなる傾向にある．さらに，馬運車での長時間に亘る輸送が，輸送熱と呼ばれる呼吸器疾患を発症させることも多い．

また，競走馬はしばしば大規模な集団管理下に置かれるため，伝染病が一旦発生するとその被害は甚大となる．そのため，体温測定などの日常健康管理はもとより，入厩検疫や集団予防接種あるいは定期的な集団検診など，徹底した防疫対策が必要となる．

競走馬の 1 日の可消化エネルギー要求量は 28〜35 Mcal であり，激しい運動をしない馬の 2 倍以上に相当する．したがって，濃厚飼料の給与は必須であり，1 日当たり 8〜9 kg が与えられることもある．わが国で競走馬に与えられている乾草はほとんどがチモシーであり，濃厚飼料はえん麦と市販の配合飼料を与えることが多い．濃厚飼料に含まれる可消化エネルギーの大半はデンプンだが，一度に大量摂取すると疝痛や蹄葉炎あるいはすくみなどの疾病の原因となるので，1 日 3 回以上に分けて与える必要がある．なお，デンプンの一部を植物油に置き換えることも，これら疾病の予防に効果があるとされる．

1.5.3.4. 農用馬

現在のわが国では，農用馬需要のほとんどが，ばんえい競馬と食肉用の肥育馬である．どちらも体重が 1t に達する大型品種のブルトンやペルシュロンあるいはその交配種であり，重種と呼ばれる．

これらの馬は，その用途から大量の濃厚飼料が給与されるため，蹄葉炎や疝痛あるいはすくみなどを起こし易く，給餌と運動のバランスに注意が必要である．また，その体重を支える蹄の疾患も多く，肥育前に削蹄するなどして予防措置を講ずることが大切である．

1.5.3.5. 繁殖馬

受胎率を良好にするため，繁殖雌馬の体型は“少し肉付きが良い（ボディコンディションスコア 6：図 1-11）”程度に保つのがよいとされる．また，妊娠中の馬は，流産を防ぐために十分な栄養補給が必要であり，特に妊娠 5 カ月目以降はそれまでの 1.03 倍（妊娠 5 カ月）から 1.21 倍（妊娠 11 カ月）にまで，段階的に可消化エネルギーを増やしていく．分娩は夜間に起こることが多いため，その兆候があれば早めに監視体制をとる．分娩の兆候は腹囲の膨満や浮腫あるいは乳頭口の乳ヤニ付着（**図1-12**）などから推測するが，乳のpH値の低下（6.4以下）やBrix値と炭酸カルシウム濃度の上昇（20%以上および400ppm以上）が分娩予測に有効であるとの報告もある．

図1-11　少し肉付きが良い体型（ボディコンディションスコア6）（JRA原図）（CD収録）

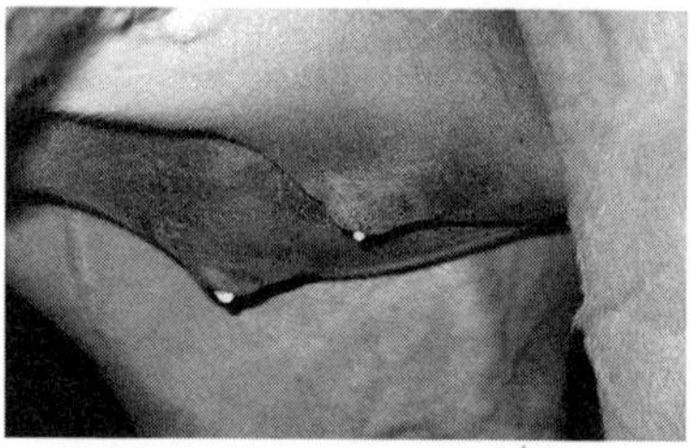

図1-12　分娩直前に見られる乳ヤニ（JRA原図）（CD収録）

分娩後の雌馬には，子馬に与える母乳の量および成分を維持するため，十分な栄養を与える必要がある．特に分娩3カ月後までは，十分な牧草の摂取もしくは濃厚飼料の給与を行うとともに，清潔な水をたっぷりと飲めるようにしておく．

一方，繁殖期の種雄馬は活発な精子と旺盛な性欲を維持させるため，栄養管理に加えて適度な運動が必要である．繁殖期に入る2〜3週間前から濃厚飼料の量を増やして体重増加を図るが，過肥にしないため濃厚飼料の増量率は5%以内にとどめておく．また，ビタミンやミネラルの不足は繁殖能力に悪影響を及ぼすことがあるので留意する．運動は，軽〜中等度の運動を長時間行うことが望ましい．ボディコンディションスコアは，6.0〜6.5程度が適当である．

1.5.3.6.　感染症の予防対策

(1)　ワクチン，薬剤などの投与プログラム

2014年1月現在，わが国では7種類の感染症に対するワクチンが市販されており（**表1-17**），そのほかに海外病である馬ウイルス性動脈炎のワクチンが緊急用として備蓄されている．日本脳炎，馬ゲタウイルス感染症および破傷風

表 1-17　国内で市販されている馬用ワクチン

対象疾病	メーカー	備　考
日本脳炎	日生研，化血研，京都微研	馬インフル・破傷風との 3 種，および馬ゲタとの 2 種混合ワクチンがある
馬ゲタウイルス感染症	日生研	日本脳炎との 2 種混合ワクチンがある
破傷風	日生研	馬インフル・日本脳炎との 3 種混合ワクチンがある
馬インフルエンザ	日生研，化血研	日本脳炎・破傷風との 3 種混合ワクチンがある
馬鼻肺炎	日生研	生ワクチンを開発中
馬ロタウイルス感染症	日生研	妊娠馬に接種し，初乳を介して子馬へ抗体を付与する
炭　疽	化血研	通常は使用されていない

※破傷風はトキソイドワクチン，炭疽は生ワクチン，そのほかは不活化ワクチン

（2014 年 1 月現在）

のワクチンは，馬に接種することでほぼ完全に発症を予防でき，定期的な接種が推奨される．一方，馬インフルエンザ，馬鼻肺炎および馬ロタウイルス感染症のワクチンは，発症の完全な予防はできないものの，発症率を下げたり臨床症状の緩和効果があるほか，周囲の馬への感染拡大を抑制する効果が認められることから，集団的な定期接種が推奨されている．炭疽ワクチンは，発生時に周辺の馬に使用する．ワクチン接種の方法はそれぞれの使用説明書に記載されているが，軽種馬防疫協議会の HP（http://keibokyo.com/）に，推奨される接種プログラムや競技団体ごとの接種規定など最新情報が掲載されているので参照されたい．

馬の内部寄生虫駆除には，ピペラジン系製剤，フルベンタゾール，イベルメクチン，プラジクアンテル，パモ酸ピランテルなどの駆虫薬が用いられる（**表 1-18**）．最も多く用いられているのは，円虫と回虫それにウマバエ幼虫に効果のあるイベルメクチン，もしくは条虫に効果があるプラジクアンテルとイベルメクチンの合剤である．蟯虫にはピペラジン系製剤が有効である．生後 2 カ月目に最初の駆虫を行い，以降は 2〜3 カ月に 1 回程度，さらに 1 歳以上では

表1-18　国内で市販されている主な駆虫剤

商品名	主成分	効能効果
エクイバランペースト	イベルメクチン	大円虫，小円虫，馬回虫，馬ハエ幼虫
ノロメクチンペースト	イベルメクチン	大円虫，小円虫，馬回虫，馬ハエ幼虫
エラクエル	イベルメクチン	大円虫，小円虫，馬回虫，馬ハエ幼虫
エクイバランゴールド	イベルメクチン＋プラジクアンテル	大円虫，小円虫，馬回虫，条虫
エクイマックス	イベルメクチン＋プラジクアンテル	大円虫，小円虫，馬回虫，条虫
ソルビー・シロップ	パモ酸ピランテル	大円虫，小円虫
ピペラジンミタカ末	アジピン酸ピペラジン	大円虫，小円虫，馬回虫，馬蟯虫
フルモキサール散	フルベンダゾール	大円虫，小円虫，馬回虫

（2014年1月現在）

3〜4カ月に1回程度行うのが，標準的な駆虫剤投与プログラムである．しかし，イベルメクチン耐性の馬回虫も報告されていることから，効果的な駆虫を行うには，虫卵検査などを行いながら時期や回数さらに薬剤を選択する必要がある．また，放牧地のこまめな耕作や客土あるいは馬ふんの集積と堆肥化など，飼育環境の寄生虫対策を駆虫剤投与と合わせて実施することも大切である．なお，妊娠馬は，子馬への感染を予防する目的で，分娩前に十分な駆虫を済ませておく．

（2）　病原体の侵入防止と消毒

病原体の侵入を防止するためには，まず馬の飼育を“管理区域”の中で行い，①管理区域には特定のヒトや車輌だけを入れ，②管理区域に入る人や車輌の病原体持ち込み防止措置をとり，③馬を管理区域へ導入する際は検疫を行う，などの措置を講ずる．

管理区域は周囲を柵で囲い，出入り口を一箇所にして監視を置くのが望ましいが，それが難しい場合でも，縄を張ったり，立ち入り禁止の看板を立てたりするなどの工夫を行う．また，管理区域の出入り口には消毒槽を設け，出入りする車輌やヒトの靴などを消毒する．さらに，厩舎の出入り口にも消毒薬を配置し，出入りする人の手指や靴を消毒する．また，必要により靴や衣類の交換

図 1-13　逆性石鹼の噴霧による馬運車消毒（JRA 原図）（CD 収録）

も効果的である．

検疫は最も有効な病原体の侵入防止策であり，導入する馬は隔離施設で一定期間係留し，健康状態を観察するとともに高リスク病原体の検査を行って感染がないことを確認する．

消毒には加熱や紫外線を用いる方法もあるが，農場や厩舎では消毒薬を使用することが多い．消毒薬にはアルコール類，フェノール類，逆性石鹼，両性界面活性剤，ハロゲン化合物，ビグアナイド類などがある．手指の消毒にはアルコールのほか，ビグアナイド類，逆性石鹼，両性界面活性剤などが用いられる．また，車輛や厩舎の消毒には，逆性石鹼や両性界面活性剤を用いることが多い（**図 1-13**）．消毒薬の効果は消毒の対象となるウイルスや細菌の種類によって異なり，また使用濃度や有機物の混入にも大きな影響を受けるので，使用説明書に従い正確に使う必要がある．なお，消毒薬の使い方および市販の製剤名は，軽種馬防疫協議会 HP（http://keibokyo.com/）の馬感染症シリーズ「消毒法 Q & A」に記載されているので参照されたい．

(3)　害虫，衛生動物の駆除

カやアブなど衛生害虫の駆除には，光や炭酸ガスなどで誘引して殺虫する機器を設置する方法もあるが，殺虫剤を散布する方法が一般的である．馬の飼養環境で使われている殺虫剤には大きく分けて，有機リン系の薬剤とピレスロイド系の薬剤がある．下水側溝や厩舎裏などのカやアブが生息する場所で人や馬が日常的には立ち入らない場所には，残留性があり殺虫力も比較的強い有機リン系の薬剤を使うことが多い．また，厩舎内や家屋の周辺などには，即効性で人畜に対する毒性が比較的低い（ただし魚毒性は高い）ピレスロイド系の殺虫剤を使う．これらの殺虫剤の散布は，カやアブの生態に合わせてその場所や時期を選び実施することが重要である．また害虫の発生時期には，網戸の設置や忌避剤の塗布により厩舎や馬房内へ侵入するのを防ぐ方法も用いられる．なお，殺虫剤の市販製剤名については，軽種馬防疫協議会 HP（http://keibokyo.com/）の馬感染症シリーズ「消毒法Q & A」に記載されているので参照されたい．

ネズミの駆除には殺そ剤や捕獲シートが用いられるが，殺そ剤は人や馬にも強い毒性を示すので，十分な管理の下で使用しなければならない．駆除は広域で一斉に行うと効果的であり，ネズミの侵入通路に殺そ剤入りの餌と捕獲用の粘着シートを同時に設置する方法が推奨されている（**図1-14**）．駆除は毎月1回定期的に行うとともに，春と秋の繁殖期には回数を増やして，子ネズミが生まれる前に駆除すると良い．

図1-14　餌と粘着シートによるネズミ駆除（JRA原図）（CD収録）

コラム

・すくみ

牧場から競馬場へ来た競走馬は，それまでとはガラリと変わって，高カロリー食を与えられ，激しい運動（調教）が課せられるようになる．ある朝，そんな若馬を馬房から出そうと手綱を引っ張っても，‘立ちすくんだまま’動かない，筋肉が痛くて動けない，「すくみ」である．やがて真っ赤な（あるいは真っ黒な）排尿がみられるが，これは本項にも書いたように血尿やヘモグロビン尿ではなくミオグロビン尿である．ミオグロビン（筋色素）は骨格筋（横紋筋）の中にある色素で，本症による全身筋肉の著しい損傷によって，筋肉から血液さらには尿へと大量に放出される．最近はその病理組織学的所見から「横紋筋融解症」と呼ばれることも多い．それではなぜ横紋筋融解は起こるのか？　残念ながらそれはよくわかっていない．

（安斉　了）

コラム

・馬の X 大腸炎

原因不明だから X（エックス）である．突然，疝痛症状とともに真っ黒で異臭を放つ軟便を排出し，ショックや血液濃縮などの症状が認められ，そのまま死に至ることも珍しくない．検死では盲腸を中心とした大腸粘膜面の広範囲な出血壊死が認められる．本症の発症メカニズムの全貌ははっきりとしないものの，典型的なパターンは以下のように考えられている．①特定の抗生物質投与や長時間全身麻酔などが原因で，大腸内に生息する正常細菌叢を形成する細菌（グラム陰性偏性嫌気性菌？）が大量に死滅する．②代わって特定の細菌（グラム陽性偏性嫌気性菌？）が増殖し，それらが産生する外毒素により大腸粘膜がダメージを受ける．③ダメージを受けた粘膜はバリア機能を失い，細菌内毒素（エンドトキシン）を含む様々な毒素が腸管内から血中に流入して，馬はショック状態に陥る．本症の研究は世界中で行われており，現在ではいくつかの原因が特定されつつある．X 大腸炎という名前が過去のものとなる日は近いのかもしれない．

（安斉　了）

第2章 栄養と飼養衛生

2.1. 栄養と代謝障害

2.1.1. 栄養素と飼養標準

2.1.1.1. 栄養素

家畜が生命を維持して成長し，また乳や卵を生産するためには，エネルギーを供給する物質，成長や生命の維持に必要な物質，体の機能を調節する物質などを飼料から体の中に取り込む必要がある．飼料に含まれるこれらの物質を栄養素と呼ぶ．

主な栄養素は，炭水化物，脂質，蛋白質，無機物（ミネラル），ビタミンに分類できる．

炭水化物は，グルコース（ブドウ糖），スクロース（ショ糖），ラクトース（乳糖），デンプン，セルロースなどの糖質のことであり，主にエネルギー源として利用される．グルコースのような単糖類，スクロース，ラクトースのような二糖類，セルロースのような多糖類などに分類される．鶏はラクトースを加水分解する酵素を欠くため，ラクトースを利用できない．また，セルロースのような難溶性の炭水化物は，豚や鶏ではほとんど利用できないが，牛のような反すう家畜では，第一胃の微生物によって分解・利用される．

脂質の定義は難しいが，一般には水に溶けずエーテルやベンゼンなどには溶ける生体成分のことを脂質と呼ぶ．脂質はさらに単純脂質，複合脂質，誘導脂質に分類される．単純脂質のうち，脂肪酸とグリセリンのエステルを中性脂肪と呼ぶ．複合脂質には，リンを含むリン脂質，糖を含む糖脂質などがある．脂肪酸のうち，家畜の体内で生合成できないために飼料から摂取しなければならないリノール酸およびα-リノレン酸を必須脂肪酸という．アラキドン酸も必須脂肪酸と呼ばれることがあるが，リノール酸があれば生体内で合成される．

蛋白質は，アミノ酸がペプチド結合で連結した物質で，連結したアミノ酸の種類や配列，ペプチド鎖の長さなどにより多くの種類がある．飼料として摂取された蛋白質は，消化管から分泌される消化酵素や消化管微生物によってアミノ酸や短いペプチド鎖に加水分解され，吸収・利用される．家畜の体内で必要量が生合成できないアミノ酸を必須アミノ酸と呼ぶ．必須アミノ酸は動物の種類や性別・年齢によって異なる．鶏では，ヒスチジン，イソロイシン，ロイシン，リジン，メチオニン，フェニルアラニン，トレオニン，トリプトファン，バリン，アルギニンの10種類が必須アミノ酸である．一方，牛のような反すう家畜は第一胃の微生物がこれらのアミノ酸を生合成するので，必須アミノ酸は存在しない．

無機物（ミネラル）は，有機物（有機化合物）以外の物質であり，栄養素としては，カルシウム，ナトリウム，カリウム，マグネシウムなどの金属元素や，リン，塩素，セレンなどの非金属元素がある．無機物は，骨や歯の成分として利用されるばかりでなく，細胞の機能調節などにも必要である．

ビタミンは，炭水化物，脂質，蛋白質，無機物以外の栄養素で，微量に必要な有機物である．ビタミンはその化学的性質から脂溶性ビタミンと水溶性ビタミンとに大別される．

2.1.1.2. 飼養標準

家畜の健康を維持し，肥育や乳・卵の生産など畜産物の生産を維持し，かつ繁殖を滞りなく継続するためには，家畜に必要な栄養素を過不足なく給与する必要がある．そのためには，家畜の状況に応じた栄養素の必要量（養分要求量）を正しく求め，養分要求量を満たすように各種の飼料をバランス良く給与する必要がある．

わが国では，独立行政法人農業・食品産業技術総合研究機構が乳牛，肉用牛，豚，家きんの養分要求量を示した「日本飼養標準」を編纂し，社団法人中央畜産会から刊行している．また馬については，日本中央競馬会競走馬総合研究所が編纂した「軽種馬飼養標準」が，アニマル・メディア社から発行されている．

家畜が必要とする主な栄養素は，炭水化物，脂質，蛋白質，無機物およびビタミンであるが，飼養標準での「養分」としては，主に炭水化物と脂質に由来するエネルギー，蛋白質，無機物，ビタミンの必要量を提示している．また，牛では摂取可能な飼料量の中に必要な栄養素が含まれていなければならないので，乾物量（飼料の乾燥重量）も重要な指標となる．養分要求量は，家畜の品種，性，体重（あるいは日齢，月齢），成長状態や畜産物の生産量（例えば泌乳量）などによって異なるので，飼養標準では家畜の状況に応じた養分要求量が示されている．

養分要求量から家畜へ実際に給与する飼料の種類と量を決めるためには，各種の飼料が含んでいる栄養素の量を知る必要があるので，飼養標準と併せて「日本標準飼料成分表」も公表されている．

家畜に給与する飼料のメニューを作る（飼料設計）ためには，対象とする家畜の養分要求量や各種飼料原料中の栄養素の量だけではなく，家畜の嗜好性や経済性など，多くの要因を総合して計算する必要があり，そのためのソフトウェア（プログラム）が多くの機関から提供されている．

なお，海外でも各種の飼養標準が公表されているが，特にアメリカの National Research Council が作成した「NRC 飼養標準」はわが国でも用いられている．

2.1.2. 無機物の機能と欠乏症

家畜が必要とする無機物の機能（役割）と欠乏した時の影響について，**表 2-1** および**表 2-2** にまとめて示す．

2.1.3. ビタミンの機能と欠乏症

家畜が必要とする主要なビタミンの機能（役割）と欠乏した時の影響について，**表 2-3** および**表 2-4** にまとめて示す．

2.1.4. 代謝障害

生物が生命の維持や成長などのために，生体外から取り込んだ栄養素を元にエネルギーを生産し，またほかの物質に変化させる一連の化学反応を代謝という．

生体内で起こる重要な各種の代謝反応になんらかの原因で障害が起きた状態を代謝障害という．代謝障害には，先天的に酵素などが欠損している場合と，栄養素のアンバランスや過不足，また臓器の障害などによって起こる後天的な

表 2-1　主要な無機物の機能と欠乏症

無　機　物	機　　　　能	欠　乏　症
カルシウム（Ca）	骨や歯の重要な成分 筋肉の収縮，白血球などの活性化，細胞応答などの生体機能の調節	くる病，骨軟症，成長遅延，乳熱（牛），卵殻形成異常（鶏） 給与にあたってはリンとの比率が重要
リン（P）	骨や歯の重要な成分 蛋白質，脂質，核酸などにも含まれる	くる病，骨軟症，成長遅延，乳熱（牛），卵殻形成異常（鶏） 給与にあたってはカルシウムとの比率が重要
マグネシウム（Mg）	各種酵素反応の補因子 細胞の構造維持 神経	グラステタニー（牛），痙れんおよび起立不能など（豚），産卵率低下およびひな発育不良（鶏）
カリウム（K）	筋収縮，神経伝達	食欲不振，運動失調など
ナトリウム（Na）	筋収縮，神経伝達 浸透圧維持	食欲低下，鶏では産卵率低下や尻つつき
塩素（Cl）	浸透圧維持 胃酸の成分	食欲不振，発育不良，泌乳量低下

ものとがある．

高い生産性を求められる家畜は，常に高い代謝能を求められており，代謝障害を起こし易い状態にある．飼料からのエネルギー供給量に対して，生産によるエネルギーの消費が増大して負のアンバランスが生じ，これによって誘発される代謝障害を生産病と呼ぶ．例えば乳牛では，泌乳を開始する分娩後に負のエネルギーバランスに陥り易いため，周産期に代謝障害が発生し易い．

2. 1. 4. 1.　牛の主要な代謝障害

(1)　ケトーシス

家畜の体内で生成される代謝産物のうち，アセトン，アセト酢酸，3-ヒドロキシ酪酸（β-ヒドロキシ酪酸）をケトン体と呼び，なんらかの原因でケトン体が多量に蓄積し，家畜に異常が現れた状態をケトーシスあるいはケトン症と呼

表 2-2　微量無機物の機能と欠乏症

無　機　物	機　　能	欠　乏　症
鉄（Fe）	ヘモグロビン（血色素）の成分酵素の成分	貧血 孵化率の低下（鶏）
銅（Cu）	蛋白質，酵素の成分	貧血，成長不良，骨形成異常，孵化率の低下（鶏）
コバルト（Co）	ビタミン B_{12} の成分	ビタミン B_{12} の欠乏による食欲不振，体重減少，興奮，貧血，下痢，嘔吐，死ごもり（種鶏）
亜鉛（Zn）	酵素の成分	飼料効率の低下，パラケラトーシス（皮膚炎），羽毛の脱色（鶏），産卵率及び孵化率低下（鶏）
マンガン（Mn）	酵素の成分 組織には鉄と共存	骨発育不良，繁殖障害，ペローシス（鶏），孵化率の低下（鶏），卵殻強度の低下（鶏）
ヨウ素（I）	甲状腺ホルモンの成分	成長不良，繁殖障害，甲状腺腫
モリブデン（Mo）	酵素の成分	欠乏症はほとんど発生しない 銅の利用性と競合するので，過剰の場合は銅欠乏と似た症状が出る
セレン（Se）	酵素の成分	肝障害 白筋症（牛） 滲出性素因（鶏） ビタミンEの欠乏と併せて影響が強く出る 毒性が強く必要量と中毒量が近い

ぶ．乳牛では，分娩後に泌乳を開始することによって多くのエネルギーを消費するため，体内の脂肪を動員してエネルギーを補給するが，その際にケトン体が増加し，低栄養性のケトーシスを発症し易い．症状としては，食欲不振，低血糖，神経症状などが見られる．ケトーシスの予防には，分娩後のエネルギー要求量を満たすための適切な飼料給与が基本である．泌乳後期から乾乳期にかけて飼料給与が過多にならないように注意し，泌乳開始に備えて分娩予定の1

表 2-3　脂溶性ビタミンの機能と欠乏症

ビタミン	機　　能	欠　乏　症
ビタミンA	プロビタミンAから腸管粘膜で変換される 視覚などの機能維持 成長促進 皮膚，粘膜の保持	夜盲症，皮膚や粘膜の角化，尿石症（牛），歩行障害（鶏），尿酸沈着（鶏）
カロテン（プロビタミンA）	植物で生合成される 腸管粘膜でビタミンAに変換される	夜盲症，皮膚や粘膜の角化，尿石症（牛），歩行障害（鶏），尿酸沈着（鶏） 青草やサイレージには多量に存在するが，稲わらなどにはわずかしか存在しない
ビタミンD	コレステロールを原料として，皮膚で紫外線を受けて合成される（D_3） 植物でも作られる（D_2） 腸でのカルシウム，リンの吸収 腎でのカルシウム，リンの再吸収 骨生成	くる病，骨軟症，卵殻が薄く産卵率低下（鶏）
ビタミンE	植物や藻類で生合成される 抗酸化作用	白筋症（牛） 肝臓の壊死，筋肉萎縮（豚） ひなの脳軟化，滲出性素因（鶏） 滲出性素因（鶏） セレンの欠乏と併せて影響が強く出る
ビタミンK	植物で生合成される 血液凝固	腸内細菌で生成されるので通常は欠乏しないが，第1胃の発達していない子牛では補給が必要 血液凝固不全，出血

表 2-4　水溶性ビタミンの機能と欠乏症

ビタミン	機　　能	欠　乏　症
チアミン（ビタミン B_1）	植物や細菌で生合成される 各種酵素反応の補酵素	大脳皮質壊死症（牛）反すう家畜では第一胃細菌で生合成されるが，場合によっては欠乏状態になる 食欲減退，体重減少，脚弱（豚，鶏）
リボフラビン（ビタミン B_2）	植物や細菌で生合成される 糖，脂質，アミノ酸の酸化的分解に関与	腸内細菌でも生合成されるので，欠乏症にはなり難い 嘔吐，下痢，貧血（豚） 趾曲がり脚弱，孵化率低下（鶏）
ニコチン酸（ナイアシン）	動物，植物，細菌などで生合成される 酸化還元反応の補酵素の成分	腸内細菌でも生合成されるので欠乏症にはなり難い 食欲減退，発育不良，下痢，皮膚炎，神経障害，貧血（豚） 皮膚炎，脚のわん曲，ペローシス（鶏）
ビタミン B_6	細菌が生合成 ビタミン B_6 の誘導体がビタミン B_6 酵素の補酵素として働く GABA（γ-アミノ酪酸）の生合成に関与	腸内細菌でも生合成されるので欠乏症にはなり難い 食欲減退，下痢，皮膚炎，痙れん（豚） 食欲減退，歩行障害・興奮などの神経症状（鶏）
パントテン酸	植物や菌類で生合成される 補酵素 A の構成成分	ガチョウ様歩行，食欲減退，栄養不良，下痢，咳，脱毛，繁殖障害（豚） 成長低下，羽毛発育不良（鶏） 皮膚炎（ひな，種鶏）
ビタミン B_{12}	反すう家畜では，プロピオン酸産生菌が生合成する 葉酸の生合成に関与	食欲不振，体重減少，興奮，貧血，下痢，嘔吐，死ごもり（種鶏）
ビオチン	植物，細菌などで生合成される カルボキシ基転移反応の補酵素	繁殖率低下，肢蹄異常，成長不良，皮膚炎，脱毛（豚） 皮膚炎，眼瞼腫脹，ペローシス（鶏）
コリン	リン脂質や神経伝達物質の成分	脂肪肝，成長不良，産子数減少（豚） ペローシス，脂肪肝，成長不良（鶏）
葉酸	アミノ酸，核酸の合成に関与 抗貧血因子	成長不良，下痢，貧血
ビタミンC	抗酸化作用，副腎皮質ホルモン生成，脂質代謝，コラーゲン生成に関与	霊長類とモルモット以外の動物はビタミンCを合成できるので，基本的に欠乏にはならない

カ月前から濃厚飼料の給与を徐々に増やす．

(2) 乳熱/産褥麻痺

カルシウムは骨などを構成する重要な成分であるとともに，細胞の機能調節にも関わる重要な元素であり，欠乏するといろいろな障害が現れることは表2-1に示したとおりである．

牛乳には多量のカルシウムが含まれており，泌乳によって体内のカルシウムが失われてしまう．このため血液中のカルシウム濃度が低下し，筋肉の痙れんや麻痺，起立不能などを起こすことがあり，これを乳熱，産褥麻痺あるいは分娩性低カルシウム血症などと呼ぶ．乳熱の予防には，分娩後の血液中カルシウム濃度低下を防ぐことが重要であり，カルシウムやリンの給与量を適切に管理することが基本になる．乾乳期には飼料中のカルシウムとリンを低めにおさえ，分娩後には飼料中カルシウム濃度を上げる．治療には速やかにカルシウム剤を投与する．

(3) ダウナー牛症候群

乳牛が何らかの原因で起立困難となり，立ち上がれない状態が永く続いて後肢に麻痺を起こしてしまった状態をダウナー牛症候群と呼ぶ．ダウナー牛症候群の原因の一つは乳熱で，乳熱の治療が適切でなかったことに加えて，難産や外傷などの要因が重なったことにより起立困難になることが多い．ダウナー牛症候群の発生を防ぐためには，乳熱の予防のほかに，牛床を滑り難くすることなども重要である．

(4) 脂肪肝/肥満牛症候群

ケトーシスの項で述べたように，乳牛では，分娩後に泌乳を開始することによって多くのエネルギーを消費するため，体内の脂肪を動員してエネルギーを補給する．血液中に放出された脂肪酸は肝臓に取り込まれて代謝されるが，代謝を受けなかった脂肪酸は脂肪球として肝細胞内に蓄積される．この状態を脂肪肝と呼ぶ．泌乳後期から乾乳期にかけて過剰な飼料を給与されて肥満した牛では，分娩後に大量の体脂肪が動員され，重度の脂肪肝となってしまう．また，このような肥満牛ではケトーシス，乳熱，胎盤停滞，第四胃変位などの産後疾病を併発することが多く，このような病態を肥満牛症候群という．予防のためには，乾乳期の飼料給与法に注意し，牛が肥満にならないよう管理することが

重要である

(5)　第一胃アシドーシス（ルーメンアシドーシス）

濃厚飼料多給により，発酵し易い炭水化物を利用する乳酸産生菌が増殖して第一胃内で大量の乳酸が作られると，乳酸は胃粘膜から吸収されて血液へ移行する．乳酸産生菌はL型およびD型の乳酸を作るが，牛はD型乳酸の代謝速度が遅いため，これを中和するために炭酸水素イオン（重炭酸イオン）が消費され，血液のpHが低下する．このように，生体内での酸の産生過多や塩基（アルカリ）の喪失が起きた状態をアシドーシスという．

第一胃アシドーシスの予防には，粗飼料を十分に給与し，濃厚飼料の給与量を増やす場合には，徐々に増量するなどの注意が必要である．

(6)　第一胃鼓脹症

第一胃の発酵で生じたガスがあい気として排出されず，第一胃に充満した状態をいう．穀物を多給された肥育牛に発生することが多く，フィードロット鼓脹症とも呼ばれる．

高炭水化物飼料を多給すると，第一胃で泡沫性物質を産生する細菌の増殖を促進するため，第一胃内に泡沫性物質が貯留し，発酵ガスの排出が妨げられてしまう．

また，マメ科の牧草を多給すると，マメ科植物に多く含まれる発泡成分によって鼓脹症が誘発されることがあり，これをマメ科牧草鼓脹症と呼ぶ．

(7)　第四胃変位

第四胃変位は，第四胃が本来の位置から左方，右方あるいは前方に移動してしまう疾病である．原因は明らかではないが，分娩直後の高泌乳牛に発生することが多い．

濃厚飼料多給状態では，第一胃でのプロピオン酸や酪酸の産生量が高まるとともに，胃内容の通過速度が低下するため，第四胃の総揮発性脂肪酸（VFA）濃度も高まり，結果として第四胃がアトニー状態（無緊張状態）となる．これが，第四胃変位の一因であると考えられている．また，分娩後の低カルシウム血症による第一胃平滑筋の緊張低下や，第一胃アシドーシスによって第一胃で生成されるエンドトキシン（内毒素）も，第四胃のアトニーを誘発する．

(8) 肝膿瘍

肝臓内で細菌が増殖して膿瘍を形成する疾病を肝膿瘍という．濃厚飼料多給状態では，第一胃粘膜の角化が不完全で絨毛が互いに固着して塊状になる第一胃不全角化症を起こし易い．第一胃不全角化症では第一胃壁に傷がつき易くなり，第一胃内の細菌がここから血液中に侵入し，門脈を経て肝臓に達して増殖し，肝膿瘍を起こす．乳用雄の肥育牛に多発する．

(9) 脂肪壊死症

腹腔内の脂肪組織が変性壊死を起こして硬い腫瘤となり，これが腸管を圧迫して狭窄させたり，子宮を圧迫して流産を起こしたりする疾病を脂肪壊死症といい，黒毛和種牛に多く発生する．脂肪壊死症の原因は明らかではないが，栄養過多による過肥が引き金になると考えられている．

(10) 尿石症

尿石症は，尿に含まれるミネラルなどがなんらかの原因で析出して結石となり，これが原因で排尿困難などを起こす疾病である．牛の場合は肥育牛で発生することが多いが，これは濃厚飼料に多く含まれるリンやマグネシウムの結石で，ビタミンAの欠乏も誘因である．軽度な場合は陰部への結石の付着が見られる程度であるが，さらに進むと排尿障害や尿毒症を起こす．

2.1.4.2. 豚の主要な代謝障害

(1) 子豚の貧血

哺乳子豚は発育が盛んで鉄の要求量が高いが，豚の母乳の鉄含量は低いため，鉄欠乏による貧血になり易い．

皮膚や粘膜が白っぽくなり，食欲（吸乳）が低下する．

予防には，生後3日くらいで鉄剤を注射すると良い．

(2) 産褥麻痺

産後直後の母豚に起こる代謝障害で，泌乳によるカルシウム欠乏が原因である．血液中のカルシウム濃度が低下し，食欲減退，起立不能などの症状が見られる．発症したら直ちにカルシウム剤を投与する．

(3) くる病

成長期の豚でカルシウムやリンの欠乏や両者のアンバランス，カルシウム代謝に重要な役割を果たしているビタミンDの欠乏により，骨の無機成分が減少すると，骨が変形してくる病となる．

(4)（新生子）低血糖症

新生子豚が飢餓状態になると，血液中のグルコース濃度（血糖値）が速やかに低下し，ふらつき，食欲低下，起立不能などの症状を示す．原因は母豚の泌乳量の不足や子豚の吸乳力不足である．

2.1.4.3. 鶏の主要な代謝病

(1) 軟骨異形成症

飼料中のカルシウムとリンの不均衡（低カルシウム高リン）などにより，骨端に異常な軟骨が形成される疾病で，ブロイラーの脛骨や中足骨で起こり易い．関節の腫れ，O脚あるいはX脚，歩行困難などの症状を示す．

(2) 脚麻痺

なんらかの原因で脚部の筋肉や骨格に異常が生じると，鶏は歩行困難や起立不能に陥る．これらを総称して脚麻痺，脚弱などと呼んでいる．このうちマンガン欠乏に起因する骨の異常をペローシスと呼んでいる．また，水溶性ビタミンのコリン，ニコチン酸の欠乏もペローシスの一因である．また，ビタミンE欠乏による脳軟化症でも，脚弱あるいは脚麻痺の症状を示す．さらに，カルシウムやリンの欠乏やアンバランスによるくる病や骨軟化症でも，脚弱が起こる．

(3) 腹水症

腹水症はブロイラーに多く見られる疾病で，腹腔に多量の漿液が貯留する．原因は明らかになっていないが，高エネルギー飼料の給与による急激な発育，寒冷刺激，酸化ストレスなどによって心臓機能が低下することにより発生すると考えられている．

腹水の貯留によって呼吸が障害され，悪化すれば死に至る．

2.1.4.4. 馬の主要な代謝障害

(1) 麻痺性筋色素尿症

運動時には骨格筋に貯蔵されたグリコーゲンが分解して乳酸に変化する．長期間休養していた馬に重い負荷をかけると，大量の乳酸が生成して筋肉を変性させ，筋肉細胞に含まれている筋色素（ミオグロビン）が血液中に移行し，尿へと排せつされる．

症状は，強い運動の後の筋色素尿，筋肉の振戦，後肢の突っ張り，よろめきなどが見られる．

(2) くる病/骨軟化症

骨の形成に重要な無機成分であるカルシウムやリンの欠乏や両者のアンバランス，カルシウム代謝に重要な役割を果たしているビタミンDの欠乏により，骨の無機成分が減少する．成長中に骨の無機成分が減少すると骨が変形して，くる病となる．成熟した動物では骨の変形は起こらず，無機成分の減少で骨が弱くなるため，骨軟化症と呼ばれる．

2.2. 飼養衛生

2.2.1. 飼料の安全性

2.2.1.1. 飼料と飼料添加物の安全対策

家畜は飼料中の栄養素を利用して，ヒトが食品として利用する畜産物を生産する．飼料中に有害な化学物質や有害な微生物が含まれていると，これが家畜に悪影響を及ぼして生産性を低下させるばかりでなく，有害な化学物質や微生物が畜産物を汚染してヒトの健康に悪影響を及ぼす可能性がある．このため，各種の法律を制定して飼料の安全性を確保するための施策が実施されている．

畜産物も含めた食品の安全性を確保するための基本となる法律が「食品安全基本法」である．食品安全基本法では，「国民の健康の保護が最も重要であるという基本的認識のもと，食品供給行程の各段階において，国際的動向および国民の意見に十分配慮しつつ科学的知見に基づいて必要な措置を講ずる．」ことを基本的な理念とし，食品に関わる事業者（食品関連事業者）の責務を定めている．畜産物における「食品供給行程」とは，畜産物生産の基本的資材である飼料の生産・供給から畜産物の販売までの一連の行程であり，飼料や飼料添加物の生産・輸入・販売を行う業者も「食品関連事業者」である．

安全な畜産物の安定供給には，飼料や飼料添加物の安全性確保が必須であることから，「飼料及び飼料添加物の製造等に関する規制，飼料の公定規格の設定及びこれによる検定等を行うことにより，飼料の安全性の確保及び品質の改善を図り，もつて公共の安全の確保と畜産物等の生産の安定に寄与することを目的」とした「飼料の安全性の確保及び品質の改善に関する法律」(飼料安全法)が制定され，これに基づいて各種の行政施策がとられている．すなわち，飼料の製造方法などの基準・規格の設定，有害な飼料の製造禁止，違反した飼料の廃棄・回収命令，飼料製造管理者の設置，公定規格制度などを定め，これに基づいたリスク管理行政が行われている．

例えば，飼料に残留する可能性のある有害な化学物質については，「飼料及び飼料添加物の成分規格等に関する省令」，「飼料の有害物質の指導基準（局長通知)」，そのほか各種の通知で，飼料中の許容基準値が定められている．具体例として，表2-6bにカビ毒の規制値を示す．

また，牛海綿状脳症（BSE）は感染牛の特定部位を摂取することによって伝播することから，飼料安全法では牛などの反すう家畜に対する動物性飼料原料の給与を厳しく制限している．このような飼料規制により，国内で生まれた牛で11年以上BSEが発生していないことから，2013年5月に国際獣疫事務局（OIE）から，「無視できるBSEリスクの国」の認定を受けている．

そのほか，飼料のリスク管理上重要な事項については，各種のガイドラインを作成して対応の徹底に努めている．例えば，飼料の輸入・製造業者へ向けては「飼料等への有害物質混入防止のための対応ガイドライン」を，BSE防止のための飼料規制については「反すう動物用飼料への動物由来たんぱく質の混入防止に関するガイドライン」を，食品残さ利用飼料の安全性確保のためには「食品残さ等利用飼料の安全性確保のためのガイドライン」を，それぞれ制定している．

このような飼料安全法に基づく各種の規制などは，基本的には流通飼料を対象にしたものであるが，自給飼料においても，法律の目的に沿った安全性確保のための対応が必要であることはいうまでもない．

2.2.1.2.　飼料原料と飼料添加物

(1)　飼料原料の種類と栄養

家畜の飼料として非常の多くの原料が利用されている．個々の飼料原料は単体飼料とも呼ばれる．複数の単体飼料を配合したものが配合飼料で，豚用および鶏用の配合飼料は，これのみの給与で家畜に必要な栄養素が賄えるよう設計されている．また，特定の目的で2〜3種類の単体飼料を混合したものを混合飼料と呼んでいる.

配合飼料の原料としては，トウモロコシ，マイロ，大麦などの穀類，ふすま，米ぬかなどのそうこう類，大豆油かす，なたね油かすなどの植物性油かす類，魚粉，肉骨粉，脱脂粉乳などの動物質性飼料などが用いられる.

草食家畜には，このほかに各種の粗飼料が用いられる．粗飼料には，各種牧草の生草，サイレージ，乾草，わら類などが含まれる.

このように使用経験の長い飼料原料だけでなく，これまで使用経験のなかった（あまり使われていなかった）有用資源の飼料利用も進められている.

食品残さは古くから飼料として利用されてきたが，未利用資源の有効利用と飼料の自給率向上の観点から，その積極的な利用が推進され，安全性などで一定の基準を満たすものを認証する「エコフィード認証制度」やエコフィードを利用して生産された畜産物を認証する「エコフィード利用畜産物認証制度」も作られている.

近年，トウモロコシなどを原料としたバイオエタノールの生産が行われているが，この蒸留かす（distiller's dried grains with soluble : DDGS）も飼料として利用されている．DDGS はエタノール発酵した際の穀物残さ（不溶固形分）に，発酵液のエタノール蒸留残留物（水溶性成分）を添加して乾燥させたものである．したがって，DDGS には，アルコール発酵に利用された炭水化物以外の穀物成分が含まれている.

また，休耕田の有効利用と飼料の自給率向上を目的として，飼料用米の生産・利用も進められている．破砕処理した籾米，籾米をサイレージ発酵させた籾米サイレージあるいは玄米などが飼料として利用されている.

これらの飼料原料に含まれる栄養素の量は，例えばイネ科牧草では出穂期か開花期か，一番草か二番草かによって大きな違いがあるなど，非常に多様である．これらの値は，独立行政法人農業・食品産業技術総合研究機構により「日本標準飼料成分表」としてまとめられている．現在は 2009 年版が中央畜産会から刊行されている．家畜に給与する飼料の設計には，ここに示されているデータを用いるのが一般的である.

また，飼料安全法では，「農林水産大臣は，飼料の栄養成分に関する品質の改善を図るため必要があると認めるときは，飼料の種類を指定して，その種類ごとに栄養成分量の最小量又は最大量その他栄養成分に関し必要な事項についての規格を定める.」とされており，公定規格が定められている.

(2)　飼料添加物の種類と用途

飼料添加物とは，飼料安全法に基づき農林水産省令で定められている，①飼料の品質の低下の防止，②飼料の栄養成分その他の有効成分の補給，③飼料が含有している栄養成分の有効な利用の促進　の三つの目的のために飼料に添加して使用するもので，農業資材審議会の意見を聞いて農林水産大臣が指定したものである.

飼料の品質の低下の防止では，抗酸化剤や防かび剤などが，飼料の栄養成分そのほかの有効成分の補給の用途では，アミノ酸，ビタミン，ミネラルなどが，飼料が含有している栄養成分の有効な利用の促進の用途では，合成抗菌剤，抗生物質，生菌剤などが指定されている.現在指定されている飼料添加物については，（独）農林水産消費安全技術センターのウェブサイト（http://www.famic.go.jp/ffis/feed/sub 3_feedadditives.html）で確認できる.

飼料添加物は，飼料安全法に基づいてその品質や使用法についても指定されており，これを遵守する必要がある.

なお，飼料に少量添加・混合する各種資材が「飼料添加物」と誤って呼ばれることがあるが，本来の「飼料添加物」は飼料安全法に基づいて厳密な審査を受けて農林水産大臣が指定したものなので，混同しないよう注意が必要である.

(3)　飼料添加物と飼料添加剤の相違点

飼料添加物に似た呼称の資材に「飼料添加剤」がある.動物の疾病の治療などに用いられる動物用医薬品については，「薬事法」に基づいてその種類や規格，使用法などが定められている.これらの動物用医薬品のうち，飼料に混合して用いられるものが飼料添加剤である.飼料添加物と非常によく似た呼び名ではあるが，その目的や使い方が異なるので十分注意する必要がある.

2.2.1.3.　飼料一般の成分規格

飼料安全法では，「農林水産大臣は，飼料の使用又は飼料添加物を含む飼料の使用が原因となって，有害畜産物（家畜などの肉，乳その他の食用に供される生産物で人の健康をそこなうおそれがあるものをいう.）が生産され，又は家畜などに被害が生ずることにより畜産物（家畜などに係る生産物をいう.）の生産が阻害されることを防止する見地から，農林水産省令で，飼料若しくは飼料添加物の製造，使用若しくは保存の方法若しくは表示につき基準を定め，又は飼料若しくは飼料添加物の成分につき規格を定めることができる.」とされており，これに基づいて「飼料及び飼料添加物の成分規格等に関する省令」で，飼料一般の成分規格が定められている.

この省令では，飼料は飼料添加物として指定されたものを除く抗菌性物質を含んではならないとされており，飼料添加物として指定された抗菌性物質についても，添加できる飼料や添加できる量が規定されている．また，飼料中の農薬の残留基準値や BSE 対策のための飼料規制，そして組換え作物の飼料利用に関する事項もこの省令による飼料一般の成分規格として定められている.

2.2.2. 有害飼料などによる家畜の中毒

2.2.2.1. 有毒植物による中毒

私たちの身の回りには，多くの有毒植物が自生あるいは栽培されており，家畜がこれらを採食すると中毒を起こすことがある．最近発生している中毒事例は，家畜が自ら有毒植物を採食してしまった事例より，畜主が有毒植物と知らずに家畜に給与してしまったことによる事故の方が多い．したがって，有毒植物による家畜の中毒を防ぐためには，畜産関係者が有毒植物に対する知識を深める必要がある.

家畜に中毒を起こす可能性のある主な有毒植物と中毒症状をと**表 2-5** に，また，有毒植物の写真を CD に収録した.

なお，毒性学の祖といわれているルネサンス期の医師パラケルススが，「ある物が毒になるか薬になるかは，用いる量による」と指摘しているように，有毒植物を始め有害な物質の摂取による家畜の中毒発生には，摂取量が大きく関与していることに留意して頂きたい．後述のように，水でさえも過剰に摂取すれば中毒を起こすし，毒性の強い物質であっても，摂取量がごく微量であれば悪影響は出ない.

2.2.2.2. カビ毒（マイコトキシン）による中毒

カビ（真菌）はわれわれの身の回りに多く生息している微生物で，コウジカビのように有用な種類のカビも多いが，一部のカビはヒトや動物に有毒な物質

表 2-5　有毒植物による中毒

CD 写真	有毒植物	有毒部位	中毒症状
①	キョウチクトウ	全草	毒物の作用が類似しているので，中毒症状も似ている 下痢，頻脈，運動失調など急死して気づくことが多い
②	モロヘイヤ	成熟した種子	
③	スズラン	全草	
④	ドクゼリ	地下茎および根	毒物の作用が類似しているので，中毒症状も似ている 神経過敏，歩様異常，起立不能，痙れん，遊泳運動，呼吸困難
⑤	シキミ	全草（特に種子）	
⑥	ドクウツギ	全草	
⑦	エゴマ	葉	呼吸数増加，呼吸困難
⑧	オオオナモミ	子葉，種子	ふらつき，元気消失，痙れん，起立不能，呼吸数および心拍数の増加
⑨	ワラビ	全草	出血，血液凝固不良など再生不良性貧血，血尿，膀胱腫瘍（牛） チアミン（ビタミン B_1）欠乏（馬）
⑩	カラシナ	葉，種子	下痢，血尿，食欲不振，起立不能，皮膚温低下，呼吸薄弱
⑪	ケール キャベツ	全草	血尿，貧血，黄疸など溶血性貧血
⑫	チョウセンアサガオ類	葉，種子	頻脈，散瞳，胃運動および唾液分泌の低下
⑬	イチイ	全草（果肉は無毒）	元気消失，食欲廃絶，反すう停止，四肢の振戦，呼吸浅速，心音不正，心拍数減少，体温低下
⑭	ハナヒリノキ	全草	毒物は同一 嘔吐，泡沫性流涎，四肢の麻痺，起立不能，呼吸速迫，全身麻痺
⑮	レンゲツツジ		
⑯	アセビ		
⑰	ネジキ		

CD 写真	有毒植物	有毒部位	中毒症状
⑱	ユズリハ・エゾユズリハ	全草	黄疸，チアノーゼ，第一胃運動の停止，便秘または下痢
⑲	キンコウカ	全草	元気消失，食欲不振，鼻粘膜の充血，第一胃運動停止，心拍微弱，体温低下
⑳	ウマノアシガタ	全草	口内の腫脹，胃腸炎，疝痛，下痢，血便，嘔吐，神経症状，瞳孔散大
㉑	バイケイソウ・コバイケイソウ	全草	食欲不振，流涎，嘔吐，出血性下痢，呼吸および心拍の減少，血圧低下，呼吸困難
㉒	ギシギシ	全草	カルシウム欠乏（流涎，胃腸炎，下痢，筋肉の振戦，瞳孔散大，痙れん，発汗，体温低下
	スイバ		
㉓	オトギリソウ	全草	無毛部および体毛白色部の皮膚炎を伴う光線過敏症
㉔	ソバ	全草	
㉕	ドクニンジン	全草	唾液分泌亢進，散瞳，頻脈，運動失調，震え，神経過敏からその後の麻痺
㉖	トウゴマ	種子	嘔吐，下痢，脱水，血圧低下，痙れん
㉗	トリカブト類	全草（特に根）	流涎，痙れん，疝痛，知覚過敏，頻尿，粘膜のうっ血後に貧血，呼吸困難
㉘	イヌスギナ	全草	下痢，食欲不振，乳量低下
㉙	センダン	種子	食欲不振，嘔吐，下痢，便秘，疝痛，興奮，痙れん，運動失調，麻痺，ショック，呼吸困難

口絵写真：農研機構・動物衛生研究所のウェブサイト「写真で見る家畜の有毒植物と中毒」から転載 URL：http://www.naro.affrc.go.jp/org/niah/disease_poisoning/plants/index.html

を生産する．カビが生産する有毒物質をカビ毒あるいはマイコトキシンと呼ぶ．

家畜に中毒を起こす可能性のある主なカビ毒と中毒症状について，**表 2-6a** に示す．また，飼料安全法による規制値を**表 2-6b**に示す．

なお，強い発がん性のあるカビ毒のアフラトキシンは，これを摂取した動物

表2-6　カビ毒（マイコトキシン）による中毒

a：主なカビ毒と中毒症状

カビ毒	汚染される飼料	中毒症状
アフラトキシン	トウモロコシ，落花生，麦類，綿実	肝細胞壊死，肝硬変を伴う肝障害，肝細胞がん，増体率の低下，泌乳量・産卵率の低下，免疫機能低下
トリコテセン（デオキシニバレノール，ニバレノール，T-2トキシンなど）	麦類，トウモロコシ，トウモロコシサイレージ	食欲低下，増体率の低下，嘔吐，下痢，皮膚炎，免疫機能障害，無白血球症，再生不良性貧血
ゼアラレノン	トウモロコシ，マイロ，麦類	外陰部肥大，流産
ロリトレム	エンドファイト感染ペレニアルライグラス	痙れん，起立不能を伴うライグラススタッガー
麦角アルカロイド（エルゴタミン，エルゴバリンなど）	麦類 エンドファイト感染トールフェスク	厳冬期の四肢末端，尾端，耳介などの壊疽 夏季の体温上昇，泌乳量の低下など
フモニシン	トウモロコシ，トウモロコシサイレージ	肝障害，白質脳軟化（馬），肺水腫（豚），免疫機能障害

b：飼料安全法によるかび毒の許容基準

カビ毒	規制対象	許容基準（mg/kg）
アフラトキシンB_1	配合飼料（牛，豚，鶏およびうずら用）	0.02
	配合飼料（ほ乳期子牛，乳用牛，ほ乳期子豚，幼すうおよびブロイラー前期用）	0.01
ゼアラレノン	飼料中（家畜用）	1
デオキシニバレノール	飼料中（生後3カ月以上の牛用）	4
	飼料中（上記以外の家畜等用）	1

（2010年10月6日現在）

表 2-7　飼料によるそのほかの中毒

中　　毒	原　　因	症　　状
硝酸塩中毒	粗飼料中硝酸態窒素の過多（反すう家畜） ふん尿尻水などの過剰給与（豚）	流涎，反すうや食欲の減退，ふらつきや起立不能，乳房，鼻鏡，口唇などのチアノーゼ，心拍数や呼吸数の増加，頻尿
尿素中毒	反すう家畜への尿素の過剰給与（2％以下に抑える）	食欲廃絶，不安，強直性痙れん，心悸亢進，呼吸困難，泡沫性流
傷害サツマイモ中毒	カビの発生，腐敗，虫害などに反応してサツマイモが産生する毒物（ファイトアレキシン）	肺炎，肝障害
魚粉中毒	製造過程で過熱された魚粉の過剰給与（鶏）	筋胃のび爛および潰瘍，食欲不振，増体量の低下，黒色の吐物
アンモニア処理牧草中毒	糖含量の高い牧草のアンモニア処理によって毒物が産生され，これを採食した母牛の乳に毒物が移行（牛）	当該牧草を摂取した母牛から生まれた新生子牛に痙れんなどの強度の神経症状
一年生ライグラス中毒	一年生ライグラスに感染した細菌が作る毒物 輸入エン麦乾草に有毒な一年生ライグラスが混入する可能性がある	起立不能，痙れん発作，後弓反張，遊泳運動などの重度の神経症状
ナタネ粕中毒	ナタネ種子に含まれる物質が甲状腺でのよう素の取り込みを阻害	ひなの発育障害，産卵鶏では軟卵，軟便，肝障害 甲状腺腫
醤油粕中毒	醤油粕に多量に含まれる食塩	口渇，嘔吐，口腔内発赤，疝痛などのほか，旋回運動，痙れん，呼吸困難（食塩中毒の症状）

の乳に移行するため，牛乳のアフラトキシン汚染対策は公衆衛生上きわめて重要である．

2.2.2.3.　飼料によるそのほかの中毒

有毒植物やカビ毒以外にも，飼料原料中に本来含まれている成分や，飼料原料保管の不備，給与量過多，飼料原料調製法の不備などにより，家畜に中毒を起こすことがある．これらの中毒の原因と症状について，**表2-7**に示す．

2.2.2.4. 農薬・動物用医薬品による中毒

現在登録されているほとんどの農薬や動物用医薬品の毒性はさほど高くはないが，不適切な使用法や保管法が原因で家畜に中毒を起こすことがある．農薬・動物用医薬品による中毒の原因物質と症状について，**表2-8**に示す．

農薬や動物用医薬品の不適切な使用は，家畜に中毒を起こすばかりでなく，畜産物に残留してヒトの健康に影響を及ぼす場合がある．飼料を汚染する可能性のある農薬については，畜産物への残留がポジティブリスト制により定められた基準値を超過しないよう，飼料中の残留基準値が「飼料及び飼料添加物の成分規格等に関する省令」で定められている．

なお，農薬は「農薬取締法」で，動物用医薬品や動物用医薬部外品は「薬事法」で，それぞれの成分や使用目的などの規定がある．農薬は農産物を守るためのものであり，動物用医薬品や動物用医薬部外品は動物の健康を守るためのものである．例えば，「農薬」として登録されている殺そ剤は，農耕地や農作物保管場所でのネズミ駆除に使うものであり，これを畜舎のネズミ駆除に使う

表2-8　農薬・動物用医薬品による中毒

中毒の原因	中毒症状（治療法も含め）
有機リン剤 カーバメート剤	嘔吐，縮瞳，唾液分泌亢進，徐脈，痙れん，意識混濁
クロルピクリン	流涙，皮膚の水疱，咳
有機塩素剤	嘔吐，興奮，痙れん，知覚異常，意識消失，呼吸抑制，肝および腎障害，肺水腫
グリホサート	農薬成分自体の毒性は低いが，助剤の界面活性剤で中毒 嘔吐，下痢，消化管出血，低血圧，不整脈，肺水腫
ジクワット・パラコート	肺水腫，間質性肺炎，肺線維症
サルファ剤（スルファモノメトキシン）	コクシジウム症の治療に用いられるスルファモノメトキシンの不適切な投与 血尿，尿潜血，結石，排尿困難，起立不能，昏睡
抗血液凝固殺そ剤	鼻，歯肉，粘膜，消化管など全身の出血，血腫，血尿

表 2-9　重金属など化学物質による中毒

中毒原因物質	中　毒　症　状
鉛	牛で発生している 畜舎の柵などに塗布された鉛含有さび止め塗料，鉛を含む漁業用ロープなどの舐食が原因 急性中毒では嘔吐，流涎，下痢，興奮，痙れん 慢性中毒では，貧血，疝痛，呼吸困難，運動障害，鉛縁
銅	羊は銅に対する感受性が高く，牛用の配合飼料給与で中毒を起こす。子牛も中毒を起こし易い 急性中毒では，嘔吐，筋麻痺，知覚消失，痙れん 慢性中毒では，溶血，黄疸，血色素尿
石灰窒素	牛で発生している 石灰窒素は敷料の消毒に用いられることがある 脱毛，湿疹，痂皮を呈する皮膚炎，掻痒による舐めや擦りつけにより出血，発熱，食欲不振
ビタミン A，D	子牛にビタミン A，D，E 剤を過剰投与で発生 後肢の骨の成長障害を起こし，これをハイエナ病と呼ぶ ビタミン A の過剰投与が主原因でビタミン D 過剰がこれを促進すると考えられている
食塩	豚で発生している（飲水不足） 醤油粕などの多給によっても起こる 神経過敏，衰弱，麻痺，死亡
水	子牛で多い なんらかの原因で充分に水を飲めない状態が続いた後で飲水可能になると，大量に水を飲んで水中毒を起こす 血尿，溶血

ことは目的外使用となる．畜舎のネズミ駆除には，動物用医薬部外品の殺そ剤を使わなければならない．

2.2.2.5. 重金属・ビタミンなど化学物質による中毒

家畜に中毒を起こす可能性の高い重金属，ビタミンなどの化学物質と，これらによる中毒症状を**表 2-9** に示す．

第3章 繁殖衛生

3.1. 牛の繁殖衛生

3.1.1. 牛の繁殖生理

3.1.1.1. 性細胞と生殖器

生殖器は，卵巣や精巣の生殖巣，雌では卵管，子宮や膣，雄では精巣上体や精管からなる生殖道，子宮腺や精嚢腺，前立腺および尿道球腺からなる副生殖器，膣前庭，陰門や陰茎からなる外部生殖器からなる．家畜の生殖器は，雌雄共通の組織・器官によって構成される性未分化期を経過した後に，それぞれの性に分化する．

(1)　卵子形成

生殖細胞は卵巣の源基とは発生学的に異なる卵黄嚢の一部から発生し，始原生殖細胞と呼ばれる．始原生殖細胞は有糸分裂を繰り返しながら生殖隆起にある生殖腺源基へと移動する．移動した細胞は卵祖細胞と呼ばれ，有糸分裂を繰り返す．この卵祖細胞が一次卵母細胞，二次卵母細胞を経て，成熟卵子が形成されるまでの過程を卵子形成と呼ばれる．

卵祖細胞は胎齢 45〜110 日，一次卵母細胞は胎齢 80〜130 日齢に出現し，胎子期に成熟分裂前期にまで進行する．性成熟に達したら，成熟分裂が再開し，受精可能な成熟卵子が形成される，卵子の成熟には多くのホルモンが作用する．

(2)　精子形成

生殖腺源基に移動した始原生殖細胞は精粗細胞へと分化する．卵祖細胞と異なり，その精粗細胞は性成熟が近づくと急激に分裂を開始し，精母細胞，精娘細胞を経て精子細胞に分化する．精母細胞から精娘細胞に分裂する際に染色体は減数分裂を起こす．

精子形成過程は 1 個の精粗細胞 A 型から 64 個の精子が生産される．このステージは規則的に進行することから精子形成サイクルと呼ばれ，牛では約60日である．

(3) 雌の生殖器

雌性生殖器は性腺である卵巣と副生殖器である卵管，子宮，子宮頸管，膣および外部生殖器からなる．

1) 卵　巣

卵巣は卵子を成熟させ，これを排卵させる器官である．エストロジェンやジェスタージェンを分泌する内分泌器官でもある．卵巣は卵巣間膜によって支えられ，子宮角端と細い靭帯で繋がっている．牛では卵巣の表面のどの部分からでも排卵できる．排卵直後の卵胞は血液で満たされているが，まもなく大きな黄体組織となる．黄体は妊娠しなければ退行するが，妊娠すると妊娠黄体として妊娠末期まで存続し，その後は白体として残存する．

2) 卵　管

卵管は卵巣と子宮の間にある迂曲した管で，全長は約20〜30cmである．卵管膨大部で受精が行われ，卵管峡部で精子が貯留する．

3) 子　宮

子宮は胚を着床させ，胎盤を形成して分娩するまでの期間，胎子の個体発生を行わせる器官である．その形態によって四つに分類されるが，牛は双角子宮（両分子宮）に属し，両角子宮の間に子宮帆という中隔があり，発達している特徴がある．

(4) 雄の生殖器

雄性生殖器は性腺である精巣と，副生殖器である精巣上体，陰嚢，精管，精嚢腺，前立腺，尿道球腺，陰茎などからなる．

1) 精　巣

精子を生産するとともに雄性ホルモンを分泌して副生殖器を発育させ，その機能を維持し，交尾欲や二次性徴を発現させる．精巣の下降時期は牛では胎齢4カ月である．

2) 精巣上体

精巣上体は屈曲した1本の精巣上体管でできており，頭部，中部，尾部に区分される．

3）　副生殖器

精嚢腺は精管膨大部の外側に突出した一対の器官で，尿道の背壁に開口する．家畜全般で良く発達し，分泌液は精子の代謝に関係する．

前立腺は精嚢腺の基部付近，膀胱頸部の背側にあり，多数の排せつ管を持って尿道の背壁に開口する．分泌液は精子の代謝に関係する．

尿道球腺は尿道が骨盤腔から出る部分の背面に一対ある．分泌液は射精に先だって排出され，尿道の洗浄に役立つと考えられている．

3. 1. 1. 2.　生殖機能のホルモン支配

生殖機能を支配するホルモンは，①副生殖器を支配する性腺のホルモン（ステロイドホルモン），②性腺における性細胞の生産とホルモン分泌を支配する下垂体前葉のホルモン（性腺刺激ホルモン），③この前葉ホルモンの分泌を支配する視床下部ホルモンの3者に区分される．これに加え，雌では，④下垂体後葉ホルモン，⑤子宮あるいは胎盤で生産されるホルモンである．

(1)　性腺刺激ホルモン放出ホルモン（GnRH）

下垂体前葉から分泌される卵胞刺激ホルモン（FSH）と黄体形成ホルモン（LH）をともに制御するGnRHは10個のアミノ酸配列を持つポリペプチドで，分子量は1, 182である．GnRHの分泌は代表的な拍動性分泌様式である．この拍動性はGnRHパルスジェネレーターによって神経的に支配されている．GnRHはアミノ酸合成機で合成できるので，多くの強力な作用を持つ類縁化合物が合成され，医薬品として利用されている．

(2)　キスペプチン

キスペプチンはペプチドをコードするKISS-1遺伝子に由来し，メタスチンとも呼ばれる．2001年にヒト胎盤から発見されたが，家畜も含めてGnRH分泌に対して強力な刺激作用を有している．キスペプチンは視床下部でも合成されており，GnRH分泌調節機構に関わる中心的なホルモンと推定されている．

(3)　性腺刺激ホルモン

下垂体から分泌されるホルモンはGnRHを始めとする視床下部ホルモンおよびほかの内分泌腺から分泌されるホルモンの影響を受ける．下垂体前葉からは黄体形成ホルモン（LH），卵胞刺激ホルモン（FSH），成長ホルモン（GH），プロラクチン（PRL）および副腎皮質ホルモン（ACTH）の6種類のホルモンが分泌される.

1）前葉ホルモン

性腺刺激ホルモンの主な生理作用は，卵巣における卵胞や黄体の発育，精巣における精子形成を刺激することである．LH と FSH はともに 15〜20％の炭水化物（フコース，マンノース，ガラクトースなど）を含む糖蛋白ホルモンである．LH と FSH は α と β と呼ばれるサブユニットから構成されており，α サブユニットは共通である．ホルモンの特異性は β サブユニットによって決定される．

LH は特に GnRH の支配下で合成と分泌が制御されており，雌における卵胞の発育と成熟，排卵誘起および排卵後プロジェステロンを分泌する黄体維持に重要な役割を果たす．GnRH パスルジェネレーターの支配下で LH のパルス状分泌が亢進すると発育を開始した胞状卵胞をさらに発育させ，FSH との協同作用により顆粒層細胞からのエストロジェンの合成と分泌を促進する．成熟した卵子の排卵は GnRH サージジェネレーターの亢進による GnRH の一過性の大放出が LH サージを引き起こすことによって起こる．黄体の機能はある一定頻度以上パルス状 LH の存在下によって維持される．

雄において LH は精巣における間質細胞に作用して，その分化と増殖を刺激し，アンドロジェンの合成と分泌を促進する．LH はこのアンドロジェンを介して間接的に精細管に働き，FSH と協同して精子形成を促進する．

FSH は雌において卵胞の発育，特に発育する卵胞数の調節に重要である．雄では精細管に作用して精子形成過程の前段である第二成熟分裂を促進する．FSH は卵胞に作用して顆粒層細胞の増殖を刺激し，卵胞腔の形成と卵胞液の貯留を増加させる．しかし，FSH 単独では卵胞を成熟させることはできず，LH との協同作用が必要である．

(4) 性ステロイドホルモン

性ステロイドホルモンは卵巣，精巣，副腎皮質，胎盤において，酢酸，コレステロールからプレグレノロンを経て生合成される．放出されたホルモンは血流を介して標的器官に到達する．

ステロイドホルモンは最終的には肝臓や腎臓で硫酸やグルクロン酸と結合して抱合体となり，その活性を失って一部は尿中へ，一部は胆汁を経て消化管内に排せつされる．

1）　アンドロジェン

雄の副性器の発育，機能を促進し，二次性徴を発現させる作用を持つ物質を総称してアンドロジェンという．アンドロジェンは精巣間質の間細胞，ライデッヒ細胞からLH作用により分泌され，成熟動物ではテストステロンが大部分を占める．

2）　エストロジェン

雌の発情を誘起し，かつ生殖器の発育を刺激する物質を総称してエストロジェンという．主な産生母地は卵胞膜内層であるが，黄体や胎盤もエストロジェンの分泌に関与している．エストロジェンの分泌はLHとFSHの協同作用による．エストロジェンは生殖器の運動性を高め，卵管や子宮を収縮させる．雌の2次性徴を発現させ，発情徴候を誘導する．

3）　ジェスタージェン

子宮内膜に着床性増殖を引き起こす物質を総称してジェスタージェンという．ジェスタージェンは黄体からLHの作用によって分泌される．代表的なジェスタージェンはプロジェステロンで，黄体細胞から大量に，かつ持続的に分泌される．ジェスタージェンは子宮筋の自動運動を抑制し，胚が着床した後の妊娠維持にも必要である．

4）　ホルモン様物質

リラキシンは，恥骨結合を弛緩させ，子宮の運動抑制，子宮頸管の弛緩・拡張などが認められる物質である．プロスタグランジン（PG）は，アラキドン酸などから生合成される物質で，$PGF_{2\alpha}$は黄体退行作用を有する．各種の類縁化合物が合成されており，臨床にも広く用いられている．

3.1.1.3.　性成熟

動物が生殖可能な状態になる過程を性成熟過程と呼び，この過程の開始する時期を春機発動，完了する時期を性成熟という．すなわち，雌では雄と交尾して妊娠し得る状態となり，雄では雌と交尾して妊娠させ得る状態となる．

牛の性成熟は品種，系統により異なり，さらに育成期の管理によっても差が生じるが，一般的に低栄養，寒冷，暑熱，疾病などの成長を遅らせる要因は性成熟を遅らせる．遺伝的要因として乳用種は肉用種に比べて性成熟が早い．

3. 1. 1. 4. 性周期

性成熟に達した牛において，交配が行われない場合，または交配が行われても受精あるいは着床が成立しない場合には，20〜21 日の性周期を反復する．家畜では卵胞期だけに雄を許容する発情が現れるので，この現象を指標として，発情から次の発情までを発情周期と呼んでいる．

(1) 発情周期の長さ

牛は周年繁殖の多発情動物であり，性成熟に達した後は周期的に発情周期を繰り返す．発情周期の長さは，経産牛では平均 21 日（18〜24 日），未経産牛では平均 20 日（17〜22 日）である．

(2) 卵巣の変化

一つの発情周期の間に 2〜3 回の卵胞発育の波があり，これを卵胞波または卵胞ウェーブと呼ぶ．一つの卵胞波は多数の小卵胞（5 mm 以下）の発育から始まり，その中から数個の次席卵胞（5〜10 mm）が発育してくる．その次席卵胞から主席卵胞（10 mm 以上）が発育する．最初に起こる卵胞波中の主席卵胞は，黄体の存在下では排卵することなく，閉鎖退行し，それと同時に次の卵胞波が起こる．2 番目（三つの卵胞波がある場合は 3 番目）の卵胞波の主席卵胞が発情周期の終わりに排卵する．

成熟卵胞は直径 12〜24 mm に達して排卵する．排卵数は通常は 1 個であり，60% 以上は右側卵巣から排卵する．2 個以上排卵する割合は，乳牛では約 10 %，肉牛では約 0. 5% であるが，双胎となる割合は両者ともに，その 1/10 である．

排卵後に形成される黄体は直径 20 mm 以上となり，排卵後約 7 日で黄体形成は完了し，その後 8〜9 日間，機能的黄体として持続する（開花期黄体）．排卵後に受胎しない場合は発情周期の 17〜18 日目から黄体は急激に退行し始める．この黄体が退行する機序としては，黄体からオキシトシンが分泌され，子宮内膜のオキシトシンレセプターと結合することにより，子宮内膜から $PGF_{2\alpha}$ が合成され，それが黄体に運ばれることにより黄体が退行する．

(3) 副生殖器の変化

卵管の運動性は卵巣ホルモンの影響を受け，卵管内精子の移動，排卵した卵子の卵管への移動，胚の滞留と子宮への移動などに重要な役割を果たす．

子宮では発情期にエストロジェンの影響を受けて子宮内膜の充血と浮腫が認められる．子宮平滑筋の収縮性が亢進しているため，子宮は硬く収縮する．発情の翌日には子宮内膜の浮腫性は弱くなると同時に，充血していた子宮内膜の血管のいくつかが破れるようになる．これが発情後2〜3日目頃に起こる発情後出血である．

子宮頸管および腟は発情期には充血，腫大し，子宮外口部は弛緩する．また頸管粘膜からは透明で水分を多く含む索引性の高い粘液が多量に流出する．発情期の粘液をスライドグラスに塗布して観察すると，シダ状結晶が観察される．黄体期になると子宮頸管は収縮し，プロジェステロンの作用で分泌される粘度の高い糊状の粘液によって子宮外口がふさがれる．

(4)　発情徴候

発情とは雌動物の性欲の発現を指し，雄が交尾のために乗駕するのを許容する状態をいう．雄を許容するほかに，雌同士の乗駕，咆哮などがある．発情初期は発情牛がほかの雌に乗るマウンティングが認められ，発情最盛期にはほかの雌が乗駕してもじっとしているスタンディングへと変化する．このスタンディング行動が発情の最も良い指標となる．発情持続時間は個体差も大きいが5〜20時間，平均10時間である．受精適期は発情中期から末期であり，排卵は発情終了後10〜15時間とされている．

しかし，最近は発情持続時間が10時間以下の個体も多く，発情発見が困難になってきていることが問題となっている．そのため，発情発見の補助道具として，ヒートマウントディテクター，テールペイント，さらに発情牛は動き回って運動量が多くなるので，万歩計を装着して運動量をパソコンに自動的に記録して発見する方法なども取り入れられている．

3.1.1.5.　受精・着床・妊娠・分娩

卵子と精子が会合して接合子が作られるまでの過程を受精という．

(1)　精子と卵子の移送

人工授精によって子宮内に挿入された精子は，精子そのものの運動性や子宮などの運動性によって，卵管峡部に貯蔵される．その部位に到達する所要時間は6〜8時間である．射出された精子は直ちに卵子に侵入することはできない．精子は雌の生殖器を通過する間に卵子に侵入できる生理的および機能的変化をとげる能力を獲得する．これを受精能獲得現象といい，受精能を獲得するためには3〜4時間必要とする．卵子との受精能力は24〜48時間程度は保持される．

卵子は第二減数分裂中期で排卵し，卵管膨大部に移動する．卵子の受精能力保持時間は10時間程度であり，精子と比べてきわめて短時間である．受精しないまま時間が経過すると，多精子受精や単為発生などの異常受精が増加する．

(2) 着床・妊娠

受精後，接合子は胚と呼ばれ，細胞分裂を繰り返しながら細胞（割球）数が増加する．胚は8〜16細胞になると卵管から子宮内に下降し，桑実胚となる．着床前の胚は，ある種の蛋白質やエストロジェンなどを産生・分泌する．これは母体に対して胚の存在を知らせる一種の信号と考えられている．牛の胚の栄養膜からはインターフェロン・タウ（IFN τ）が妊娠16日目（14〜20日目）に分泌され，子宮内膜の $PGF_2\alpha$ のパルス状分泌を抑制し，黄体維持作用を示す．この時期に母体に妊娠認識が成立するとされている．

着床は妊娠19〜20日目に起きる．牛の胎盤は多胎盤（宮阜性胎盤）であり，宮阜の数は80〜120個ある．妊娠期間はホルスタイン種で279日，黒毛和種で285日であり，品種によって違いがある．

(3) 分　娩

分娩は胎子のACTH（副腎皮質刺激ホルモン）の分泌によって開始する．分娩経過は①開口期，②産出期，③後産期に分類される．開口期は経産牛で2〜6時間，未経産牛では12時間ほどかかる．産出期になると陣痛と怒責が強くなり，足胞が露出する．この持続時間は1時間である．後産の排出には3〜6時間を要し，12時間経過しても排出されない場合は，後産停滞という．

(4) 分娩後の発情回帰

分娩後に子宮が修復し，また卵巣機能が回復するまでの期間は，年齢，泌乳，分娩前後の栄養状態，季節などによって異なる．特に栄養水準は卵巣機能回復に大きな影響を及ぼし，低栄養状態では大きく遅延する．一般に分娩後30〜50日間の生理的な無発情期間がある．子宮修復は30〜40日程度で完了する．分娩後の卵巣や子宮の状態を把握することをフレッシュチェックといい，40日目頃に行うのが良いとされている．その状態によって飼養管理法の改善などを早めに実施することが可能となる．

また，発情が回帰しても，直ちに授精するのではなく，一定期間待機することも，乳量を最大限得るためにも必要であり，それを任意待機期間（VWP）と呼ぶ．通常，高泌乳牛では授精開始時期は約80日目から，中程度の泌乳牛では60日目程度から授精を開始する．それまでに1〜2回程度の発情が回帰していると受胎率は高い．

3.1.2. 牛の人工授精と胚移植

3.1.2.1. 人工授精

人工授精（artificial insemination : AI）とは，雄動物から採取した精液を，受胎可能な時期の雌の生殖器内に人工的に注入することにより妊娠を成立させ，子孫を得る技術である．

(1) 歴史的背景

人工授精の最初の成功例は，1780年イタリアの生物学者Spallanzaniが30頭の雌犬の腟内に雄犬の精液を注入し，18頭を妊娠させたものである．1782年にはRossiも人工授精により犬を受胎させることに成功した．しかし，その後は人為的な生殖制御に関する忌避的な宗教上の立場や，精子や卵子および受精に関する生理機構などの知識の不足などから，大きな進展は見られなかった．19世紀末になると，人工授精の基礎となる精子の生理学的研究も急速に進歩してきた．

20世紀に入り，ロシアのIvanov（1907）は精液の採取，保存，注入などに関する多くの貴重な研究を発表し，種々の家畜における人工授精の応用的価値を実証した．1930年代に入ると，牛とめん羊で多くの技術開発研究が行われ，アメリカとデンマークにおいては牛の人工授精が普及し始めるようになった．さらに，1939年PhillipsとLardyによって，精液の保存に鶏卵の卵黄が有効であることが発見され，卵黄リン酸緩衝液が作出された．このことによって牛精子の体外での受精能保持時間は10数時間から，3〜4日に延長された．また，卵黄は精子を低温感作から保護する作用があるので，4〜5℃まで冷却して精子の運動性を抑制することにより，その保持日数は7〜10日間まで延長した．Salisbury（1941）はリン酸緩衝液の代わりにクエン酸ナトリウムを用いた卵黄クエン酸ソーダ液（卵ク液）を開発した．この卵ク液はリン酸緩衝液よりも精子の生存性が優れていたため，以来，卵ク液が広く使われるようになった．1952年にはPolgeとRowsonがグリセリン添加による牛凍結精液法が開発され，これによって牛の人工授精は急速に普及した．

わが国においては1950年に家畜改良増殖法が制定され，人工授精普及の基盤が確立すると同時に，家畜の育種改良にも多大な貢献を果たす確固たる技術として定着している．現在ではほとんどの乳牛および肉用牛が人工授精によって生産されている．

(2) 人工授精の利害得失

人工授精によってもたらされている利益は多大なものであるが，その主なものは次のとおりである．

1) 家畜改良の促進

一般的に自然交配では1回の射精で1頭の雌畜を受胎させるにすぎない．しかし，人工授精では1回の射出精液を分配して数十頭あるいは数百頭の雌畜に授精することができる．したがって，人工授精では優良な種畜をきわめて多数の雌畜に，しかも広範囲に交配することが可能となる．自然交配では1頭の雄畜に対する1カ年の交配頭数は50〜100頭程度にすぎない．しかし，人工授精では数千頭あるいは数万頭に増大できる．この結果として，少数の雄畜を飼うことによって十分な繁殖の目的は達成できる．生産性の良くない雄畜は淘汰され，優秀な種畜だけを繁殖に用いるために，家畜の改良は著しく促進される．乳量の増加や産肉性の向上は，人工授精の普及なくしては成立しないものである．

2) 遺伝的能力の早期判定

人工授精では雄畜の精液を短期間に多数の雌畜に交配できるので，雄畜の遺伝的能力を自然交配に比べてかなり早くに判定することが可能である．そのため，産乳能力や産肉能力に優秀な能力を持つ雄牛の精液だけを繁殖に供用することができるので，家畜の改良を促進させることができる．また，液体窒素で凍結された精液は半永久的に保存することができるので，優秀な雄畜の精液を長期間に亘って用いることも可能となる．

3) 生殖器伝染病の防止

交尾によって伝搬する牛のトリコモナス病，ブルセラ病，カンピロバクター症，顆粒性腟炎，馬パラチフスおよび馬伝染性子宮炎などの伝染性生殖器疾患のまん延を防止することができる．現在，わが国ではトリコモナス病の発生はなく，ほかの疾患の発生もきわめて少ないものとなっている．

4)　交配業務の省力化と経費の節減

交配のために動物を移動させる必要性がなく，これに要する労力，時間，経費などを節減できる．また，牛の凍結精液の搬送は簡便にできることから，世界中でトップクラスの種雄牛の精液を同時に使用できる．また，雄畜の気質は激しいことから飼養管理上の危険性は大きいが，熟練した技術者と管理された施設においてはその危険性も低減できる．

5)　繁殖成績の向上

人工授精時における雌の生殖器の検査や精液の検査により，生殖器の異常を早期に発見できるため，早期に適切な対策を立てることが可能である．また，1 発情期中に 2～3 回の授精も容易であることから，馬などのように発情期間が長い動物では受胎の可能性を高めることができる．

(3)　欠　点

人工授精は多くの利点がある反面，欠点も存在する．しかし，適正な管理と技術の元で行われれば克服されるものである．

1)　不良形質や伝染病の伝播

人工授精に供する種雄畜の遺伝形質が不良な場合には，この不良形質の遺伝子を広範に拡散する危険がある．現在，黒毛和種においては牛バンド 3 欠損症，牛第 13 因子欠損症，牛クローディン 16 欠損症，牛モリブデン補酵素欠損症，牛チャデアックヒガシ症候群，眼球形成異常症，ホルスタイン種では牛複合脊椎形成不全症，牛白血球粘着不全症，豚においては豚リアノジン受容体 1 遺伝子型が種雄畜ごとに公表されている．これらの遺伝性疾患は劣性遺伝であるため，保因の種雄畜を交配する時には雌畜の祖先に保因畜がいるかどうかを検査し，計画的に交配することで，これらの遺伝性疾患は回避できる．また，精液中に伝染性の病原体が含まれている場合は，自然交配に比べて被害の範囲が拡大する．

2)　人為的感染症誘発の危険性

人工授精用具の洗浄や消毒が不十分であったり，外陰部がふん便で汚れたままの状態で人工授精用器具を腟内に挿入したりすると，人為的に生殖器の感染症を誘発したり，生殖器伝染病をまん延させたりする危険性がある．

3） 人為的間違いと不正

人為的問題として，不注意のために精液を間違えて処理したり，注入する可能性がある．また，精液の取引や注入の際などに，故意に不正が行われる可能性がある．現在ではゲノム科学の進歩により，高い精度で牛の個体識別や親子鑑定が実施できるようになったため，これらの問題に対処することが可能となっている．

4） 遺伝的多様性の喪失

家畜の生産性を向上させる育種改良するうえで形質の持つ遺伝的多様性は重要となる．しかし，ある特定の種雄畜による産子生産に偏り過ぎると，その遺伝的多様性が急速に消失して，将来の育種改良が困難になる場合がある．

(4) 人工授精の技術

人工授精の技術は，雄畜からの精液採取，検査，処理（希釈，凍結など），保存，輸送および雌畜への注入からなり，精液採取は最初の段階である．現在，牛には人工腟法および電気刺激法が用いられている．

1） 人工腟法

擬牝台または台畜に種雄を乗駕させ，人工腟を用いて射精させる方法である．技術者は種雄が擬牝台または台畜に乗駕した時，陰茎を手で把握して先端を人工腟に誘導し，挿入させる．人工腟の陰茎を挿入させる部分は，柔軟で粘滑感があり，適度な圧迫感と温感を備えている必要がある．人工腟の基本構造は，金属または硬質プラスチック製の外筒とゴム製の柔軟な内筒からなる 3 重構造からなり，外筒と内筒の間に 40～45℃ の温湯を注入することにより圧迫感と温感を持たせる．内筒の先端には精液管を装着し，陰茎挿入部には白色ワセリンなどの粘滑剤を塗布する．射精までの時間は牛では一回の突き運動直後に射精するなど，動物種によって特徴がある．

2） 電気刺激法

腰仙部の射精中枢を電気的に刺激することにより強制的に射精させる方法である．四肢などの障害のために交尾不可能な種畜や交尾欲の乏しい種畜に適用される．電極棒を直腸内に挿入して電気パルスを間欠的に与えると，陰茎は勃起または勃起しないで射精が生じる．

3)　精液，精子の検査

採取した精液が人工授精に使用できるかどうかを判定し，その際の希釈倍率を決定するために検査を行うもので，精液の量，濃度，色，臭気，pH などを肉眼的に検査する．次に，精子活力，精子数，異常精子数などを顕微鏡によって検査する．精子活力は4段階に分けて観察し，それぞれの活力を示す割合を計測して，精子生存指数を算出する．牛の精液性状は，通常，精液量が 4～10 mL，精子濃度が $8〜20\times10^{8}$/mL，全精子数は $50〜150\times10^{8}$/射精，pH は 6.6～6.8 である．性状を検査した精液は希釈液や保存液で希釈し，液体窒素で凍結された状態で保管する．

4)　精液の希釈と凍結保存

採取されたままの原精液中では精子の生存性と受精能力を長期間保持させることは困難である．したがって，上記の検査終了後，精液は希釈液で適正な倍率に希釈される．

希釈液には，卵黄または牛乳に，リン酸塩やクエン酸塩などの緩衝液を配合し，細菌の増殖を抑制するために抗生物質やサルファ剤を加えたものが広く用いられている．牛用希釈液としては卵黄リン酸緩衝液や卵ク液などがある．また，近年は防疫ならびに輸出入の検疫の観点から卵黄を含まない保存液も開発され使用されている．

採取した精液の希釈は急速に高い倍率に希釈するとショックを受け，精子活力が傷害されるため，第一次希釈液と第二次希釈液に分け徐々に希釈する．牛の第一次希釈では 20～30℃ で最終倍率の 1/2 まで希釈し，60～90 分で 4℃ まで温度を下降させる．第二次希釈では 4℃ で最終倍率まで希釈する．

精液を長期間保存するために，精子の運動を抑制してエネルギーの消耗を防ぎ，精液中の細菌の増殖を阻止する必要性がある．そのためには精液は低温下で保存されなければならない．

牛の凍結精液は，キャニスターに入れて液体窒素中（−196℃）に保管すれば品質を損なうことなく半永久的に保存できる．しかし，凍結精子ストローの出し入れなどによりストロー内温度が −130℃ 以上になると，凍結精液の氷晶は不安定になり，移動，成長を繰り返すため精子は損傷を受けるので，その取り扱いについては注意が必要である．

5) 精液の注入

雌生殖器内への精液の注入は人工授精の最終段階である．良好な受胎率を得るためには精液の取扱い，注入器具の整備と消毒，授精適期の判定，正しい注入部位と衛生的な注入操作などに留意する必要性がある．

金属製の注入器とフランス式注入器（カスーガン）があるが，金属製注入器は現在ほとんど用いられていない．フランス式注入器は金属製の内筒と滅菌されたポリエチレン製の外筒（シース管）からなり，外筒は1回ごとに使い捨てにする．そのためにきわめて衛生的であり，現在ではこれが主に用いられている．

6) 凍結精液の融解

凍結精液の融解法は，凍結したストローを35℃の温水中に入れ，約40秒間静置する方法が推奨され，これにより融解後の精子活力が最良となる．融解後は速やかに注入すべきであり，特に冬季には精液温度の下降に留意しなければならない．

7) 注入量

注入する精液量は0.5mL，生存精子数は1,000～4,000万を標準とするが，0.25mLのストローも一部で用いられている．ストロー内の精子数は資源有効利用の観点から従来の精子数より半減している．

8) 注入時期

牛の排卵時期は発情終了後10～15時間前後である．したがって，授精は発情開始から発情終了後数時間までに行われるべきである．最も高い受胎率は発情中期から発情終了後6時間までに授精した場合に限られる．現在のストロー内精子数は従来に比べて半減していること，飼養管理の変化や泌乳能力の向上などから短時間で発情行動が終了したり，発情徴候が不明瞭な雌牛が多くなってきたことから，高い受胎率を得るためには交配適期診断法がより重要となっている．排卵後の授精は急激に受胎率が低下する．

注入法としては頸管鉗子法または直腸腟法がある．頸管鉗子法は，腟鏡で開腟し，頸管鉗子で外子宮口を固定後，注入器を頸管の深部に注入するが，現在ではほとんど行われていない．

直腸腟法は，指で陰唇を少し開き注入器を腟内に挿入保持し，他方の手を直腸内に入れて子宮頸管を保持し，注入器の先端を外子宮口に導き，さらに，頸管深部または子宮体まで挿入し，精液を注入する．

人工授精用器具の消毒は煮沸が望ましく，消毒薬は精子に有害であるから使用してはならない．ただし，70% アルコールは比較的害が少ないので，注入器，外陰部，手指の消毒に用いられる．

9） 性判別精子の利用

牛の X 精子は Y 精子より DNA 量が 3.8% 多いことを利用して，DNA に結合する蛍光試薬ヘキスト 33342 であらかじめ染色したうえで，レーザーフローサイトメーターに精子を一個ずつ流し，その蛍光強度によって仕分けるのが原理である．これまで多くの試行錯誤が繰り返されたが，本法によって一気に実用化のレベルに達した画期的手法である．性の判別率は 90% 前後である．受胎率は経産牛では若干低いものの，未経産牛では従来の凍結精液を用いたものと同等である．ただし，ストロー容器に注入されている精子数はかなり少ないので，注入部位は子宮角の中央部が望ましい．外国からもホルスタイン種の性判別精液が輸入されている．

3.1.2.2. 胚移植

(1)　胚移植の歴史的展開

人工授精の発達に伴って，優秀な遺伝形質を持つ雄畜の生産した精子を広範囲に配布して，多数の雌畜に授精できるようになり，雄の優れた遺伝形質を受け継いだ多数の子孫を生産することが可能となっている．一方，雌牛は本来単胎動物であり，また，平均 280 日の妊娠期間を有するために，優秀な形質を持つ雌牛であっても生涯に多くて 8～10 産しかできない．そのため，雌畜からの遺伝育種的改良速度は雄畜と比較にならないほど遅いので，雌畜からの改良を目指して開発されたのが，胚移植技術である．胚移植とは雌畜（ドナー）に人為的な処置をして多数の胚を生産させ，その生殖器から着床前の胚を取り出し，ほかの雌畜（レシピエント）の生殖器に移して着床・妊娠・分娩させる技術である．胚移植は精液の凍結に比べて，高度な技術体系を要し，それは，ドナー牛の性腺刺激ホルモンによる過剰排卵処置，発情誘起，人工授精，胚回収と検査，レシピエント牛の発情同期化，胚移植などからなる．

ほ乳動物で胚移植に成功したのはかなり古く，1890年に英国のHeapeがウサギを用いた初期胚の移植で4匹の産子を得たことに始まる．牛では，1951年に米国・コーネル大学のWillettが成功したのが最初であり，これを契機として各国で研究が行われた．しかし成功率は低く，1960年頃までは世界で数頭しか成功しなかった．この時期には開腹手術による採卵・移植が行われていた．しかし，1965年に農林水産省畜産試験場の杉江博士が世界で初めて非手術的方法による胚移植に成功し，応用・実用化に弾みがついた．

1970年代になると欧米では胚移植を業務とするベンチャー企業が多数誕生し，その後の全盛期を迎えるようになった．

(2) 過剰排卵処置

胚移植を効率的に実施するためには，通常の発情では1個しか排卵しない雌牛に，ホルモン製剤投与を行う過剰排卵処置によって，多数の正常胚を得ることが必要になる．牛の発情周期は21日ごとに繰り返されるが，過剰排卵処置は通常，発情9〜14日目の黄体最盛期に豚由来の卵胞刺激ホルモン（pFSH）を1日2回，3〜4日間，漸減投与するのが通常である．投与量は品種によって若干異なり，黒毛和種では18〜28 AU（armour unit），ホルスタイン種では30〜50 AU程度である．卵胞が発育してこない場合や片側の卵巣に20個以上の卵胞が発育する場合は，その投与量を増減させる必要がある．

pFSH投与後3または4日目に$PGF_{2\alpha}$を1日1〜2回に分けて投与すると，黄体が急激に退行して，発情が認められるので，発情時に人工授精を行う．pFSHの代わりに馬絨毛性性腺刺激ホルモン（eCG）を1回投与する方法もあるが，胚の品質が低下する傾向にあるので，補足的に使用されることが多い．

胚は受精後4日間は卵管内に，6日目には子宮角先端部に存在する．胚の回収は通常，人工授精後7日目に行い，その時期の胚は胚盤胞期胚といわれる時期になっている．過剰排卵処置による1頭1処置当たりの平均採卵数は8個，平均正常卵数は5個となっている．正常胚以外としては，未受精卵子，胚の発育が停止しているもの，胚の割球細胞の大部分が変性しているものなどが挙げられる．通常これらを一括して変性卵と呼び，移植しても産子を得ることはできない．

過剰排卵処置技術の問題は，①過剰排卵処置に対する個体間差が非常に大きいこと，②ホルモン剤による過剰排卵の反復処置によって卵巣の反応が低下し，過剰排卵処置は年に3〜4回が限度であること，③個体ごとの卵巣反応が予測不可能であること，などが挙げられる．これらの問題解決に向けて多くのアプローチがなされているが，いまだに満足すべき結果は得られていない．しかし近年，腟内に挿入できる黄体ホルモン製剤が使用できるようになり，過剰排卵処置法にも応用されてきている．これまで，過剰排卵処置は発情周期中の9〜13日目の黄体開花期に開始し，$PGF_{2\alpha}$で発情を誘起させて授精させる必要性があったことから，ドナー牛の性周期の把握，特に発情日の特定に多くの労力が必要とされた．しかし，黄体ホルモン製剤法は発情周期に関係なく，7〜10日間黄体ホルモン製剤1.9gを含む腟内挿入薬を挿入しておくと，卵胞の発育・成熟が抑制される．製剤を除去すると卵胞発育抑制が解除されるため，2〜4日以内に約85%のウシに発情が出現する．そのため，これまでの方法に比べて，過剰排卵処置を一定期間内に計画的に反復することが可能となってきている．

(3)　胚の凍結保存

ドナー子宮から回収された胚は，直ちにレシピエントに移植する場合を除いて，凍結保存される．凍結保存法には，融解後の耐凍剤除去の仕方により，ステップワイズ法，ダイレクト法などがある．耐凍剤として前者は10%グリセリン，後者は12%プロパンヂオールまたは10%エチレングリコールを用いる．胚は耐凍剤に平衡させた後，0.25mLのプラスチックストロー内に挿入する．凍結はプログラムフリーザーを用いて行う．ステップワイズ法では室温から−5℃までは−1℃/分で低下させ，−5℃で10分間保持している間に植氷を行う．植氷は液体窒素で冷却したピンセットで，プラスチックストローの一端を挟むと小さな氷塊が形成され，その氷の部分がきわめて緩慢にプラスチックストロー全体に広がっていくことを指す．その後ストローは−0.3℃/分の割合で−30℃まで低下させ，直ちに液体窒素中に投入する．ダイレクト法での凍結は−7℃に直接ストローを投入して植氷を行わせ，その後の操作はステップワイズと同様である．

融解は空気中で5秒前後保持後に，30℃の温湯に約1分浸して行う．ステップワイズではシャーレに胚を取り出して，徐々にグリセリンを除去するが，ダイレクト法では直ちにレシピエントに移植する．

ステップワイズ法の長所として耐凍剤除去時の浸透圧ショックが少なくて胚の破損が少なく，生存性も高いことが挙げられる．しかし，胚を観察するための顕微鏡や無菌室などが必要になってくる．一方，ダイレクト法では耐凍剤除去の操作が不必要で直ちに移植でき，人工授精と同じような利便性から，凍結の主流となりつつある．しかし，融解後の胚の状態を観察しないことや移植に時間をとられると胚の生存性が急激に低下するなどの問題もある．

(4) 胚の移植

ドナーの子宮から取り出した胚をレシピエントの子宮内に移植することであり，通常は，専用の器具を用いた非手術的な方法により子宮内に移植する技術である．レシピエントに用いる牛は遺伝的能力に優れている必要性はない．しかし，繁殖性に異常が認められず，妊娠を阻害するような疾病を有していないことなどが求められる．胚を移植するに際し，ドナーとレシピエントの発情日の同期化が重要である．発情日が前後1日までの範囲なら受胎率に大きな影響はないとされているが，同じ日に発情している場合が最も受胎率も高い．胚が凍結してある場合は，発情周期に合わせて適宜移植を行えば良いが，多頭数を同時期に，あるいはドナーから採取した胚を直ちに移植する新鮮卵移植では発情周期の同期化が必要になってくる．発情の同期化には$PGF_{2\alpha}$を注射する方法と，黄体ホルモン製剤を膣内に挿入する方法があることは，過剰排卵処置法の項ですでに述べた．

(5) 利用の状況

胚移植は優秀な雌牛の子孫を短期間に多数生産する技術であり，雌牛からの改良を進め，低コストでの肉用牛・乳用牛の増産を可能にする．世界の主要40カ国をまとめた報告によれば，年間に延べ8.9万頭に過剰排卵処置を行い，47.8万個の胚が回収され，約41.3万頭の牛に移植されている．わが国では年間に1.1万頭のウシに過剰排卵処置を行い，4.5万頭に移植されて1.5万頭の産子が生産されている．この産子数は日本における全産子数の1%弱に相当する．

わが国の胚移植頭数はアメリカ，カナダについで世界第3位となっている．胚移植の実施機関数は約440カ所，胚移植従事者数は3千人を超えるほどになった．受胎率は凍結していない新鮮胚で50%，凍結したもの45%前後でここ数年来推移している．わが国の特徴としては諸外国の凍結胚の移植が約50%であるのに対して，約80%と高いこと．これには飼養頭数規模が小さくて，発情周期が揃ったレシピエントを常に準備しておくことができないことも原因となっている．また，黒毛和種や乳用種の育種改良のための胚移植の割合が約32%であるのに対して，黒毛和種の胚を乳用種や交雑種に移植して，肉資源として特定品種を増産する技術として68%も利用されていることは，世界的な見地からは特異的となっている．

しかし，近年は乳用牛の雌牛の遺伝的能力評価が開始され，ドナーの選定基準が明確になったことから，乳用牛の牛群改良を目的とした移植も増加傾向にある．スーパーカウをドナーとして生産された子牛は，雌ばかりでなく雄についても高価格で取り引きされている．これらの雄子牛の多くは，次世代の候補種雄牛として利用されることが多い．現在，わが国の乳用牛候補種雄牛は約90%が胚移植産子で占められている．黒毛和種においても育種価の導入で，優秀な雌畜集団を胚移植によって造成する事業が伸展している．

(6)　胚移植技術の将来性

卵子を巡る研究は急速な進展を見せており，卵子の体外成熟，体外受精ならびに体外発生系の確立は，胚移植にも新局面を与えた．それは経腟採卵法である．牛の卵巣には通常，直径3～5mmの小卵胞が多数存在している．その小卵胞を卵巣の超音波画像を見ながら，専用の注射針で吸引採取する方法である．その小卵胞から採取した卵子を体外成熟，体外受精，体外発生させることにより胚を得ることができる．この方法で週2回のペースで数カ月間採卵できたとの報告や，妊娠していても採卵ができることなどから，従来の過剰排卵処置以上の胚が短期間で得られている．さらに，卵巣には多数の原始卵胞が存在しているが，その卵胞を体外で培養して，体外受精により産子を得ることも可能になってきている．本手法は確立されれば，一個の卵巣から数千頭の産子を得ることも可能になるであろう．

また，胚の一部の細胞を分離・採取して，PCR法により雌雄の性判別をすることはすでに実用化されているが，本手法は遺伝子診断をも可能とする．家畜においても遺伝病は少なくないことから，分子生物学的学問領域とともに進歩していくものと考えられる．

胚移植技術は，過剰排卵処置や胚の回収・移植などに難易の差はあるものの，ほとんどの家畜にとどまらずパンダなどの野生動物にまで応用することができるものとなっている．このため，本技術は家畜における育種改良のための手段として，今後とも重要な役割を果たしていくものと思われるが，希少動物種の保存・増殖などにも大いに利用され，その必要性はますます増加するであろう．また，凍結した胚は半永久的に保存できることから，遺伝資源としての種の保存のためのジーンバンクにも，必須のものとなる．

3.1.2.3. 体外受精

(1) はじめに

牛卵子を体外で成熟させ，体外で受精させること（体外成熟・体外受精）によって，子牛を生産することに成功したのが 1985 年であった．牛の体外受精は卵巣からの未受精卵子の採取，体外成熟，精子の受精能獲得誘起と媒精，胚（胚）の培養からなる．体外受精に至って，卵子や胚の培養系が検討され，実用化に近いレベルにまでその技術水準は達してきている．ヒトでもこの体外受精，あるいは卵子の細胞質に直接的に精子を注入する顕微授精は不妊治療との 1 つとして，日常的に実施されている．しかし，卵子の成熟や胚の発生における培養の長期化に伴い，その問題点も指摘されている．

(2) 技術の概要

と体から取り出した卵巣の表面には，小卵胞が多数存在する．未受精卵子を採取するには，その卵巣表面に存在する直径 2～5 mm の小卵胞から，注射器で吸引採取するのが一般的である．卵胞から取り出した卵子は，卵丘細胞が密に付着して卵子の細胞質が変性していないものを選別して，成熟培養する．成熟用の培養液としては TCM 199 培養液に牛胎子（子牛）血清を加えたものが汎用されている．採取直後の卵子の核は卵核胞期にあるが，約 20 時間前後成熟培養すると，第 1 減数分裂を経て第 2 減数分裂中期といわれる，いわゆる排卵直後の卵子の状態と同じ核相になる．通常，約 70～80% 以上の卵子は体外培養系でも成熟する．

体外受精には成熟した卵子と精子が必要である．射精した精子はそのままの状態では卵子に進入して受精することは不可能であり，質的に変化をとげる必要性があり，いわゆる受精能獲得現象と呼ばれている．自然交配では子宮内や輸卵管内のある物質の作用を受けて，受精能を獲得するが，体外受精では人為的に受精能を獲得させる必要性がある．体外での精子の受精能獲得誘起には，いくつかの薬剤が有効とされているが，現在では血液中に存在するヘパリンなどを用いるのが，通常の手法となっている．体外受精は成熟卵子と受精能獲得を誘起させた精子を培養液内で数時間（3〜10時間前後）行わせる．

体外受精した胚は，発生培地に移し，約7日間培養すると，レシピエントに非外科的に移植できる胚盤胞期胚に発育する．その発育割合は約20〜40％程度である．発生用培養液としての代表的なものとしては，CR1aa，SOFなどがある．通常これらの培養液には牛血清アルブミンや胎子血清を加えるが，血清を全く添加しない無血清培養液も市販されている．

(3)　利用の状況

牛の体外受精はと畜場由来の卵巣ばかりではなく，近年は超音波診断装置を用いた生体からの経腟採卵後の卵子を用いた体外受精も行われている．経腟採卵は週に1〜2回程度，反復して採卵が実施されており，過剰排卵誘起による卵巣の反応が低下した個体や老齢牛，あるいは若齢牛などにも応用されている．と畜場由来の卵巣は個体識別が困難である場合が多いので，個体が特定できる経腟採卵の応用場面は増加するものと考えられる．

牛における体外受精胚の移植は世界的に実施されており，新鮮胚で約1.6万頭，凍結胚で約1.5万頭，合計3.1万頭となっている．移植頭数はアジア，ヨーロッパ地区で多い傾向にある．わが国では，年間に約9千頭に移植し，2〜1.7千頭の産子が誕生している．受胎率は生体内生産の胚に比べて約10〜15％低く，その値は35％前後となっている．このことは，体外受精により生産された胚の品質が生体内生産胚に比べて，劣ることに起因しているものと推察されている．

3.1.2.4.　生殖工学

胚移植技術の進展により，卵子または胚を操作することにより新たな手法が開発されることが生殖工学分野である．

(1)　クローン技術

細胞周期を同期化した体細胞あるいは胚の割球細胞を除核した卵子に挿入し

て融合させ，電気パルスなどで活性化処置を行うと，胚は発育を開始する．これが体細胞あるいは受精卵クローンと呼ばれるものである．発生に関するこれまでの学説を覆す大きな成果である．しかし，社会的受容性などから実用化されていない．また，体細胞に遺伝子を導入して全能性を獲得させた iPS 細胞なども樹立された．

(2) 遺伝子組み換え動物

牛の乳汁中に有用物質を生産させることを目的として，初期胚に遺伝子を導入して作成される．飼養管理にはガイドラインが設定されている．まだ実用化は一部に限定されているが，ヒト免疫系を持つ豚の開発など，モデル動物の開発や遺伝子機能解析などの基礎実験に用いるなど，多くの進展が期待されている．

(3) 顕微授精

顕微授精は，顕微鏡下で行う卵細胞質内精子注入法（intracytoplasmic sperm injection : ICSI）である．顕微授精は運動能力を失った精子や凍結保存後の全く動かない精子からも産子が得られており，室温保存したフリーズドライ精子からも産子が得られている．遺伝的能力の高い雄の利用性を高めたり，わずかな精子しか得られない希少動物の増殖にも有効な技術である．

(4) 胚の性判別

過剰排卵処置や体外受精で産生された牛の桑実胚や胚盤胞期胚から数個の割球細胞を採取し，PCR 法により雄特異的遺伝子配列である Sry 領域を増幅して検出する．牛では性判別キットが販売されている．本手法は性判別精子が販売されていない種雄牛の交配による胚の性判別に利用性が高い．また，遺伝性疾患の保有状況を検索することにも PCR 法は応用性があるが，まだ普及はしていない．

3. 1. 3. 妊娠診断

授精または交配後，早期に妊娠の可否を判定できることは，不受胎牛を早期に発見し，その治療効果を上げるうえで重要である．また，繁殖成績の評価や生産性向上のうえでも重要である．妊娠診断法としてはなるべく早期に容易にできて，母体や胎子に有害性のないことが求められる．

3.1.3.1. ノンリターン（NR）法

授精または交配後，発情が回帰しないことを妊娠と判定する最も簡便な方法であり，農家などでの妊娠診断に用いられている．しかし，牛では妊娠中であっても発情徴候を示す場合があり，不妊であっても鈍性発情などにより発情徴候を示すとは限らない．60日NR，90日NRなどと表示するが，妊娠経過日数に伴ってその確実性は減少してくる．

3.1.3.2. 直腸検査法（胎膜触診反応）

最も普及している確実な実用性の高い診断法として広く用いられている．妊娠診断として牛胎膜を触診できるのは早くて30日以降，通常は35〜40日以降である．子宮角の拡張した分岐部の直前を親指と中指で慎重に摑み上げる．尿膜絨毛膜は子宮と直腸が指間から滑り落ちる前，滑る（スリップ）のが触知されることにより，妊娠と判断される．この方法は妊娠診断以外に，子宮蓄膿症や子宮粘液症などとの類症鑑別にも用いられる．

3.1.3.3. プロジェステロン測定法

牛では約21日周期で発情を繰り返し，発情前後の4，5日間は血中および脱脂乳中プロジェステロン濃度は1ng/mL以下の低値を示す．一方，妊娠しているとプロジェステロンは黄体開花期の1ng/mL以上の値を維持するので，このことを利用して授精後21から24日目のプロジェステロン濃度を測定する．1ng/mL以上の値を示したものを妊娠，それ未満を陰性とする．材料は主に牛乳が用いられる．大規模農場では繁殖管理プログラムと個体識別法などを組み合わせて，搾乳時にサンプル採取する個体を知らせるプログラムなども利用されている．この方法によって，非妊娠で黄体のないものを判定する精度はほぼ100％であり，直腸検査法が可能になる前の妊娠診断法として優れている．

3.1.3.4. 超音波検査法

野外で用いることができる小型でバッテリー駆動型の超音波装置が普及してきた．妊娠20日頃から胎嚢がエコーフリーな像として観察され，最も早い時期での確実な診断が可能である．妊娠58日前後において臍帯と生殖結節との距離を計測することで胎子の雌雄鑑別も可能である．また画像が保存されることにより，妊娠診断証明書などに利用されている．

3. 1. 4. 繁殖障害

繁殖が一時的または永続的に停止あるいは障害されている状態を繁殖障害という．家畜の淘汰理由として繁殖障害の占める割合は大きい．

3. 1. 4. 1. 雌牛の繁殖障害

雌牛の繁殖障害は，以下に区分できる．

①春機発動すべき時期を過ぎても，あるいは分娩後の生理的卵巣休止期を過ぎても，卵巣が正常に機能せず，無発情などの異常発情を示し，交配できないもの．

②発情発現するが，卵巣や子宮に異常があり，交配しても受精が成立しないもの．

③受精が成立しても妊娠が維持されないもの．

④分娩経過中の異常および分娩後の異常

雌牛の繁殖障害は種類が多いが，比較的発生頻度の高いものについて記述する．

(1) 卵巣疾患

1) 卵胞発育障害

卵巣発育不全，卵巣静止，卵巣萎縮を一括して卵胞発育障害という．卵胞発育障害においては，卵胞は発育しないか，ある程度までに発育するものの閉鎖退行し，発情・排卵が起こらずに無発情を継続する．

卵巣発育不全は，春機発動すべき時期に達しても発情徴候を示さず，卵巣の発育が不十分で小さく硬い．卵胞も黄体も認められない．

卵巣静止は，春機発動を過ぎた未経産畜あるいは分娩後の生理的卵巣休止期を過ぎた経産畜において，発情が見られず，卵巣自体の大きさは正常であるが，卵胞が発育しない，あるいは発育しても成熟することなく閉鎖退行するものをいう．

卵巣萎縮は正常に機能している卵巣が萎縮し，硬結した状態をいう．

2) 卵巣嚢腫

卵巣嚢腫は，牛に多発し，卵胞が排卵することなく異常に大きくなる状態をいう，卵胞嚢腫と黄体嚢腫に分けられる．嚢腫の直接的な原因は排卵を起こす

LH サージが起こらないことに起因する．卵胞嚢腫には発情が長時間持続するもの，不定期なもの，無発情となる三つの型があるが，最近は無発情が多い．嚢腫化した卵胞は閉鎖退行を繰り返す特徴がある．黄体嚢腫は嚢腫化した卵胞壁が黄体化して長く存続する状態をいう．超音波検査により詳細に画像を検討することで，類症鑑別が可能となるが，直腸検査法だけでは困難である．

3） 鈍性発情

牛で性周期において卵胞の発育，排卵，黄体形成は周期的に起こるが，卵胞成熟時に発情徴候を伴わないものを鈍性発情という．鈍性発情は牛の卵巣疾患のなかでも特に発生率が高く，高泌乳牛，ほ乳中の肉用牛に頻発する．本症は卵巣の周期的な変化をもって判断することが重要である．

4） 黄体遺残

妊娠していないにも関わらず，正常な性周期の期間を超えて機能的な黄体が存続し，発情が認められないのをいう．本症は子宮内にミイラ変性胎子や子宮内膜炎，子宮蓄膿症などにより子宮内膜で生産される $PGF_{2\alpha}$ が産生されないことによる．

5） 卵巣腫瘍

卵巣が腫瘍化したもので，顆粒膜細胞腫が最も多い．卵巣は著しく腫大し，ときには小子頭大になる．

(2)　子宮疾患

1） 子宮内膜炎

本症は子宮疾患の中で最も多く，精子の子宮内での運動性を阻害し，受精が成立しても胚の発育を妨げ，早期胚死滅や流産を引き起こす．発情期には子宮内から炎症性産物が排出されるために，外陰部あるいは腟検査で異常を呈する．本症は細菌感染によるが溶血レンサ球菌などの常在菌によるものが多い．

子宮内膜炎は急性と慢性に分類されるが，急性例は治癒しない限り慢性に移行するので，実際の症例では慢性型に多く遭遇する．本症の多くは外子宮口から異常滲出物の漏出を伴うが，伴わない場合もある．

2） 子宮蓄膿症

子宮腔に膿あるいは膿瘍滲出物が貯留する状態をいう．牛に多い．子宮における黄体退行因子の産生・放出が抑制されるために，黄体遺残となる．

3） 子宮粘液症

子宮腔に種々の量の粘液が貯留するものである．粘液の性状は水様流動性のものから，粘ちょう性のものまで種々である．子宮壁は薄く，子宮は内容物で膨満している．細菌性感染とは異なるが，受胎性は低くなる．

(3) 膣疾患

膣の疾患の中では，尿膣の発生頻度が高い．尿膣は尿の一部あるいは大部分が膣腔内に逆流して一時的あるいは常時，膣内に貯留するものをいう．本症は老齢，衰弱，栄養不良，分娩時の損傷などにより，膣深部の沈下によって起こる．

(4) 妊娠期および産後の疾患

1） 胚および胎子の早期死滅

胚死滅は受精により発生を開始した胚が死滅する現象である．胚死滅の主な要因としては，胚側の要因として受精異常や染色体異常，母体側の要因としてはステロイドホルモンの分泌異常や子宮内環境の要因，環境要因としては高温，栄養不良などがある．早期胚死滅の診断法はまだ確立されていない．

2） 胎子の死

胎子が死亡すると，普通は流産するが，妊娠初期の場合は胎子や胎膜は排出されずに子宮内で融解，吸収される場合も多い．

3） 長期在胎

妊娠期間が正常の範囲を著しく超え，分娩の遅れる場合を分娩遅延という．胎子の側から見ると，これを長期在胎という．乳牛の在胎日数の平均はおよそ280日であるが，295〜300日を超えたものを長期在胎とする．長期在胎の原因は母体あるいは胎子側にある場合に区分されるが，胎子側の要因としては下垂体前葉-副腎皮質の機能異常がある．多くの場合，過大子となる率が高い．

4） 胎盤停滞

牛の正常分娩では胎膜や胎盤は，胎子の娩出後3〜6時間以内で排出されるが，12時間以上経過しても排出されないものを胎盤停滞という．本症は通常，治療を施さず，自然に排出されるのを待つ．

3. 1. 4. 2. 雄牛の繁殖障害

雄牛が一時的または持続的に繁殖機能が低下し，障害を生じた状態をいい，その誘因としては遺伝的欠陥，育成期の飼養管理の失宜，栄養障害ならびに全身性疾患などが挙げられる．雄牛の繁殖障害の原因は，①精子形成機能障害：精祖細胞から精子細胞への分化過程の障害，繁殖障害の主な原因，②副生殖器の障害と精液の異常:病原微生物や代謝産物による精子活力低下や雌性生殖器の感染症の誘因，③精子輸送路の通過障害，④性機能不全：飼養管理の失宜，内分泌障害などである．

(1)　精巣の疾患

精細管における精祖細胞やセルトリ細胞を含む基底膜の精上皮細胞が崩壊すると，造精機能の回復は困難で不妊症となる．また，精細管の退行変性の程度によって精子数の減少が起こり，また精子細胞の変性や精母細胞の分裂異常は奇形精子の増加，精子活力の低下を招く．

1)　精巣発育不全

性成熟期またはその後において，一側または両側の精巣の発育が不良で．繁殖機能が低下または欠如して予後は不良である．単一常染色体劣性遺伝子によるもので，精細胞の発生異常，精細胞の性腺への移動障害，精細胞の変性により生じる．

2)　潜在精巣

潜在精巣は精巣の下降が不完全であり，腹腔またはそ径部に停留する症例であり，一側性または両側性に発生する．間質細胞でのテストステロン産生能の障害は軽度であり，性欲も正常であるが，精液性状は正常と同じなものから無精子症までさまざまである．肥育時に雄特有の思わぬ行動をとったりする危険性が高いので，潜在精巣は確実に摘出することが重要である．

3)　精巣変性

精巣変性の程度と経過期間によって病変の状態は異なる．初期は精子細胞の変性や，多核巨細胞の形成，精細胞の核濃縮など退行性変性が著しい．慢性化した場合，精細胞管は空虚となり，変性した精細胞，セルトリ細胞，間質細胞の核濃縮などが見られる．その原因としては石灰沈着，精巣温度の上昇，血流障害，下垂体前葉や視床下部の腫瘍による内分泌学的影響によっても精巣変性や萎縮が起こる．また，年齢や栄養状態，毒物や毒素なども関与するとされている．治療法は特になく，原因に対する対症療法を試みる．

4） 精巣炎

精巣炎は細菌やウイルスによる精巣の炎症である．急性症では激しい疼痛と高熱を発し，腫脹して水腫を伴うこともある．慢性症は急性症の対応が不十分であると推移し，精巣の硬化，造精機能の消失，性欲の減退など雄性不妊症となる．急性症の場合は冷湿布と抗生物質の投与を行う．精巣変性後には適切な処置法はない．

(2) 副生殖器の疾患

1） 精巣上体炎

精巣炎や陰嚢炎に継発し，精巣上体の硬結，精液瘤や肥大などが触知される．急性期は浮腫を示すが，慢性化するとリンパ球が精巣上体管上皮の基底膜にまで浸潤し，上皮細胞の過形成によって管腔の閉塞による精子の通過障害が生じる．多くは細菌性感染などによって発症し，精巣上体管の閉塞，癒着などによって無精子症や乏精子症となり，不妊症の原因となる．

2） 精嚢腺炎

牛の精嚢腺炎の発生は繁殖障害の牛の数％を占めて比較的多い．本症は各種の病原微生物に起因する．これらの微生物は尿道を介して上向性に精嚢腺に定着する場合と，血液やリンパ液を介する場合がある．直腸検査により精嚢腺の肥大，熱感，圧痛などが触知できる場合もある．多くの症例では診断が困難であるが，超音波診断で確認できる．精液性状は精子活力の低下，pH の上昇，フラクトース濃度の低下が見られる．抗生物質の大量投与を行う．自然に治癒する場合もあるが，多くは慢性化して膿瘍形成が起こり，生殖器感染症が多発することもある．

3） 前立腺炎

尿道，精嚢腺，精管，精巣上体などの炎症に継発する．カタール性または化膿性炎を呈するが，牛における発生は稀である．

(3) 交尾障害

1） 交尾不能症

交尾欲はあるが四肢の障害や勃起不能症のために，雌畜と自然交配の能力を欠くものを交尾不妊症と呼ぶ．包皮の狭窄，陰茎の癒着，わん曲，包皮および陰茎の腫瘍，ヘルニアなどもその原因となる．

2)　交尾減退欲・欠如症

本症は発情雌畜に対して全く性欲を示さないものから，乗駕するものの射精にまで至らないもの，射精までに長時間要するものまでさまざまである．交尾欲に影響を及ぼす要因としては，過肥，栄養不足，過度の供用など，その要因は多岐に亘る．

(4)　生殖不能症

生殖不能症とは正常な交尾欲を示し，交尾能力を持ちながら雌動物を受胎させる能力がないものをいう．それには無精液症，無精子症，精子減少症，精子無力症などがある．一般的に予後は不良で，効果的な治療法は確立されていない．

3.2.　豚の繁殖衛生

3.2.1.　豚の繁殖生理

3.2.1.1.　性成熟（春機発動）

育成豚が発育し，春機発動期に達して発情徴候や精細管内に精子が出現などの徴候が認められても，生殖器の形態と機能は不十分な状態で，雌の発情周期は未だ不安定，雄では射精をしない状態である．雌雄ともに生殖器が発達し，雄では成熟精子を有した射精能が備わり，雌では発情周期の規則的反復と妊娠の維持が可能となった状態に至り，性成熟に達したとみなされる．

性成熟の時期は栄養水準，生活環境（単飼，群飼など），体重，季節，疾病および飼養管理により影響を受ける．品種によって若干異なる場合もあるが，標準的には雄豚が5～8カ月齢，雌豚では4.5～7.5カ月齢であるとされている．

雌豚の性成熟の促進には，成熟雄豚との接触が最も有効であり，無接触の場合の性成熟日齢（245日齢）に比べ，接触区は205日齢と早く成熟に至る．これは成熟雄豚の唾液中に存在するフェロモン（主成分は5α-androst-16 en-3one で汗，尿，精漿中にも存在する）が，雌豚の鼻腔（鋤鼻器）へ直接移行接着することによる効果といわれている．

3. 2. 1. 2. 発情周期と発情排卵

基本的に，発情開始（雄許容開始）と発情徴候発現とは同一ではないことを認識すべきである．一般に発情徴候として認識されるのは，行動の変化（食欲，落ち着き，乗駕行動や不動反応および背圧試験など）や外陰部反応（腫脹，発赤，粘液漏出など）であるが，これ以外に深部腟内電気抵抗（VER）値や卵巣および子宮頸の変化も明瞭である．

発情周期とは，発情（雄許容）の開始日から次の発情の開始日までの期間を指し，その長さは平均 21 日（範囲：概ね 19〜23 日）であり，発情持続期間（発情開始から発情終了までの期間）は若干変動があるが，概ね 2 日（平均 40〜60 時間）である．発情周期に明瞭な品種間差はないといわれるが，未経産豚（平均 47 時間）より経産豚（平均 56 時間）が若干長いことが知られている．さらに，季節（夏では長く，冬では短い）などにも影響される．

3. 2. 1. 3. 発情周期と内分泌

発情周期の直接的主体は卵巣にあり，その背景である内分泌環境を司るのは，性腺軸といわれる間脳・視床下部―下垂体―生殖腺の連携機構である．

発情周期を明確に判断するためには卵巣の形態的追跡が最も正確であり，卵巣の機能を推定する方法には，牛や馬と同様，技術に熟練が要求されるが，直腸検査法による卵巣触診がきわめて有効である（**図 3-1**）．

正常な発情周期を営む経産豚の卵巣所見と発情徴候は，明確に連動している．また，卵胞発育・排卵・黄体形成・黄体退行の変化と血中の内分泌環境も密接な関係にある（**図 3-2**，**図 3-3**）．

図 3-1　運動場で給餌中に実施する経産豚を対象とした直腸検査
（伊東原図）（CD 収録）

豚では，発情前期と発情期には，約 10〜20 個の卵胞が発育して成熟卵胞（8〜12 mm）に達するが，小型（5 mm 以下）の卵胞数は減少する．発情開始日を基準（0 日）として，5〜16 日日までの黄体期に直径 2〜5 mm の卵胞数は増加し，18 日目以降（発情前期）では主に排卵直前の卵胞（8 mm 以上）が増加する．なお，卵胞では発情ホルモン（エストロジェン：

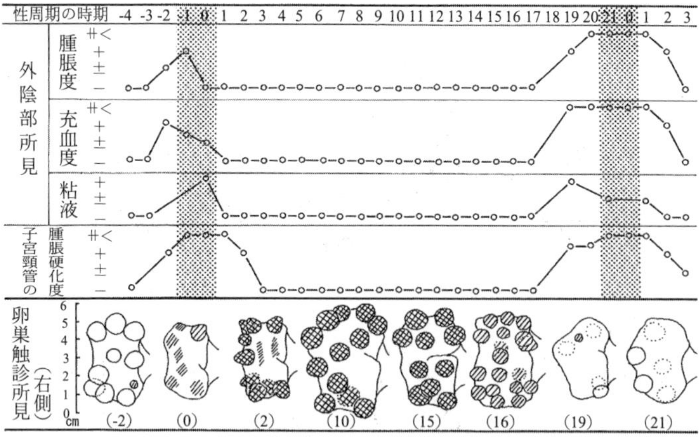

：腰背部圧迫試験陽性期間　（数字）：性周期の時期，0＝排卵日

図 3-2　正常発情周期における経産豚の外部および内部発情所見の変化
（伊東原図）

E）が主に分泌される．

豚の排卵時期は発情開始後 24～48 時間で発現することが知られているが，Polge（1969）は発情開始後 36～50 時間経過した頃に始まると述べており，Noguchi *et al.*（2010）は平均 42 時間（30～60 時間）と報告しているように，時間の幅がある．一般的には，発情期間の約⅔または¾が経過した時点で排卵が開始すると認識されている．また，1 発情期には左右の卵巣で 10～18 個の成熟卵胞が排卵する．これらの卵胞はすべて同時に排卵するのではなく，成熟卵胞すべてが排卵するための時間は 2～6 時間を要し，この時間内で順次排卵する．

排卵数（率）は品種，近親交配の程度，交配時の年齢および体重と関連があるとされている．

排卵後には黄体が形成され，6～8 日以内には，黄体細胞で構成され，全体の直径が 8～15 mm の弾力性に富んだ細胞塊となる．この黄体からは，黄体ホルモン（プロジェステロン：P_4）が主として分泌される．排卵後の黄体化は基本的に 4 日で完了し，6～8 日目に最大となり，16 日目までその構造と分泌機能を維持しているが，以後は急激に退行し，分泌機能を有しない白体となる．

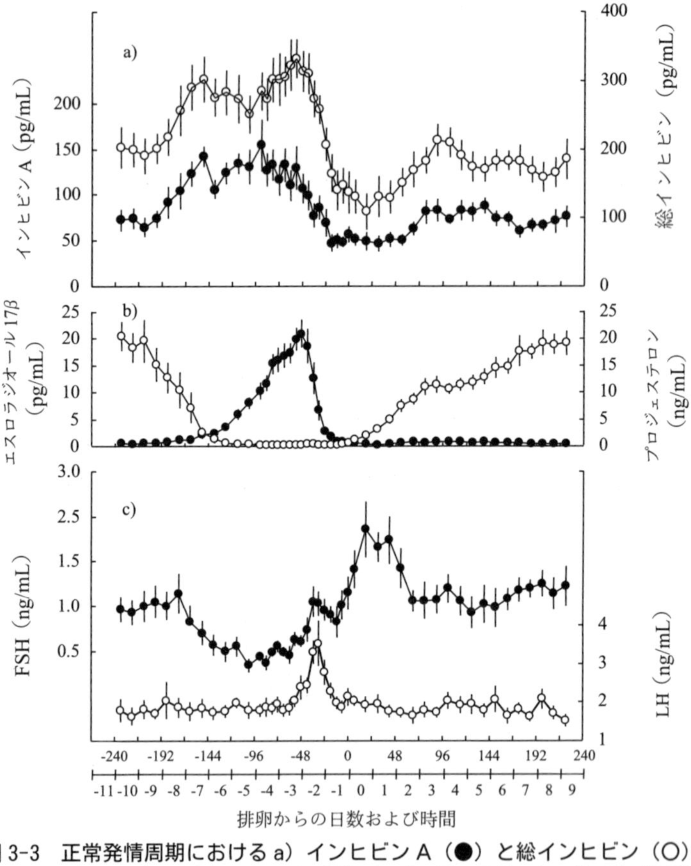

図 3-3　正常発情周期における a）インヒビン A（●）と総インヒビン（○），b）エストラジオール 17β（○）とプロジェステロン（P_4●）並びに C）FSH（●）と LH（○）の末梢血中濃度の変化（Noguchi *et al*.: 2010 改変）

発情周期を形成する内分泌環境は，卵巣から分泌される E と P_4，下垂体から分泌されて卵胞の発育・成熟と排卵に強く関与する卵胞刺激ホルモン（FSH）と黄体形成ホルモン（LH），および子宮内膜から分泌されるプロスタグランディン（PG）$F_{2\alpha}$が強く関与している（図 3-3）．

末梢血中 P_4 濃度は発情開始直前には低値を示しているが，排卵時にはすでに上昇し始め，その後黄体の発育とともに急激に増加し，発情開始後8〜12日でピークに達する．また，黄体が退行し始める13〜15日には急激に減少し始め，18日日頃までに再び低値に移行する．発情周期の血中P_4濃度の消長は，黄体の形態的変化と良く一致している．

血中E濃度は，黄体の退行開始と新たな卵胞発育に連動して上昇し始める．Eの発情周期における短期的な増減が発情開始1〜2日前に認められ，発情開始直前にはE濃度が急減し，黄体期間中は低値で推移する．

卵胞刺激ホルモン（FSH）濃度が増加することで卵胞は発育し，卵胞が成熟し始めると血中E濃度が急激に増加し，発情徴候も明瞭となる．このE濃度の上昇が発情開始前後期に一過性の鋭いピーク（LHサージ）を惹起させる．これはフォールベーグ（Hohlweg）効果と呼ばれ，ポジティブ フィードバックの一例である．この時期のLHが卵胞の成熟と排卵，および黄体形成という一連の現象に大きく関与し，ほかの時期は低濃度で推移している．また，発情周期の黄体期または妊娠期は血中P_4濃度が高いが，これにより，視床下部一下垂体にネガティブ フィードバック効果が発現し，卵胞の発育が制御されるため，発情の回帰が抑制される．

発情周期の10〜14日の子宮還流液中では，$PGF_{2\alpha}$とPGE_2濃度が増加する．伊東ら（2011）は，正常な発情周期において卵巣の変動と内分泌動態から，血中$PGF_{2\alpha}$濃度は発情周期の12日目頃から突然パルス状で高濃度の分泌が開始され，その状態が17日目頃まで続き急に終息することおよび機能黄体は$PGF_{2\alpha}$の律動的分泌が開始されてから急速に萎縮退行が始まり，新たな卵胞も発育し始めるという，既報と同様の傾向を認めている．

3. 2. 1. 4.　発情周期と深部腟内電気抵抗性

発情周期の変動は卵巣機能の変動と連動しているが，卵巣機能を推定するうえで有益な情報として，深部腟内における電気抵抗性または電気伝導性が知られている．

深部腟内電気抵抗（vaginal electric resistance : VER）値は，内分泌動態に連動して明瞭な変動を呈しており，発情周期においては血中P_4濃度の動態と類似している．すなわち，黄体の退行と卵胞の発育が開始されるとVER値は急減し，発情開始の1〜2日前に最低値を示した後に排卵期からVERは急増する．さらに黄体期には高値で推移する．また，受胎するとVER値は血中P_4濃度と同様に低下することなく高い値で推移するため，交配後17〜18日頃には早期妊娠診断に利用できることが認められている．

3. 2. 1. 5. 妊娠期間

妊娠とは排卵された卵子が雌の体内で受精し，胎子が娩出されるまでの母体の生理的状態をいう．したがって豚の妊娠期間を計算する場合，本章3. 2. 1. 3. で述べているように，排卵は発情期間の2/3〜3/4の時間が経過する頃に開始されることから，発情最終日を0日として起算することが正しいといえる．農場によっては発情開始（交配開始）日を1日目として算定しているとか，0日と起算している場合も見受けられるが，正しく算定することが必要である．この算定法の差は，分娩房への移動や準備に影響してくることを認識すべきである．

3. 2. 1. 6. 分娩後（泌乳期）の卵巣機能と発情回帰性

分娩後，妊娠黄体は急速に退行し，約7日で消失する．その後の授乳期間中は卵巣機能減退の状態で推移するため，母豚は無発情で推移するが，最近ではほ乳子豚の数が極端に少ない場合以外でも，排卵を伴う卵胞発育が発現する場合も散見される．離乳後の発情回帰性は，ほ乳子豚数以外にも，ほ乳期間や母豚の栄養状態および試情管理などに影響されるが，基本的には離乳後平均5日（3〜7日）で発情は回帰する．

3. 2. 2. 豚の人工授精と受精卵移植

3. 2. 2. 1. 人工授精

(1) 豚の人工授精の概要

豚の人工授精は，1960年代半ばに一時普及したが，種々の要因から衰退してしまった．しかし最近，液状精液の利用技術が進み，さらに凍結精液についても技術革新がなされたことと，経営規模の拡大と一貫経営の増加に伴い，普及・利用率は推定で50%前後まで，急速に高まってきている．

その理由は，人工授精の活用により，繁殖管理の経費と労力を節減し，優良雄豚の効率的利用と斉一性の高い豚肉生産，および衛生面で有効なことから取り入れられている．

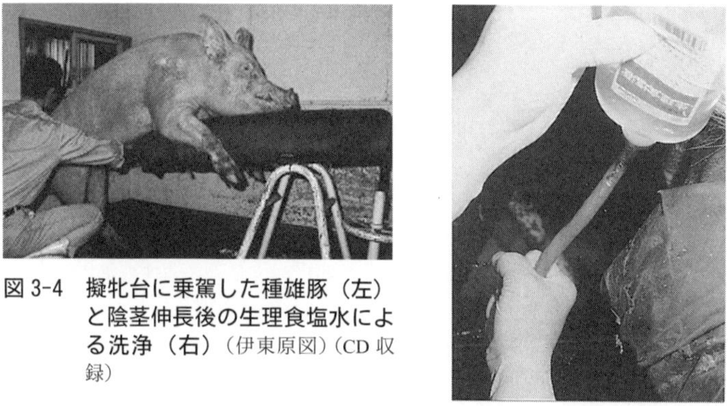

図 3-4　擬牝台に乗駕した種雄豚（左）と陰茎伸長後の生理食塩水による洗浄（右）（伊東原図）（CD 収録）

豚における現状は液状精液を利用する場合がほとんどであるが，将来は凍結精液への発展も期待されている．

(2)　精液採取

購入精液のみで実施する農場では精液採取（採精）は実施しないが，自農場で採取・利用する場合には，使い捨て手袋と膠様物濾過用ガーゼなどを装着した採取瓶とその加温容器を準備し，基本的には採取者の手でペニスに直接圧力をかけて採取する用手法（hand method）で行う場合が多い．従来は牛などと同じくコンドーム法を用いていたが，現在は少なくなっている．また，採精室または採精場（豚房）には擬牝台を用意し，清潔な管理に心掛ける．

採精に用いる種雄豚は，育成期若雄の段階から十分に調教したうえで供用する．なお，尿溜りに滞留する尿の混入は細菌汚染の元凶のため，採精場への移動時および乗駕開始前に，管理者が包皮全体を絞るようにして排出させることが重要である．

雄豚が擬牝台に乗駕（**図 3-4 左**）した後は通常の手法で採精するが，精液に細菌などの混入を最小限にするために，体温程度に加温した市販または自家調整の滅菌生理食塩液により包皮口付近から把持する手まで洗い流すことは有効である（**図 3-4 右**）．なお，豚の射精時間はほかの家畜と比べて大変長く，精子濃度の高い濃厚フラクションと精漿部分の射出が 2〜3 回繰り返されるのが特徴で，基本的には比較的初期の段階で射出される濃厚部分のみを採取すれば良い．

(3)　精液処理

採取した精液は低温感作を受けないよう細心の注意を払い，直ちに暖かい室温の処理室で精液量，色，臭い，pH，精子活力や精子数などの一般的性状検査を実施する．最近，ヒトの分野ではコンピューターによる精子解析（CASA）するシステムも確立されており，今後利用される場面も想定される．

原則として，最活発精子活力（+++）が80％以上で，奇形精子の少ない精液を人工授精に供用する．なお，凍結精液で利用する場合には，「凍結精液作成マニュアル」（丹羽太左衛門監修・日本家畜人工授精師協会，1989）を基本としてストローまたは錠剤化して作製する．

(4)　精液の保存

検査に合格した液状精液は，作製後または宅配輸送システムで農場に配送された後は，常法に基づき適温（基本は5～15℃）で確実に保存し，できるだけ早く使用するようにする．

農場における低温保存方法としては，高価な恒温器を用いなくとも，水道水と観賞魚水槽用の簡易ヒーターの利用により，7～14日間は比較的良好な精子活力を維持できることが認められている．

一方，凍結精液の場合は，液体窒素ボンベ内にストローや錠剤を収納するため，液体窒素保管器を用意して冷暗所などに置き，液体窒素の補充を確実に実施すれば半永久的な保存が可能となる．なお，融解方法は常法に基づいて実施する．

(5)　精液の注入器と挿入方法

精液の注入器は，先端の形態からは，スパイラル式とスポンジ式の二つの型がある（図3-5）．挿入部位の区分からは，子宮頸管内に先端を固定するスパイラル式，外子宮口に注入器先端を押し当てるスポンジ式および子宮体部または子宮角内にカテーテル先端を入れる深部注入式の三つの型がある．また，再利用型と使

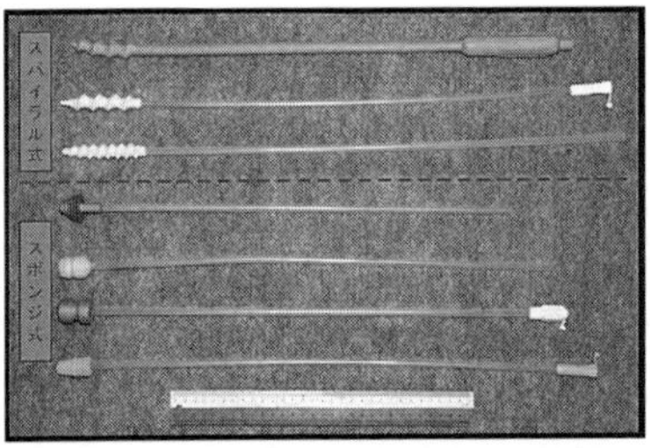

図3-5　豚の人工授精用精液注入カテーテル（伊東原図）（CD収録）

い捨て型があり，最近は使い捨て型が多い．

精液の注入に当たっては，衛生面に十分配慮したうえで，次の手順で授精する．

①生殖器の中に挿入する注入器は，衛生状態の良好なものを用いる．最近では安価なディスポーザブル注入器の利用が増えているので，その場合は問題ないが，再利用型を用いる場合には，特に使用後の洗浄・消毒と保管方法に十分気をつけることが必要である．

②注入器を挿入する直前には，外陰部と注入器の挿入部分と術者の手指も消毒用アルコール綿花で十分に清拭する．この際，アルコール綿花の一部が注入器の先端部などに残らないよう十分注意する．

③注入器は，最初の10〜15cmは注入器の先端をやや上向きにして挿入し，尿道外口を損傷させないように注意する．また挿入時に生殖器道内の粘液が乏しく抵抗感が強い場合には，ボトル内の精液でフラッシュし，注入器先端部や外陰部から腟部を潤すと良い．スパイラル式であれば，時計回りと逆方向に捻りながら，その後25〜30cm程度挿入し，子宮頸管部の抵抗感を確認しつつ頸管部の第2〜3皺壁を注入器先端が通過する部位まで挿入する．挿入状態は，経産豚であれば多くの個体で注入器の把持部付近まで挿入できることが多い．

④スポンジ式の場合は，深部腟内の外子宮口に先端を押し当てた状態を維持しながら挿入した注入器を左手で軽く押す状態を維持し，その後，精液ボトルを接続する．精液の注入には2〜3分をかけてゆっくり行い，全量を確実に注入する．また，注入終了後も注入器を直ぐには抜かないで，1〜2分間挿入した状態に保持したのち，時刻回りでゆっくり引き抜く．なお，背部に精液バッグ（ボトル）を貼り付けて保持し，自然に子宮内へ流入させる方式もある．

(6)　精液の深部注入法

従来の豚精液注入では，注入器の先端は外子宮口または子宮頸管部に位置しているため，注入時期と注入器の操作が良好であっても，外陰部からの精液漏出は頻繁に認められる．

注入する精液を子宮体部または子宮角内に直接注入すると，注入精液の漏出はほとんどなくなり，さらに注入精液量の少量化を実現することが可能となる．これにより，優秀雄豚の精液を従来よりも多くの雌豚に授精でき，精液の効率

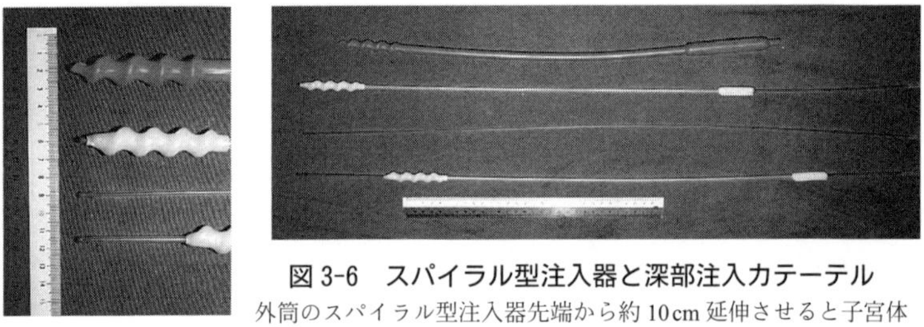

図 3-6　スパイラル型注入器と深部注入カテーテル

外筒のスパイラル型注入器先端から約 10cm 延伸させると子宮体部に到達し，さらに挿入すると子宮角内に到達する．（伊東原図）（CD 収録）

的利用が可能となる．

深部注入器の構造は二重構造（**図 3-6**）であり，外筒は通常のスポンジ式またはスパイラル式カテーテルである．内筒は外筒の中に挿入し，スパイラル式の場合は外筒の先端から 10cm 程度延伸させると内筒の先端は子宮体部に到達し，さらに挿入すると子宮角内まで到達させることができる．子宮体部より深く挿入することで，注入精液の逆流は認められなくなる．

(7)　液状精液による受胎性

液状精液による授精成績は，最近では受胎率（分娩率）90% 以上，平均産子数 10～12 頭，子豚生時体重 1. 4～1. 6 kg 程度の成績が得られている農場が多くあり，基本的には自然交配と遜色ないレベルにほぼ達していると判断される．

保科ら（1999）は，市販の保存液を用いて 14 日間低温保存した場合，7 日目までは保存液による差は認めなかったが，それ以降は保存液により精子活力に差が出ることを認めている．また，15℃ 保存の精液を用いて授精試験を実施し，受胎率 90. 9%，産子数 11. 8±2. 3 頭の成績を得ている．

実際の授精形式は，最初の授精を自然交配（NS）とし，2 回目の授精を人工授精（AI）とする方法が多くの農場で実施されているが，AI 技術の効果を最大限に享受するためには 100% AI が望ましいことは明白であり，また 100% AI で十分な繁殖成績を得ている農場が増えている．

(8)　凍結精液の特性と受胎性

精子の究極的利用方法は凍結保存にあり，優良な遺伝資源を半永久的に保存でき，必要な時に必要な量を利用できる方法として，凍結保存法はきわめて有

表 3-1　豚凍結精液による一般農場における野外授精成績

年	未経産豚		経産豚		合計	
		受胎・分娩率		受胎・分娩率		受胎・分娩率
	頭数	産子数	頭数	産子数	頭数	産子数
1986	0	—	31	80. 5 9. 5±2. 7	31	80. 5 9. 5±2. 7
1987	0	—	31	87. 1 9. 7±2. 5	31	87. 1 9. 7±2. 5
1988	5	40. 0 8. 0±1. 4	15	66. 7 10. 0±1. 9	20	60. 0 9. 7±2. 0
1989	7	42. 9 8. 0±3. 0	16	62. 5 9. 9±2. 7	23	56. 5 9. 5±2. 8
Total	12	41. 7 8. 0±2. 2	93	75. 3 9. 7±2. 5	105	71. 4 9. 6±2. 5

平均±標準偏差　（伊東ら：1999 改変）

用であり重要である．

豚凍結精液による大規模な野外授精成績の報告（供試母豚 5, 319 頭）としては，昭和 57〜62 年の 6 年間に農水省，家畜改良事業団および 5〜8 県の畜産試験場が協力して実施し，約 60% 程度の受胎率と 8〜9 頭の産子数を得ている．また，融解後の精子活力（+++）は 40〜60% 程度が多い傾向であったことを報告している．

伊東ら（1999）は，授精時期を発情開始から 24 時間以内は交配せず，24 時間後から 8〜12 時間間隔で授精する方式で野外授精試験（供試豚 638 頭）を行い，平均受胎（分娩）率は未経産豚 53. 7%，経産豚 63. 9%，産子数は未経産豚（7. 3±2. 6 頭；2〜13 頭）より経産豚（8. 8±2. 8 頭；2〜17 頭）が有意に多いことを報告している．さらに，特定の地域では受胎（分娩）率 80% 以上，平均産子数 9. 5 頭以上という成績も認めている（**表 3-1**）．

最近では，島田・岡崎ら（2010）が融解後の精子活力（+++）を 80% 程度まで改善し，より実用性の高い技術環境を整備したことから，近い将来には，豚においても凍結精液の実用化が進むことが期待される．

(9) 授精（交配）適期

授精適期は，従来の養豚経営では自然交配が主流であったため，発情を雄豚に見つけてもらう場合が多かったが，農場の規模拡大と人工授精の普及率が高まるにつれ，管理者が主体となった交配適期判定技術の確立が重要となる．

交配適期は，理論上は排卵開始の数時間前であるが，前述のように排卵時期は発情期間の長短により変動するため，ある程度の時間幅の中で対応することになる．

豚は多胎動物であるため，受胎率と産子数を総合的にとらえると，発情開始後約1日が経過し，さらに排卵の十数時間前の交配により，受胎率が比較的良好で高い産子数が期待できることが示唆される（**図3-7**：Polge 1974）．これらのことから，通常の豚の交配適期は，発情開始後24〜36時間が授精の最適期であると想定されるが，授精方法によっても若干考慮することが必要と思われる（**図3-8**：伊東2002）．また，排卵後の授精では，受胎率と産子数が低下することは明白である．ただし，生産現場で排卵時期を正確に推定して交配を行うのは，現実問題として不可能に近いため，今後の課題である．なお，発情終了を必ず確認し，発情期間が長期化する場合には授精（交配）を継続することは，排卵

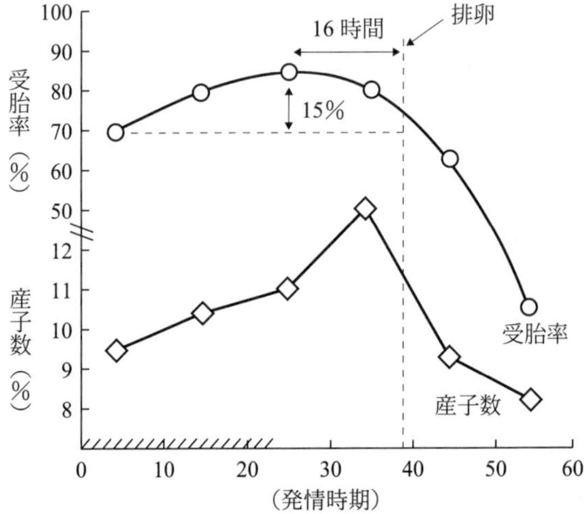

図3-7　発情開始後の交配時期と繁殖成績（Poige：1974改変）

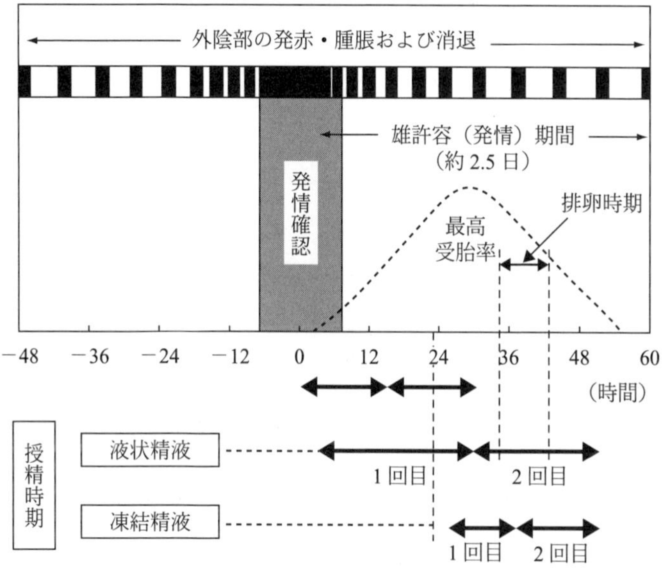

図3-8　交配資材の違いと交配マニュアル（伊東原図）

遅延の個体に対応することにもなり重要である．

（10）　授精適期判定法

人工授精を実施するにあたり，発情回帰を見落とさないことと，授精時期を正確に把握して適切に授精することが最も重要ある．牛では，卵胞の発育度合いや排卵時期をエコー診断や直腸検査によって判断しているが，豚では皆無である．豚でも卵巣触診は技術的に可能であり，得られる情報は量も多く確実であり臨床的価値も高いが，実際に行うとなると，大規模化した現在の農場では労力的に難しいのは事実である．

授精適期の判断は，繁殖生理を熟知したうえで，基本は雄豚を用いた試情管理と管理者による背圧試験および経験に基づく判断力や，機器を用いて得られた各種情報を活用して判定することになる．

1）　発情徴候の観察により判定する方法

発情期の豚は外陰部所見のほかの挙動が一般に不安となり，落ち着きの消失，食欲減退などの状態を示すことが多く，雄豚の接近や鳴き声に敏感となる．ま

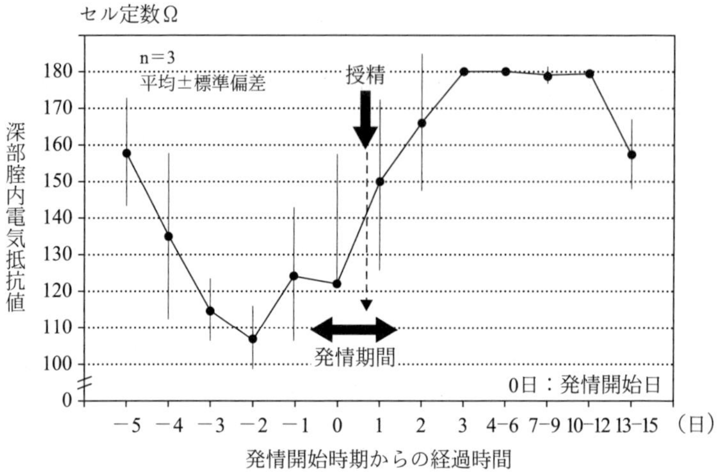

図 3-9　発情周期における深部腟内電気抵抗値の動態（伊東：2005）

た，雄許容期には人に対しても従順で，同居雌に乗駕するか，背腰部を手で圧するまたは乗られる（背圧試験）と静止して耳をそばだて，尾を上げて雄許容の姿勢（不動反応）を示す．熟練の管理者は，これらの徴候からかなり正確に発情状態と授精適期を判断しているが，経験の浅い管理者には難しい場合が多い．

2）　電気的情報により判定する方法

牛においても豚でも，子宮頸管の電気伝導性（electric conduction : EC）またはVER 値は，特に発情期において大きく変化することが知られている．すなわちVER では，その動態は血中 P_4 濃度の変動と類似しており，黄体期には高値である．その後黄体の退行と卵胞の発育が開始されると VER 値は急減し，発情開始の 1〜2 日前に最低値を示した後に排卵期から VER 値は急増し，黄体期には高値で推移する（**図 3-9**：伊東 2005）.

松川ら（1982）は，子宮頸管の EC 値は発情開始の 2 日前から急激に上昇を開始し，発情開始日に最高値を示した後，下降することを認めている．このことから，VER 値や EC 値の変動を確認することにより卵巣機能の動きを推定でき，また，最低値が確認できた場合には，授精時期を判断できる可能性が高い．

Koら（1989）は，VER値が最低値を示した時点から24時間または36時間後の1回授精で，自然交配と変わらない良好な分娩率と産子数が得られたことを認めている．

（11）人工授精と波及効果

1） 豚精液と病原体予防効果

衛生的に採取した精液の中には，豚において問題となる *Mycoplasma*, *Bordetella*, *Pasteurella*, *Actinobacillus* などの病原細菌の混入がほとんどないことを曽根ら（1992）が報告している．また，精液を希釈処理する場合には，精液内に混入する細菌に対して感受性の高い抗生物質を添加することにより，細菌の増殖を抑制するとともに良好な保存期間を長く維持することができる．このことは，人工授精の実施により豚群の産肉性の改善効果にとどまらず，清浄性の維持と推進にも有効であることを示唆している．

2） 人工授精による経済効果

人工授精の活用により，種雄豚の利用率を著しく高めることが可能となる．通常は，1回の採精により約10〜15回分（1発情2回種付けでは種雌豚5〜7.5頭分）の授精が可能となることから，単純計算で種雄豚の繋養頭数は1/5以下に減少することができる．種雄豚の頭数を少なくできることは，飼育施設と導入経費，およびそのほか管理費の抑制も可能となり，その経済的波及効果は大きい．

3. 2. 2. 2. 胚移植技術

豚の胚移植技術は，単胎動物の牛などとは目的が異なり，清浄豚の作出により防疫面を高いレベルに維持することでの生産性向上と，牛ほどではないが，家畜改良増殖の部分を目的として取り組まれている場合が多い．また最近では，ヒトの医療との関連で，臓器移植に関与した分野などでも注目されている．

胚移植法は，現段階では一般のコマーシャル農場でその技術を応用した繁殖管理を行う場面はきわめて少ないが，今後，胚の移植法と移植成績が向上した場合には，生産農場においても種豚導入に伴う防疫面での対応や，優良形質保有豚の保存などの面で活用される可能性が高い．

豚の生殖細胞は，温度感作にきわめて弱い特性がある．そのため，精子の低温・凍結保存技術がほかの動物と比較して技術開発が遅れ，胚についても同様の状態が認められた．その理由として，豚は生殖器構造が複雑なため非外科的な胚の採取や移植の実施が困難な環境であることや，豚の特性も関与し，利用し易い発情同期化技術が確立されていないこと，そして豚胚は低温感作に弱く凍結保存が難しいことなどが重なり，技術開発が遅れていた．

しかし最近，発情調整法では従来の離乳日調整法，人工流産法，および無発情時の性腺刺激ホルモン剤投与法以外にも，黄体開花期における $PGF_{2\alpha}$ の短期集中多回投与法（神山ら；2007）や，偽妊娠技術を応用した発情調整法（野口ら；2010）が確立された．

また，採卵（胚）法は若干検討の余地が残されているが，吉岡ら（2003，2008）が胚の体外生産技術を確立し，さらに子宮角内へ直接挿入できるカテーテルを開発・市販化されるようになり，非外科的移植法も徐々に実用化が見えつつある．

豚胚の凍結保存法においては，細胞質内の多量の脂肪顆粒の存在が低温感受性を非常に高めているため，凍結保存技術の確立が遅れた経過があった．しかし，細胞質内脂肪顆粒を取り除く手法により，低温耐性は飛躍的に向上し，これにより豚の受精卵・胚の凍結保存技術が大きく進展した．多くの研究者が精力的に取り組んだ結果，凍害保護剤の存在下で胚を緩慢に凍結する緩慢凍結法を基礎として，凍害保護剤による平衡とガラス化のステップを組み合わせたガラス化法により，急速に実用化へ近づき，現在では超急速ガラス化凍結法（MMV 法，MVAC 法）などの手法が考案されて多くの成果が得られている．なお，凍結保存後の融解法としては，融解後，凍結溶液を段階的に希釈し数時間培養（生存検査）後に移植するステップワイズ（SW）法や，ダイレクト法のように，融解後の生存検査は行わずその凍結溶液のまま移植する手法も考案され，成果を挙げている．

3. 2. 3. 妊娠診断

豚の妊娠診断法は，かつてはノンリターン（non－return）法が主体であったが，最近では超音波画像診断法の普及・利用が顕著となっている．豚の超音波を用いた妊娠診断では，基本的には体表からの測定・判定が主体となる．機種と手法は，それぞれの特徴と診断場所での環境条件などを考慮し，最も利便性と価格を考慮して選択する．なお，妊娠診断を精度高く確実に実施することは，生産性の指標になっている非生産日数（non productive days : NPD）の抑制に有効であることから，まずは着実で精度高い妊娠診断を実施し，可能であれば交配後 1 周期経過前の時期での早期妊娠診断法の実施が重要である．

3. 2. 3. 1.　超音波診断法

(1)　超音波画像診断法

最近では機器の開発と低廉価格化も影響し，急速に普及が進んでいる．体表用探触子の表面にエコー診断用ゼリーを塗り，左または右の最後乳頭から 2 番目付近，すなわち両膝の直前付近で下腹部の皮膚に密着させ，体の中心部に向け胎嚢（エコーフリー所見）および胎子の画像を探索する．豚を保定する必要はなく，通常起立位で行う．胎嚢は交配後 18～21 日で，胎子は 25～26 日以後に確認できる．診断時には，卵巣嚢腫との鑑別に注意し，可能な限り妊娠確徴である胎子の確認を行うことが重要である（**図 3-10**）．なお，診断機器は衛生面

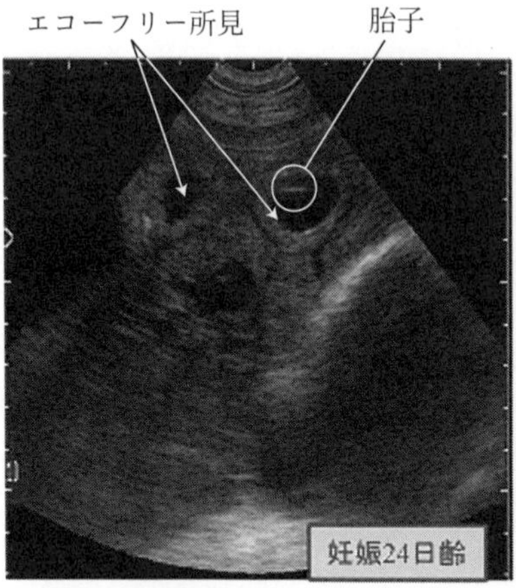

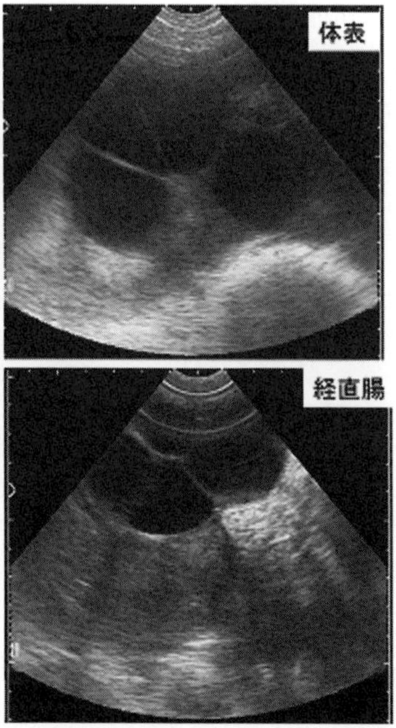

図 3-10　豚の妊娠初期（左）と卵巣嚢腫（右）のエコー所見
（伊東原図）
左：妊娠時エコーフリー所見
右：卵巣嚢腫の嚢胞エコーフリー所見
（CD 収録）

のことも考慮し，できるだけ農場常備の機器で実施するようにする．

(2) 超音波ドップラー法

超音波のドップラー効果を利用して，胎子の心拍動を検出して妊娠の成否を確認する方法である．胎子と母豚の心拍数の比較は，その早さにより区分は容易であるが，胎子が死亡している場合には確定診断ができない．本法による妊娠診断は豚の安静時に行うことが必要で，採食後豚が横臥している時が良い．診断部位は，妊娠中期以降は下腹部，側腹部のどこでも良いが，妊娠40日前後では後から2〜3番目の乳頭付近の下腹部に当てて診断する．なお，胎子の心拍動ドップラー信号は180〜240回/分で，早いリズムで聴取され，母体の心拍数（通常100回/分以下）よりも多いので，容易に区別される．

(3) 超音波エコー法

超音波診断の初期には広く利用されていたが，画像診断法が普及した現在は，利用率が低下した．子宮内の羊水と膀胱内の尿の鑑別などが必要である．

3.2.3.2. ノンリターン法

胚子が伸長化を開始すると，早期妊娠因子が産生される．これにより母体は妊娠を感知し，黄体の退行が阻止されるため，妊娠徴候の一つとして発情回帰が中断（ノンリターン）される．このことを利用し，最も簡易な妊娠診断法として利用されてきた．しかし，交配後の卵巣機能障害の場合も無発情となる場合が多く，区分ができない．

3.2.3.3. 深部腟内電気抵抗測定法

内分泌環境を反映して，深部腟内の抵抗値は卵胞発育期には低下し，黄体期には高値を示すことが知られている．このことを応用し，受胎豚は黄体が維持されることから交配後17〜18日目でVER値が一定数値以上である場合に受胎の可能性が高いと判定され，約95%の適中率があることを伊東（2005）は認めている．

この測定は，給餌時に外陰部を消毒アルコールで清拭し，測定器のプローブを挿入して測定する簡易な測定法である．

3.2.3.4. 直腸検査法

本法は直腸内からの触診により，主として子宮動脈の震動（妊娠拍動：砂流感）およびこの動脈と外腸骨動脈の太さの比較，さらに場合によっては卵巣の触診

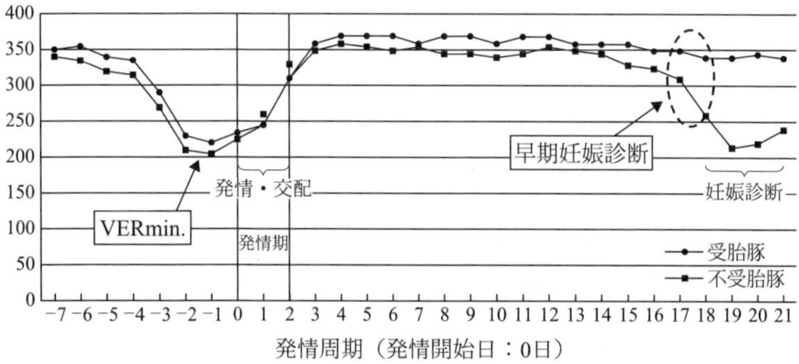

図 3-11　発情周期における深部膣内電気抵抗値の動態（浅野・伊東ら：2007）

所見に基づいて妊娠を診断する方法である．経産豚（概ね体重 150 kg 以上）では，直腸内に手を挿入して子宮動脈と外腸骨動脈を触診することは容易であり，未経産豚であっても大型品種の場合では，多くの場合に子宮動脈の触診は可能で，特に女性の技術者であれば容易な場合が多い．

両動脈の太さの比は，非妊時と妊娠 2 カ月未満では 1/2 以下，3 カ月目では 1/2 以上，4 カ月目ではほぼ 1 となるので，妊娠 3 カ月以降ではこの変化からも妊娠診断ができる．子宮動脈の拍動は，交配後最も早い例では 17 日，遅いものでも 3 週経過した時期には触知されることが多い．また，発情予定日前後における子宮頸の腫脹・硬直度とともに，卵巣触診により黄体の存在と形態所見を併せて診断することで，適中精度は飛躍的に向上する．

直腸検査による豚の妊娠診断は，対象豚の体格と術者の体格により時として手指の挿入が困難な場合も認められるが，基本的にはストール内で給餌をしたうえで実施すれば，無保定で特殊な機器や煩雑な実験室的検査を必要とせず野外において簡便に実施でき，即時判定できることは利点である．さらに不妊のもので卵巣嚢腫や卵胞発育障害などの疾病の発生している場合には，これを早期に発見・治療できる利点がある．

3. 2. 3. 5.　そのほか

上記以外にもホルモン測定法，ホルモン注射法，腟粘膜組織検査法などがあるが，生産現場で求められるのは迅速性と精度，および簡易かつ廉価である．

3. 2. 3. 6. 早期妊娠診断の重要性

豚の生産効率を検討する項目の中で，非生産日数（NPD）が重要であることが指摘されているが，このことを実行するための重要な要因としては，発情管理（発情見落としなどの管理失宜抑制）と確実な妊娠診断の実行が指摘されている．

前者の場合，豚では鈍性発情に対応する方法が確立されていないが，直腸検査法や上述したVER測定法を取り入れることにより，十分対応できるようになる．

一方，最近の妊娠診断においては，既述したようにエコー診断が普及しており，診断精度も高くなっているが，図3-10で示したように誤診の場合も認められる．また，エコー診断では交配後21～24日経過時点での診断が基本であり，交配後1周期が経過する前での確実な判定を生産現場で日常的に実施することには作業上の課題もある．

交配後1周期経過時点で不受胎が判明しても，交配まで次回の発情回帰を待たなければならず，NPDは確実に増加してしまう．このことから，交配後1周期を経過する前の時点で簡易で，的確な妊娠診断可能な技術が望まれるところである．

浅野・伊東ら（2007：図3-11）は，VER測定で鈍性発情の場合の授精時期を見定められることと，交配後17～19日の時点で高い的中率で妊娠診断が可能であることを認めている．今後は，発情徴候不明瞭豚の精度高い卵巣機能判定とともに，簡易で早期の妊娠診断を実施することで，極力NPDを抑制できる管理体制を整えることが重要である．

3. 2. 4. 雌豚の繁殖障害

雌雄を通じて一時的または持続的に繁殖が停止し，あるいは障害されている状態を繁殖障害という．その原因は飼養環境の不良，飼養方法の失宜，遺伝的欠陥，栄養障害，全身性疾患，生殖器異常および疾患，各種ホルモン分泌の失調，さらには交配の不適などきわめて多岐に亘っている．

繁殖障害として廃用された種雌豚のうちで，生殖器に病変の認められたものは，地域差はあるものの28. 8～65. 7％ときわめて大きな比率を占めている．

最近の経営形態は一貫経営が主流であり，さらにその規模が大型化しているため，繁殖成績の停滞は経営の根本で大きな支障をきたすため，繁殖障害の発生は特に問題である．

3.2.4.1. 発情異常を主徴とする場合

(1)　未経産豚の場合

群飼において未経産豚1頭のみが無発情を呈する場合は，先天性の生殖器異常（特に間性）または卵巣発育不全を想定する．また，育成して一旦は発情を示した後に卵巣萎縮や卵巣静止に陥り無発情となる場合もある．なお，群飼育で無発情が多発する場合には，飼養管理失宜によることが多い．

【対策】①先天性異常は早期に淘汰し，②栄養面で問題のある場合には，適正な栄養水準に修正するとともに，可能な限り運動場での十分な日光浴と運動を励行する．また，③雄との同居や柵越し接触が発情誘起に強い影響を与えるので，1日に10〜20分間でも実施する．④性腺刺激ホルモン剤の投与を行う場合には，VER測定法などにより，できる限り卵巣機能の確定診断を実施したうえで投薬することが重要である．

(2)　経産豚の場合

一般に，分娩後の発情は離乳後3〜7日（平均5日）で回帰することが多い．また，離乳後10日以内での発情回帰性は産次が進むにつれて高くなり，初産次では低い傾向である．このことは，初〜3産次の時期は母体自身が発育段階にあるため，分娩および授乳による体力消耗度が著しいためと思われる．

離乳後の経産豚は主に分娩・授乳に大きな影響を受け，栄養状態や環境要因（高温多湿や強い寒冷感作）などが関与して，卵巣機能減退（特に卵巣萎縮，卵巣静止）や鈍性発情となり，発情徴候を示さないか，若干は示しても発情に至らない場合が認められる．さらに，種々の要因により排卵障害から卵巣嚢腫となり，結果として無発情を呈する場合もある．なお最近では，授乳期間が3〜4週程度で哺乳子豚数が5頭以下と少ない場合などでは，時として授乳中に排卵している場合も散見される．

【対策】基本的には，適正な栄養管理を中心とした飼養管理の励行に努めることが最も重要である．なかでも，①雄による試情管理は，良好な発情回帰を促すうえできわめて重要である．また，②油脂添加や高い給餌などの工夫により，給餌量の確実な摂取に努めることも検討する．③ホルモン剤を安易に投与する傾向も見受けられるが，処置を行う際には，卵巣機能の状態を直腸検査法やエコー診断法，または VER 測定などにより判定し，確定診断後に投薬することが重要である．

3.2.4.2. 不受胎を主徴とする場合

発情を確認した後に自然交配または人工授精を実施したが不受胎である場合は，種雌豚側の原因ばかりでなく，種雄豚における要因の検討が必要な場合もある．

(1) 雄側の要因

種雄豚の老齢化，重度頻回繁殖供用，季節特性および日本脳炎のような発熱性疾患の発症などによる精液性状の悪化や，先天的な障害（無精子症，無精液症，生殖器形態異常など）の場合に不受胎が増加する．

【対策】①先天性異常（形態または機能異常）においては，淘汰を行う．②精液の品質が強く関与することから，精液性状をチェックして早期に不受胎の原因となる種雄豚をピックアップし，加療または廃用の処置をとる．③畜舎環境や飼養管理の改善，ならびに性腺刺激ホルモン剤の投与を第一に検討する．

(2) 雌側の要因

1） 先天性異常

発情は認められるが受胎しない場合には，生殖器の先天性異常（ミューラー管系の部分的または完全な発育不全による管状生殖器道の完全あるいは部分的欠損などの奇形）が認められる．これら先天性異常に対しては対策がなく診断も難しいため，臨床的には低受胎豚（リピートブリーダー）として分類されている場合が多い．

先天性異常以外では，卵管疾患として卵管閉鎖，卵管癒着，卵管水腫，卵管囊腫，卵巣囊炎などがあるが，臨床的診断はきわめて困難である．

【対策】基本的には対処の方法はないため，早期に発見して淘汰廃用する．

2） 子宮疾患

子宮疾患としては子宮内膜炎，子宮蓄膿症が主に指摘され，子宮内膜炎はカタール性，化膿性および潜在性に区分される．カタール性および化膿性子宮内膜炎は粘液膿様物の排出により臨床的に診断可能であるが，潜在性子宮内膜炎は明確な臨床症状を欠くため診断は困難な場合が多く，臨床的には低受胎豚と分類されている場合が多いと思われる．

【対策】子宮洗浄は困難なため，薬剤感受性で有効と判定した抗生物質を含有する子宮注入薬の投与や，適正濃度のヨード剤を子宮内に大量投与（発情前期）する．

3） 排卵障害と卵巣嚢腫

排卵障害の発生は，当然のことながら不受胎に直結するが，厳密にいえば排卵遅延と無排卵に区分され，排卵遅延の場合には受胎の可能性もあるが，無排卵の場合は不受胎となる．直接的には下垂体前葉の性腺刺激ホルモンの分泌機能低下が原因し，黄体形成ホルモン（LH）の分泌不足が大きく関与していると考えられている．卵巣嚢腫は，発情回帰時に卵胞が発育し始める際，なんらかの理由で持続的ストレスが負荷された場合にLHサージが抑制され，その結果排卵障害となり卵巣嚢腫に移行する（伊東：1994，**図3-12a**，**図3-12b**）．

卵巣嚢腫は，形態的には卵胞嚢腫と黄体嚢腫に分けられるが，豚では臨床的には区分することは困難である．したがって，通常はこれらを一括して卵巣嚢腫と呼ぶ．本病は多数の卵胞が排卵しないで，正常より大きく（直径15mm以上）なって長く存続するもので，通常，発症後には卵胞が存在しても無発情となることが多い．臨床的には，直腸検査や超音波画像診断で容易に確定診断を行うことができる．嚢腫卵巣は，その外景所見により多胞性大型卵巣嚢腫，多胞性小型卵巣嚢腫，黄体不在型寡胞性卵巣嚢腫，および黄体共存型寡胞性卵巣嚢腫の四つの型に区分される（**図3-13**）．多胞性大型嚢腫は直径20mm以上の嚢腫が左右卵巣にそれぞれ3個以上存在し，同じ状態で嚢腫の大きさが直径15mm前後の場合を多胞性小型嚢腫と呼ぶ．正常卵胞の2〜3倍の大きさの嚢胞が1〜2個認められる場合を黄体不在型寡胞性嚢腫と呼び，同様で左右卵巣に黄体が数個ずつ共存する場合を黄体共存型寡胞性嚢腫と区分する．黄体共存型の嚢腫は排卵し損なった卵胞であると考えられ，多くの場合は発情周期に異常が認められず，嚢腫卵胞は次の発情期までに閉鎖退行あるいは閉鎖黄体化するので，黄体不在型と異なり不妊の原因にはならないとの知見がある．実際に，交配して受胎すると嚢腫と共存しつつ妊娠を維持し，最終的には正常な分娩を営むことが確認されている．

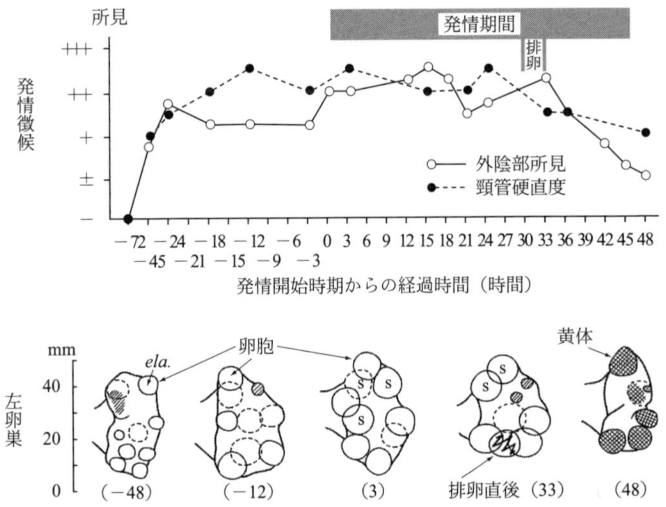

周排卵期での発情徴候と卵巣触診所見の変化

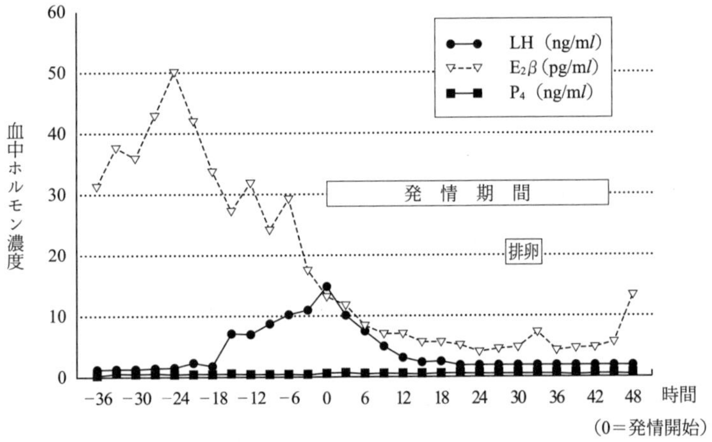

図 3-12a　正常発情時の血中ホルモン動態と発情所見（伊東：1994）

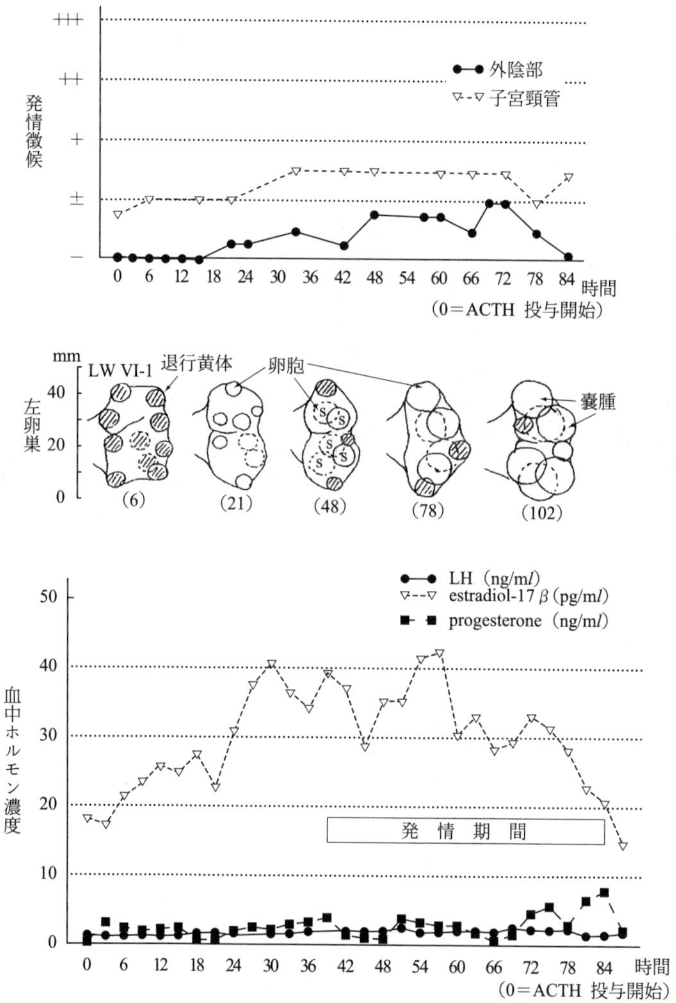

図 3-12b　ACTH 連続負荷時の血中ホルモン動態と発情所見（伊東：1994）

【対策】①発情期前後において，母豚に対する持続的ストレス侵襲を与えない管理を心掛ける．②牛の下垂体前葉性性腺刺激ホルモン（APG）400 家兎単位を，耳根部筋肉内に 1 回投与する．③酢酸フェルチレリン（LH-RH-A）200 μg

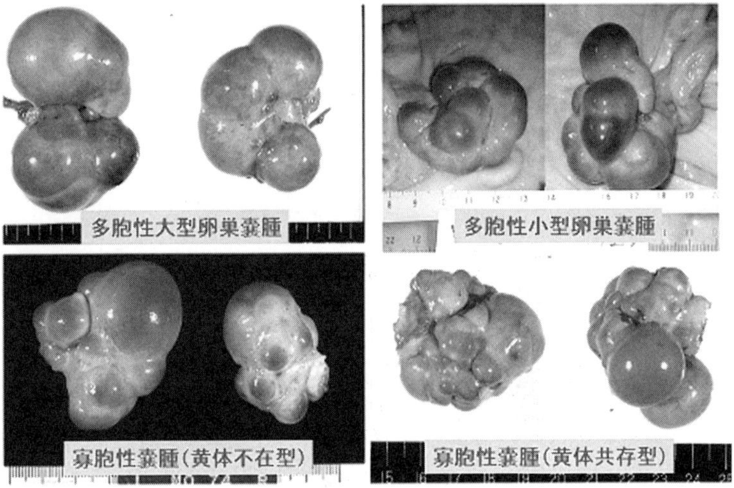

図 3-13　豚の卵巣嚢腫の外形所見に基づくタイプ（伊東：1980）（CD 収録）

を 1〜3 回，7〜10 日間隔で筋肉内に投与する．

4）　低受胎（リピートブリーディング）

豚の低受胎は，基本的には牛の定義が適用されているが，豚では臨床診断の技術が確立されていないため，生前診断が困難な疾病や直腸検査の実施不可能な豚もおり，そのため低受胎の範囲が広くなっている．したがって，今後は可能な限り臨床診断技術を駆使してその病態を解明し，発生要因を明らかにすることが必要である．

低受胎の発生要因としては，発情回帰までの日数によって，①正常発情周期日数の範囲で再発情する場合と，②交配後 25 日以降に再発情となる場合に区分できる．前者においては，卵管・子宮環境の不良による受精障害，子宮および精子性状に起因する受精卵の早期死滅，子宮内における胚の早期死滅が指摘される．一方，後者においては，交配後 14〜40 日の間に胚の早期死滅が起こり，子宮内容がすべて吸収され，全胚胎の消失が起こる．

【対策】①その病態と発生要因を精査し，より的確な治療方針を立てるとともに，飼養管理の適正化や交配技術の改善に努める．②必要であれば排卵促進，卵巣嚢腫対策，黄体機能の賦活あるいは黄体退行防止処置を施す．

5)　死流産

豚の死流産発生率は，日本脳炎および豚パルボウイルスワクチンが開発される以前においては28.5%と高い状況であったが，良好な栄養状態で飼育され伝染性疾病の発生がない豚群においては1%程度であるといわれている.

散発性流産の原因としては，化学薬品や有毒植物による場合，内分泌異常，栄養障害，人為的・物理的・環境的要因，遺伝的要因および管理の失宜が指摘されている.

母豚が臨床徴候を示すことなく流産し，流産胎子に病理学的変化の認められない例が，豚流産の60%を占めているとの報告もあり，その症状から秋季性流産症候群（autumn abortion syndrome : AAS）との関連が指摘されている．本疾病は英国やカナダにおいて報告があり，わが国でも1980年代からその発生報告が認められている．感染症や母豚の年齢および産歴に無関係で，日照時間の激減および気温の低下と深く関わっていることが認められている．AASの原因は複合要因によると考えられており，感染，飼料性中毒，低栄養，遺伝，雄との接触欠如などが示唆されるとともに，最も大きな要因は日長時間の急激な短縮による内分泌的妊娠維持機構の低下と寒冷ストレスであると指摘されている.

【対策】複合的要因により発生することが予測されるため，基本的には①晩夏から秋季に人工照明による日照量調節と，②栄養改善に心掛け，③環境温度を至適に保つことが重要である．また，種雄豚との接触を図ることも予防効果があるとされる．なお，一時的な対症療法としては，gestagen（黄体ホルモン，progesterone）やヒト絨毛性性腺刺激ホルモン（hCG）あるいは性腺刺激ホルモン剤の投与が有効であることが認められている.

6)　腟脱および子宮脱

腟脱は，あらゆる家畜で発症するが，豚での発生頻度は一般に低いとされている．豚では腟前庭および腟壁の一部が陰門外に脱出する単独の腟脱は稀であり，多くは子宮脱に至る途中経過として腟脱を認める場合が多い．そのため，素早く対応することが重要である．発生要因は多く，遺伝的要因（品種，体格など），栄養不良，飼育施設構造（床構造など），肢蹄障害，泌尿器系の炎症，感染症，およびマイコトキシンなど飼料中毒も関連することが指摘されている.

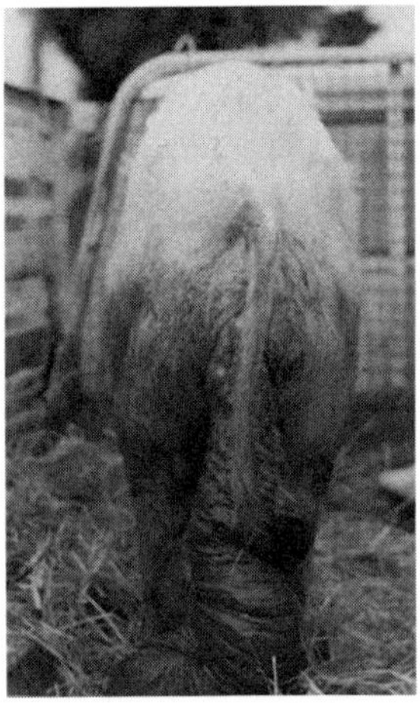

図 3-14　全子宮脱の症例
（日高良一氏提供）（CD 収録）

膣脱は周産期に多発する傾向にあり，泌尿器系の炎症に付随して発生する場合も多いとされる．子宮脱を伴わない膣脱の発生は一般に稀であり，栄養不良の豚や筋肉質の豚（老齢豚，難産豚）で，分娩中や分娩後 2 日以内に膣脱を発生することがあり，子宮脱よりも膣脱発生が比較的多い（日高；1984）．

一旦，膣脱が発生した場合には，基本的には脱出した膣を生理的食塩水で洗浄し，その後は擦過傷や裂傷，踏傷などが起きないように注意しながら，用手法により徐々に完納し，陰門のボタン縫合を行う．また，習慣性膣脱の場合は膣壁固定術を実施する．

子宮脱は，分娩後の早期に比較的多発する母豚の疾患で，膣脱の最終段階として発生する（**図 3-14**）．したがって，子宮広間膜の弛緩，子宮無力症，強度の怒責，栄養状態や品種など，各種要因が関与していると考えられ，難産や胎盤停滞も誘因と考えられている．反転脱出する子宮の部位は子宮体部にとどまらず，90% は左右の子宮角も脱出する場合が多い．

対応としては，脱出後の時間経過が短い場合においては，脱出部を無刺激性消毒薬で洗浄した後，子宮角内に一側ずつ手を挿入して整復する．しかし時間経過の長い場合には用手法による整復は不可能とされており，手術による対応を考えた方が良い．ただし予後不良の場合も多く，特別な場合以外では，経済的判断により廃用を選択する．

3. 2. 5.　雄豚の繁殖障害

種雄豚の繁殖障害は，先天性異常は別として，解剖学的に陰嚢および精索，精巣，精巣上体，副生殖腺ならびに交尾器の疾患に分類される．このうち，陰嚢および精索と副生殖腺については，視診・触診により臨床検査を行い，感染症の炎症に対しては感受性のある薬剤で対応し，さらに出血を伴う場合にはアドレナリンや抗プラスミン剤などを用いると良い．

一方，雄豚の繁殖障害で特に問題にされるのは交尾障害（交尾欲減退・欠如，交尾不能）と精液性状の不良であるが，その多くは精巣，交尾器および肢蹄障害が主因であることが多い．

3.2.5.1. 精巣機能減退

通常，正常な精子形成が営まれるためには，精巣の温度が体温より2〜3℃低いことが不可欠とされ，また，造精機能が低下する限界温度は30℃，湿度は85％といわれる．

このため，わが国では夏の高温多湿期に精巣が暑熱感作を受け，精巣において精子細胞の急速な消失などが生じ，その結果，いわゆる夏季不妊症（summer sterility）が発生する．この疾患は，精液の一般性状検査を行うことで容易に早期発見ができる．

【対策】豚舎環境を改善するため，①畜舎の通風，庇陰樹，スダレ，水浴場の設置や，可能であれば機械的温度調節を実施する．また，②良質蛋白質飼料やビタミンA，D，Eを補給し，適度な運動を課すことは重要である．③種付け，採精は朝，夕の涼しい時期に行い，場合によっては凍結精液を活用し，精液性状の良い時期の精液を利用することは有効である．④種雄豚の健丈性を高める方法としては，雑種強勢効果を利用した F_1 雄豚の活用も行われている．この場合，確かに繁殖性での利点はあると思われるが，生産される豚肉のバラツキが大きくなる可能性があるため，その利用に当たっては周到な配慮が必要と思われる．⑤投薬では，testosteroneデポ剤250mg 1回投与と，同時に妊馬血清性腺刺激ホルモン（旧PMSG，現eCG）1,000〜2,000IUを投与し，隔日で5〜10回筋肉内投与またはeCG（同量）とhCG 1,000〜2,000IUの隔日5〜10回併用投与か，eCG単独投与などの処置が有効とされている．

3.2.5.2. 精巣炎

精巣の炎症は細菌やウイルスに起因し，各種の経路で伝播する．基本的には，精液の一般臨床検査により病状を見定めるが，重度の障害を受けたものではその完全な回復は望めない．なお，造精機能障害の程度と予後の判定には，精巣バイオプシーが有効である．

【対策】①急性の場合は冷湿布を行い，早期に抗生物質療法とともにglucocorticoidなどを併用して炎症反応の軽減を図ることが望ましい．②急性症状から回復後の精巣機能減退については，前述の処置を行う．

3. 2. 5. 3.　交尾障害（交尾欲減退・欠如症および交尾不能症）

本症の発生率は比較的高く，小笠ら（1980）は190頭の廃用種雄豚を調査し，その繁殖障害豚の中の22. 5%が該当したことを認めている．

性欲および性行動は，本質的にはandrogenに支配されているが，遺伝的要因，栄養状態，運動機能，経験的心理的要因，疾病など多くの要因に左右される．なお，四肢の障害や勃起不能症のために雌畜と自然交尾する能力を欠くものは，交尾不能症と称する．

【対策】①適度の運動と日光浴が本症の予防に有効であり，また過度の繁殖供用によって交尾欲が衰退した個体は，1〜2カ月の休養が必要である．②ホルモン療法は，testosteroneの油剤や懸濁液を75〜500mg，2〜3日間隔で5〜10回筋肉内投与するか，デポ剤では月1〜2回，250mg筋肉内投与かeCGの併用で交尾欲の回復を期待する．③交尾不能症に対しては四肢の障害除去，包皮口狭窄，および陰茎の癒着などの原因を除去して改善を図る．

3. 2. 5. 4.　ウイルス性疾患

(1)　日本脳炎

雄豚において，ウイルス感染が原因で繁殖障害となる疾病としては，日本脳炎が最も良く知られている．日本脳炎ウイルス（JEV）が種雄豚に感染すると，精巣上体や精巣に到達したウイルスが増殖して亜急性精巣炎，精巣上体炎，および精索炎が起こり，その結果，精子減少症などの造精機能障害を起こす．

日本脳炎の流行時期は地域によって異なるが，流行開始推定日の1カ月前にワクチン接種を終了することが最も重要である．したがって，未越夏または新たに外国から導入した種雄豚，さらには，前年の流行が顕著でなかった場合や抗体価が上昇していない場合は，必ずワクチンによる予防接種を実施することが重要である．

一旦，発症した種雄豚では発熱や精巣腫大などの症状が発現するため，対症療法を施す．なお，臨床症状の改善後2〜3カ月を経過すると，造精機能の回復が認められることが多い．

(2)　豚パルボウイルス感染症

雄豚が豚パルボウイルス（PPV）に感染した場合，明瞭な臨床症状は確認できない場合が多く，また，生殖器の組織学的な変化も明確には認められないが，精巣では軽度の造精障害，精巣上体と精嚢腺および精索などにおいては軽度の炎症性変化でとどまることが知られている．しかし，PPVに感染すると同時に，造精機能を低下させるほかの要因が重複した場合には，異常精液の生産を招来することがある．雄豚のPPV感染で問題なのは，その精液中にウイルスの排出が認められるため，交配または授精行為により種雌豚に伝染し，不妊，胎子（胚）の死滅，産子数の低下，死産などの異常産が発生し，生産性に大きな影響を与えることになる．このことから，雄豚においてもPPV感染症に対する予防手段を講ずることは重要である．

(3)　オーエスキー病（AD）と豚繁殖・呼吸障害症候群（PRRS）

繁殖豚が感染すると発熱などが認められるが，通常は大過なく経過する．しかし，その後はウイルスを保有した状態で推移する．種雄豚においては明確な繁殖障害の発現は認められないが，種雌豚への感染源となるため予防と感染のチェックが必要である．

種雌豚では，流産や黒子娩出などの異常産の発生率が高まり，生存状態で生まれた子豚でも虚弱でほ乳力も弱く，致死率も高いことが多い．また妊娠初期の感染では，受胎率の低下や，胚または胎子の早期死滅などによる妊娠の中断も認められる．

ADはワクチンを利用した清浄化が進んでいるが，PRRSについては馴致手法とワクチンを活用した対策がとられているものの，十分な効果が出ているとはいえない状況である．しかし最近，一般コマーシャル農場での清浄化達成農場も出始めており，今後の成果が期待されている．

3.3. 馬の繁殖衛生

3.3.1. 雌馬の繁殖衛生

3.3.1.1. 生殖器の構造と生理

雌馬の生殖器は，ほかの家畜と同様に卵巣，卵管，子宮，腟，外陰からなっている．卵巣は比較的大きく（4～8 cm×3～6 cm×3～5 cm），そら豆型をしている．卵管は伸展すると20〜30cmの長さがあり，卵巣側から卵管漏斗，卵管膨大部，卵管狭部に区分される．子宮は子宮角，子宮体，子宮頸管に区分されるが，単胎動物である馬の子宮角は短く，その長さは子宮体とほぼ同じ15〜20cmである．腟の長さは18〜28cmで，腟弁により腟と腟前庭に区分され，腟前庭には尿道が開口する．

季節繁殖動物である馬の繁殖期は，日本の場合は日長時間が最も長い夏至をピークに概ね4〜7月の間である．繁殖期の馬は平均21日周期で発情を繰り返し，発情期間は6〜7日間である．排卵は発情期間の末期（発情終了の24〜48時間前）に起こり，卵巣から排卵された卵子は卵管漏斗から卵管内に侵入して卵管膨大部へ達し，そこで受精が起こる．

精子は，交配後1時間程度で卵管膨大部にまで到達するが，受精が可能となるのは交配から2〜3時間が経過してからであり，その後は48時間程度，時には1週間まで受精能を維持することができる．一方，卵子の受精能は排卵後，概ね12時間までである．したがって受胎率向上には，排卵時期の正確な予測と，それに合わせた交配が不可欠である．

馬の卵管は受精卵だけを選択的に子宮へ運ぶ機能を有しており，受精卵は細胞分裂を繰り返して胚へと成長しながら，5〜6日後には子宮角に到達する．子宮に到達した胚は，両側の子宮角や子宮体の中を活発に遊走した後，受精の16〜17日後には左右どちらかの子宮角の基部に着床する．

馬の妊娠期間は330〜345日である．この間には大量のエストロゲン分泌や胎子精腺の一時的な肥大など，ほかの動物には見られない馬に特有の現象が認められる．

図3-15　分娩（胎子の前肢と頭が娩出）
（JRA原図）（CD収録）

分娩の数週間前から乳房は膨らみ始め，直前になると乳中のナトリウム濃度は下がり，カルシウムとカリウムの濃度は上昇する．分娩は夜間に見られることが多く，陣痛，破水，胎子の娩出，後産の排出の順に起こる（**図3-15**）．

9割の雌馬で分娩5〜12日後に発情が

起こる．この初回発情時に交配して受胎させることも可能であるが，分娩直後のために子宮機能の回復が十分でないこともあり，分娩後初回発情での交配による受胎率はその後の発情での交配による受胎率よりも低いことが知られている．

3.3.1.2.　繁殖障害

軽種馬では，種雄馬と交配した雌馬の3割が正常分娩にまで至らない．このうちの55%は不受胎で，20%程度が早期胚死滅，13%が流死産，7%が生後直死である．

(1)　早期胚死滅

受精卵（胚）は，器官形成が終了する受精40日以降に胎子と呼ばれるようになるが，その前の胚の段階で死滅することを早期胚死滅という．臨床的には，交配15日目前後で行われる最初の妊娠鑑定時に受胎が確認され，その後の交配35日目前後に行われる2回目の妊娠鑑定で胚が確認されなかった場合に，早期胚死滅と診断される．

早期胚死滅の母体側の原因には，微生物感染などによる急性の子宮内膜炎，出産を重ねた高齢馬に認められる慢性変性子宮内膜炎，プロジェステロン欠乏などのホルモン異常などがある．また，分娩後の初回発情での交配は，2回目以降に交配した場合に比べて早期胚死滅率が高いことが分かっている．さらに，外的要因として疼痛や輸送などによるストレスや栄養不良が原因となることもあり，また胚の遺伝子異常によっても早期胚死滅が起こる．

対策として，感染症がある場合はその治療を行い，十分な栄養を与えてボディーコンディションスコアを適切に保ち，分娩後初回発情での交配を避けることで，早期胚死滅の発生率を低減させることができる．

(2)　流　産

馬では，胎齢が300日以前に起こるものを流産と呼び，それ以降は死産あるいは生後直死と呼んで区別している．軽種馬の場合，流産の原因で最も多いのは臍帯捻転（25%）で，次いで感染症（20%），双子流産（15%）である．流産が起こり易いのは妊娠後期で，わが国の軽種馬生産の中心地である北海道日高地方の調査では，流産の発生は10月頃から徐々に増加し，1月にピークとなる．

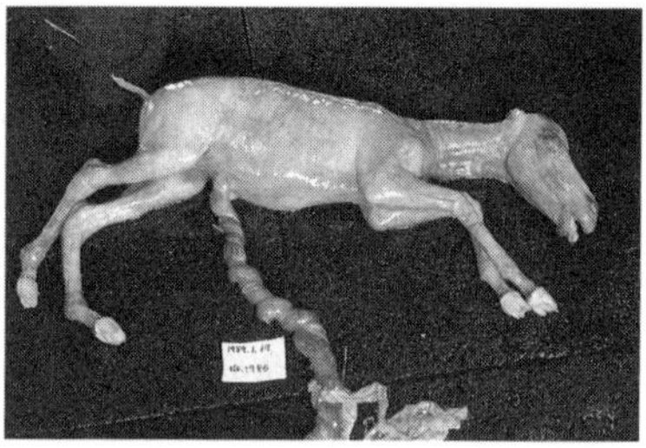

図 3-16　臍帯捻転による流産
（JRA 原図）（CD 収録）

臍帯捻転による流産（**図 3-16**）が多いのは，馬の臍帯がほかの動物に比べて長い（サラブレッドで平均 55 cm）ことが影響していると考えられるが，実際の症例では過長臍帯や臍帯付着変位（子宮体部への付着），あるいは胎子の四肢の奇形などが認められることから，このような形態異常が直接の原因となっているものと考えられる．

馬は単胎動物であるため，双子を妊娠すると胎子の発育に必要な栄養供給が母体側から十分に行われず，双子流産の原因になる．対処法としては，妊娠早期（交配後 15～17 日）に超音波検査を行い，双子妊娠が確認されたら直腸を通じて小さい方の胚を手で握りつぶす方法がとられる．

(3)　生殖器感染症

繁殖雌馬の生殖器感染症には，流産を起こす感染症，子宮炎を起こす感染症，それに外部生殖器感染症がある．

流産を起こす感染症のうち，馬パラチフス，馬鼻肺炎および馬ウイルス性動脈炎は伝染病であり，1 頭の流産をきっかけに集団発生に至ることから，最も警戒が必要な疾病である．馬の伝染性流産は，最初は自発性感染により起こることが多いため，発生そのものを完全に予防することは難しく，発生後の拡散防止すなわち大量の病原体を含む流産娩出物の適切な処理が最も重要である．伝染病が疑われる流産を発見したら，直ちに獣医師あるいは家畜保健衛生所に連絡してその指示に従う必要があるが，流産馬の隔離や消毒を行う前に，原因の探索に必要な検査材料を確保しておくことも大切である．

2014 年 1 月現在で，馬ウイルス性動脈炎は海外伝染病であり，また馬パラチフスの保菌馬は国内の特定地域にだけ残存すると考えられることから，輸入検疫や常在地域からの導入馬に対して検疫を行うことは，これらの伝染病の発生予防に有効である．また，馬パラチフスや馬ウイルス性動脈炎では交尾感染も起こることから，交配前に種雄馬の精液あるいは抗体検査を行うことも効果がある．一方，馬鼻肺炎ウイルスは国内の多くの馬に潜伏感染しているため，ワクチン接種やストレス軽減措置などを行うことで妊娠馬の体内でウイルス活性化を抑制し，発症を予防する．また，1歳馬はこの馬鼻肺炎ウイルスに感染すると感冒症状を呈して呼吸器から大量のウイルスを排出するので，妊娠馬とは別に飼育することが望ましい．馬鼻肺炎ウイルスは交尾感染しない．

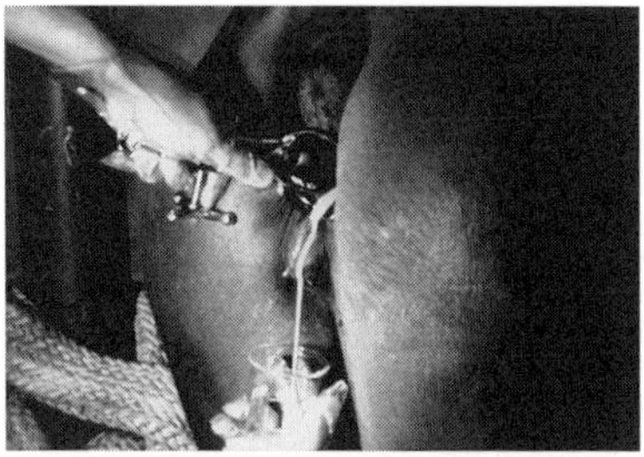

図 3-17　馬伝染性子宮炎（外陰部から子宮滲出液の排出）
（JRA 原図）（CD 収録）

上記以外にも馬では，大腸菌，クレブシェラ，緑膿菌，溶血性レンサ球菌などの細菌，あるいはアスペルギルスなどの真菌による流産も認められる．しかし，これらの細菌や真菌による流産は一般に非伝染性であり，ほかの馬へ感染が拡がることはない．また，その感染経路は子宮頸管から子宮内へ菌が直接侵入することが大半であり，前述の 3 種類の伝染性流産が血行性に胎子へ感染するのとは異なる．これらの菌はまた，子宮に感染して子宮炎を起こすことも多い．

一方，伝染性の子宮炎を起こす病原体としては，馬伝染性子宮炎菌，特定の血清型のクレブシェラおよび緑膿菌がある．これらの細菌は種雄馬のペニスや雌馬の陰核のスメグマ中で長期間生息できる性質があり，交配時に子宮内へ侵入して子宮炎を起こす．保菌している種雄馬に臨床症状は全くないものの，交尾ごとに感染を繰り返す伝染性の強い疾病である．なかでも馬伝染性子宮炎菌は伝染力が強く，また，スメグマ中の保菌も長期間に及ぶことから，最も警戒を要する伝染性の疾病である（**図 3-17**）．なお，わが国では馬伝染性子宮炎の積極的な清浄化対策がとられた結果，2006 年以降は発生がなく清浄化が達成されている．

感染性の子宮炎を予防するためには，日頃から生殖器の健康管理に努めるとともに，繁殖期には交配前の検査を種雄馬と繁殖雌馬の双方行い，病原体の保菌がないことを確認してから交配に供することが望ましい．

馬の外部生殖器感染症には馬媾疹がある．本症のウイルスに感染したペニスや陰門部の皮膚には水泡ができ，進行すると膿瘍や潰瘍となる．馬媾疹は受胎や妊娠に直接影響はないものの，痛みが交配に影響を及ぼし，また伝染性も強いので，治療と伝染防止措置が必要である．

(4)　そのほかの繁殖障害

顆粒膜細胞腫，交配誘導性子宮内膜炎，加齢による低出生体重子（いわゆる未熟子）などがある．顆粒膜細胞腫は，卵巣に見られる良性腫瘍で，無発情，持続発情，種雄馬様行動などの症状を呈する．腫瘍のできた卵巣を外科的に摘出することで治療が可能である．交配誘導性子宮内膜炎とは，子宮内に残存した精液や精子希釈液によって起こる子宮内膜炎である．治療は，子宮洗浄やオキシトシン投与などにより残存物を取り除く方法がとられるが，その前に感染症でないことを確認しておく必要がある．サラブレッドの場合，出生時の体重が 40.8kg 以下の場合を低出生体重子と呼び，その後の競走能力に悪影響が認められることが報告されている．低出生体重子が生まれる割合は繁殖雌馬の加齢により増すが，それは子宮や胎盤の循環血液量の減少に起因するとされる．

3.3.2.　雄馬の繁殖衛生

3.3.2.1.　生殖器の構造と生理

雄馬の生殖器は，精巣，精巣上体，精管，副生殖腺，陰茎からなっている．精巣は陰嚢内に左右 1 対ある精子を産生する器官で，通常は吊るされた状態で体の外に下がっている．精巣上体は精巣に繋がる全長 70m 以上に及ぶ管で，細かく折りたたまれたものが精巣の上部に固着している．精巣上体の尾部末端は精管となって陰嚢から腹腔内へ出て尿道基部に開口する．副生殖腺には精嚢，前立腺，尿道球腺があり，それぞれ分泌液を産生し精管に放出する．

雄馬は生後 18～24 カ月で性成熟して交配が可能となるが，精液 1mL 中に 5 千万個以上の精子を含み，かつ 10% 以上に運動性が認められることが，受精を可能にする条件となる．雄馬の季節繁殖性は雌馬ほど明確ではないが，精巣は冬季に小さくなり精子数もやや減少する．競走用サラブレッドの場合，人気のある種雄馬は繁殖シーズン中には一日 3～4 回の種付けが行われることもあり，一回の交配で 1mL 中に 5 千万～1 億個の精子を含む精液 40～80mL を射出する（図 3-18）．

3.3.2.2.　繁殖障害

種雄馬に原因のある繁殖障害には，交尾欲の不足，あるいは陰茎の勃起から

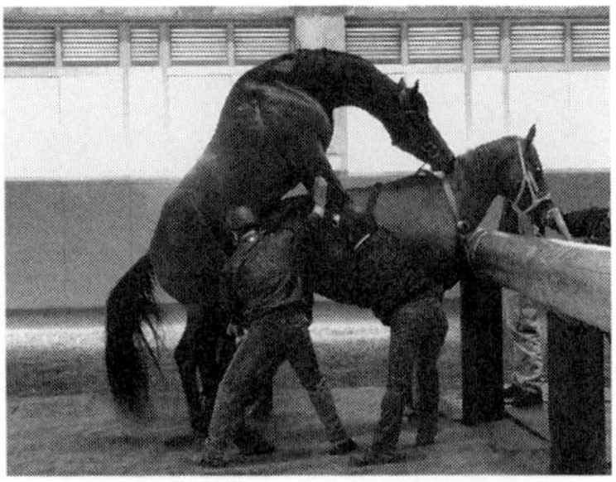

図 3-18　サラブレッドの種付け
（JRA 原図）（CD 収録）

射精に至る一連の動作の失敗などがあるが，正常に交尾して射精したにも関わらず受胎しないことを繰り返す場合，種雄馬か繁殖雌馬のどちらかになんらかの原因があると考える．

(1)　不受胎

交配しても受精卵ができない，あるいは胚として正常に分裂増殖しないのが不受胎だが，臨床的には交配 15 日目の前後に行われる最初の妊娠鑑定で受胎が確認されなかった場合を不受胎と呼んでいる．種雄馬側に不受胎の原因がある場合，①交配間隔，②年齢，③精液もしくは精子の異常，④生殖器の感染や炎症などがその主な因子である．交配間隔は通常の種雄馬で 6～12 時間以上必要であるが，繁殖シーズンの最初や最後は精子の生産量が低くなるので注意しなければならない．また性成熟に達していない若馬や，精子の数や活力が衰えた老齢馬も不受胎をもたらす．サラブレッド種雄馬の場合，11 歳以降は日常的な精液検査が必要とされる．

(2)　精液および精子の異常

精液検査を行ってその総量，精子濃度，精子の活力，総精子量などに異常が認められる場合，不受胎の原因となる．無精子症や精子死滅症（精子の活性がない）あるいは膿精液症（炎症細胞を含む）はもちろんであるが，正常範囲を外れて下回った場合にも不受胎の原因となることがある．一般に，射出精後の評価として，精液の色，粘性，量，臭いなどを観察したうえで，血球計算版を使って精子の数を測定する．またその際に，精子の形や運動率，前進運動率，奇形率なども計測する．

一般的な馬の精液性状は，射出精液量 60～100 mL，精子濃度 13～30 × 10^7 個/mL，一射精当たりの総精子数 5～15 × 10^9 個，運動精子率 40～75%，形態的に正常な精子の割合 60～90% である．

(3)　生殖器感染症

精巣から尿道までの生殖器に細菌やウイルスあるいは寄生虫の感染が起こる

と，精子の死滅や交尾感染症を起こして不受胎となる．一般的に感染症は尿路感染から波及して起こることが多いが，外傷性や血行性に起こることもある．その原因となる病原体はさまざまであるが，精液性状に異常が認められることが多く，また種雄馬自身もしばしば臨床症状を伴うので，日常管理の中でその発見に努める．

馬伝染性子宮炎菌は，包皮や尿道洞のスメグマ中に長期間保菌され，交配時に雌馬の子宮に感染して子宮炎を発症させるが，雄馬に臨床症状および精液の異常は認められず，血清抗体も検出されない．したがって，種雄馬の馬伝染性子宮炎の保菌は発見が難しく，かつ一旦，発生すると急速に拡大して大きな経済的被害をもたらすので，特に注意が必要である．その予防には，細菌検査による保菌馬摘発が唯一の方法である．なお，緑膿菌や特定型のクレブシェラでも同様のことが起こる．

馬パラチフスや馬ウイルス性動脈炎の場合，種雄馬は無症状のまま精巣や副生殖腺に細菌やウイルスを保持し，交配時に雌馬に伝播したそれらの病原体が一旦，雌馬の体内に潜伏した後，自発性感染により流産することがある．流産した際の娩出物には多量の病原体が含まれており，周囲に拡散して今度は流産の集団発生をもたらす．これら伝染病の交尾感染の予防には，抗体検査や微生物検査による保菌馬の摘発を行う．

(4)　そのほかの繁殖障害

ペニスリングの不適切な使用による血精液症，精索捻転や精巣静脈瘤による精巣変性，陰嚢ヘルニア，外傷などがある．

第4章　一般疾病とその予防

4.1. 一般疾病

4.1.1. 病牛の早期発見

疾病牛を早期に発見し，直ちに対策を講じることができれば以後の発生は少なくなり，また，直ちに治療することができれば治癒率も高くなる．疾病牛の早期発見のためには，牛が示す異常所見を丁寧に観察する必要があり，挙動，体表，食欲，呼吸，体温，ふん尿あるいは歩様の変化などを観察して摘発する．

4.1.1.1. 挙動の変化

牛に異常が起これば，最初に外貌や挙動に変化が現れる．元気がなく，食欲が低下して行動が不活発となる．舎内で呼びかけに反応せず呆然と起立する牛，放牧時にほかの牛と行動せず単独行動する牛は，なんらかの異常を示すことが多い．

元気・活力が著しく低下したものは容易に判別できるが，軽症例では日ごろからよく観察している飼育者でないと判別できない場合もある．また，疾病牛では姿勢の異常が見られる．腹腔内臓器に疼痛があれば背わん姿勢，骨格に異常があればO脚やX脚を示し，重症例では起立困難に陥り，犬座姿勢，伏臥姿勢，横臥姿勢などを呈する．一方，正常時には食べない土や草を食べる嗜好は，慢性消化器疾病，消化管内寄生虫あるいはビタミン・ミネラルの不足の際に見られる．また，異常運動としては回転運動や苦悶などの全身性異常あるいは振戦，チック，痙れんおよび麻痺などの部分的な異常が見られる．

4.1.1.2. 体表の変化

(1)　被　毛

飼養管理や栄養状態が良好な牛では被毛に光沢があるが，飼養管理不良，消化器疾病，皮膚病あるいはそのほかの慢性疾病の場合，被毛は粗剛で光沢がな

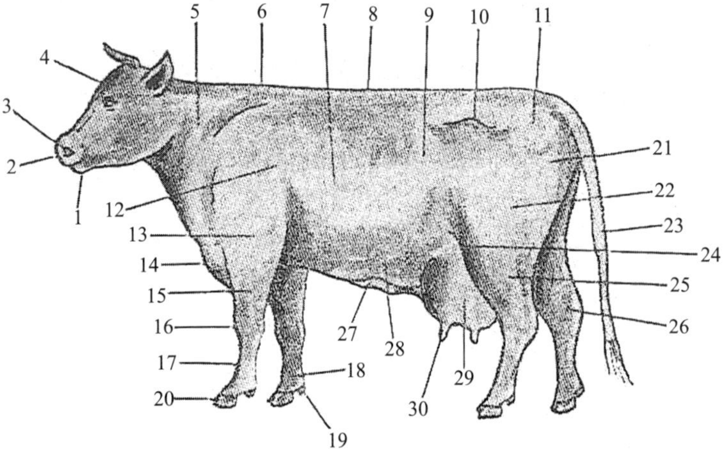

1. 下唇	9. 膁	17. 管	25. 脛
2. 鼻鏡	10. 腰角	18. 球節	26. 飛節
3. 鼻孔	11. 尻	19. 副蹄	27. 乳静脈
4. 額	12. 肩	20. 趾間	28. 腹
5. 頸	13. 上膊	21. 臀	29. 乳房
6. き甲	14. 胸垂	22. 股	30. 乳頭
7. 胸	15. 前膊	23. 尾	
8. 背	16. 前膝	24. 後膝	

図 4-1 牛の外貌

く不潔感を呈する．また，換毛期以外における全身性の脱毛は，栄養障害，寄生虫病あるいは中毒などに見られ，局所性脱毛は皮膚病の疑いがある．(図 4-1)

(2) 皮膚の色

皮膚の発赤，暗紫色，黄色あるいは蒼白などに注意する．発赤は炎症の一つの徴候で，牛では乳房や趾間など白色の薄い皮膚において明瞭である．局所的に見られる暗紫色は，打撲などによる皮下出血によることが多いが，全身的な変色は口腔，結膜および腟粘膜で明瞭となる．

(3) 発 汗

生理的には体温の調節に重要な役割を果たしている．肥育後期牛では給餌後に第一胃アシドーシスのために著しい発汗を示す場合がある．病的な発汗は疼痛が強い疾病，呼吸困難を伴う重症疾病などで見られる．また，牛の鼻鏡は健康時には浸潤しているが，熱性疾患などでは乾燥状態になるので，異常を摘発することができる．

(4)　痒　覚

痒みが強い場合，牛はその部分を舐め，壁などに摩擦するので，その部分が脱毛して損傷する．痒覚が過敏になる原因は，吸血昆虫に刺された場合，そのほか感染性あるいは寄生性皮膚炎などがある．

(5)　水　腫（浮　腫）

組織内の体液が皮下や皮下組織に停滞した状態である．熱感があるものと，ないものがあり，前者は炎症性水腫で発赤と疼痛を伴い，後者は冷性水腫で循環障害によるもの，血液が稀薄となって血管壁の滲透性が高まり，組織内の液体成分が増加したもの，腎臓障害によるものがある．

(6)　そのほか

気腫（皮下組織に気体が蓄積した状態），発疹，水疱，化膿，腫瘤，び爛にも注意する．特に，口蹄疫では口腔や鼻鏡，蹄冠部に種々の程度に水疱やび爛が出現する．

4.1.1.3. 粘膜の変化

眼結膜，鼻粘膜，口腔粘膜および腟粘膜などの色調，分泌物の有無と性状，腫脹・出血や限局病巣の有無などを観察する．正常な粘膜は淡紅色で湿潤しているが，重度の貧血やショック時には蒼白となる．逆に循環障害などでは粘膜が暗紫赤色（チアノーゼ）を呈する．また，肝疾患や溶血などで黄疸になると粘膜が黄色ないし帯黄色を呈する．これら色調の変化は，口腔粘膜や鼻粘膜よりも眼結膜や腟粘膜で観察し易い．

眼分泌物（眼漏，眼膩あるいは“眼やに”）は，眼結膜の局所感染や全身性感染症で見られる．分泌物は性状により漿液性，粘液性，膿性に分けられるが，初期には漿液性，病勢が進行するにつれて粘液性や膿性となる．また，鼻からの分泌物（鼻汁または鼻漏）は，眼分泌物と同様の性状を示し，呼吸器疾病で見られる．

口腔粘膜では口唇，歯肉または舌にび爛，潰瘍，水疱，歯周炎が見られることがあり，この場合には流涎を伴うことが多い．腟粘膜は発情，妊娠，分娩，腟や子宮の炎症によって充血し，分泌物が増加する．

4. 1. 1. 4.　食欲・飲水および反すうの変化

食欲の有無と食欲不振の程度は，疾病牛を早期に発見するために最も重要な指標となる．ただし，健康牛でも急激な飼料の変更，粗悪な飼料の給与，外気温の急激な変化などのために一時的な食欲不振を呈することがある．病的な食欲不振は，口腔内の炎症，歯，舌および咽頭部の帯痛性疾病，消化器疾病，肝機能障害，種々の代謝性疾患，急性ないし慢性の感染症など，多くの疾病で認められる．一方，疾病牛の早期発見では飲水の観察も重要である．胃腸疾患，中枢神経障害などでは飲水量が減退し，下痢症や発熱性疾病では食欲が低下して飲水欲が亢進するものが多い．

反すうは，正常時では採食終了後 30〜40 分で始まり，1 回の反すう時間は 40〜50 分間，1 日に 6〜8 回，その量は成牛で 50〜60 kg とされている．反すう回数の減少，緩慢な反すうあるいは反すうの停止などの所見は，疾病牛の早期発見のための重要な症状である．反すうの異常は，消化器疾病，熱性疾患などで見られる．

4. 1. 1. 5.　脈拍と呼吸の変化

脈拍は心臓収縮時の収縮圧が動脈に伝達される拍動で，牛では外顎動脈や尾中動脈で検査する．心臓拍動と同じであるので，一般には心拍数が用いられる．心拍数は生理的に年齢，性，妊娠，分娩，興奮，運動，気温など種々の要因によって変化する．心拍数の増加は帯痛性疾患，熱性疾患，心疾患，重度の貧血の場合に見られ，逆に緩徐となるのは子牛の単純性下痢，栄養失調や黄疸などの場合に認められる．

呼吸数の増加は種々の呼吸器疾患で見られる．呼吸の異常を観察する場合，咳の有無，呼吸数，吸気と呼気の強弱，呼気の臭気，異常音の有無のほか，胸式あるいは腹式などの呼吸様式に注意する．気管支炎や肺炎の牛では，肺胞音の減弱や増強，胸膜摩擦音，ラッセル音や捻髪音などの病的呼吸音が認められる．（**表 4-1**）

4. 1. 1. 6.　体温の変化

体温の変化を観察することは，生体の異常を知るための基本的検査法である．動物では直腸温を測定する．体温の正常値は動物の種類，年齢などによって異

表4-1　牛，馬および豚における体温，心拍数，呼吸数

種類・年齢	体温 (℃)	心拍数 (回/分)	呼吸数 (回/分)
成牛（雌，雄）	37.8～39.2	60～72	20～30
子牛	38.5～39.5	80～120	24～36
成馬	37.5～38.5	28～46	8～16
子馬（1週～6カ月齢）	37.5～38.9	40～60	10～25
子馬（1週齢未満）	37.2～38.9	60～120	20～40
成豚（雌，雄）	37.8～38.5	60～90	10～20
子豚	38.9～40.0	100～120	24～36

（Radostits, O. M. *et al.*: 2000 改変）

なり，個体や給与飼料によっても差があるので，それぞれの正常値を把握しておく必要がある．また，運動直後や興奮時には体温が上昇するので，測定前の状態を把握しておくことも大切である．さらに，健康牛の体温は朝と夕方で0.2～0.3℃の差があり，夕方が高くなる．一方，分娩1～2日前には，それ以外の時期に比べて体温がわずかに低下することから，体温測定が分娩時期の予知に用いられる．

発熱は各種発熱物質が体温調節中枢に作用し，熱産生の増加，熱放散の減少を起こして体温が上昇した状態である．一般には細菌，ウイルス感染および炎症による組織破壊などの外因性発熱物質が，好中球，マクロファージなどに作用して内因性発熱物質が産生されて体温が上昇する．発熱の原因には，①感染症，腫瘍，外傷などの組織破壊によるもの，②熱射病などの熱放散障害によるもの，③熱産生の増大によるものと体温中枢の障害によるものがある．発熱に伴い全身の倦怠，呼吸数と脈拍数の増加，食欲の減退，皮温の不整などの症状が現れる．一方，発熱とは逆に体温が平熱以下に下降し，動物が反射機能を失った状態を虚脱熱と呼び，多量の出血，重度な下痢症の末期，栄養失調の末期などに見られる．

4.1.1.7. 流涎と鼻漏

牛は1日に約50Lの唾液を分泌するので，健康時でもほかの動物に比べると多くの流涎が見られる．特に良好な栄養管理状態にある乳牛では，流涎しながら反すうする．流涎量が異常に多い場合，繁殖和牛などでは食道に異物が詰まった状態（食道梗塞）を疑う．また，口腔内の炎症や種々の病変，中毒などの場合にも流涎が見られる．

鼻汁（鼻漏）は，主として呼吸器感染症で認められ，その性状により漿液性，粘液性および膿性に分けられる．初期には漿液性，病勢が進行するに従い粘液性あるいは膿性を示すようになるので，鼻汁の観察によって呼吸器疾病の病勢を判定することができる．

4.1.1.8. ふん便と尿の変化

ふん便性状の変化は，消化機能や消化器疾病の有無を判断する重要な指標である．ふん便の観察では排ふんの回数と量のほか，硬軟，色調，臭気などの性状，血液や偽膜など異物の混入にも注意する．生草主体の給与を行った牛では軟性ないし泥状緑色便を排出するが，この場合でも，水様性下痢でふん便に血液，粘液，粘膜などが混入している場合は異常と考えるべきである．軟便や下痢と便秘が反復する場合も異常な場合が多い．なお，濃厚飼料を多給した乳牛や肥育末期の肥育牛においては，帯黄褐色あるいは黄色の粘性軟便ないし水様便の排せつが見られるが，このような状態で悪臭を伴う場合は第一胃アシドーシスを疑う．

尿の観察では排尿の状態と尿の色調に注意する．これらの異常は泌尿器疾病の早期発見にきわめて重要である．背わん姿勢を呈し，排尿しそうなのに排尿しない牛，一気に排尿せず少量を頻回排尿する牛では，膀胱や尿道に異常が見られる場合が多い．牛の尿は，排尿直後には透明で芳香性の臭気があるが，著しく混濁あるいは血様色を呈する場合は腎臓，膀胱あるいは尿道などの泌尿器疾病が疑われる．また，著しいケトン臭が認められる場合には，ケトン症を疑うことになる．

4.1.1.9. 歩様の変化

歩様の異常は神経障害や外科的疾病の時に見られるが，代謝病や感染症でも重要な所見である．歩様の異常は跛行というが，これは四肢の外傷や炎症，趾

表 4-2　牛の跛行スコア

跛行スコア	臨床徴候	背線の姿勢[1]	評価の基準
1	正常	─または─	背線を水平な姿勢で立ち，そして歩く．歩様は正常である．
2	軽度の跛行	─または⌒	背を平らにして立っているが，歩いている時は背をアーチ状にする．歩様は正常である．
3	中程度の跛行	⌒または⌒	立っている時も歩いている時も背中のアーチ型姿勢が明瞭である．歩様は一本か複数の肢の歩幅が短いことにより影響される．
4	明らかな跛行	⌒または⌒	アーチ型の背中は常に明瞭で，歩様は一歩一歩を慎重に運ぶ．一本あるいは数本の肢のいずれかで立つことを好む．
5	重度の跛行	三本肢	歩けないことを示そうとし，ある特定の肢に加重することを嫌がる．

（D. Sprecher, J. Kaneene; K. Ito, Dairy Update, Management 44: 1998. 改変）
1）牛が立っている時（左）と歩いている時（右）

間腐爛やフレグモーネなどの蹄病および関節炎などで見られる．一肢だけでなく二肢あるいは四肢に異常が認められる場合もある．跛行は症状が重度であれば容易に発見であるが，中等度や軽度であっても注意深く観察することによって異常を発見することができる．歩様の異常を発見するためには，牛を引き運動によってゆっくりと直線的，時計回りあるいは反時計回り，場合によっては 8 の字のように歩行させて観察する．

跛行は支柱跛，懸垂跛および混合跛に大別される．支柱跛は負重された時の疼痛が著しい場合，懸垂跛は四肢を拳上する時に疼痛が著しい場合に見られ，支柱跛と懸垂跛の両症状が見られる場合は混合跛という（**表 4-2**）．

4. 1. 2.　炎症の概念

炎症は「有害刺激に対する生体組織の防御反応」と定義することができる．生体への刺激としては，機械的，温熱的，化学的および電気的刺激，放射線，微生物や寄生虫感染およびアレルギー反応などがある．これら刺激に対する生体の炎症反応は，恒常性を維持するための重要な反応である．炎症は病勢によって急性，亜急性および慢性炎症に区分される．急性炎症における局所の変化は発赤，熱感，腫脹，疼痛（炎症の 4 大徴候）と，機能障害（炎症の 5 大徴候）である．炎症はその原因物質が除去されれば治癒するが，刺激が持続した場合や損傷が重度の場合には慢性経過をとり肉芽組織が形成される．

4. 1. 2. 1. 炎症の症状

炎症の局所症状は発赤，熱感，腫脹，疼痛および機能障害であり，これら症状は炎症の部位や程度，病勢によって異なる．局所に現れる炎症徴候は，急性炎症では著明であるが，慢性炎症では発赤，熱感，疼痛が軽微であることが多い．また，重篤な急性炎症では局所の症状ばかりでなく，全身的な症状が見られ，元気と活力の低下，食欲不振ないし廃絶，心拍数や呼吸数の増加などを示す．

(1) 発　赤

充血によるもので炎症初期に発現する．牛では乳房皮膚，口腔粘膜および膣粘膜などに明瞭な発赤を認めることがある．

(2) 熱　感

局所への血液流入の増加や毒素などの作用によって起こり，局所の急性炎症で著明となる．触診できる生体の各部位で見られる．

(3) 腫　脹

炎症局所の容積が増大したもので，水腫や白血球の遊走などによって起こる．腫脹は急性でも慢性炎症でも見られるが，慢性炎症では腫脹部が硬結して長く残存する．

(4) 疼　痛

局所の炎症産物，病原菌から分泌される毒素，そのほかの物質によって知覚神経が刺激を受けて生じる．疼痛の程度は炎症の部位によって異なり，体表では疼痛が強く，内臓では弱い傾向にある．また，一般に急性炎症では慢性炎症に比べて疼痛が強い．

(5) 機能障害

局所の腫脹，疼痛，細菌の毒素，血液の循環障害などにより現れる．炎症が四肢の関節に起こると関節運動が障害され，疼痛のために跛行を示すが，これは炎症による機能障害の典型例である．

4.1.2.2. 炎症の種類

肝臓の炎症は肝炎，腎臓の炎症は腎炎，腸の炎症は腸炎などのように，炎症を表現するには「炎」という接尾辞を臓器名や組織名の後につける．炎症は漿液性炎，線維素性炎，出血性炎，化膿性炎，壊疽性炎，増殖性炎および肉芽腫性炎に分類される．さらに，炎症は経過によって急性，亜急性および慢性炎症に分けられる．

(1)　漿液性炎

細胞成分に乏しく線維素の析出が少ない滲出物を特徴とする炎症である．炎症が発現する部位や組織によって異なる病変を示し，炎症が衰退すると滲出液が吸収されるが，炎症が長期に亘ると滲出液に線維素が増加し，白血球が多数滲出して化膿性に移行する．

(2)　線維素性炎

滲出物中に多量の線維素が含まれている炎症で，漿膜，粘膜，肺に見られる．炎症によって血管透過性が亢進し，血漿中のフィブリノーゲンが漏出して線維素が析出する．炎症の刺激が激しい場合に生じ，中毒や伝染病などで見られることが多い．漿膜や粘膜表面の線維素性炎は，脱落した細胞と滲出した線維素が組織表面を覆って偽膜を形成するので，偽膜性炎とも呼ばれる．

(3)　出血性炎

滲出液中に多量の赤血球が含まれる炎症で，血管障害のために血管から赤血球が滲出して起こる．急性感染症や中毒など全身性疾患で見られる．

(4)　化膿性炎

滲出液が主として膿からなる炎症で，細菌感染によって起こることが多い．原因菌としては大腸菌，コリネバクテリウム属菌，レンサ球菌，ブドウ球菌，壊死桿菌などがある．炎症の部位によって表在性化膿性炎，蜂窩織炎および膿瘍に区別される．表在性化膿性炎は皮膚，粘膜，臓器の表面に起こるもので，体腔に大量の化膿性滲出物が貯留したものは蓄膿症という．蜂窩織炎は皮下や粘膜下織に起こる．また，膿瘍は化膿性炎が組織内に限局的に起こり，中心部が融解し，生じた空洞が化膿性滲出物で満たされたものである．化膿性炎は敗血症の原因になる．

(5)　そのほかの炎症

壊疽性炎は種々の炎症病巣に腐敗菌が感染し，滲出液や壊死組織が腐敗して壊疽となったもので，壊疽性肺炎は誤嚥によって起こり，壊疽性子宮内膜炎は胎子死や胎盤停滞などによって起こる．増殖性炎は細胞増殖を特徴とする炎症反応である．

4. 1. 2. 3.　炎症の治療

炎症の治療は原因療法，本態療法，対症療法および除外療法に区分され，また，治療の部位により局所療法と全身療法に大別される．原因療法は炎症の原因を除去する方法，本態療法は病気の本態を除去しようとする方法，対症療法は炎症の種々の症状に対応する方法，また，除外療法は手術療法で，病変部を切除する方法である．一方，局所療法は炎症局所に対する治療で，各種薬物を用いる薬物療法のほか，冷罨法や温罨法のような物理的療法，超短波や赤外線などを用いる理学的療法，あるいは化膿巣に対する切開手術のような手術療法がある．また，全身療法は炎症による各種症状に対して全身的に行う治療法で，抗生物質などを用いる化学療法，そのほかホルモン剤や酵素剤などを用いる療法があり，補液や栄養剤投与などの治療も含まれる．

炎症の治療は部位や程度，病勢によって大きく異なることから，病態把握と治療方針の決定は獣医師が担当することになる．抗生物質を使用するうえで，炎症の病勢，原因菌と薬剤感受性を明らかにして薬剤を選択し，投与方法や用量・用法を決定することになる．抗生物質の使用上の注意と使用禁止期間，休薬期間を遵守することは当然である．

4. 1. 3.　創傷の概念

損傷は体組織の破壊的障害によって起こり，原因によって機械的，温熱的，化学的，電気的および放射線損傷などに区分される．また，損傷は皮膚や粘膜が離断しているか否かによって開放性損傷（創傷）と非開放性損傷（挫傷）に区分される．一般に創傷と挫傷はケガ，外力によって起こるので外傷とも呼ばれる．

4.1.3.1. 創傷の種類と局所症状

創傷は原因，形状および性状によって種々の名称が用いられる．原因によって切創，刺創，挫創，裂創，咬創および縛創に区分される．創傷により局所症状と全身症状が発現する．化膿菌感染による創傷では受傷2〜3日後から発熱，心拍数の増加，食欲の低下などの全身症状を呈するものが多い．

(1) 切　創

刃物や鋭利な異物による切り傷で，傷が筋肉走行と平行している場合は傷口の開放が少ないが，筋肉走行を横断している場合は傷口が大きくなる．出血が著しく，動脈が切断された時には鮮紅色の血液が拍動性に噴出する．疼痛は一時的で，筋肉や腱が切断されていない場合の機能障害の原因は，疼痛によるものである．

(2) 刺　創

釘や針など鋭利な物体による刺し傷である．出血は比較的少ないが，内部に出血することがあり，刺入した物体とともに化膿性細菌が侵入する危険がある．四肢に発生し易く，関節付近の刺創では関節にも炎症が波及する．

(3) 挫　創

打撲，角突，転倒など体表に外力が加わって起こる．牛では発生頻度が高く，傷の形は不規則で，組織の挫滅を伴い，強い疼痛を示すことが多い．

(4) 裂　創

釘や針金などの鋭利な異物に皮膚を引っ掛けた場合に生ずる．飼養環境が劣悪な小規模繁殖和牛農家などにおいて見られる．

(5) 咬　創

犬や毒蛇などにかまれた傷である．毒蛇による咬創が稀に起こるが，毒蛇に咬まれる場所は，蛇が牛の蹄で踏みつけられ，採食時にかみつくため四肢下部や口唇付近が多い．

(6) 縛　創

繋留ロープが牛の四肢や繋部などに巻きついて生ずる．牛では発生が少ないが，重症例では縛創部の下部が壊死して予後不良となることもある．

(7) 銃　創

銃弾による傷であるが，発生は稀である．

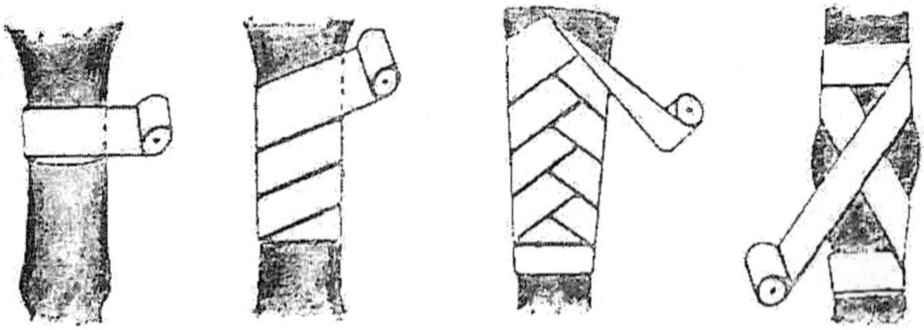

1. 環行帯　2. 螺旋帯　3. 折転帯　4. 交叉帯

図 4-2　包帯法

4. 1. 3. 2.　創傷に対する応急処置

出血に対しては止血を行い，その後に消毒を行う．大きな創傷や大出血を伴う創傷では，直ちに獣医師に治療を依頼する．比較的太い血管，特に動脈が切断された場合には，まず応急的に止血を行う．角損傷や脱角による角からの出血では，細動脈からの出血なので拍動性に鮮紅色の血液が噴き出すが，タオルなどを用いて止血させることが大切である．また，四肢下端の動脈性出血の場合は，出血部の上部を丈夫な紐で強く縛り，出血部にタオルなどを当てて強く包帯すれば止血できる．静脈血の出血は暗赤色を呈し，強く包帯すれば止血される．

受傷直後には，傷の大小に関わらず病変部の洗浄と消毒を行う．体表部の単純な創傷では，剪毛後に消毒用アルコールで清拭する．消毒後はヨードチンキなどを塗布し，消毒用ガーゼを当てて包帯すると良い（図 4-2）．

4. 1. 4.　腫瘍の概念

腫瘍は「異常な組織の塊で，その成長は過剰で正常組織の成長と調和せず，その変化の原因となった刺激がなくなった後も過剰な成長を続けるもの」と定義される．一般に用いられている「ガン」は，上皮性悪性腫瘍である癌腫と非上皮性悪性腫瘍である肉腫を含んだ悪性腫瘍全般を指している．

腫瘍の発生には放射線，化学物質，ワラビなどの植物やカビが作る毒性物質，ウイルス，ホルモン，遺伝などさまざまな要因が関与している．分子生物学の進展によって腫瘍の増殖には，遺伝子レベルの変異があることが明らかにされ，将来的な腫瘍の治療と予防も期待されている．牛では最近，牛白血病の発生が増加して問題となっている．牛白血病ウイルス（BLV）感染に起因した成牛型白血病については，分子生物学的研究により病態が解明されつつあり，ワクチン開発も検討されている．

4.1.4.1. 腫瘍の種類

腫瘍は良性腫瘍と悪性腫瘍に区分される．悪性腫瘍は成長が早く病変部と周囲組織を破壊し，転移によって全身に拡がり易く，短期間に転移して病変が全身に及び死に至ることもある．また，腫瘍は腫瘍細胞の由来から，内胚葉・外胚葉性の上皮細胞に由来する上皮性腫瘍と，上皮以外の細胞に由来する非上皮性腫瘍に大別され，それぞれに良性腫瘍と悪性腫瘍がある．

4.1.4.2. 腫瘍の症状

局所症状と全身症状に分けられる．局所症状は腫瘍によって周囲の固有組織が圧迫され，その組織・細胞が萎縮し，循環障害によって変性・壊死することで発現する．牛白血病の場合，局所症状は必ずしも明瞭ではなく，頸部から胸椎部，または腰仙部の脊柱管に腫瘍が侵入増殖して脊髄が傷害されると，起立困難や起立不能を呈する．

全身症状は腫瘍の末期に見られ，悪液質を呈する．悪液質に陥ると著しく削瘦して貧血を呈し，元気と食欲は廃絶して歩様蹌踉，起立も困難となる．

4.1.4.3. 腫瘍の予防と治療

牛の腫瘍に対する予防と治療は，これまで積極的に行われてきたとはいえない．わずかに，牛の地方病性血尿（膀胱腫瘍）では，原因となるワラビの摂食を減少させるための牧野の改良が行われ，ウイルス性腫瘍である牛白血病では，牛白血病ウイルス（BLV）の血中抗体検査による感染牛の摘発・淘汰と清浄化対策が行われている．経済動物としての牛では，腫瘍の確定診断後に予後不良として殺処分されることが多い．

一方，腫瘍の外科的切除は以前から行われている治療法で，限局した表在性腫瘍に対して有効な方法である．悪性腫瘍の切除縁は十分な余裕をとることが鉄則で，腫瘍浸潤の範囲を見きわめる必要がある．また，皮膚や粘膜，陰部などの小さな腫瘍に対しては，液体窒素による凍結融解の反復によって腫瘍を除去する手術が応用される．逆に，温度感受性の高い腫瘍を全身的あるいは局所的加温によって変性壊死させる温熱療法が行われる．放射線照射による腫瘍の治療は有効な方法であるが，牛では治療コストなどの経済的理由から，ほとんど実施されていない．

4. 1. 5. 患畜の看護

患畜に対する看護は，初期治療の適否とともに疾病の予後に大きく影響する．疾病牛は，自らの恒常性維持機構によって疾病の原因を除去し，各種生体反応によって通常は治癒へ向かうが，この過程を補助するのが看護である．すなわち，疾病は適切な初期治療と継続的な看護によって，早期に治癒させることができる．理想的な看護を行うためには，動物の生理や性質，疾病について十分に理解する必要がある．しかし，動物の生理や疾病の概念を習得することは必ずしも容易なことではない．したがって，獣医師の指示に従い，あるいは獣医師に質問し，適切な看護を確実に実行することが大切である．

子牛下痢症のために衰弱が著しい牛では保温に留意する．毛布や微温湯を入れたペットボトルなどを用いて子牛を保温することもある．食欲不振が高度で長期に及ぶ場合は，消化効率が良く，嗜好性と栄養価が高い飼料を給与する．また，重度の低エネルギー状態を呈する乳牛では，グリセロールなど糖原物質の給与を検討する．さらに，起立不能牛に対しては褥創防止に留意しなければならない．牛床に多量の敷料を敷き，発病初期には 1 日 2〜3 回，数時間間隔で寝返りをさせ，褥創を起こし易い腰角や肩，四肢などは寝返りの都度にマッサージを行う．

4. 1. 6. 獣医師への協力

獣医師は，疾病牛を迅速・正確に診断し，適切に治療して早期に治癒させ，生産を回復させること，また，疾病の発生を予防するために有効な対策を講じることが仕事である．しかし，これら獣医師の仕事は，日頃から牛を観察している畜主の協力がなければ成り立たない．すなわち，日頃から畜主と獣医師の意思疎通が良好であれば，疾病牛の回復や予防対策の実施も容易になるといっても過言ではない．獣医師に対する協力では，以下の事項について留意する．

①獣医師に診療を依頼する場合，疾病牛については，いつからどのような異常が見られたのか，その異常は1頭で見られたのか数頭で見られたのか，その異常は良くある異常なのか見たことのない異常なのかなど，獣医師の診断に役立つ貴重な情報を良く整理して伝える．

②一方，獣医師の説明に対して不明な点があれば遠慮なく質問する．獣医師との話し合いによって的確な診断と治療が行えることもある．何より獣医師との信頼関係は，獣医師からの一方的な指示・指導ばかりでなく，互いの意思疎通によって構築されるものである．

③疾病牛からの異常と思われる排出物（ふん尿，吐出物），異常部位からの分泌物（膿瘍物，血様物）などは診断の材料となるので，排出された状態のまま残しておくと良い．

④同様に，流産胎児は獣医師の検査を受けるまで保管し，へい死牛についても勝手に処分することなく獣医師の検案を受ける．

⑤疾病牛が発生した場合，部外者は畜舎に立ち入らないよう留意する．特に伝染病の疑いがある場合には留意しなければならない．

4.2. 牛の一般疾病

4.2.1. 消化器の疾病

牛では消化器疾病の発生が多い．その最大の理由は，牛の生理機能を軽視した飼養管理が行われ，乳牛では泌乳量，肉牛では産肉量の増加を目指して高エネルギー飼料が多給されていることである．

4.2.1.1. 口内炎

口腔粘膜の炎症で，牛ではしばしば見られる．

原　因：飼料中の異物による機械的刺激，鋭利な異物による損傷や外傷，化学的・物理的刺激，細菌や真菌の感染などが原因となる．そのほかの原因として口蹄疫などのウイルス感染，ある種のビタミン欠乏，水銀や鉛の中毒などがある．

症　状：流涎，疼痛による採食，咀しゃくおよび嚥下困難を呈する．口腔粘膜には充血，腫脹，び爛が見られ，感染症によるものは口腔粘膜の炎症だけでなく全身症状を呈する．

治　療：重症例では柔らかい飼料を与えるなど飼養管理上の配慮が必要となる．全身症状が発現したものは，抗生物質などの薬物療法を考慮する．

4.2.1.2. 放線菌病

口腔粘膜や舌の傷から放線菌が感染し，肉芽腫を形成して食欲低下などの症状を示す疾病である．

原　因：アクチノバチルスやアクチノマイコーシスが口腔粘膜から感染して発生する．

症　状：アクチノバチルスが感染した場合，骨には異常なく頭頸部のリンパ節，舌，粘膜に肉芽腫が見られ，アクチノマイコーシスが感染した場合には，下顎や上顎に硬い肉芽腫を形成する．症状は緩徐に出現するが，重症例では肉芽腫のために流涎，採食と咀しゃく障害，嚥下困難が見られる．

治　療：初期に発見された軽症例では治癒するが，大きな肉芽腫を形成した重症例では，治療効果がなく予後不良となる．

4.2.1.3. 食道梗塞

なんらかの異物が食道内に詰まり，食道が閉塞されて流涎し，第一胃鼓脹症を併発する状態である．

原　因：カブや大根，ジャガイモなどの根菜類，乾燥したビートパルブ，子牛ではヘイキューブの塊などが原因となる．

症　状：牛は飼料を嚥下できないため不安な様相を呈し，呆然と佇立する．著しい流涎が見られ，第一胃内にガスが蓄積して鼓脹症となり，呼吸は速迫する．

治　療：上部食道の異物は口腔側に引き上げ，中部から下部食道の異物はカテーテルなどを用いて下部へ推送する．これらの方法で異物を除去できない場合，外科手術を行うことになる．

4.2.1.4. 第一胃食滞

飼料の過剰給与や盗食による大量摂取のために，第一胃内に食渣が充満して滞留し，食欲不振などの症状を示す疾病である．

原　因：多量の食渣が第一胃内に充満・滞留し，第一胃が拡張，運動が低下して起こる．また，飼料が急激に変更された場合，第一胃内の微生物叢が対応できず消化機能が低下して発生する．

症　状：軽症例では食欲不振，第一胃運動の低下が見られる．重症例では食欲廃絶，第一胃運動や反すうは停止し，第一胃内容が充満して腹囲は膨満する．脱水症状を示し，背わん姿勢を呈して呻吟する．

治療と予防：治療は第一胃の運動と消化機能の促進，脱水を補正するための補液を行う．第一胃消化機能の促進を目的として消化酵素剤，酵母・乳酸菌製剤などを投与する．脱水症状が進行して起立不能に陥った例では，直ちに外科的処置を行うことになる．予防は，給与飼料の急変を避け，飼料の給与量や種類，成分を変更する場合は 1〜2 週間かけて緩徐に行うことが大切である．

4.2.1.5. 急性鼓脹症

第一胃内の異常発酵により大量に産生されたガスによって第一胃内圧が急速に高まり，消化および呼吸機能が障害される疾病である．ガスの性状により遊離ガス性と泡沫性鼓脹症に，病勢により急性と慢性鼓脹症に分類される．

原　因：易発酵性炭水化物や蛋白質含量が多く粗線維の少ない飼料の多量摂取によって発症する．開花前期のマメ科牧草，発酵した牧草やサイレージ，粕類および濃厚飼料などの多給は第一胃内で異常発酵を起こし易い．また，泡沫性鼓脹症の原因として，第一胃内容液の粘ちょう性を高める植物壁細胞中の表面活性物質と粘液産生菌の関与が考えられている．

症　状：初期には腹部，特に左側膁部の上部が膨隆して突出し，しだいに腹囲全体が膨満する．初期には呆然と起立し，腹部を後肢で蹴ったり横臥と起立を繰り返すなどの疝痛症状を示すが，心悸亢進し，呼吸促迫や呼吸困難のために死亡することもある．慢性鼓脹症では食欲不振と腹囲膨大を繰り返す．泡沫性鼓脹症では腹囲膨大と呼吸速迫などの症状が長時間持続する．

治療と予防：治療は第一胃内ガスの排除，消泡剤・吸着剤の投与，第一胃運動の促進を図る．ガス排除は胃カテーテルを用いて経口的に行い，消泡剤としてシリコン製剤や界面活性剤を含む製剤，吸着剤として活性炭末などを投与する．予防は，飼料中の易発酵性炭水化物や蛋白質含量に留意し，線維量を確保することが基本となる．粕類や穀類の多給を避けることも重要である．

4. 2. 1. 6.　第一胃アシドーシス

第一胃内に乳酸や低級脂肪酸（VFA）が異常に蓄積し，pH が低下した状態である．穀物飼料の盗食などによって起こる急性第一胃アシドーシスと，明らかな臨床症状は示さないが，食欲が低下，第一胃運動が減退して軟便・下痢を呈し，乳脂率の著しい低下や乳量の低下が見られる亜急性（潜在性）第一胃アシドーシスがある．

原　因：急性第一胃アシドーシスは，易発酵性炭水化物が多く含まれ，第一胃内で急速に分解されるデンプン質飼料の大量かつ急激な摂取によって起こる．一方，亜急性第一胃アシドーシスの発生には，第一胃内 pH の日内変動が関与し，pH 5. 8 あるいは pH 5. 5 以下の時間が長いほど第一胃粘膜に対するリスクが大きくなる．

症　状：急性第一胃アシドーシスでは，穀物の大量摂取後に第一胃と腹部が拡張し，下腹部を蹴るなどの疝痛症状を示す．重症例では沈うつ，痙れん，苦悶，歯ぎしりや背わん姿勢を呈し，心拍数と呼吸数の増加，酸臭を伴う下痢が見られ，脱水のために眼球が陥没し，結膜の充血やチアノーゼを呈する．

亜急性第一胃アシドーシス牛では，蹄葉炎，食欲の減退，ボディコンディションスコア（BCS）の低下，乳量や乳脂率の低下，第四胃の変位や潰瘍，第一胃炎などの発生が増加する．

治療と予防：第一胃内に蓄積した乳酸や VFA を中和させるため重曹を経口投与する．そのほか，脱水やアシドーシスに対しては補液が必要となる．亜急性第一胃アシドーシスでは，粗飼料の増給や栄養管理の改善によって速やかに症状が改善し，牛群での発生も減少する．予防では，易発酵性炭水化物の過剰給与を避け，飼料給与を含めた栄養管理を適正化する（**図 4-3**）．また，緊急避難的に種々の緩衝剤や生菌製剤などの応用を考慮する．

4. 2. 1. 7.　創傷性第二胃・横隔膜炎

牛が摂取した鋭利な異物が第二胃粘膜に侵入し，胃壁を穿孔して横隔膜や腹膜に炎症を起こす疾病である．炎症の進行によって迷走神経性消化不良，横隔膜ヘルニア，創傷性（外傷性）心膜炎などを継発する．

原　因：異物としては針金や釘などの金属製のものが多く，時には竹串などの異物が原因となる．

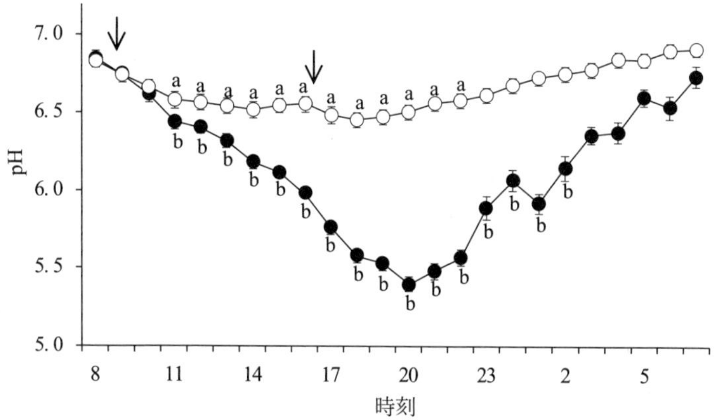

図 4-3　通常飼料給与時（○）と高タンパク飼料給与時（●）の乳牛における第一胃液 pH の日内変動
↓：飼料給与，a : P＜0.05，b : P＜0.01（8 : 00 との有意差）

症　状：初期には食欲の低下，第一胃運動の減退，心拍数と呼吸数の増加，体温の軽度上昇と乳量の減少が見られる．慢性経過をたどると栄養状態が悪化して削痩する．

治療と予防：カウサッカーによる金属異物の除去や第一胃切開手術による異物の除去が試みられてきたが，根本的な治療法はない．予防はマグネットの投与が普及している．

4. 2. 1. 8.　第四胃変位

第四胃運動の減退と第四胃内ガスの貯留を伴って急性ないし慢性の消化障害を呈する疾病である．分娩前後，泌乳初期から最盛期にかけて突然食欲が廃絶，あるいは長期間食欲が低下している牛は本症を疑う．

原　因：直接的な原因は，第四胃運動の減退と第四胃アトニー，第四胃内ガスの貯留であるが，妊娠子宮による第一胃の押上と食欲低下による第一胃容積の減少など，腹腔間隙の増大も関与している．濃厚飼料の多給によって第一胃内の不消化内容が第四胃に流入し，第四胃アトニーとガス貯留が起こる．

症　状：突然の食欲廃絶あるいは数日から数週間に亘る食欲不振，食欲不振と食欲発現の反復が見られるが，その程度は経過，第四胃変位の種類や合併症の有無によって異なる．ケトーシスなどで治療しても食欲が回復しないものは，第四胃変位を併発していることもある．

a）第四胃左方変位

突然あるいはしだいに食欲が低下し，元気低下と食欲不振を繰り返す．泌乳量は減少し，第一胃運動や排ふん量も減少，水様性ないし泥状下痢を呈するものもある．牛を後方から観察すると，左側後位肋骨から最後位肋骨後縁にかけて膨隆し，この部位を聴打診すると特有の金属性有響音が聴取できる．

b）第四胃右方変位（捻転）

左方変位に比べて重篤な症状を呈する．捻転を伴わない場合は食欲廃絶と脱水症状を呈し，乳量は急激に減少する．捻転を伴う場合は症状がより急激・重篤で，疝痛症状を示し，腹囲は膨大して排ふん量は減少するが，少量の悪臭黒色下痢便や粘血便を排せつすることもある．

治療と予防：速やかに外科的整復手術を行うことが原則で，適切な治療を行えば予後は良好である．ただし，捻転を伴う右方変位では，症状がきわめて重篤なので直ちに手術を行うか，淘汰するかを選択しなければならない．一方，左方変位の症例に対して牛体回転整復法が行われることもあるが，本法は妊娠末期の牛では応用できず，再発することもあるので注意する．予防は，第一胃容積の減少や VFA 濃度の増加による第四胃運動の減退を予防するため，移行期における栄養管理の適正化を図り，第四胃変位と関連のある低カルシウム血症や種々の合併症を予防することが基本となる．

4.2.1.9. 腸炎・子牛下痢症

腸炎では腸管における透過性の亢進，分泌過剰，浸透現象によって下痢が起こる．子牛下痢症は泥状あるいは水様性下痢便を頻回排せつする状態である．ほ乳期から育成期の子牛に多発し，その後の成長や増体にも影響を及ぼす．

原　因：病原微生物や寄生虫の感染による感染性下痢と，感染以外の原因による非感染性下痢に分類される．若齢牛，特に新生子牛は免疫機能が未熟であるため，病原微生物に対する抵抗力が弱く，感染性の下痢症が起こり易い．

a）感染性下痢症：子牛ではロタ・コロナなどのウイルス，毒素原性大腸菌やサルモネラなどの細菌，コクシジウムやクリプトスポリジウムなどの原虫，線虫などの寄生虫が原因となる．病原微生物の混合感染が多い．誘因としては，初乳の摂取不足や初乳中の免疫グロブリンの吸収不全に伴う抵抗力の低下，飼育環境や給与飼料の急変，密飼いなどのストレスが挙げられる．

b）非感染性下痢症：食餌性や脂肪性，腐敗性，発酵性などの消化不良性下痢のほか，胃（潰瘍）性下痢，神経性下痢などがある．白痢の原因としてはほ乳量過多による乳脂肪の消化不良が多く，大腸菌が関与した重症例もある．

症　状：腸の蠕動が亢進し，水分吸収が低下して水分を多量に含んだ内容物が頻回排せつされる．ふん便の性状は軟性，泥状ないし水様となり，酸臭など悪臭を伴い，粘液や血液を混ずることもある．ふん便の色調もさまざまで，ほ乳子牛では灰白色ないし黄白色を呈することが多い（白痢）．脱水を伴い，感染による場合は発熱や心拍数の増加，呼吸速迫などの全身症状を呈する．

a）大腸菌症：生後 1 週齢以内の子牛に多い．突然激しい下痢を呈し，下痢便は酸臭を伴い，黄白色水様ないし灰白色泥状で血液を混ずることもある．元気・食欲は著しく減退し，発見が遅れた場合には体温低下，飲食欲廃絶，起立不能となり，脱水や敗血症のために急性経過で死亡する．

b）サルモネラ症：6 カ月齢以下の子牛に流行的に発生し，1 カ月齢以下の子牛では下痢や敗血症の症状が激しく，死亡率も高い．発熱，元気食欲の減退ないし廃絶，貧血，頑固な下痢を呈し，悪臭を伴う黄灰白色ないし褐色の水様便を排せつして粘液や血液を混ずることもある．

c）コクシジウム症：アイメリア・ツエルニあるいはアイメリア・ボビス感染により粘液や血液の混じった下痢便を排せつする．食欲不振に陥り，慢性に移行すれば血便を排して栄養状態の低下や発育障害が起こる．

d）クリプトスポリジウム症：単独感染もあるが，多くはほかの病原微生物との混合感染である．1〜3 週齢子牛に見られる慢性頑固な下痢症では，本原虫の感染を疑う．

治療と予防：病原微生物が明らかな場合は，それに対して最も有効な抗生物質や駆虫剤を投与する．また，脱水や酸塩基平衡を改善する目的で水分や電解質を補給する．この場合，静脈注射などによる非経口的補液ばかりでなく経口補液を併用すると効果がある．経口補液としては電解質，重炭酸塩あるいはその前駆物質，ブドウ糖を含む補液剤を投与する．患畜の保温に努めることも大切な看護療法である．予防では子牛に免疫を獲得させる目的で，出生後早期に十分量の初乳を給与することが大切である．そのほか，環境の急変や飼料の変更，密飼いなどを避けてストレスを与えないよう工夫する．大腸菌性下痢の予防ではワクチンが使用できる．

4.2.1.10. 黄　疸

血中に胆汁色素（ビリルビン）が増加し，ビリルビンが皮膚や粘膜を始め各臓器に沈着して粘膜や皮膚，臓器が黄変する状態である．

原　因：溶血性黄疸，肝細胞性黄疸および閉塞性黄疸に大別される．溶血性黄疸と肝細胞性黄疸は，血管内で大量の赤血球が破壊されて，あるいは肝細胞が傷害されて大量のビリルビンが血中に増量した状態である．閉塞性黄疸は，胆管閉塞による通過障害によって胆汁が充満し，肝細胞が傷害されて腸内への胆汁分泌が減少した状態である．

症　状：黄疸の原因によって症状は異なるが，粘膜，皮膚，尿および乳汁の黄変が共通所見である．眼結膜や腟粘膜の変化はほかの粘膜に比べて観察し易い．元気と食欲の減退，栄養状態の低下，泌乳量の減少などの症状が見られる．

治　療：黄疸の原因となっている疾病を対象として行う．異常を早期に発見し，直ちに獣医師の診察を求める．

4.2.2. 呼吸器の疾病

呼吸器疾病は鼻・副鼻洞，咽喉頭，気管および肺の疾病であり，気管（支）炎と肺炎が最も多い．子牛に多発し，その後の増体にも影響を及ぼすことから重要な疾病である．

4.2.2.1. 鼻出血

外鼻腔からの出血で，発咳と同時に出血が見られる場合は喀血という．

原　因：鼻腔の外傷，顔面の打撲，投薬カテーテルの失宜などによるもの，感染病や中毒など全身性疾病によるものがある．

症　状：外傷性では出血量が多く，全身性では鼻汁に血液が混入したものが多い．

治　療：外傷性では安静に保つと自然に止血するものが多い．顔面部の強い打撲による場合は，骨折の可能性もあるので獣医師の診療を受ける．鼻汁に血液が混入している場合は，念のために口腔や肛門からの出血の有無，体温や食欲などの一般状態，牛舎内で類似症状を示す牛がいないかどうか注意する．

4.2.2.2. 鼻　炎

鼻粘膜の炎症のために鼻汁の排出と鼻閉塞音を示すのが特徴である．

原　因：各種ウイルスや細菌感染による呼吸器疾病が原因で，病変は上部気道，肺にも波及する．

症　状：鼻汁は，初め水様透明であるが，しだいに灰白色で混濁し，膿様となる．鼻腔に炎症があると，涙管が鼻腔に開口しているため炎症が眼に波及し，結膜の充血，流涙，眼やになど結膜炎の症状が現れることもある．

治　療：単純な鼻炎では，安静に努め消化の良い飼料を給与するなど飼養管理に留意すれば自然に回復する．全身症状を伴う鼻炎は，速やかに獣医師の診療を受ける必要がある．

4.2.2.3. 喉頭炎

喉頭粘膜の炎症で，原因は鼻炎と同様である．主な症状は発咳であり，外部から喉頭部を圧迫されるのを嫌い，飼料の嚥下も障害される．

4.2.2.4. 気管支炎

肺の気管支粘膜の炎症である．

原　因：鼻炎と同様の原因によって起こる．

症　状：種々の程度に発咳と鼻汁の排出，食欲の低下ないし減退，乳量の減少，心拍数と呼吸数の増加が見られる．

治　療：患畜を安静に保ち，良質飼料を給与するなどの看護療法を行い，発熱や発咳，食欲不振などの症状が著しい場合は，抗生物質療法が必要になる．

4.2.2.5. 肺　炎

肺炎は種々の原因によって起こる肺および細気管支の炎症である．原因によってウイルス性，細菌性，真菌性，マイコプラズマ性，寄生虫性，誤嚥性，薬物性，異物・外傷性およびアレルギー性肺炎に分類される．また，臨床的には急性，亜急性および慢性肺炎，発生状況から原発性，継発性および流行性肺炎に区分される．

原　因：肺炎に関与する病原微生物としては牛RSウイルス，パラインフルエンザ3型ウイルスのほか，パスツレラやヘモフィルスなどの細菌，マイコプラズマなどがある．病原微生物の混合感染が多い．異物性（誤嚥性）肺炎は乳汁や飼料，薬物などの異物を誤嚥あるいは吸収した場合に起こる．なお，肺炎の発症誘因としては，飼養環境の急変や悪化，初乳の給与不足，換気の不良，寒冷ストレスなどがある．最近，マイコプラズマ感染による肺炎と中耳炎が全国的に増加して注目されている．

症　状：初期には元気・食欲の減退，発熱と呼吸速拍が見られ，病勢が進むと発熱，呼吸困難，発咳が明瞭になる．鼻汁は漿液性，粘液性あるいは膿性を呈し，開口して腹式・要力呼吸を呈する．慢性化した場合は栄養状態が低下し，被毛は粗剛になり削痩する．

クルップ性肺炎では元気・活力の低下，食欲不振，尿量減少，発咳，発熱が見られる．呼吸は胸式で速迫し，呼吸困難に落ち入り易い．異物性（誤嚥性）肺炎は，飼料などの異物が気管と肺に侵入したもので，肺炎と肺の壊死によって重篤な症状を呈する．急激に症状が増悪して発熱と呼吸困難を呈し，死亡することもある．

治療と予防：病原微生物が明らかな場合は，最も有効な抗生物質や駆虫剤を投与する．対症療法としては呼吸刺激剤や去痰剤，抗炎症剤を投与し，脱水を緩和するために補液を行うこともある．抗生物質による治療は発病初期に実施した場合に効果があり，体温が平熱に回復した後も2〜3日間治療を継続すると良い．

予防としてはワクチンの応用が有効である．伝染性鼻気管炎，牛ウイルス性下痢・粘膜病およびパラインフルエンザの混合ワクチンなど，多くのワクチンが使用できる．肺炎の発症誘因を除去することも大切で，飼養環境の急変回避と病原体除去，ストレスの軽減，子牛の免疫賦与が主眼となる．舎内の換気と消毒に努め，密飼い防止のためにカーフハッチを使用することも良い方法である．

4.2.3. 循環器・血液の疾病

心機能に異常がある牛は，健康牛に比べて元気・活力がなく，軽い運動負荷でも脈拍数と呼吸数が増加する．一方，血液の疾病には骨髄などの造血器官の疾病と血球が障害を受けた疾病がある．

4.2.3.1. 創傷性心膜炎

創傷性（外傷性）心膜炎は，第二胃内の鋭利な金属性異物などが横隔膜を介して心膜を刺傷し，同部から細菌が感染して起こる疾病である．

原　因：金属性異物としては鋭利な釘，針，針金などが多い．本症は妊娠末期や分娩後に発症する例が多いが，これは妊娠子宮による胃の圧迫，分娩時の陣痛に起因した腹腔内圧の亢進による胃の圧迫のために金属異物が刺入することによる．

症　状：心拍数の増加，頸静脈の怒張・拍動のほか，発熱，可視粘膜の充血やチアノーゼなどを呈し，末期には呻吟，食欲廃絶，起立不能となり死亡するものもある．そのほか，栄養状態の低下，削痩と乳量減少，次いで疼痛のために運動を嫌い，起立時に呻吟して歩行を嫌うようになる．

治療と予防：確定診断後は，治療せず予後不良となる．予防は，牛周囲環境から金属性異物を除去するとともに，第二胃内の金属異物に対する対策として磁石を経口投与する．

4.2.3.2. 貧　血

血液中の赤血球数，血色素量および血球容積などが正常以下に減少した状態である．

原　因：赤血球の産生と崩壊のバランスがなんらかの原因で壊れた時に発生する．その原因には外傷に起因した血管損傷による大量失血によるもの，赤血球の溶解によるもの（ピロプラズマ病や産褥性血色素尿症など），造血組織の異常によるものがある．

症　状：赤血球の減少による酸素運搬能の低下によって種々の症状が発現する．また，症状は原因によって異なるが，多量の出血による場合は呼吸数と心拍数の増加，歩様蹌踉，発汗，可視粘膜の蒼白化が見られる．栄養障害，寄生虫病，慢性感染性による貧血では粘膜の不潔・蒼白化，栄養状態の低下，乳量の減少，顎凹部や胸垂部，下腹部などの冷性水腫が見られる．

治　療：血管損傷によるものでは直ちに止血などの外傷処置を行い，ピロプラズマ病によるものでは抗原虫剤を投与する．そのほか，種々の原因疾患に対する治療を行い，さらに輸液のほか，強心剤，強肝剤およびビタミン剤投与などの対症療法を行う．

4.2.3.3. 白血病

牛白血病は成牛型あるいは地方病型と散発型に大別される．牛白血病の多く

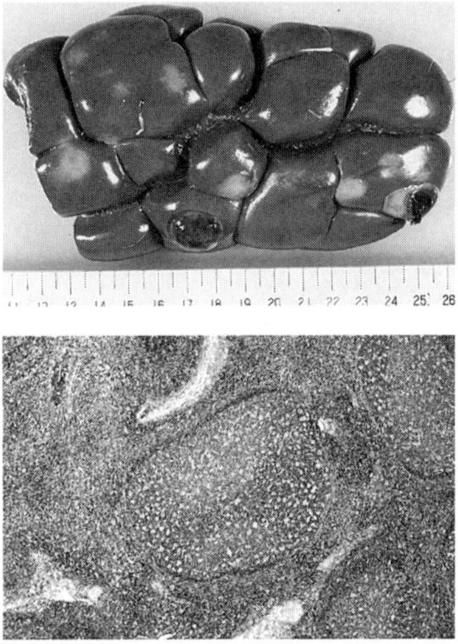

図 4-4　牛白血病
腎臓の肉眼所見（上）と病理組織所見（下）
（CD 収録）

は成牛型で，散発型には子牛型，胸腺型（若齢型），皮膚型白血病が含まれる（**図 4-4**）．

原　因：成牛型は牛白血病ウイルス（BLV）感染によるもので，BLV は胎内感染による垂直感染と牛群内でアブなどを介して水平伝播する．散発型白血病の原因は不明である．

症　状：成牛型は 4 歳以上での発生が多く，食欲不振ないし廃絶，体表リンパ節の腫大，腹腔内や骨盤腔内リンパ節の腫大，泌乳量の低下と削痩などが見られる．末梢血液中では白血球数とリンパ球数の増加，異形リンパ球の出現が認められる．

治療と予防：診断は体表リンパ節の腫大などの臨床症状，末梢血液中の異形リンパ球出現などのほか，血清中の BLV 抗体の検出などによって行う．現在のところ有効な治療法はない．成牛型白血病では確定診断後に BLV まん延防止対策をとる必要がある．

4. 2. 4.　泌尿器の疾病

泌尿器の疾病では腎臓，膀胱および尿道に異常が見られる．早期発見のために排尿の動作や姿勢，尿性状を観察することが重要である．

4. 2. 4. 1.　血尿症

膀胱炎による膀胱粘膜からの出血，尿石症による尿道からの出血に起因した血尿症も見られるが，本体はワラビ摂食による慢性中毒症である．ワラビ中毒あるいは膀胱（腫瘍性）血尿症とも呼ばれ，膀胱粘膜からの出血と粘膜の腫瘍性病変が特徴である．

原　因：牛ではワラビの中の発癌物質であるプタキロシドが原因と考えられている．

症　状：初期に突然の血尿が見られ，病勢が進行すると膀胱出血と貧血が著しく，元気，食欲および泌乳量が低下，心機能障害を呈して削痩，衰弱する．可視粘膜の蒼白化と点状出血，発熱，タール様血便および血様鼻汁の排出，下痢を呈する．造血機能低下により血液凝固不全が起こり，重症例では貧血のために死亡する．

治療と予防：治療効果が少なく，主に対症療法が行われる．初期・軽症例には止血剤やビタミン剤投与のほか，補液を行う．二次感染防止のために抗生物質の投与，収斂剤や消毒剤による膀胱洗浄も行われる．予防はワラビの長期的な給与あるいは採食が原因となるので，これを中止する．

4.2.4.2. 尿石症

尿中に溶解している無機塩類が結石になり，尿道閉塞をきたして排尿障害などの症状を伴ったものを尿石症（尿路結石症）という．結石の所在部位によって腎結石症，膀胱結石症，尿道結石症に区分する．本症は去勢肥育牛に多発する代表的な疾病である．

原　因：濃厚飼料から過剰に摂取されたカルシウム，マグネシウム，アンモニウム，リン酸塩などの無機陽イオンが，尿中で不溶化し，脱落上皮細胞や壊死組織などの核を中心として結石が形成される．わが国で見られる尿石症の組成は，リン酸アンモニウムマグネシウム，リン酸マグネシウム，リン酸カルシウムなどが主体で，尿酸塩，ケイ酸塩の結石もある．

症　状：陰茎先端の被毛に白色ないし灰白色の顆粒状，砂粒状の結石が付着している例が多い．腎臓や膀胱で形成された結石は，尿管や尿道内に移動して尿路を閉塞すると重篤な症状を呈する．重症例では直腸検査によって著しく腫大した膀胱が触知される，そのほか，発汗，苦悶，呻吟を示して頻尿または貧尿となり，尿閉を起こして膀胱破裂に至る．尿閉に伴って急激な疝痛様症状を呈して腹囲が膨大するが，膀胱が破裂すると一時的に症状が軽減するので注意が必要である．

治療と予防：治療は薬物療法と外科的処置がある．薬物療法として軽症例には尿 pH を下げ，利尿を促すために塩化アンモニウムが投与される．外科的処置は尿道閉塞した場合に行われる．すでに膀胱破裂を起こして尿毒症や腹膜炎を継発している例は予後不良である．リン酸塩による尿石症予防のためには，高リン含有飼料を避け，カルシウムとリンのバランスが良い飼料を給与する．イネ科乾草給与によって発生するケイ酸塩の結石予防には，水の摂取量を確保することが大切である．

4.2.4.3. 腎炎・膀胱炎

腎炎は糸球体腎炎，尿細管間質性腎炎および化膿性腎炎に区分される．また，膀胱炎は上行性の細菌感染によって発生し，慢性化すると尿管炎，腎盂腎炎，化膿性腎炎へ波及する．

原　因：糸球体腎炎はレンサ球菌，ブドウ球菌などの細菌感染により，また，ある種の代謝異常によっても発生する．尿細管間質性腎炎は薬剤による腎障害や急性腎盂腎炎から継発する．化膿性腎炎は敗血症や菌血症のために病原菌が腎臓で化膿巣を形成することによって発生する．

膀胱炎は，分娩時の産道・尿道の損傷からの波及，導尿時のカテーテルによる損傷や感染，膀胱結石による粘膜の機械的刺激が原因となる．

症　状：腎炎の初期には食欲不振，軽度の発熱，排尿姿勢の異常，尿量の減少や血尿が見られる．慢性化すると尿量が減少し，膿を含んだ尿を排せつして削痩する．重篤な例では無尿となり尿毒症のために死亡するものもある．

膀胱炎の急性型では膀胱壁の疼痛，怒責と背わん姿勢，頻回の尿意，血尿と混濁尿，発熱と食欲低下が見られる．

治　療：初期に治療した場合は効果があり，抗生物質や副腎皮質ホルモンが投与される．慢性化したものは予後不良になることもある．

膀胱炎の軽症例では給水と利尿，腎臓排せつ性抗生物質の全身投与，急性型や重症例では補液療法を行う．

4.2.4.4. 尿毒症

種々の原因による排尿障害のために，体内に老廃物が蓄積して起こる中毒の一種である．

原　因：腎炎や尿石症による尿の排せつ障害のために，蛋白質などの分解産物が排せつされず血中に停滞して発生する．

症　状：多くは慢性経過をとり，嗜眠，痙れん，てんかん様症状などの神経症状のほか，心機能障害による心拍の異常，呼吸の不整と困難，食欲低下や発汗が見られる．

治　療：明らかな症状が発現した場合は，治療の効果が少なく予後不良となる．

4. 2. 5. 神経系の疾病

神経系の疾病では中枢神経症状が明瞭な場合は容易に発見できるが，症状が明らかでないものは摘発が難しい．行動や姿勢，歩様などの運動，感覚や知覚の変化などに留意する．

4. 2. 5. 1. 眼瞼の損傷

打撲や裂創のために生ずる．軽度で擦過傷程度であれば洗浄して消毒するが，重度の時は出血と腫脹が起こり結膜に炎症を波及するので，直ちに治療する必要がある．

4. 2. 5. 2. 結膜炎

眼結膜の炎症で，異物の侵入，眼瞼の炎症からの波及，そのほか鼻腔や呼吸器病などに継発する．

突然発症することが多く，羞明，流涙，疼痛などの症状が見られ，結膜は充血する．分泌物は初期には透明であるが，しだいに粘ちょうから膿性になり，眼やにが付着する．悪化すると炎症が眼瞼に波及し，眼瞼が腫大して角膜炎を併発することもある．応急的治療としては洗浄後，人体用の点眼剤を用いることもある．

4. 2. 5. 3. 角膜炎

原　因：外傷によって発症することが多く，結膜炎から波及することもある．放牧牛などでは細菌感染により，重度の結膜炎や角膜の炎症を起こすものがあり，これは伝染性角結膜炎（ピンクアイ）と呼ぶ．

症　状：角膜は疼痛が強く，牛は触診を嫌う．流涙が著しく，外傷性では受傷部が混濁して血管が新生することもある．角膜の深部まで炎症が波及すると角膜全面が混濁し，眼球内部にも炎症が波及して重篤な症状を示す．角膜が穿孔すると眼房水が流出し，虹彩が脱出することもある．

治　療：異常を発見したら直ちに獣医師の治療を受けることが基本となる．

4. 2. 5. 4. 日射病および熱射病

原因と症状：日射病は夏季の炎天下，直射日光に長時間さらされて起こる疾病である．発汗，呼吸数と心拍数の増加のほか，沈うつ，運動失調，皮膚反射消失などの神経症状を呈する．直ちに治療しないと死亡することもある．

熱射病は高温多湿な飼養環境下で，体温の放散が妨げられて体温が異常に上昇し，種々の症状を呈する疾病である．蒸し暑い夏季に41℃以上の発熱，呼吸数と心拍数の増加，流涎などの症状を示す．一般には日中より夕方に発生が多い．

治療と予防：体温を下げる目的で牛を涼しい場所に移し，頭部や頸部に直接水をかけたり，タオルや毛布の上から水をかけて扇風機で送風し，気化熱を奪う方法もある．対症療法としてエネルギー補給のために高張ブドウ糖を投与し，脱水が認められる場合は大量の補液を行う．予防は牛舎の通風と換気を図るため，複数の大型扇風機を設置することが基本となる．蹄病や関節炎のために起立困難を示す牛は，暑熱ストレスの影響を受け易いので注意する．

4.2.5.5. 脳炎および大脳皮質壊死症

脳炎は種々の細菌やウイルス感染によって起こるものと，ほかの臓器の化膿巣から炎症が波及して起こるものがある．牛ではヒストフィルス・ソムニイ感染による伝染性血栓栓塞性髄膜脳炎などがある．本症の症状は急性で急死するものもあるが，初期には沈うつ，可視粘膜の充血，発熱，流涎，運動失調が見られ，歩様は蹌踉となり転倒し，麻痺のために起立不能となる．意識混濁し，昏睡状態に陥るものが多いが，狂騒状態を呈する例もある．治療は発病初期であれば抗生物質の投与が有効である．

大脳皮質壊死症はビタミンB_1欠乏によって起こる代謝性疾病で，突然の視力低下，食欲の減退と平衡感覚の失調，嚥下障害などの中枢神経症状を呈する．濃厚飼料多給のために第一胃アシドーシスが起こり，第一胃内微生物により産生されたアノイリナーゼがビタミンB_1を破壊するために起こる．治療は発病初期であればビタミンB_1製剤の大量投与が有効である．慢性に移行した例や起立困難を呈する例では予後不良となる．

4.2.5.6. 腰　萎

なんらかの原因によって後軀の運動障害が起こり，後軀蹌踉のために歩行と起立が困難となった状態で，一般には原因が明らかでない起立不能症の総称である．

原因としては転倒や打撲に起因した腰髄損傷による神経障害，ある種の栄養障害などが挙げられるが，特定することは困難な場合が多い．

4.2.6. 運動器の疾病

運動器の疾病は筋肉，骨，関節，蹄および趾間に見られる．筋肉疾患では筋炎，骨疾患では脱臼と骨折，関節疾患では関節炎と関節周囲炎，蹄・趾間疾患では各種蹄病の発生が多い．

4.2.6.1. 骨　折

滑走や転倒など大きな外力が加わった時に起こり，完全骨折と不完全骨折がある．発生頻度は年齢，発育や栄養の状態，骨の部位によって異なる．

原　因：移動中に滑走・転倒して突然発症することが多い．牛では畜舎の柵や隙間に四肢を入れたまま転倒したり，子牛では母牛に踏まれて骨折することもある．

症　状：負重と歩行は全く困難で，重篤な跛行を呈する．中手骨や中足骨，前腕骨，大腿骨，下腿骨および骨盤に多発し，局所の腫脹や熱感，著しい疼痛，発汗，筋肉の震えや食欲廃絶などの症状を示す．骨折部では骨の異常運動と異常音，局所の変形や異常な屈曲が認められる．なお，骨盤骨折では起立困難を呈し，後軀蹌踉のために歩様が不確実になる．

治　療：骨折部の整復と固定が基本となる．治療効果は骨折の部位と程度，牛の大きさや年齢などによって異なる．子牛や育成牛の四肢骨折は治療対象となるが，そのほかの部位の骨折は治療効果が少なく，起立困難ないし不能を呈する例は予後不良となる．また，成牛では骨折部の整復と固定がきわめて困難で，予後不良と判断されるものが多い．

4.2.6.2. 腱の疾病

牛では四肢下部の腱に異常が生じ易い．

腱，特に管部後面の打撲，外傷によって炎症が起こると，著しい跛行が発現する．外傷によって四肢の屈腱が断裂すると負重困難を呈し，起立と歩行が困難となる．腱断裂の場合は外科的整復手術が行われる．受傷後早期に手術が行われれば予後良好である．

一方，新生子牛では球節が前方に突出し，起立や歩行が困難なものがあるが，これは突球と呼ぶ．本症では先天的に屈腱が短縮していることが多く，数日間で自然に治癒するものもあるが，多くはギプス固定などの治療が必要となる．

4. 2. 6. 3. 腱鞘の疾病

牛では腱鞘の疾病は稀である．発病の原因は腱と同様であるが，慢性なものは球節や飛節周囲に見られ，腫脹していても圧痛や熱感は見られない．慢性腱鞘炎は蹄形の異常，蹄の過長などが誘因となっている．年2回程度の定期的な削蹄を行い，正しい蹄形と肢勢を保つよう配慮する．

4. 2. 6. 4. 滑液嚢の疾病

滑液嚢の疾病として膝瘤，膝蓋部滑液嚢炎，牛臥腫および胸腫がある．

a）膝　瘤：手関節（前膝）の前面にある滑液嚢の慢性炎症で，起臥時に持続的な圧迫と摩擦を受けて起こる．限局性の腫瘤には熱感や疼痛は見られないが，創傷から化膿菌が感染すると疼痛や熱感などの炎症徴候が現れ，重度の跛行を呈する．

b）膝蓋部滑液嚢炎：膝蓋部前面あるいは下方や内側にある滑液嚢の炎症で，外傷や打撲によって発生する．局所に腫瘤を形成するが，熱感や疼痛がなく跛行を呈することは少ない．

c）牛臥腫：膝関節の外側にある滑液嚢の炎症で，牛が伏臥する場合，敷料不足やコンクリート床による持続的圧迫と摩擦によって起こる．

d）胸　腫：胸垂部の腫瘤で，滑液嚢炎では胸垂部の持続的圧迫と摩擦によって腫瘤を形成し易い．なお，牛では創傷性心膜炎のために胸垂部に冷性浮腫が発現することがあるが，これは全く異なる疾病である．

4. 2. 6. 5. 関節炎

関節を構成する関節軟骨，軟骨下骨，滑膜および支持組織の炎症で，感染性関節炎と非感染性関節炎がある．また，関節周囲炎は関節周囲に炎症が起こったもので，感染性のものが多く，蹄関節，前膝および飛節周囲炎が問題となる（図 4-5）．

原　因：急性関節炎は打撲，転倒あるいは外傷から化膿菌が感染して起こる．蹄関節炎は趾間フレグモーネなどの蹄病に継発，飛節炎は化膿性飛節周囲炎が波及したものである．関節炎の原因菌は，アルカノバクテリウム・ピオゲネスや溶血性レンサ球菌，黄色ブドウ球菌，壊死桿菌などである．

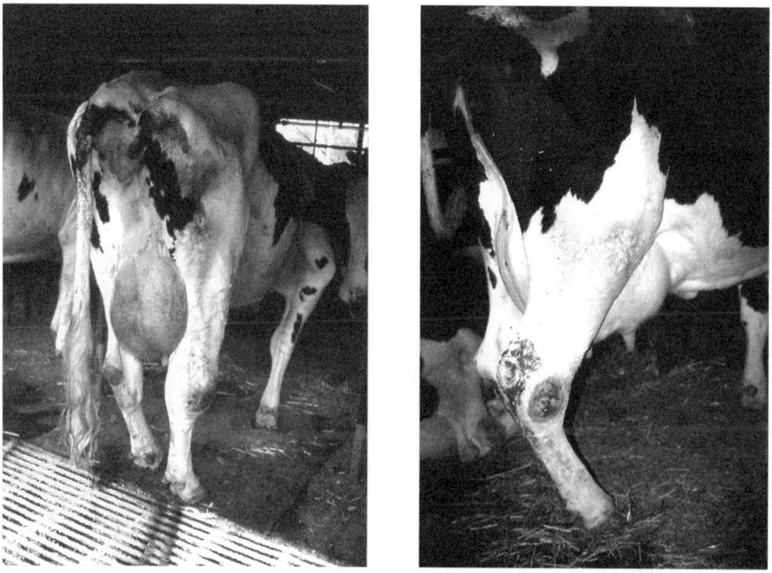

図 4-5　蹄および飛節の関節炎と関節周囲炎（CD 収録）

症　状：感染性関節炎の急性期には，関節の腫脹や疼痛，熱感が著しく，跛行して歩行も困難となる．重症例では発熱や食欲不振，泌乳量の減少などの全身症状を伴い起立困難となる．

治療と予防：関節に腫脹や熱感が見られた場合，直ちに獣医師に診療を求める．慢性化すると関節が肥厚・硬結して治癒が難しく，関節面が癒着して機能を失うこともある．急性期には運動を制限し，局所の水腫を軽減するために冷湿布を行う．重症例では抗生物質投与のほか，局所の洗浄・消毒と保護包帯を実施する．予防は蹄関節炎を防ぐために蹄病を予防し，飛節炎を防ぐために飛節周囲炎を予防することが基本となる．

4.2.6.6. 捻挫・脱臼

捻挫は関節に大きな外力が加わり，関節嚢や関節を固定保持している靭帯が伸展または部分的に断裂したもので，四肢下部の関節に多い．また，脱臼は関節頭の位置が変化し，関節の異常突出や陥凹が見られるもので，関節の運動範囲が著しく制限される．

原　因：捻挫は転倒や滑走，疾走中の急停止や急旋回，陥凹部に蹄を嵌入した場合に生じ易い．脱臼の原因は先天性，病的および外傷性に大別されるが，牛では股関節脱臼と膝蓋骨脱臼が多い．股関節脱臼は滑走・転倒などの外力や急旋回によって起こる．また，膝蓋骨脱臼は滑走・転倒などにより内側大腿蓋靭帯が切断した場合や難産時に大腿神経が麻痺して起こる．

症　状：脱臼では運動時に摩擦音などの異常音を呈する．皮下や皮下織の損傷による出血，炎症，感染によって持続的な疼痛を示す．股関節脱臼の多くは片側性に起こるが，滑走などによって両側性に起こった場合は，いわゆる股開き状態を呈する．一方，膝蓋骨脱臼は滑走・転倒後に突然発症する．歩行を嫌がり，跛行を呈する．

治　療：捻挫は発症後早期に治療すれば治癒するが，慢性に移行すると種々の機能障害が残る．脱臼でも早期に整復と固定を行うことが大切である．X線診断によって脱臼の状態を把握して整復することが望ましい．

4.2.6.7. 蹄葉炎

非感染性炎症による循環障害のために蹄に異常角質が形成されたもので，疼痛のために特異的な肢勢と強拘歩様，蹄形異常を示し，重症例では起立困難に陥る．潜在性蹄葉炎は蹄病の基礎疾患となるので，蹄病が多発する牛群では本病の存在を疑う（図 4-6）．

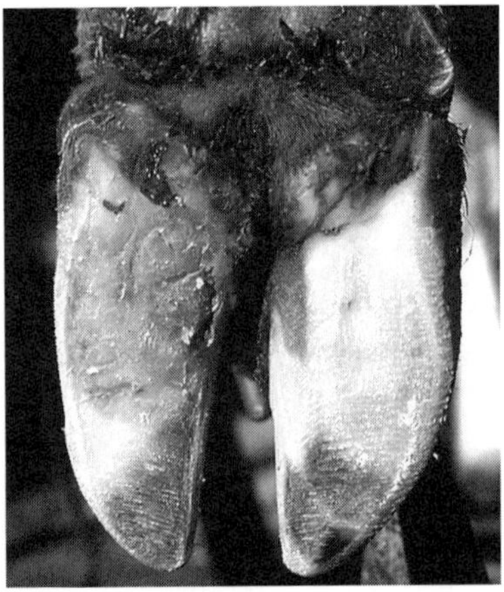

図 4-6　後肢の蹄葉炎（CD 収録）

原　因：蹄の循環や組織障害は，濃厚飼料多給による第一胃アシドーシスや分娩後の各種炎症性疾患で血中乳酸，ヒスタミン，エンドトキシン濃度の増加によって起こる．周産期に発生することが多く，急激なホルモンや代謝の変化，乳房の腫大と体重・負重分布の変動，飼料の変化なども要因となる．

症　状：蹄角質は軟化，黄染，出血し，蹄の充血と激しい疼痛を伴い特異的な肢勢と運動障害を呈する．跛行や背わん姿勢，強拘歩様，運動不耐性などの運動障害とともに元気低下や食欲不振などの全身症状が見られる．慢性・潜在性蹄葉炎では歩行困難を呈し，蹄の変形，蹄背壁の凹わんと不正蹄輪形成が認められる．

治療と予防：急性蹄葉炎では急性第一胃アシドーシスの治療を行う．慢性・潜在性蹄葉炎では過剰に伸長した蹄尖と蹄底を削切して蹄を整形する．予防は，良質乾草など粗飼料の給与と栄養管理の改善など第一胃アシドーシスの予防が主体となる．

4. 2. 6. 8. 趾間皮膚炎・フレグモーネ

趾間に見られる炎症で，皮膚に限局しているものは趾間皮膚炎，炎症が趾間の皮下組織に拡がり，壊死と化膿を伴うものは趾間フレグモーネと呼ぶ．

原　因：趾間皮膚の損傷と湿潤して不潔な環境が原因となる．趾間皮膚炎ではバクテロイデス属の細菌，趾間フレグモーネでは壊死桿菌やブドウ球菌，バチルス属など多くの細菌が関与する．

症　状：趾間の皮膚や蹄冠と球節の間（繋）の背側と底側の皮膚が腫脹し，発赤して疼痛を示す．重症例では跛行し，発熱や食欲減退などの全身症状を伴う．初期に適切な治療が行われない場合，蹄関節炎を併発することもある．

治療と予防：趾間皮膚炎では患部を消毒して乾燥させる．趾間フレグモーネでは患部を洗浄・消毒後，壊死組織を除去して乾燥または焼烙，ヨードチンキや木タールなどを塗布後に包帯を施す．予防はホルマリン液や硫酸銅溶液による蹄浴が行われる．

4. 2. 6. 9. 趾間腐爛

趾間腐爛は，前記の趾間フレグモーネと同義である．

4. 2. 6. 10. 趾皮膚炎（疣状皮膚炎）

蹄冠縁に隣接する皮膚の限局性，表層性，感染性の炎症で，伝染力が強く牛群中に急速に蔓延する．疼痛のために著しい跛行を呈する（図 4-7）．

原　因：原因は確定していないが，らせん菌などの細菌感染が疑われている．湿って不潔な牛舎環境や牛の免疫機能の低下なども関与している．

症　状：後肢に多く，両側に発生することもある．著しい跛行を呈する．発生部位は蹄球と蹄球周囲の皮膚，蹄前面の蹄冠上部の皮膚，副蹄周囲の皮膚で，

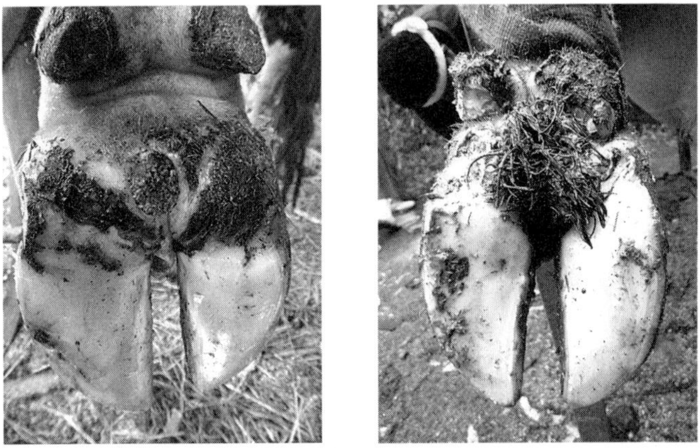

図 4-7　後肢の趾皮膚炎（CD 収録）

病変は直径 1〜4cm の限局した類円形を示して赤色イチゴ状の肉芽組織となり，毛が長く伸びたものもある．

治療と予防：病変部を洗浄・乾燥後，オキシテトラサイクリンなどの抗生物質を投与する．薬液の局所スプレーも効果があり，薬剤の保持を目的とした包帯も有効である．予防として多発牛群では，蹄を洗浄後，抗生物質を用いた蹄浴を行う．

4. 2. 6. 11.　蹄底潰瘍

蹄の軸側の蹄底・蹄球接合部に見られる蹄底真皮の病変で，出血と蹄底の欠損が見られる（図 4-8）．

原　因：蹄の過剰成長，内蹄と外蹄の負重アンバランス，蹄角質の劣化などに起因した末節骨後縁直下の蹄底真皮における限局性挫傷が原因となる．蹄角質劣化の要因としては，第一胃アシドーシスによる食餌性あるいは負重性の蹄葉炎，湿潤な牛床環境などがある．

症　状：出血と蹄底の欠損は後肢，特に外蹄に多い．削蹄時に蹄底真皮に達する出血や黒色病変として発見され，蹄底角質が欠損して肉芽組織が蹄底を穿孔したものは，著明な跛行を呈し，歩行困難となる．後肢外蹄に病変がある場合は，疼痛のために内蹄で負重するようになる．

治　療：病変部の遊離角質や壊死組織を除去し，真皮を開放して持続的な排液と負重の軽減を図る．病変部を露出させた後，肉芽組織や変形した真皮を除去し，ヨード剤などで消毒して抗生物質を塗布する．罹患蹄への負重を軽減する目的で，健康蹄にブロックを装着することも有効である．

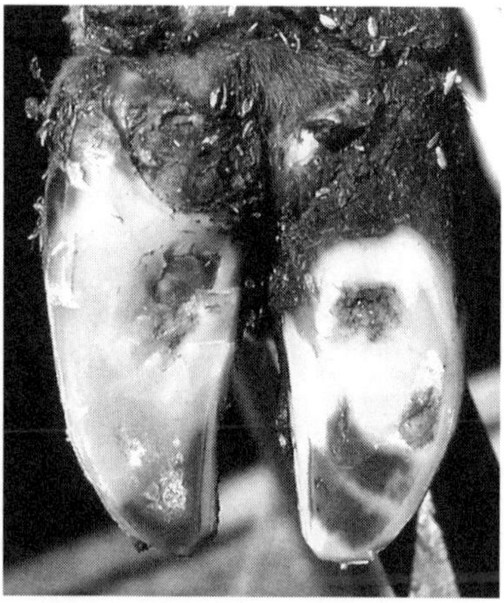

図 4-8　後肢の蹄底潰瘍（CD 収録）

4. 2. 6. 12.　白帯病（白帯裂）

白帯の角質が崩壊・離開して蹄壁と蹄底が分離した状態で，後肢外蹄の反軸側で蹄球直後の部位に多く見られる．

原　因：蹄底潰瘍と同様，食餌性あるいは負重性の蹄葉炎による白帯角質の劣化は，蹄壁と蹄底が分離・離開する要因となる．

症　状：削蹄時に白帯の出血や黒色病変として発見され，白帯の離開が深部に達して真皮に膿瘍が形成された場合は，著しい跛行を呈する．

治　療：治療は蹄底潰瘍に準じて行う．病変部を削切し，黒色病変があれば真皮に達する直前まで蹄底や蹄壁を削切，その部分を低くして負重しないようにする．

4. 2. 6. 13.　蹄球び爛

蹄球に多数のあばた状の陥凹や深い裂溝が形成され，蹄球角質が不規則に失われた状態である．

原　因：過長蹄の牛で多く，趾間皮膚炎に継発して発生することもある．湿潤で不潔な環境が原因となる．

症　状：蹄球に種々の病変が出現し，坑道が形成されて蹄球真皮が露出すると跛行を呈する．

治療と予防：治療としては機能的削蹄を行い，遊離した蹄球角質を除去する．予防は牛を乾燥して清潔な場所で飼養し，5% 硫酸銅による蹄浴やスプレーを行う．

4.2.7. 皮膚の疾病

4.2.7.1. 飼料疹

ジャガイモやアルコール残滓などを多食した場合，数日後に飛節，軀幹あるいは全身の皮膚に多数の湿疹が生ずることがある．湿疹の程度は牛により，また，採食量によって異なる．そのほかマメ科の牧草を多食した時に内股部，下腹部，乳房など，皮膚が薄く被毛が少ない部位に発疹することもある．

対策としては，いずれも原因と考えられる飼料の給与を中止する．皮膚病変に対しては，皮膚を清潔に保ち薬物療法を行う．

4.2.7.2. 湿　疹

皮膚表層部の炎症で，充血と腫脹，痒覚を伴い，化膿菌が感染すると症状が悪化する．

原　因：湿潤した不潔な畜舎環境や皮膚の手入れが悪い飼養状態の牛で問題となる．そのほか寄生虫，飼料や薬物などが誘因となることがある．好発部位は皮膚が薄く，被毛が少ない部位，そのほかふん尿などで汚染され易い部位である．

症　状：定型的な症状は，紅潮期，丘疹期，水疱期，膿疱期，び爛期，結痂期，落屑期に区分される．痒みを伴い，初期の手当が悪いと慢性化し，皮膚が肥厚して象皮様となる．

治療と予防：前記の原因を除去する．また，治療は初期に行えば効果が高い．四肢の湿疹は化膿して深部に波及し易く跛行の原因となる．

4.2.7.3. 光線過敏症

原　因：皮膚に存在するある種の植物成分や化学物質が日光によって活性化し，皮膚の組織障害を起こす疾病である．

症　状：皮膚の白色部に突然に紅斑，水腫，痒みなどが起こり，水疱，壊死，び爛と痂皮形成が見られる．血中に有毒成分が増加するため，有毒成分を解毒する肝機能が病態に関与している．

治療と予防：重症例では局所の保存療法とともに，抗炎症薬や肝機能促進のための薬剤を投与する．予防対策としては舎飼いに戻し，遮光することになる．

4.2.7.4. 禿性匐行疹（白癬）

原　因：真菌の寄生によって生ずる皮膚の脱毛症である．真菌は感染力が強く，放牧牛では互いに接触することにより，また，舎飼牛では手指や機器類を介して伝播する．発生は子牛に多いが成牛にも見られ，顔面からほかの体表部に波及する．

症　状：病変の部位と程度によって異なる．被毛が乾燥，灰白色の痂皮を形成し，剥離すると限局性の脱毛部となる．そのほか水疱を形成，次いで水疱が破壊して落屑し，痒みが強いものもある．慢性の皮膚炎を起こし，皮膚が肥厚するものもある．

治療と予防：治療は病牛を健康牛から隔離し，対症療法を行うとともに抗真菌剤を塗布する．予防では本症が集団飼育の子牛や呼吸器症状がまん延している子牛群で多発することから，これらの対策を講じることも有効である．

4.3. 乳房炎とその対策

4.3.1. 乳房炎の発生

乳房炎は乳生産現場において日常的に見られる疾病で，世界的に多発しており，乳牛が罹患する疾病のうちでも発生率の高い疾病の一つである．農林水産省の発表によれば，平成 24 年度には乳用牛等の病傷病類別事故件数約 138 万件のうち約 43 万件，31% というきわめて高い発生率であった．わが国では昔から乳房炎の発生率は相当高く，獣医療技術，搾乳技術，搾乳関連装置の性能等が向上してきているにも関わらず，過去 20 年間をみても乳房炎の発生率はむしろ漸増している．乳房炎は，産乳を使命とする乳牛の一種の職業病ともいえる．本病に罹ると乳量が減少し，乳質が悪化するうえに，治療に抗菌薬を使用すれば残留問題から一定期間乳が出荷できないことになり，これに加えて治療費，飼料費，労務費，代替牛の購入費などがかさむため，経済的損失は非常に大きく酪農経営において最も問題となる疾病である．

近年は特に生乳生産の低コスト化を図るために，飼養規模の大型化，集団化に伴い牛を取り巻く環境は漸次悪化し，牛に対するストレスも増大している．

ストレスの増大が乳房炎発生率の漸増の要因の一つとなっている．分娩後の時期，衛生管理の状況などと乳房炎の発生との関係をみると，一般的に乳房炎の発生し易い時期は，分娩後泌乳を開始した直後から1カ月以内に多い．その多くが乾乳期に潜在していた細菌によって発病していると考えられている．また，衛生管理と乳房炎の発生との関係については，衛生管理が良い酪農場では，乳房炎の発生が少ないことは当然の結果といえる．しかし，衛生管理を徹底した場合でも，乳房炎の発生を全面的に防止できない．このようなところに本病の防除対策の難しさがある．

4. 3. 2. 乳房炎の発生原因・誘因と分類

4. 3. 2. 1. 発生原因と誘因

乳房炎とは通常，乳房内に侵入した微生物の定着ならびに増殖によって起こる乳管や乳腺の炎症状態をいう．その結果，産乳量や乳質が異常となる．乳房炎の原因病原体は，牛個体，牛群あるいは牛飼養環境に存在する多種多様な細菌や真菌などであり，その種類は100種類を超える．病原体の乳房内侵入は搾乳時や不潔な環境下で，比較的容易に起こる．搾乳失宜により搾乳中，すなわち乳房内が陰圧の時に病原体を含む汚染乳汁などが乳房内に持ち込まれる．マイコプラズマなど病原体の種類によっては持ち込まれる汚染乳汁の量がほんの少量であっても，その中に感染が成立するのに十分な数の病原体が含まれているので，容易に感染が成立する．また，搾乳後の乳頭口が十分に閉じきっていない時に，病原体を含む汚染乳汁と接触する機会がある場合や，牛床などに存在する病原体が偶発的に乳頭口から侵入する場合などにも感染が成立する．しかし，乳房内に病原体が侵入しているからといって，必ず発病するとは限らない．乳房炎の発病には原因となる病原体の侵入はもちろん重要であるが，牛側の誘因，人側の誘因，飼養環境中に存在する誘因なども関与する（**図4-9**）．牛側の誘因として，乳房炎感受性に関わる遺伝的な素因のほかに，牛の感染防御機能がある．乳房内では非特異的ならびに特異的な防御機構が働き，病原体の侵入や感染の阻止，乳房外への排除などに関与する．乳汁中の白血球機能，非特異的免疫因子ならびに特異的免疫因子，乳頭管や乳腺細胞の防御機構などが関与し，それらは年齢，栄養，ストレス，ホルモンバランスなどに影響を受け

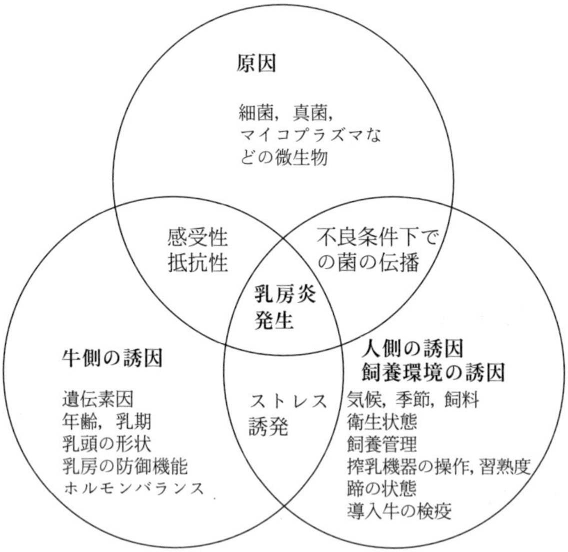

図 4-9　乳房炎発生の主要な原因と誘因

る．人側の要因として牛群管理の仕方，搾乳機の清浄度や搾乳時における適正な真空度の確保，搾乳順番の決定，搾乳作業の習熟度などがある．飼育環境に存在する誘因としては気候，季節，牛群のサイズと飼育密度，搾乳システム，牛床の種類や長さなどの畜舎構造・環境，飼料，牛へのストレス因子，飼育環境中における微生物の分布状況や生存状況，導入牛の検疫などバイオハザード管理体制などがある．

4.3.2.2. 乳房炎の分類

乳房炎は，さまざまな視点から分類されている．臨床症状に基づく分類，泌乳ステージの違いによる分離，原因病原体による分類などである．

臨床症状に基づく分類では，臨床症状の有無により臨床型乳房炎と潜在性乳房炎に分類される．臨床症状が伴わない潜在性乳房炎の乳汁は目視で異常は認められないが，体細胞数の増加，乳汁性状の異常などが理化学的検査で観察される．臨床型乳房炎は重篤度により，甚急性乳房炎，急性乳房炎，慢性乳房炎に区分されている．

泌乳ステージの違いによる分類では，未経産牛に発生する乳房炎を未経産牛乳房炎，産歴がある牛の泌乳期に発生する乳房炎を泌乳期乳房炎，乾乳期に発生する乳房炎を乾乳期乳房炎という．

原因病原体による分類では病原体の種類により，細菌性乳房炎，マイコプラズマ性乳房炎，真菌性乳房炎などと区別される．また病原体は感染源や感染経路などから伝染性乳房炎原因菌と環境性乳房炎原因菌とに区別され，それによる乳房炎はそれぞれ伝染性乳房炎，環境性乳房炎と呼ばれる．

4. 3. 3. 乳房炎の症状

4. 3. 3. 1. 泌乳期の乳房炎

泌乳期乳房炎は臨床症状の有無および病態の違いに基づき，甚急性，急性，慢性ならびに潜在性乳房炎に区分される．

(1) 甚急性乳房炎

1） 全身症状

高熱を発し，脈拍，呼吸数が速くなり，食欲廃絶，下痢，脱水，皮温低下，結膜の充血，角膜の混濁などの症状を呈する．症状は短期間に悪化し，起立不能に陥ることもある．

2） 乳房の状態

軟弱で弾力性があるが，腫脹が著しく激しい疼痛を示す．壊死性の場合には局所は冷感，青紫色を呈する．

3） 乳汁の変化

発症初期から乳量の減少が見られ，体細胞数は増加し，乳汁は水様となり，帯黄白色から帯赤色を呈する．乳房の変化が強くなると漿液性で血様または膿様となる．壊疽が進行すると，腐敗臭が強くなり，ガスが発生し皮下気腫を呈し，部分的に壊疽部が脱落排膿することも見られる．この甚急性の経過をたどる場合には生命の危険を伴うため，予後判定を早く的確に行う必要がある．

(2) 急性乳房炎

1） 全身症状

一般症状は甚急性ほどではないものの，それとほぼ類似している．

2）　乳房の状態

中等度から強度の潮紅，熱感，腫脹，疼痛を示し，浮腫，硬結の程度は個体により差異がある.

3）　乳汁の変化

乳量の減少，体細胞数の増加が見られる．乳汁は水様あるいは粘ちょうとなり，灰白，黄褐，赤褐色，赤色を呈し，大小不同の凝固物を含む.

この急性症は，乳房，乳頭の損傷時などにも起こる．また，分娩前後に慢性症から急性症に転化し，化膿性，壊死性の経過をたどることもある．なお，分娩直後の乳房では生理的な浮腫，腫脹が起こるため鑑別が大切である.

(3)　慢性乳房炎

1）　全身症状

特に異常は認めない.

2）　乳房の状態

軽度の場合ほとんど変化はないが，種々の程度の硬結が見られることがある．重症では，実質の変性，間質の増生があり，広範に硬結部が認められる．一般に乳房は大きくなり，弾力性に乏しい．また，逆に萎縮していくものが見られるが，急性症のような発赤，腫脹，熱感などは見られない.

3）　乳汁の変化

軽症の場合は，一見正常に見えるものが多いが，乳量は減少し，前絞り乳では体細胞数の増加が認められる．重症になると多様な減乳と乳汁の異常が見られ，体細胞数はかなり増数する.

(4)　潜在性乳房炎

1）　全身症状

正常なものと変わらない.

2）　乳房の状態

正常なものと変わらない.

3）　乳汁の変化

一見正常に見えるが，体細胞数，pH，電気伝導度などに異常が見られ，潜在的な感染が細菌学的検査で確認されることが多い．さまざまな程度の乳量減少が見られる.

4. 3. 3. 2. 乾乳期乳房炎

この乳房炎は，乾乳直後に発症することが多い．乳房，乳頭に腫脹，発赤が見られ，疼痛を伴う．

4. 3. 3. 3. 未経産牛乳房炎

未経産牛乳房炎は，夏季に多いが，冬季を含めて年間を通じて発生する．*Arcanobacterium pyogenes*，そのほかの細菌が関与している．感染には吸血昆虫による病原体の伝播や乳頭の吸い合いなどが関与するといわれている．

(1) 全身症状

一般に急性で，発熱や元気，食欲の減退を示す．

(2) 乳房の状態

熱感，腫脹，硬結および疼痛を示す．また，浮腫が下腹部や膝関節にまで波及することがある．一般に全分房が同時に感染することは少ないので，発症直後であれば正常分房との区別は容易であるが，日常的な観察を怠ると早期発見は困難となる．

(3) 乳汁の変化

A. pyogenes が検出される時には黄白色を呈し，ほかの菌種の場合には漿液性で，凝固物を含む加水乳様の状態になる．

4. 3. 4. 乳房炎原因病原体の種類と乳房炎

4. 3. 4. 1. 細菌性乳房炎

ブドウ球菌，レンサ球菌，大腸菌群が主な原因菌であるが，乳房炎罹患乳房由来乳汁からはそのほかに，腸球菌，緑膿菌，*A. pyogenes*，Pasteurella 属菌，Bacillus 属菌，Clostoridium 属菌，抗酸菌など多種多様の菌が分離されてくる．これら乳房炎原因菌の多くは牛の体表や鼻腔，扁桃などの上部気道，消化管内やふん尿，敷料，牛床，水飲み場などの飼育環境に生息する常在菌でもある．

乳房炎原因菌は伝染性乳房炎原因菌と環境性乳房炎原因菌に大別され，伝染性の原因菌が感染乳房から正常な乳房へ水平感染し，感染を拡大するのに対し，環境性の原因菌は牛や環境中に常在し，接触した乳頭口から侵入，感染する（表 4-3）．感染様式の違いは乳房炎のまん延防止対策を立てるうえで重要となる．

主な乳房炎原因菌による乳房炎の特徴は次のとおりである．

表 4-3　主要な伝染性乳房炎原因菌と環境性乳房炎原因菌

伝染性乳房炎原因菌	環境性乳房炎原因菌
Staphylococcus aureus（黄色ブドウ球菌）	Coagulase Negative Staphylocoscci（コアグラーゼ陰性ブドウ球菌；CNS） *S. epidermidis*，*S. hyicus*，*S. intermedicus* など
Streptococcus agalactiae（無乳性レンサ球菌）	Other Streptococci（環境性レンサ球菌；OS） *S. uberis*，*S. canis*，*S. dysagalactiae* など *S. agalactiae* 以外のレンサ球菌と腸球菌.
Corynebacterium bovis マイコプラズマ *Mycoplasma bovis*，*M. bovigenitalium* など	*Arcanobacterium pyogenes* Coliforms（大腸菌群） *Escherichia coli*，*Klebsiella pneumoniae*，*Proteus mirabilis*，Citorobactor 属菌，Enterobacter 属菌など *Pseudomonas aerginosa*（緑膿菌） Yeast like fungi（酵母様真菌） *Candida albicans* など 藻類 *Prototheca zopfii* そのほか多数の菌種

(1)　伝染性乳房炎原因菌

1)　*Staphylococcus aureus*（SA；黄色ブドウ球菌）

感染分房や乳頭，皮膚の傷，鼻腔，扁桃，生殖器などに存在し，本菌を含む乳汁が付着した搾乳者の手，タオル，ライナーなどを介して伝播する．年齢，搾乳経験が増えるにつれて罹患率は増加する．バルク乳の体細胞数の増減が激しく，安定せず，生菌数はそれほど増加しない．壊疽性の乳房炎の原因となることもあるが，慢性乳房炎が多い．乳房内深部で感染し微小膿瘍を形成するため，泌乳期治療では効果はあまり期待できない．未経産牛も感染する．

対策として臨床型乳房炎罹患牛は最後に搾乳する．ディッピングを確実に行う．可能であれば淘汰，早期乾乳を検討し，乾乳期治療を試みる．導入牛の細菌学的検査を励行し，罹患牛の導入を避ける．乳頭口を傷つける過搾を防止することも本菌による感染を低減させるうえで大切である．高体細胞数牛に対して継続して細菌学的検査を実施することが感染牛の特定に役立つ．

2） *Streptococcus agalactiae*（SAG；無乳性レンサ球菌）

感染分房に存在する本菌が，*S. aureus* 同様搾乳中に伝播する．本菌の伝染性は強く，主に潜在性乳房炎を起こす．慢性に経過して乳腺の萎縮や硬結を起こすため，乳量の減少が著しい．バルク乳の体細胞数と生菌数が高い値で持続する．

適切な搾乳衛生管理と乾乳期治療で本病の防遏は可能である．摘発した感染牛は最後に搾乳する．乾乳期治療に加え，泌乳期治療も有効である．導入牛の細菌学的検査は感染牛の導入阻止に有効である．ディッピングの確実な実施に加え，本菌を含む乳汁を子牛に供与しないことも本病予防に役立つ．

3） *Corynebacterium bovis*

感染分房に存在する本菌が，*S. aureus* 同様搾乳中に伝播し，主に潜在性乳房炎を惹起する．体細胞数の軽度の増加，乳量の減少が見られる．ディッピングの確実な励行，乾乳期治療が有効である．

4） マイコプラズマ

マイコプラズマも伝染性乳房炎原因菌に区分されるが，本菌による乳房炎の特徴はマイコプラズマ性乳房炎の項で記述する．

（2） 環境性乳房炎原因菌

環境性乳房炎原因菌による乳房炎の防除方法は菌種に関わらずほぼ共通しており，ディッピングと乾乳期治療による防除が効果的である．また搾乳前に乳頭を洗浄，殺菌，乾燥すること，飼育環境・搾乳施設を清潔にし乾燥に心掛けること，搾乳時には真空度の非周期的変動を避けること，搾乳直後は牛を立たせておくこと，乳頭損傷の原因となる障害物のない飼育環境とすることなども重要となる．さらに分娩に際しては独立した専用の場所を確保すること，分娩前後にノコクズを敷料とすることを避けることなども効果がある．

1） Coagulase Negative Staphylococci（CNS；コアグラーゼ陰性ブドウ球菌）

CNS は感染乳房以外に皮膚，体毛などの体表部ならびに牛の周辺に広く分布し，見かけ上正常な乳汁中においても認められる．この菌は潜在性乳房炎で多く見られる．

2）　Other Streptococci（OS）

OS は環境性レンサ球菌ともいわれ，レンサ球菌のほか腸球菌を含む呼称である．OS は牛の体表部や牛床，ふん，敷料など牛の周辺に広く分布し，見かけ上正常な乳汁中においても認められる．麦桿からの分離率が高いといわれている．乳頭先端に付着している菌数と発症との関連性は強く，乳頭口に付着した菌が侵入したり，乳汁中に含まれる菌が真空度の非周期的変動に伴い乳房内に持ち込まれたりして感染する．本菌による乳房炎は年齢や泌乳ステージに関係なく発生するが，分娩前後の発生が多い．また乾乳前期の新規感染も多い．本菌による潜在性乳房炎は高い体細胞数を示すことが多く，しばしば臨床型乳房炎に移行する．

3）　Coliforms（CO；大腸菌群）

CO はふん，敷料，土壌，水飲み場など牛を取り巻く環境に広く分布しており，OS 同様のメカニズムで乳房内に達し発症するものと考えられる．本菌による潜在性乳房炎は少なく，本菌は感染すると急激に増殖し，エンドトキシンを産生し，激しい臨床型乳房炎を惹起すると考えられる．

CO の中で *Escherichia coli* は胎盤停滞，子宮内膜炎との関連性が強く，産褥感染の原因ともなり，急性，慢性両型の乳房炎を起こすが，通常重篤な甚急性壊疽性乳房炎を起こすことが多い．この場合の感染分房は顕著に腫大，硬化し，後肢まで腫脹が波及し，乳量は激減し，乳汁は血様または漿液性で，泌乳は停止する．

4）　そのほかの細菌

Pseudomonas aerginosa（緑膿菌）は土壌菌で，水からも検出され，牛の周辺に常在する菌である．本菌による急性症は稀で，慢性に経過するが，時に急性または亜急性に転化することがある．

A. pyogenes による乳房炎は急性で重症の場合が多く，化膿性で腺胞の壊死を特徴として，時として生命の危険を伴うことがある．淡黄緑色膿様乳汁を排出し，乳汁は悪臭を放つ．この菌による乳房炎は 7〜9 月に，特に長雨，湿潤な時期に多発する．

結核菌やブルセラによる乳房炎は，流行地では問題になることがある．

4. 3. 4. 2.　マイコプラズマ性乳房炎

Mycoplasma bovis, *M. bovigenitalium* のほか， *M. alkalescens*, *M. caifornicum*, *M. canadense* などが原因となる．マイコプラズマによる乳房炎は新しく牛を導入した直後に発生することが多い．マイコプラズマは鼻腔，上部気道，生殖器などからしばしば分離され，呼吸器病の原因となることもあることから，本菌による乳房炎は呼吸器病に続発することもある．発症牛の乳汁中には多数のマイコプラズマが存在しており，また少数のマイコプラズマでも容易に感染が起こることから，搾乳時に汚染乳汁を介して伝播し，泌乳期の牛に集団発生することが多い．発生に季節的変動はない．症状のない感染牛（不顕性感染牛）が見られ，それは自然治癒あるいは発症の転帰をとるが，不顕性感染牛が感染源となり感染が拡大する場合があるので注意を要する．マイコプラズマ性乳房炎罹患牛を確認した時は，速やかに全頭検査を実施し，牛群の感染状況を把握することが望ましい．

罹患分房には発赤，腫脹，硬結が見られ，ブツの多い乳汁となり，発症後短期間に泌乳量が激減し，無乳が持続することもある．一般細菌が分離されず，通常の乳房炎治療では効果がない乳房炎が牛群内で多発，あるいは継続して発生した場合にはマイコプラズマ性乳房炎を疑い，マイコプラズマの検査を行うことが望ましい．

感染牛は速やかに隔離し，最後あるいは別に搾乳し，汚染乳汁が健康牛の乳房に持ち込まれることを避ける．発症牛は抗菌薬による治療が奏効しないことが多いため早期乾乳，淘汰が望ましいが，必要に応じて感受性のある抗菌薬による治療を検討する．乾乳措置した牛を搾乳牛群に戻す際には，マイコプラズマが分離されないことを確認しておくことが重要となる．

4. 3. 4. 3.　真菌性乳房炎

敷料などに常在する *Candida albicans*, *C. tropicalis* などの酵母様真菌や *Aspergillus fumigatus* などの糸状菌が環境から乳房に侵入することによって起こる乳房炎である．乳房内薬液注入後の発症は，抗菌薬の不適切な使用が原因となった菌交代症と考えられる．症状は酵母様真菌による乳房炎の方が糸状菌による乳房炎よりも強い．感染乳房は熱感があり，腫脹，硬結，乳腺の退縮，乳量の激減が見られ，ブツを多く含む乳汁となり，時に発熱することがあるが，

表 4-4　乳房炎の主な原因病原菌と泌乳期乳房炎の病性

原因病原菌	泌乳期乳房炎の病性			
	甚急性	急性	慢性	潜在性
伝染性乳房炎原因菌				
Staphylococcus aureus	＋	＋	＋	＋
Streptococcus agalactiae	－	－	－	＋
Corynebacterium bovis	－	－	－	＋
マイコプラズマ	－	＋	＋	＋
環境性乳房炎病原菌				
CNS : Coagulase Negative Staphylococci	－	＋	＋	＋
OS : Other Streptococci	－	＋	＋	＋
Arcanobacterium pyogenes	－	＋	＋	－
Coliforms	＋	＋	＋	＋
Pseudomonas aeruginosa	＋	＋	＋	＋
真菌	－	＋	＋	＋
藻類	－	＋	＋	－

＋：発生が認められるもの
－：きわめて稀，または発生がないもの

食欲や元気はあまり低下しない．糸状菌による乳房炎は潜在性が多く，症状は軽症であるが，乳量の減少が見られる．通常の抗菌薬による治療は奏効しないため，真菌性乳房炎が確定した場合は速やかに治療方針を変更し，頻回搾乳，抗真菌薬やポピドンヨードなどの注入などの対策をとる．

4. 3. 4. 4.　乳房炎の原因病原体と泌乳期乳房炎の病性との関係

泌乳期乳房炎の病性が甚急性，急性，慢性，潜在性乳房炎に区分されることは前述したとおりである．それぞれの乳房炎に関わる代表的な細菌の種類を**表4-4** 示した．乳房炎発症にはさまざまな要因，誘因が複雑に関わっている．

4. 3. 5.　乳房炎の診断

乳房炎の診断は，農家での臨床検査と実験室で行う乳汁の理化学的検査および細菌学的検査により行われる．次にその検査の概要を述べる．

4. 3. 5. 1. 農家で行う臨床検査

(1) 診察と聞き取り

問診，視診，触診による診察に加え，発病前後の罹患牛の病態の調査ならびにその農場における乳房炎発生状況，搾乳システムの保守・管理状況，搾乳手順等の聞き取りを行う.

(2) 乳汁検査

1）乳汁の肉眼検査と凝固物の検査（黒布法，ストリップカップ法）

2）分房ごとにCMT（カリフォルニア・マスタイティス・テスト）変法による細胞数とpHの判定

3）電気伝導度の測定（簡便に測定できる機器が市販されている）

4. 3. 5. 2. 実験室で実施する検査

分房別に採取し，クーラーボックスに保存して持ち帰った新鮮乳について，細菌学的検査および理化学的検査を行う.

(1) 細菌学的検査

細菌学的検査は無菌的に採取した後搾り乳を用いて実施する．多くの乳房炎原因細菌は血液寒天培地，37℃，5% CO_2 条件下で18～48時間培養することにより発育するが，嫌気性菌やマイコプラズマなど特殊な培地あるいは培養条件を必要とする病原体による乳房炎が疑われる場合には想定される病原体に見合った培地および培養条件で培養する．培養の結果，有意に多く発育したコロニーについて定法により菌種を同定する．原因と推定される菌については薬剤感受性検査を並行して実施し，治療に有効な抗菌薬の選定に役立てる.

(2) 理化学的検査

1） 体細胞数検査

体細胞数は，蛍光光学式体細胞数測定法，電気抵抗式体細胞測定法，ブリード法などで測定する．通常20万個/mL未満であれば正常と判定される．乳腺組織の炎症により乳汁中の体細胞数が増加する.

2） 電気伝導度測定法

乳房内の炎症の程度により変化する乳汁中ナトリウムおよび塩素を反映する電気伝導度を測定する.

3）　NAGase（**N**-アセチル-β-**D**-グルコサミダーゼ）活性測定法

NAGaseは乳腺細胞のリソソームに含まれる酵素で，炎症反応に伴い乳腺組織の損傷部から乳汁中に放出される．

4）　エンドトキシン濃度測定法

測定キットが市販されている．甚急性乳房炎の予後判定に応用可能である．

5）　化学発光測定法

乳房内に侵入した細菌は好中球に貪食され，排除される．この貪食過程で産生される活性酸素の程度を発光反応で検出し，炎症性変化を検知する．この方法は細菌の乳房感染の早期発見に有効である．

6）　カタラーゼ発生測定法

炎症反応によって亢進する乳汁中カタラーゼ活性を測定する．

7）　塩素量測定

正常乳汁中の塩素量は0.09〜0.14％であり，炎症反応により増加する．

8）　pH測定

通常，pHメーター，MR試験紙で測定する．通常，pH 6.2〜6.6であれば正常と判定される．

4.3.6.　乳房炎の防除対策

4.3.6.1.　乳房炎防除の基本

大切なことは，飼育牛の健康状態を正確に把握することである．病原菌を排出する感染源を牛群から排除すること，これと併行して病原菌の移行を極力抑制すること，感染を助長する誘因ならびに発病を促進する要因を取り除くよう努力することが，基本的な事項である．その具体策は（**表4-5**）に掲げたとおりであるが，特に重点とする事項として次のようなものが挙げられる．①臨床型乳房炎は早期発見し，徹底した治療を行う．②潜在性乳房炎は，乾乳期に治療する．③治癒しない牛は極力，牛群から除外するか，淘汰する．④ディッピングを励行する．⑤ミルカーの点検整備を励行し，感染・発病を防止する．

4.3.6.2.　乳房炎の治療

泌乳期における臨床型乳房炎に対しては，原因菌に有効な抗菌薬による治療に加え，必要に応じて抗炎症薬，泌乳促進薬などを組み合わせた治療が行われ

表 4-5　乳房炎防除の基本

基本的な対策	具体的な対策
1. 飼養牛の健康状態を把握する.（牛群の感染レベルの認識）	・出荷乳（バルク乳）の体細胞数を定期的に調べる. 個体乳，分房乳について，CMT 変法，電気伝導度，および黒布法などで頻繁に検査を実施する.
2. 感染源の絶滅を図る（菌をまき散らす源を絶つ）.	・臨床型乳房炎は発見しだい，完全に治療する. ・潜在性乳房炎罹患牛は搾乳期中は区別して管理し，乾乳期に完全治療する. 治癒し難い問題牛は淘汰する.
3. 病原菌の移行を抑制する.（感染経路を絶つ）	・搾乳時は手指，機器を洗浄し完全に消毒する. ・カップ装着前の乳房・乳頭は洗浄・消毒し，良く乾燥する. ・乳頭ディッピングまたは，スプレーを実施する. ・牛舎は良く消毒し，害虫の駆除を図る.
4. 感染を受け易くする誘因ならびに発病を促進する要因を排除する.（乳房炎発生の誘因の除去）	・搾乳システムの保守管理，点検整備を励行する. ・ミルカーの点検整備を励行して不調ミルカーを使わない. ・ミルカーの適正使用を図る. ・適正な飼料給与を行い，抗病性を賦与する. ・生体の衛生管理に努め健康の増進を図る. ・牛舎構造を改善し，健康管理に努める.

る.

乾乳期においては潜在性乳房炎，慢性乳房炎が治療対象となる. 通常，乾乳用軟膏を分房に注入する. 乳房炎が問題となっている牛群では，全頭全分房に注入する場合もある.

治療には専門的な知識が必要となるため，また不適切な抗菌剤の使用は残留問題や耐性菌の出現という問題を起こすため，治療は獣医師と綿密な打ち合わせをしながら実施すべきである.

4. 3. 6. 3. 乳房炎の総合的防除対策

乳房炎はその原因，誘因が多岐に亘ること，発生に搾乳システムや搾乳者の技術レベルなども影響すること，しかも搾乳そのものが誘因となり常に罹患する可能性のある搾乳牛の職業病という性格を有することから，その防除には問題点を広く調査し，継続的に総合的な防除対策を講じる必要がある．防除という目的を達成するためには，実現可能な具体的な目標を農家が自主的に立て，かつ自立的に継続して防除対策を実施することが大切となる．そのためには農家による目標の設定と，防除対策法の策定，実施を支援する獣医師，搾乳システムや飼育管理に詳しい関係者などによる支援体制作りが重要となる．

(1)　支援チームの結成

獣医師，地域の関係者や関係機関（共済組合，農協，普及センター，市町村役場など）の職員からなる支援チームを結成し，支援する農場に関する情報を共有したうえで支援する体制を作る．

(2)　支援農場の目標値の設定

支援チームの協力，アドバイスを参考に農場主および農場管理者は達成可能な具体的な目標値，例えば *S. aureus* による臨床型乳房炎の発生を零にする，潜在性乳房炎の発生率を○○パーセント以下にする，などの目標値を自主的に設定する．

(3)　農場の調査

農家および支援チームは可能な限り広い視野で，牛舎の環境と衛生管理，牛舎構造，搾乳システムの構造・保守点検，日常の搾乳システムの管理，洗浄，搾乳手順などの評価グループごとに詳細な調査項目を設定し，チェックリストを作成する．チェックリストには個体別の前搾りから搾乳ユニット装着までの時間，搾乳時間，搾乳者別の搾乳ユニット装着時のクロー内圧の変動，バルク乳あるいは個体乳，分房乳などの細菌培養検査，乳検検定などの項目，適切に搾乳刺激が与えられているか，適切に搾乳ユニットが脱着されているかなども評価項目として加える．チェックリストの作成に当たっては，例えば各項目の評価結果を○×にし，○の数の総和でそれぞれの評価グループの達成率を見るなど，評価グループごとに農家の改善努力が明瞭になるような評価方法を工夫することが望ましい．農場の立会調査は防除対策実施前，実施中に適宜，作成したチェックリストに基づき実施し，記録する．

(4)　調査結果の反映

立会調査結果，全頭の細菌学的検査結果，バルク乳の細菌学的検査結果，乳牛検査情報などの情報は，問題点と重要管理点の抽出，作業手順案，搾乳作業モニタリングシート，乳質モニタリングシートの作成，支援チームによるモニタリング実施時期，回数の決定などに使用する．

(5)　支援会議

農家と支援チームは分析結果を元に，現在の乳質の状況を確認し，問題点と重要管理点を明確にし，実行可能な具体的な改善搾乳手順やモニタリング手順を協議する．改善手順の策定に当たっては優先順位を付け，また実施開始時期や期間を明確にし，関係者で共有する．

(6)　農家による実践

農家は協議された内容に基づき搾乳手順についてポスター（カスタマイズポスター）を作成し，牛舎および搾乳施設に掲示し，搾乳者全員が共通の認識で統一した作業ができるようにする．また必要に応じ，推奨される搾乳手順に習熟するためのトレーニングを行う．

(7)　支援チームによるモニタリングとその反映

支援チームは農家を巡回し，作成した搾乳作業モニタリングシート，乳質モニタリングシートを利用して，搾乳手順，乳質などについて記録する．その際，支援会議後に新たな問題が生じていないか，支援会議では見過ごされた新たな疑問点がないか，改善点が実行されているかなどに留意する．巡回調査結果を記録し，支援チームおよび農家など関係者全員が記録を共有できるようにし，必要に応じて支援会議を開催し，問題点を再検討する．

4. 4.　豚の一般疾病

4. 4. 1.　消化器の疾病

4. 4. 1. 1.　口内炎

口腔粘膜の炎症で食欲不振や廃絶を示し口唇をしきりに動かしたり，多量の流涎をみる．全身性の疾患の合併症として認められる場合が多い．

原　因：口内炎は物理的，化学的および感染性の諸要因で起こる．

物理的原因には，投薬操作，尖鋭異物，植物の「のぎ」や「とげ」，凍結飼料の採取や熱湯の誤飲などがある．化学的原因には強酸や強アルカリ剤そのほか刺激性の薬品の投与あるいは誤飲などが挙られる．感染性原因として，ウイルスによる口蹄疫や，水胞性口炎などがある．

症　状：食欲減退や廃絶，疼痛，咀しゃく運動の緩慢，泡沫性流涎，嚥下困難，大量の流涎などが見られる．外傷性の口内炎では唾液に膿や粘膜の剝離片を混入することがある．病変部に細菌感染が起併発すると局所のリンパ節腫脹や呼気の悪臭を伴うようになる．

口内炎が全身性疾患に継発し，重態となる場合がある．カタル性口内炎は口腔粘膜全般に亘って現れ，通常化学的あるいは物理的な刺激によって起こる．真菌性口内炎では粘膜に白色の偽膜が沈着している場合が多い．

処　置：刺激性の少ない2%硫酸銅液，グリセリンに溶解した2%ホウ酸液で口腔内の洗浄・消毒を行い，軟らかく嗜好性の良い飼料を給与する．重症例や口蹄疫など感染性疾患が疑われる場合は遅滞なく獣医師に相談する．

4.4.1.2. 咽頭炎

咳，嚥下時の疼痛，食欲不振が見られ，重症時では鼻孔からの飲食物の逆流と多量の流涎が認められる．

原　因：咽頭炎はほかの原発性疾患に関連して発生する場合が多い．また，真菌性，ウイルス性口内炎に続発して咽頭炎を併発することがある．異物特に牧草や穀物の「のぎ」などが咽頭部に引っ掛かって局所性の潰瘍や刺激の原因となることもある．刺激的な化学物質や過熱，過冷のものの摂取も口内炎と同様，咽頭炎を誘発し易い．

症　状：口内炎と似た症状を示すが，外部から咽喉頭部を手で圧迫すると発作的に発咳がある．局所の腫脹，咽頭部，耳下腺リンパ節の腫大，嚥下困難，流涎，飲食物の逆流などが認められ，さらに進行すると呼吸困難から死に至る．

処　置：ヨード剤の咽喉頭部への噴霧を繰り返す．感染性疾患に起因する場合は抗生物質やサルファ剤を注射をする．

4.4.1.3. 食道梗塞

急性あるいは慢性の疾患で，嚥下困難・不能のための飲食物の逆流や，時に気動圧迫によって窒息死に至ることもある．

原　因：サツマイモ，ジャガイモ，大根，果実などの固形物の塊を咀しゃく不完全のまま嚥下した場合，それらの食塊が食道に停滞し食道梗塞を誘発することがある．

症　状：突然採食を止め，苦悶の状態に陥り，頸を伸ばして嚥下不能の状態を示す．また流涎，咳き込みおよび咀しゃく運動をしきりに行い飲食物を摂取しても口や鼻から逆出する．

処　置：苦痛の甚だしい場合には精神安定剤を使用し，食道粘膜を傷つけないように注意しながら，胃カテーテルを用い閉塞物を胃内に挿入する．この際食道の弛緩を目的としてアトロピン注射を行うと追送が容易となる．梗塞物が除去されるまでは水や流動物を与えると誤嚥性肺炎を起こす恐れがあるので避ける．

4.4.1.4. 嘔　吐

消化器系の疾患に伴って認められることが多い．また，豚コレラなどの急性伝染病やそのほかの疾患の一症状として表れる場合が多いので，その原因を確かめ，対症療法とともに根本的な対策が必要である．

原　因：嘔吐は嘔吐中枢における中枢性の刺激発生に起因するものと，胃粘膜の炎症や咽頭，食道などの末梢刺激の原因となって発現するものの二つが考えられる．一般的に認められるものは後者で，全身性の疾患に伴って起こる場合が多い．嘔吐は基本的には，胃粘膜に刺激を与えるようなものの大量摂取や有害中毒物質，刺激性食物などを胃から排除するための防御機能の一つである．

急性伝染病，伝染性胃腸炎，大腸菌症，トキソプラズマ症，胃潰瘍，回虫症，食中毒，熱射病，腹膜炎，食道梗塞，咽頭炎などの際にもしばしば認められる．

症　状：嘔吐の前兆としてむかつきが起こり，舌の運動，空嚥，流涎，呼吸異常などが認められる．続いて，腹筋横隔膜および頸筋を痙れんさせ，頭を下げて口や鼻孔から帯緑黄色，泡沫状，酸臭の液を吐出する．吐物の状態は食物により差があり，その量も不定であり，一度に全量を吐出したりあるいは少量ずつ反復嘔吐する．

胃炎，胃潰瘍，胃の腫瘍，胃粘膜の損傷による場合は胃内容物に血液を混ずることがあり，時には吐血のみ認められる．

処　置：給与飼料の検討，採食後の経過，吐物の検査，その後の食欲そのほかの一般症状の観察を行い，原因を究明する．

原因が過食や食中毒である場合は嘔吐を止める必要はないが頑固な嘔吐に対しては原因を除去した後，鎮吐剤の注射を行うとともに脱水症状対策として，電解質の補液を十分にする．

4.4.1.5. 胃　炎

急性または慢性型の多様な症状を示す．

原　因：物理的，化学的，細菌性，ウイルス性，真菌性などの諸病因によって起こる．物理的原因としては大量の過食，凍結飼料の摂取で，激烈な急性胃炎を誘発し易く，粗硬な線維質敷料の採食は若齢豚に慢性胃炎を誘発する．また，金属そのほかの異物が胃粘膜を損傷して胃炎を誘発することもある．化学的原因として，ヒ素，鉛，水銀，リン硝酸塩などの腐食性，刺激性の強い毒物は重い胃炎を誘発する．感染性としては，サルモネラ症，大腸菌症などが胃炎を併発する．また，伝染性胃腸炎，豚コレラ，などのウイルス性疾患においても胃炎が認められる．真菌は新生豚に対して汎発性または潰瘍性の胃炎を発生させることもある．

症　状：重度の急性症では嘔吐が見られ，多量の粘液のほか，時には血液を混ずる．食欲は減退または消失するが水をよく飲む．腸炎を伴わない場合，下痢は著しくないが軟便となる．胃炎がほかの原発性疾患の一症状である時には，それに伴った主症状が現れる．

慢性型では著明な症状は認められないが，食欲不振，採食後の嘔吐，消化不良などによってしだいに削痩する．

処　置：原因の除去，原発性疾患の治療が第一であり，次いで絶食，胃の鎮痛剤，電解質溶液，健胃剤の投与を行う．刺激性の化学物質除去のためには胃洗浄をする．回復期には，消化の良い嗜好性，栄養価の高い飼料を与える．

4.4.1.6. 胃食道部潰瘍

一般に豚の胃潰瘍は，主として胃の食道部（前胃部）に限局して認められる潰瘍，び爛，不全角化などの病変を特徴としている．

原　因：多くの要因が考えられているが，このうち胃液中の塩酸・ペプシンの役割は不可欠で，胃液によって胃粘膜が自家消化されるため，び爛や潰瘍が誘発される．また，飼料の形態などが考えられる．一般に微粉砕飼料のみを継続して給与している場合本症が多発し，厨芥残飯飼料や粒度の粗い配合飼料を給与している豚群には発生が稀か軽度である．また，コンクリート床やケージで飼養している豚群に見られ，敷料として稲わらなどを使用している豚群では稀である．

症　状：急性型と慢性型に大別される．急性型では発育の良い豚が胃内大出血で突然死することがある．日齢に関係なく起こるが，45〜90kg 程度の肥育豚に最も多く認められる．運動や闘争，輸送中，分娩時およびその直後に虚脱状態に陥って急死する例が多い．前兆として，大量の吐血，タール状血便，体温低下，眼結膜や体表の蒼白化がある．慢性型では急激な大出血はなく，病巣部からの小出血が持続的あるいは間欠的に起こり，しだいに衰弱し，貧血気味で発育不良となるものが多い．暗色で水分の少ない兎ふん状便の排せつがあり，短期間で消失する場合もあるが，時に死亡する．病豚は，不活発で食欲不振，便秘気味で背わん姿勢をとり，嘔吐や吐血もしばしば認められる．歯ぎしりするものもある．体温はほぼ平熱だが，死亡前には急速に低下する．急性以外の初期症状は見逃したり，誤診したり，あるいは萎縮性鼻炎や流行性肺炎の慢性呼吸器病や豚赤痢あるいは豚増殖性腸炎などと類症鑑別が必要となる．このほか，胃穿孔や胃破裂を起こすこともあり，急性の限局あるいは広汎性腹膜炎を引き起こし，急激な体温上昇，食欲廃絶し横臥苦悶し数時間から数日中に死亡する．また，食肉衛生検査所で発見される不顕性例もある．この多くは胃食道部に潰瘍前駆病変である不全角化が認められる．不顕性では，発育にはほとんど影響しない．

処　置：急性型の場合，大量の血便などを発見してからの治療はほとんど無効であり，慢性型の場合でも費用対効果を考慮すると，治療の対象は種豚などである．血便，吐血や嘔吐を発見してからの治療としては，まず，病豚を安静に保ち，対症療法として輸液や止血剤，造血剤などを注射する．本症の予防の重点は，①床に敷料を敷く．敷料が置けない場合は，生草，乾草，切りわらなどの粗飼料を毎日少量給与するか，自由採食できるようにする．②微粉砕飼料あるいは消化の良い飼料のみの給与を避け，これらの飼料には挽き割りあるいは圧ペン飼料穀物飼料を 10〜15% 混入する．ペレット飼料は固形になっていてもその素材は微粉砕されたものが多いので，潰瘍予防には無効かむしろ誘発する傾向があるので注意する．③子豚の導入はなるべく近距離から行い，長時間の絶食輸送はしない．空腹状態でのストレス負荷は潰瘍を誘発させる．妊娠末期の輸送は不顕性型でも病変を悪化させ，大出血を誘発するリスクがある．④ポリアクリル酸ナトリウムを飼料添加（0.1〜0.2%）し，胃内容物の粘性を高め，胃内滞留時間を保ち，胃壁を被覆して粘膜保護する．

4.4.1.7. 下　痢（非感染性下痢）

豚に多発する重要な疾病の一つで，体液中の水分や塩分が失われ，脱水症状を誘発する．特に，若齢豚は体内の水分や塩分の調整能が低いので，下痢対策は重要である．

原　因：ほ乳期および離乳期に発生する下痢の原因としては，寒冷感作，飼料の不良，餌付け失宜，母乳の過剰摂取，過食，虚弱体質，貧血症，母豚の中毒，母乳の乳質変化などがある．

また，育成豚や肥育豚では，飼料や環境の急激な変化，変敗飼料，移動・輸送・気候・闘争などのストレスがある．

症　状：原因によって発症状況や症状に差がある．母豚の異常に起因する場合，同腹子豚の全頭がほとんど同時に下痢をする．過食による場合は，単発的でほかに伝染することはない．ふん便の色調は白色から黄白色，濃黄色あるいは緑色で，性状は軟便から水様便と変化する．離乳後豚では，褐色から黒褐色を呈した下痢が見られる．重症化すると粘液を混じ悪臭を伴うようになる．一般症状に著明な変化はないが，採食量は減少し，慢性化するとしだいに削痩する．

処　置：ストレスなどが原因である場合，原因の除去で容易に治癒する．軽症のものに対しては整腸剤や止瀉剤を投与する．重症例に対しては，抗菌剤を投与し細菌性下痢の誘発を抑制する．変質飼料や過食による場合は，絶食の後，消化の良い飼料を徐々に給与する．予防として，生菌を含有した飼料の給与も効果がある．

4.4.1.8. 便　秘

腸管の運動が減退すると消化管内容物の移動時間が長引き，液体吸収の時間が増加することによって便秘が起こる．このため，内容物の水分含量が減少し，硬くなり，排ふんの量と回数が減少する．

原　因：飼養管理の不良，特に給水不足，運動不足でしばしば起こる．また，給与飼料の不足，高度の衰弱，慢性腸カタル，狭窄，閉塞など腸の障害に際しても便秘が見られ，このほか，熱性病，黄疸，腹膜炎，腸炎などの際にも一症状として認められる．

症　状：ふん便の秘結，排糞回数の減少，食欲減退，食欲廃絶，怒責，腹痛，苦悶などの症状を示す．

処　置：緩下剤の投与．1日数回の冷水または微温石鹼水で浣腸する．腹部マッサージをする．

4.4.1.9. 直腸脱

子豚や肥育豚で多発するが母豚にも発生する．直腸の一部が肛門外に反転脱出したものである．

原　因：怒責の繰り返しで起き，直腸部が脱肛し復元できなくなったために起きる．妊娠子宮の直腸の圧迫や便秘，分娩時の怒責，脚弱，呼吸器疾患による強咳およびストールや分娩豚房の床の傾斜が考えられる．

症　状：直腸が肛門外に脱出し時間の経過とともに，脱肛露出した直腸粘膜はうっ血水腫の程度が増し，暗赤色化し，粘膜にび爛が起きる．また，細菌感染による炎症や壊死を起こし，腹膜炎や直腸が狭窄する原因となる．また，子豚や肥育豚は同居豚に患部をかじられ，失血死することがある．母豚では分娩前後に発生が多く見られ，脱出部分を尻止めや鉄柵に引っかけて，擦過傷や裂傷を起こすと，重症化する．

処　置：脱肛した直腸を消毒剤で洗浄し，指頭や掌で徐々に肛門内に押し込んだ後，再度，脱出しないように仮縫合する．

4.4.1.10. 黄　疸

胆汁色素が皮膚・粘膜および各臓器に沈着する疾病で，原発的なものではなく種々の疾病の一症状として発現する．

原　因：胃・十二指腸カタル，肝炎，寄生虫，胆石などが原因で胆管開口部の腫脹，圧迫，閉塞が起こり，胆汁が肝臓の毛細管から吸収され血中に入ることによって起こる黄疸と血球の崩壊に起因する溶血性黄疸がある．溶血性黄疸は敗血症，インフルエンザ，重度の火傷などに併発して起きることがある．

症　状：皮膚，粘膜の黄色化が特徴的な症状である．そのほか食欲不振，元気消失，嘔吐，便秘が見られる．時に，尿，汗，乳汁も黄色を帯びる．ふん便は灰色または土色を呈し，悪臭がある．重症化すると脈は遅くなり，体温低下，倦怠，衰弱する．

処　置：塩類下剤，緩下剤を使用して腸内容物を排除する．腹壁をマッサージして浣腸する．また，寄生虫性の場合は駆虫剤の投与を行う．強肝剤，利胆剤を併用する．

4.4.2. 呼吸器の疾病

4.4.2.1. 肺充血および肺水腫

肺の血液量が増加することによって起こり，二次的に血管内の水分が肺実質や肺胞内に滲出すると肺水腫を引き起こす．その程度により，肺胞内の空隙範囲が減少し，さまざまな呼吸困難が認められる．

原　因：主として，夏季に，肥育豚や妊娠豚で発症し易い．これらの豚の長距離輸送や過激な運動・闘争をした際にしばしば起こる．また，肺充血と肺水腫は多くの疾患の末期症状として認められるほか，刺激性ガスや煙の吸入，アナフィラキシー性反応の後にも発現する．肺炎の初期や心機能亢進などによって大量の血液が肺に集まって起きる肺充血と，マルベリーハート病（桑実心臓病），急性心不全，心膜炎などの心疾患による肺充血がある．一般に前者は急性経過で，後者は慢性経過で発生する．

症　状：重症例では突然高熱を発し，呼吸促迫あるいは呼吸困難となり，頭部を伸ばし，鼻孔を開き，開口呼吸が見られる．脈拍および呼吸数は増し，可視粘膜の潮紅あるいはチアノーゼを起こす．通常軽い咳が見られ，漿液性あるいは重度の肺水腫では，血液を混じた多量の泡沫性鼻汁を出し，元気消失，食欲廃絶が見られる．

処　置：原因を除去する．運動を避け，乾燥した涼しい場所に収容して安静に休ませる．胸部に冷水を注ぎ冷却するとともに強心剤を注射する．アナフィラキシーに起因する急性肺水腫に対してはヒスタミン剤とアドレナリンを併用する．また，感染性肺炎対策として，抗生物質を投与する．

4.4.2.2. 肺　炎

肺炎は肺実質の炎症である．時には，胸膜炎や心膜炎を伴う．食肉衛生検査所で，出荷豚の肺に，さまざまな程度の肺炎病巣が認められ，その原因となる微生物は多く挙げられている．感染性肺炎については，別項を参照．

原　因：最も多くの原因は微生物感染である（別項参照）．そのほかとして，流動飼料の誤嚥や換気不良の環境下での飼料の粉塵を多量に吸引すると異物性肺炎を誘発する．

症　状：浅く速い呼吸は肺炎の初期症状で，末期になると呼吸困難が起こり，肺の大部分が侵されるとチアノーゼが耳翼や内股部，腹側に認められるようになる．急性経過では，41℃以上の高熱を発し，呼吸促進，呼吸促迫，食欲廃絶，口内や鼻端の乾燥，結膜は充血して暗赤色を呈する．鼻汁は病変の程度によって不定である．肺壊疽を伴う異物性肺炎では呼気は特有の悪臭を発する．発咳は重要な症状の一つで，気管支肺炎では，湿性の有痛性の咳を伴い，ウイルス性やマイコプラズマ性肺炎では，乾性で発作的な発咳がある．慢性経過では，著明な症状を示さず，栄養状態が悪く被毛粗剛，やや元気がない程度で運動後や採食時に空咳を繰り返す．また，発育遅延となる．

処　置：感染性の肺炎の場合は，診断後，適切なワクチネーションプログラムや抗菌剤治療を行う．また，集団多頭飼育環境の悪化で多発する傾向にあることから，環境温度，湿度，換気など環境改善を行い，予防に努める．軽症の場合，前述の処置で比較的容易に改善するが，胸膜炎，心膜炎や肺膿瘍など病勢が進行している個体については，治癒は困難である．

4.4.3. 循環器の疾病

4.4.3.1. 急性心不全

主として，肥育豚に認められ，心膜（心嚢），心内膜，弁膜，心筋ならびに心臓に分布する血管異常などによって突発するものである．このような症状を呈して急死するものにはマルベリーハート病，心臓死がある．

原　因：まだ，不明な部分が多く残されているが，一般に高蛋白高カロリー飼料を給与している養豚場で多発している．特に，添加油脂や穀物飼料中に多量の不飽和脂肪酸を含む飼料を給与する豚でしばしば発生している．不飽和脂肪酸は変質穀物や不良魚油などに多く含まれており，また，飼料用穀物の収穫時期や方法あるいは貯蔵方法が不適切な飼料の多給は本病を引き起こす．産肉性を極度に追求して改良が進められたミートタイプの豚の中には，心不全を発生し易い遺伝形質があることが示唆された．この遺伝的要因はストレス感受性豚としてPSE筋（ムレ豚肉）の発生とも関係があるとされた．

症　状：8週齢から7カ月齢の豚に多い．前兆なく突然死し，中には採食中に頓死する例もある．また，輸送，運動や闘争直後の急死は本病の疑いがある．突然死でない場合，主として呼吸困難，開口呼吸，腹部・耳・会陰部・大腿部にチアノーゼが認められるようになり，次いで，起立不能，遊泳運動，運動失調，眼瞼腫脹，昏睡などの症状を示す．また，死亡直前に鳴き叫び興奮状態に陥るものもある．

処　置：本病は急性経過での死亡が特徴であり，治療は困難である．急死を免れた例については，大量のビタミンE剤注射が試みられ，また，発症初期には強心剤やトランキライザーの応用が奏功する場合もある．原因が不明であるため，対策は困難であるが，栄養学的な面が関与していることが考えられることから，不飽和脂肪酸の過度の給与や土壌中にセレン欠乏土壌で栽培された穀類の多給が原因と考えられる場合，その給与を中止するとともにセレンやビタミンE剤を投与する．

4.4.3.2. 心膜炎

心膜の炎症によって心膜内（心嚢）の液体が増量し，心臓を圧迫したり，あるいは心膜と心臓が癒着して心臓の機能不全を引き起こす．

原　因：豚に通常認められる心膜炎はアクチノバチラスあるいはヘモフィルス感染症に伴って起こるものが多い．これらの細菌は主に，呼吸器系を侵し，肺炎や胸膜炎を引き起こす．さらに病変が進行すると，心膜にまで及ぶ．

症　状：豚の心膜炎は単独で発生することは稀で，多くは呼吸器疾患，関節炎に続発あるいは関連して認められる．初期は激痛のため背わん姿勢で腹式呼吸が見られる．疼痛は心臓部の打診や触診によって確かめられる．体温は40℃以上になり，脈拍は増加する．通常1～3週間以内で死亡する．

処　置：細菌性肺炎が原発の時には，抗菌剤で治療する．しかし，化膿性心内膜炎に進行した場合には，治療は困難となる．

4.4.4. 泌尿器の疾病

4.4.4.1. 尿石症

尿路に尿結石が存在する疾患である．肉眼で観察される尿結石もある．

原　因：豚の尿結石の組成はリン酸カルシウム，マグネシウム・リン酸アンモニウム六水化物，尿酸や尿酸塩である．その原因は，飼料，尿の pH，飲水摂取量の減少，尿停滞などである．母豚において膀胱炎や腎盂腎炎などの感染症で誘発されることもある．

症　状：散発的に発生し，食肉衛生検査所において出荷豚で発見される．閉塞性尿石症の場合，食欲減退，乏尿あるいは無尿，腹部の膨張と疼痛が見られ，尿毒症で死に至る場合もある．膀胱破裂を誘発することもある．尿酸と尿酸塩結石は，新生子豚の腎臓でしばしば見られる．

処　置：閉塞性尿石症の治療は可能だが，費用対効果が低い．

4. 4. 5.　神経系の疾病

4. 4. 5. 1.　日射病，熱射病，熱性消耗

高温下や強い光線に曝されることによって起こる豚の疾病である．日射病は熱射病より経過が急で致死率が高い．しかし，熱性消耗は経過が緩慢で予後は良好である．

原　因：豚は，厚い脂肪層によって体表が覆われているため，皮膚からの体温放散は妨げられている．熱の放散は呼吸を介して行われる割合が高いが，肺の容量はほかの動物に比較して体重比が小さい．また，豚の皮膚には血管の分布が少なく，発汗のための汗腺は，鼻端部，口唇部，前肢蹄冠部を除いて発達していない．また，近年の産肉性の高い品種や系統，体型などの選抜改良に加え，飼育方法や輸送，流通方式などは本症を誘発する要因となっている．舎飼集団多頭飼育は，呼吸器系や循環系に悪い影響を及ぼし，体温調整中枢の機能低下と相まって本症を引き起こすようになる．本症を引き起こす直接の原因としては，換気の悪い豚舎での密飼い，狭い密閉した分娩房での出産，直接日光への長時間暴露，暑い天候下での過激な運動や輸送，不適切な飲水や日除け，食塩不足，酷暑期における豚群の再編成や過度の性的興奮を与えるような処置が挙げられる．高温度に加え高湿度が重なると熱射病は多発し，また，ストレス感受性豚の本病の発生率は高くなる．ウインドウレス豚舎における落雷などによる停電などでは，緊急措置をとらないと集団死亡事故となる．

症　状：罹患豚は元気を失い，冷所を好み，水をしきりに求める．症状が悪

化すると，呼吸困難，開口呼吸，流涎が認められ，落ち着きがなくなる．体温はしばしば41℃以上になり，興奮狂躁状態から運動失調をきたす．可視粘膜，耳，内股部はチアノーゼを呈する．症状が進行すると，昏睡状態に陥り，適切な処置がとられないと，数時間以内に死亡することが多い．時に，急性症状から回復することもあるが，後遺症として精神痴鈍や錯乱，妊娠豚では，流産や奇形子を死産することもある．多くの場合，肺充血や肺炎を併発する．回復後も環境が改善されなければ，再発し，衰弱死する．

処　置：発症豚は速やかに涼しい場所に移すか，換気扇を用いて豚舎内換気を図り，安静に休養させる．また，冷水を飲ませたり，頭部や脚部に冷水をかけるなどして，体温の急速な低下を図る．あるいは大量の水を床に播き豚舎の温度を下げる．その後，食塩水などの冷水浣腸を十分に行う．ただし，妊娠豚は流産の恐れがあるので，避ける．重症の場合は，アイスパックを頭と脚部にあて冷却する．症状によっては，強心剤や鎮静剤を用い，また感染症併発予防のために抗菌剤を注射する．豚が興奮している場合は，トランキライザーを用いると鎮静作用とともに体温低下に役立つ．副腎皮質ホルモンの応用も病豚の興奮と鎮静の両面の療法として有効である．昏睡状態や呼吸困難の見られる場合には，刺激剤や酸素吸入を行う．以上の処置で症状が好転し体温が低下しても約24時間は良く観察し，再発しないように治療を続ける．種雄豚が本病に罹り，高熱が数日間続くと精巣炎を起こし，造精機能が侵されることがあるので，前述の処置のほか，精巣を冷却する必要がある．また，回復後は精子の検査をしてから繁殖に共用する．また，環境や飼育管理の改善によって本病は予防できる．その具体的対策は次のとおりである．①豚舎は排水の良い，乾燥した場所を選び，夏季の通風と乾燥を考慮した設計とし，窓は豚の高さの位置に設け，風が吹き抜けるように両側に付ける．②屋根の下地には断熱材を用いたり，天井を設けるなどして，屋根からの輻射を防ぐようにする．また，屋根に散水装置を取り付けて冷水を散水したり，換気扇や送風ダクトを設けて強制換気を図る．③適切な日除け，十分な水，食塩，換気装置などを使用する．④便通をよくするため青草や野菜を適切に給与する．特に妊娠豚には必要である．⑤豚の移動や捕獲は早朝か夕刻の涼しい時に行う．⑥豚群に別な豚を加える場合には日中を避け夕刻の涼しくなってから行い，長い間，闘争を止めない豚はほかに移す．⑦炎暑の時期は飼育密度を低くする．

4. 4. 6. 運動器の疾病

4. 4. 6. 1. 関節，蹄の疾病

授乳中の飼料摂取量が少なく，離乳後も栄養状態の回復が不十分な繁殖母豚に発生し易い．

原　因：栄養不足，滑り易いスノコ床，アルカノバクテリウムや豚丹毒菌などの感染が原因となる．口蹄疫ウイルスは蹄の水疱形成，潰瘍や蹄冠部の出血を引き起こす．

症　状：患部は熱感があり，一部腫脹する．疼痛，跛行を呈し，歩様蹌踉となる．

処　置：栄養成分を考慮した飼料を適切に給与し，床の素材を滑り難くする．感染症の場合には，抗菌剤治療あるいは予防として適切にワクチン接種する．蹄部の水疱形成など，口蹄疫の可能性がある場合には直ちに獣医師に相談する．

4. 4. 7. 皮膚の疾病

4. 4. 7. 1. 湿疹・蕁麻疹

豚の皮膚病は，さまざまな原因から起こる．

原　因：感染性としては，ほ乳から離乳期の子豚に多発する滲出性皮膚炎（スス病），ダニやノミなどの寄生，豚皮膚炎腎症症候群（PDNS），豚丹毒（蕁麻疹型）などがある．闘争による咬傷からの感染もある．

症　状：スス病の初期は耳や腹部が赤くただれ，末期には皮膚の滲出物で全身が油と埃にまみれたような状態となって衰弱し，死亡する．寄生虫性の場合，しばしば掻痒感がある．PDNS は後軀または全身の皮膚に赤紫色斑または丘疹が発現し，元気消失などの全身症状を呈し，腎臓では糸球体腎炎を認められ，多くは予後不良である．豚丹毒（蕁麻疹型）では，全身に蕁麻疹様病変が見られる．

処　置：スス病については，抗菌剤の数日間連続投与と豚体消毒および抗菌剤を含んだスプレーを体表に噴霧する．寄生虫性の場合，駆虫剤の使用が有効である．豚丹毒（蕁麻疹型）の治療には通常よりも高用量ペニシリンが有効で

ある．また，繁殖育成豚や肉豚の予防にはワクチンを使う．

4.4.7.2. 光過敏症

太陽光または紫外線の照射に対して感受性が増加して過敏となる現象で，蛍光物質や内分泌物，重金属の摂取や投与によって起こる．

原　因：光化学的作用を持っていると思われる特殊な豚が摂取し，その豚の皮膚が日光あるいは紫外線に曝された場合に発症する．植物中にも光化学的作用を持つ物質が含まれており，代表的なものとして，アルファルファ，クローバー類，ソバ，エンバクなどがあり，このほかにテトラサイクリン，スルフォンアミド，フェノチアジンなど薬物も光化学的物質として作用する．

症　状：初期症状は皮膚の紅斑，浮腫，疼痛，軽度の体温上昇で，有色部と白色部に斑のある豚では，白色部のみに認められる．その後，皮膚は乾燥脱毛して炎症部位には滲出液がでるようになる．耳朶は肥厚し結膜は充血して眼瞼は腫れて目が塞がる．疼痛のため，動作は緩慢となり，血色素尿を伴う場合もある．数日後には皮膚は非常に乾いて硬くなりひび割れてくる．この際，患畜は掻痒のために患部を柵などに擦りつける．約1週間で表層は剝げ落ち，二次感染や不適切な処置のため患部は爛れて化膿することもある．死亡率は低いが重症では体重の減少や治癒後の発育停滞による経済的損失がある．

処　置：軽症では，原因となった飼料や薬物の使用を止め，暗い場所に病豚を移すことで治癒する．重症例に対して下剤を投与し，皮膚に保護剤を塗布する．不乾性油（亜麻仁油，亜鉛華オリーブ油）やホウ酸軟膏は下腿部の軟化や，皮膚への刺激緩和，壊死組織の剝離に対しても有効である．二次感染防止のため患部の消毒と抗生物質軟膏を塗布する．放牧している豚では，本症を完全に予防することは困難であるが，発症初期のものは舎内に収容することで病勢の悪化を防げる．日中の放牧を止めて，夜間放牧する．駆虫剤のフェノチアジンは70日齢以下の子豚には投与を避け，また，テトラサイクリン，スルフォンアミドなどは本症の病歴があるものには慎重に投与する．

4.4.8. そのほかの疾病

4.4.8.1. ヘルニア

腸管や腸間膜の一部が内そ径輪を通過してそ径管内に脱出した状態をそ径へ

ルニアと呼び，さらに陰嚢内まで下ったものを陰嚢ヘルニアと呼ぶ．また，臍輪から腹壁皮下に脱出した状態を臍ヘルニアと呼ぶ．

原　因：遺伝的にそ径輪が大きいことによって起こる．去勢手術時に創口から腸が脱出するなどの事故もある．

症　状：ヘルニアの程度は大小さまざまで，特に若齢豚では見逃し易い．成長に伴い大きくなり，底部が床に接触して損傷したり，腸閉塞を起こして予後不良となる例が多い．

処　置：発見したら早めに手術する．そ径管の直上を切開するそ径管直上切開法と陰嚢底を切開する陰嚢底切開法がある．臍ヘルニアはヘルニア嚢の直上を切開して，腸管を還納する．ヘルニア輪を完全に閉鎖することが最も重要であり，去勢手術に比較して複雑であり，獣医師に依頼する．

4.4.8.2. 先天性筋痙れん症（ダンス病）

生後間もない新生子豚が後肢を強直した状態でピョンピョン跳ね回ったり，全身を絶えず，震わせダンス様の運動をする疾病で，先天性間代性筋痙れん病ともいうが，一般にダンス病と呼ばれる．本症は発生率や致死率は低いが発育が若干遅れたり，ほ乳が十分できず栄養失調で衰弱死亡するものもある．

原　因：原因は不明である．遺伝的要因と未知のウイルスの胎内感染説がある．

症　状：新生子豚に生まれつきあるいは生後数時間以内に特有のダンス症状が現れる．一腹全部あるいは同腹の数頭のみで発症する．同腹豚やほかの健康豚に伝染することはない．症状の程度は種々で，多くの例では，子豚は後肢の筋肉を震わせ，時には全身を震わせる．また，このような症状は起立時に認められ，横臥すると消失する場合が多い．また，重症では後肢が開脚していわゆる股開きの状態のみで移動するものもある．軽症では，数時間で症状の消失する場合もある．多くの例では徐々に軽快し 7〜10 日で全く症状が消失する．

処　置：原因が明確にされていないので，根本治療はない．対症療法として，寒冷感作は回復を遅らせるので十分な保温が望ましい．また，後肢の開脚したものは，両脚が開かないように両後肢を適切な幅に保った紐で結ぶと行動し易くなり，徐々に回復する．疑わしい遺伝的素因を持っていると思われる種雄豚については，淘汰する．母豚については，初産豚で多く見られるが，二産以降では必発しないので，原種豚でない限り淘汰の必要はない．

4.4.8.3. 産褥性無乳症候群

子宮炎（metritis），乳房炎（mastitis），無乳症（agalactia）の現れる症候群で，MMA症候群あるいは豚の乳熱様症候群とも呼ばれ，分娩後12〜24時間に現れる泌乳分泌減退または停止，乳房腫脹・硬結，悪露の異常排出を腫脹とする急性疾患である．罹患母豚の致死率は低いが，新生子豚は初乳摂取不足や欠如に引き続く母乳不足によってほとんど死亡してしまうので被害は大きい．

原　因：原因の詳細は不明である．誘因として，騒音や高温など環境が悪い分娩舎，分娩室での順応時間不足，妊娠後期から分娩前後の飼養管理失宜，胃腸障害，特に分娩前の飼料の急変などが挙げられる．微粉砕飼料のみを与え，繊維質が少ないと便秘を起こし，本症が発生し易くなる．また，本症の発生は初産および二産次の母豚で，多頭飼育群に夏季炎暑時に高い傾向がある．本症には多くの要因が関連していると考えられ，このうち感染性乳房炎，妊娠中の過食・肥満，栄養障害，便秘，内分泌機能障害，運動不足などが関係している．

症　状：罹患母豚は一般に出産後12〜18時間は正常な泌乳状況を示す．しかし，しだいに子豚への授乳を嫌うようになり，ついには全く子豚のほ乳要求に対して授乳を拒否するようになる．子豚は空腹のため騒ぎ，汚水や尿を飲み下痢を起こし，あるいは飢餓と低血糖でほとんど死亡する．また，病豚は挙動不穏のものが多く，起立と横臥を繰り返すため，虚弱な子豚は踏まれたり圧死で死亡率が高くなる．病豚は食欲不振，飲水量も減り休眠する時間が長くなる．体温は39.5〜41℃程度に上昇するとともに心拍数，呼吸数も増加する．40.5℃以上に体温が上昇しているものは予後不良となる例が多い．乳房にはいろいろな程度の腫脹と炎症が認められ，初期は限局的だが，しだいに全体に拡がるようになり，腫脹，疼痛，発熱，熱感があり硬くしこりとなる．乳頭を絞っても正常な乳汁を出すことはほとんどなく，重症な乳房炎になると凝固物や膿を含み，水様となる．症例によっては，陰門から粘ちょう牛乳様白色悪露または悪臭のある赤褐色の排出物を認めることがある．本症は分娩が数日遅れたり，分娩所要時間の長引いた場合や，後産停滞の場合に発生し易い．

処　置：多くの症例では抗生物質，オキシトシン，コルチコステロイド（副腎皮質ホルモン）の投与によって1〜2日で治癒する．乳房炎に対しては，温かいタオルによる患部のマッサージ，数時間毎に10～15分間搾乳するのと並行して，オキシトシンの筋肉内注射を毎時間行うと，腫脹や炎症を軽減し，乳汁の分泌を促進し，鎮痛効果もあり母豚の授乳に好結果をもたらす．コルチコステロイドの応用は，単独では効果が得られないので，必ず抗生物質やオキシトシンと併用することが必要である．罹患母豚が授乳可能になるまでの間の子豚は里子に出すか，5% ブドウ糖加電解質溶液を経口あるいは腹腔内に投与する．これらの治療によって，一般症状は軽快しても乳房自体は完全に機能の回復は稀で，次の分娩では乳の出ない例が多いので，広範囲の乳房炎の場合は淘汰する．本症はいろいろな原因による複合的症候群として発現することからその予防は困難である．これらのうち感染性乳房炎の予防には分娩房の消毒と併せて，母豚は入室前によく洗浄・消毒し，さらに分娩後，直ちに乳房や陰部の消毒も行う．

4.4.8.4. 豚のストレス症候群（PSS）

豚のストレス症候群（PSS）は，ストレス状態におかれた豚が急死するという特徴を持った疾患で，このPSSと悪性過高熱症，急性背筋壊死症，ムレ（PSE）肉の発生との間には密接な関連があり，これらは基本的原因に共通性がある．

原　因：PSSは，どの品種の豚にも発生し得る性格のものであるが，産肉性を高めるよう育種された豚に高率に発生し，脂肪が少なく赤肉量の多い筋肉の異常に発達する豚に頻発する．これらの豚は各種の血液型に準拠する劣性遺伝を持っており，ストレスに対して高い感受性を示すため，運動や輸送移動，闘争などの急激で強いストレスを受けた時突然死亡する．この急死は肥育の仕上がり時期に最も多く見られるが，離乳時やほかの豚群への編入時，輸送の前後や輸送中にもしばしば発生する．

ストレス感受性豚には次のような特徴がある．①非常に神経質で驚き易く管理し難いものが多い．②後軀筋肉の硬直や尾の震えが見られる．③闘争を好み興奮し易く，通常の運動でも呼吸促迫や心悸亢進が認められる．④毛細管の充血により皮膚が異常に赤くなる．すなわち白い部分と赤い部分が不規則な斑点状に交互に現れる．⑤ストレスに反応して異常に体温が上昇し，42℃以上に達するものもある（悪性過高熱症）．⑥異様な眼光，眼球の突出を示すものが多い．⑦尾かじり，そのほか異嗜を起こし易い．⑧無乳，減乳，発情微弱，性欲減退を見受けるものがある．⑨木馬状歩様するものが多い．

以上の外見による識別は，日常飼育者が容易に観察できる．それら PSS のすべての罹患豚が前述の特徴の一部あるいは全部を示すとは限らないものの，その可能性は大である．また，PSS で急死した豚と同系統である場合には，その確率は非常に高いものと考えられる．

さらに，的確な判別方法として，以下のような検査が行われている．

a)　血液中の酸素活性値

ストレス感受性豚は血中のクレアチニンリン酸酵素（CPK）が異常に高く上昇するので，耳静脈から濾紙に採血しこれを検査する．

b)　血液の pH

運動またはストレスに対する反応によって，筋肉に乳酸が生じ血液中に移行する．ストレス感受性豚では正常豚に比較してストレスや運動に対して強く反応するので，強制的に運動させたり，人工的ストレスを負荷した後で血液 pH を測定すると，正常豚よりも低下している．

c)　血中ホルモン値

ストレス感受性豚はホルモンのバランス失調によって発生するとの考え方に基づくもので，ストレスに弱い豚は副腎皮質ホルモン（ACTH）値が高く，コルチコイド（副腎皮質ホルモンとその類似物質）は低水準に循環しているので，この両者の比率を調べることによって判定する方法である．しかしこれらの物質の血中濃度は非常にわずかのストレスにも敏感に反応するので，採血時の処置を慎重に行う必要があり，また分析も複雑なのが難点である．

d)　筋肉組織

ストレス感受性豚の筋肉は解糖速度が速いので，筋肉の検査と代謝中間物の分析によって判別する．特に六リン酸ブドウ糖の測定は正確度が高いとされている．

e)　ハロセンガスによる方法

ハロセンそのほかの麻酔剤によって急性経過をとり死亡する事故が時に見られるが，これは麻酔に対する特異体質と見られており，剖検所見は悪性過高熱症の病変と同様で，PSS 豚に特徴的に発症することが明らかにされている．ハロセンガス法はこの現象を応用したもので，高濃度のハロセンガスを短時間吸引させて，筋肉の硬直反応や，過高温，皮膚の充血などを測定して判別する．

f) 血液型による方法

近年ストレス感受性豚を判別する方法として，遺伝因子と関係のある血液型が明らかにされている．これは，特殊の血清を用い血液型を6種類に分類し，このうちからハロセンに感受性の高い血液型を見出す方法である．

症　状：ストレスの性質，程度，期間により，発症形態はさまざまである．通常，群の再編成や授精時の闘争，輸送中やその直後，ワクチン接種など，ストレスがかかるような取り扱いや管理方法によって急激に発症し死亡する．死を免れ生残したものは，尾を震わせ全身強直の状態となり，開口呼吸など呼吸困難を示す．体温は顕著に上昇し，皮膚は不規則な形の蒼白部と発赤部分に変わる．発症した豚はほかの健康豚から集中攻撃を受け，虚脱状態に陥り急性経過で死亡する．死後硬直は直ちに現れる．剖検すると内部臓器の充血，心嚢水の増量，肺充血・水腫が認められ，筋肉特に臀部や大腿部の筋肉は煮肉様に退色する．悪性過高熱症も豚のストレス症候群の一つの症状で，ハロセンのような麻酔剤を使った場合に筋の代謝が増加し，筋の拘縮乳酸アシドーシスを起こし，酸素消費と二酸化炭素産生が増大する結果，重度の過高体温や頻脈，不整脈から死に至る．ストレス感受性豚では，とさつ後肉が蒼白で軟らかく，水っぽくなる例が頻発する．これはストレスに感受性の高い素因を持った豚がとさつ前に強い刺激を受けると，筋肉中のグリコーゲンが解糖酵素の異常活性化によって，解糖が促進されブドウ糖から乳酸への分解が亢進するため，筋肉中に乳酸の収縮と硬直熱の影響で，筋は高温硬直を起こしPSE筋となるものと考えられている．

処　置：PSSと診断された種雄豚や種雌豚の繁殖豚は淘汰する．また，肉豚の場合，不必要な刺激を与えず，輸送，移動，群編成，とさつ前後の処置に留意する．ビタミンE，ビタミンCや鎮痛剤の投与が試みられている．

4.4.8.5. 尾かじり症（尾咬症）

尾かじり症は群飼の場合悪癖を持った豚によって，ほかの同居豚が尾をかまれたり，時には耳までかじられる現象である．本症は尾の欠損にとどまらず，創傷部位からの細菌感染によって脊髄炎，膿瘍などを誘発し発育遅延や，敗血症，骨髄炎などによって死亡する例もしばしば認められている．本症の発生は舎飼いで20〜70 kg 程度の肥育豚に限られており，種豚や放牧中の豚に発生することはほとんどない．

原　因：栄養，環境および心理的な問題が単独あるいは複合して関与していることが考えられている．すなわち，舎飼い，特に密飼いでの温度，湿度，換気などの管理失宜や給餌器，給水器不足，同居豚との不仲などがフラストレーションとなって，比較的温和な豚が被害を受け易いものである．発生は夏季よりも冬季に多く，敷料を全く用いない舎飼いのものに多発する．

症　状：通常，被害豚の尾部からの出血によって気づく．最初は少数であった被害豚が急速に増加し，ついには群の全頭が相互にかみ合ってしまうことがある．これは尾かじり現象が連鎖的に容易に広がることを示している．加害豚の発見は困難であるが，いわゆるストレス感受性豚タイプの神経質で，動作に落ち着きがなく，眼光鋭いものに多い．当初は小さな創傷部も繰り返しかまれることによって大きくなり，出血多量に加え，二次感染を受けて患部は炎症を起こし腫脹，化膿する．また，被害豚をそのまま同居させておくと，尾根部までかみ切られ脊髄の損傷や膿瘍，後軀麻痺を引き起こし易くなる．創傷部からのアルカノバクテリウムの侵入は播種性膿瘍の原因となる．

処　置：被害豚は速やかに隔離し，患部は消毒のうえヨードチンキなどを塗布するのと併せて抗菌剤の投与を行う．また，加害豚についても極力発見し隔離する．予防法としては，飼育密度の適正化，給餌器や給水器を十分に設置するなど飼育管理法を改善する．また，1豚房内の群構成はなるべく同品種とし，日齢や体重も揃え，さらに雌雄別に収容する．栄養的な失宜が疑われる場合には，鉄剤，ヨード剤を投与し，蛋白質の増量，青草や新鮮な土壌の給与も有効である．敷料のない豚房では稲わらや乾草を毎日自由に採食できるように投与する．遊び道具として，鉄鎖や古タイヤ，木材などを吊り下げ，時折変化を付ける．また，繁殖候補豚以外については，生後すぐに切歯と断尾を行う．断尾の場合，通常尾根部から2 cm の部位を去勢用の挫切鋏あるいは電熱断尾鋏を用いて切断し，消毒を十分に行い二次感染を防ぐ．

4.4.8.6. 異常産

早産，流産，死産などを異常産をいう．

原　因：妊娠中に胎子あるいは胎盤が障害を受けた結果として発現する．栄養，中毒，環境要因などのほか病原体の感染によっても起こる．

症　状：母豚では，発熱，食欲不振，下痢，呼吸器症状，神経症状，嘔吐，水疱形成，胎盤炎あるいは全身症状など，原因と程度によってさまざまである．また，胎子では，発症し母豚の妊娠時期によって，胎子の融解，ミイラ化胎子，黒子，白子，虚弱子，産子数の減少などが見られる．

処　置：原因を究明し，原因の除去あるいは感染による異常産の場合には，ワクチネーションなどを行う．

4.5. 鶏の一般疾病

4.5.1. カンニバリズム

語源として，人間が人間の肉を食べる行動，あるいは宗教儀礼としてのそのような習慣のことを意味する．豚の「尾かじり」や「耳かじり」および鶏の「尻つつき」など，群れで飼育する家畜・家きん同士で，傷ついたり弱ったりした個体を（口を使って）集団で攻撃し，結果として死に至らせる行動を「カンニバリズム」と呼んでいる．これらの行動は管理不備，周囲環境の悪化時に見られ，最初に一羽がこのような行動を示すと，ほかの鶏も真似するようになる．不十分な給餌と給水，極度な密飼い，育すう器の加温過多，過度の照明などが原因と考えられている．

4.5.1.1. 尻つつき

尻つつきは鶏のカンニバリズムで最も多く，最も悪影響を及ぼす．尻つつきは一般に幼すうに始まり，産卵期まで続く．異常に大きな卵の放卵に伴う総排泄口の弛緩によっても起こる．カンニバリズムにより，肛門部の皮膚と粘膜が損傷して出血するようになると，ほかの鶏を刺激することになる．カンニバリズムが激しくなると，内臓まで抜かれて死に至ることがある．出血部の存在とその部位を突っつくような動作をする鶏が現れれば，この行動はたちまち，ほかの鶏に伝染する．

4.5.1.2. 羽つつき

羽つつきは軽いカンニバリズムと理解される．栄養障害によっても起こるが，弱いあるいは病気で衰弱した鶏に対する，弱い者いじめ的なしぐさの結果起こることもある．肉用鶏の，特に出荷時期近くの密飼いにより，羽あるいは尾つつきが起こる．このことにより，時には著しい肉質の低下を招くことがある．

4.5.1.3. 脚つつき

脚つつきは幼すう期に見られる．これは給餌失宜により敷料より餌を探す結果として起こるとされている．すなわち，餌箱が適当な高さに調整されていなかったり，温源から離れていたりする場合，餌が食べられず空腹になる．また，餌場が狭すぎる場合など，弱い鶏は餌を食べることができず，少ない餌を取り合うことになる．その結果，敷料から餌を探す行動が，脚つつきとなって現れ，過剰な場合は，つつかれた脚，特に爪先がなくなるまで突かれることがある．

4.5.1.4. 頭つつき

頭つつきは通常，寒冷もしくは喧嘩による雄の鶏冠もしくは肉垂のケガから始まる．デビーク（断嘴）を行った鶏をケージ内で飼育した場合，異なる形のカンニバリズムが観察される．被害鶏の眼の周辺は皮下出血のため，黒または青くなり，肉垂は内出血のため黒褐色を呈し，腫脹している．さらに耳朶は黒くなり，壊死している．デビークを行った鶏でも，また，別のケージに収容しても，首を伸ばして隣のケージの被害鶏を突く．そして耳朶もしくは肉垂にかみつき，愛玩犬のテリアがネズミのおもちゃを口にくわえて頭を振って遊ぶように，頭を振り回す．

4.5.1.5. うずらの鼻つつき

「うずらの鼻つつき」はうずらにおける特別なカンニバリズムで，うずらが鼻の頭の肉付きの良い部分を突き，嘴をその部分に没入させることから，そのように呼ばれている．この現象は，非常に混み合った環境で飼育されている2～7週齢のうずらに多く見られ，失血死するうずらが観察される．うずらが生き残ったとしても，嘴は常に曲がったままで，雄うずらは繁殖に適さない．この悪癖は人工孵卵の時にのみ観察される，大きな飼育場や平飼いでは突いたり，引っ掻いたりする機会が減るため滅多に起こることはない．餌に生肉を混ぜるとこの悪癖を抑えることができ，発生を制御できるといわれている．

4. 5. 1. 6. 防除方法

これらのカンニバリズムを防ぐには，適度な給餌および給水の場所の提供である．また給餌に長い時間を費やすのは良くない．極度の多頭羽飼育は止め，多少多いと思われる群飼育に際してはデビーク後に飼育場に放つことが最も重要である．換気や照明を適切に管理することはカンニバリズムを防止する方策の一つである．多頭羽飼育においては，照明を暗くすることと，デビーキングが推奨されている．

4. 5. 2. 骨の異常

4. 5. 2. 1. 軟骨発育不全症

軟骨発育不全症は成長板の欠乏による疾病で，肉用鶏，アヒルおよび七面鳥にごく普通に認められる．これは主に脛骨足根骨に認められることから，脛骨軟骨発育不全症と記されている．また状況から骨軟骨症と記す著者もいるが，これは一般的にほ乳類に使用される用語で，鳥類には軟骨発育不全症が相応しい．肉用鶏および七面鳥群の 30% 未満の鳥に，骨の成長板直下に異形成された軟骨の塊が認められる．最初は脛骨足根骨で，その後はそのほかの箇所でも認められる．ほとんどの鳥は臨床症状を示さない．軟骨塊が大きい場合は，動くことを嫌がり，両側の大腿脛骨は腫脹し，脚はわん曲する．本病は 7 週齢もしくはそれ以前の鳥で発生し，出荷時までには，軟骨形成不全は著しく進行し，脛骨の異形成軟骨は大きく曲がる．原因は良くわかっていないが，軟骨細胞の肥大化不良による，骨幹端血管の侵入不可，骨幹端からの軟骨への血管の侵入不具合，もしくは軟骨分解欠損などが考えられている．

4. 5. 2. 2. 骨粗鬆症（ケージ疲れ）

骨粗鬆症は近代養鶏での卵用鶏における最も重要な骨疾患である．ケージ飼いしている卵用鶏において，骨が脆くなることを指している．以前は毎月 3% にも及ぶ問題のある鶏群が存在した．現在の被害状況は軽減したものの，依然として骨折などによる経済的被害は大きい．最初の症状は，ケージ内で麻痺して動けなくなっている鶏を認める．最初は警戒する様子を見せるが，動かなくなり，脱水により死亡する．急死する鶏も認められるが，麻痺を起こした鶏をケージから取り出し，十分な餌と水を与えると 4〜7 日で回復する．死亡した鶏では，脚，羽の骨および胸部脊柱に骨折が認められる．麻痺の原因は脊髄の骨折により起こるといわれるが，必ずしもそのような病変は認められず，低カルシウム血症が麻痺や急死の原因と考えられているが，まだ証明はされていない．

4.5.2.3. 外反足および内反足の変形

肉用鶏および七面鳥における長骨の変形は，発症鶏の淘汰や死亡による深刻な経済損失を被る病気である．この変形にはさまざまな骨の捻れや曲がりが含まれ，長骨のわん曲，捻れもしくは鈎状足などと記載されている．最も一般的な肉用鶏の長骨変形は，中足骨間関節における外反足および内反足の変形である．同様の中足骨間関節における変形は，七面鳥で認められるが，これは大腿の脛骨関節の内反足変形と同時に認められる．肉用鶏群では，本症は通常0.5～2.0％で認められるが，時には問題のある肉用鶏群の肉用鶏雄で5～25％で認められることもある．本症を発症する肉用鶏は1週齢未満のものが多く，鶏群の生涯を通して，発症鶏は増加する傾向を示す．発症鶏の70％は雄鳥である．変形は両脚に認められるが，片脚に認められる場合は，右足に多く認められる．ほとんどの発症鶏は外反足および内反足の変形の両方を示すが，片足が外反足で，もう片方が内反足の変形を示すこともある．原因は不明であるが，ある種の栄養欠乏症といわれている．特にマンガン欠乏症のペローシスと酷似する．

4.5.2.4. 退行性関節病

退行性関節病は最初，成熟した雄の七面鳥および成熟した肉用鶏の股大腿関節，および卵用雌鶏の背骨で認められる．また七面鳥および肉用鶏群雄の大腿脛骨および中足骨間の関節でも認められる．七面鳥の退行性臀部病は，一つの脚から，別の脚への体重移動による骨盤足部の外転を原因とし，動くことを嫌がるようになる．最初の病変は関節表面の対転子に認められる．

4.5.2.5. 自発性骨折

骨折は鶏と体の品質低下および淘汰の原因となる．特に脚の骨折は経済的に重要である．骨折は鳥を捕まえようとした時および輸送中に農場で起きる．肉用鶏では自発性骨折は飼養行程の仕上げの段階でしばしば認められる．七面鳥農場では以前からのストレスもしくは雄鳥の部分的骨折により起こる．採卵鶏においては，骨粗鬆症が骨折の素地をつけている．本病の鶏は跛行を示し，動けなくなった鶏は餌や水を摂取することができなくなったり，多くの鶏に踏みつけられて死亡する．本病の原因は骨の劣化や急激な成長過程における骨の組成の弱さによる．

4. 5. 2. 6. 脊椎骨前転位（脊椎すべり症）

脊椎骨前転位は，6 番目の胸部脊椎奇形を原因とする，発育途上の不調を意味しており，肉用鶏に脊髄の圧迫による麻痺を誘発する．一般的には，よじれ背とも呼ばれ，ほとんどの肉用鶏群に少数の本症発生鶏を認める．本症の発生時期は，3〜6 週齢で，多い時は群全体の 2% に達する．発症鶏は脚を地面から少し浮かせ，膝の上に座るような警戒態勢を取り，人が近づくと羽をばたつかせて，逃げようとする．症状が重くなると，最後には横臥姿勢をとり，そのままにしておくと脱水症により死亡する．

4. 5. 2. 7. 靱帯破損および摧裂（さいれつ）

中足骨間関節の靱帯破損は，肉用鶏の跛行の重要な原因として知られている．肉用鶏若鶏の大腿骨頭靱帯破損，肉用鶏若鶏および七面鳥の大腿脛骨の後部十字靱帯ならびにそのほか靱帯の破損，七面鳥および肉用鶏の中足骨間関節の顆間ならびに側副靱帯破損が知られている．跛行は大腿骨頭靱帯破損を原因として現れる．病変は靱帯の伸張，部分的もしくは完全な破裂および破摧を特徴とし，大腿骨頭からの軟骨および骨片が認められる．靱帯破裂は恐らく外傷から起きる．靱帯の損傷は日齢が経つとともに増加する．靱帯破裂は脚の角形成の二次的なストレスによって起きるとか，その逆に靱帯破裂の結果として脚の角形成が起きるともいわれる．

4. 5. 2. 8. そのほかの骨異常

そのほかの骨異常として，*Mycoplasma meleagridis* 感染が原因と考えられる 18 週齢の七面鳥に認められる「首曲がり」，七面鳥，ほろほろ鳥および肉用鶏に認められる脚が 90 度から 180 度まで広がる「脛骨回転」，また肉用鶏および七面鳥に認められる「脚指曲がり」などがある．

4. 5. 3.　筋肉および腱の異常

4. 5. 3. 1.　深部胸筋異常

深部胸筋異常は別名緑筋肉病と呼ばれる．運動後の肉付きの良い七面鳥や肉用鶏に見られる，血管の収縮による局所貧血が引き金となって現れる．七面鳥農場では，症状の現れた筋肉の廃棄に伴う経済的な損失は大きい．発生は最初 10 カ月齢以上の雌鳥で見られるが，その後雌雄関係なく見られ，ブロンズ種や大中小のホワイト種で見られる．同様の病気は 7 週齢の肉用鶏でも認められている．発生は片側性もしくは両側性に見られるが，一般健康状態には影響しない．主に食鳥処理場の検査で発見される．症状は胸筋のくぼみ，もしくは扁平として現れる．これらは触診により確認できる．

4. 5. 3. 2.　腓腹筋腱断裂

長年，腓腹筋腱断裂による跛行が肉用鶏および，稀に七面鳥に認められてきた．これは，肉用鶏農場において，また出荷時の丸焼き用肉の減量から多大な経済的な損失を与えている．この発生は鶏群において，最大 20% 発生する．症状は主に 12 週齢以上の肉用鶏で認められるが，早いものは 7 週齢目から認められる．腱断裂は片側性もしくは両側性に見られるが，跛行は急に現れる．両側が断裂した鶏は，脚指を曲げ，膝の上に座る姿勢をとる．膝までの後部脚部を触診すると，水腫が認められる．急性断裂部位は，皮膚を通して出血が観察される．時間の経った断裂部位は緑色を呈し，慢性になると色素の沈着は認められず，触診すると皮下の固い塊が認められる．この腓腹筋腱断裂の原因の多くはレオウイルス感染による腱鞘炎である．しかし，それ以外の自然発生的な断裂も認められ，腱鞘炎を原因とする場合は炎症反応が強く，自然発生的な断裂では炎症反応がほとんど認められない．

4. 5. 4.　循環器障害

4. 5. 4. 1.　肉用鶏の肺循環昇圧症候群

本病は肉用鶏を高度の高い土地まで運んだり，酸素欠乏状態にすると，肺循環昇圧が上昇し，右心室の拡張や肥大が生じることを原因とする循環障害で，症状の激しい鳥は腹水症を示す．世界中の育成肉用鶏で発生が見られ，多くの飼育鶏群で高い死亡率を示す．同様の障害が肉用アヒルでも見られる．最初は高地に位置するボリビア，ペルー，メキシコで認められたが，世界中で認められるようになった．飼育鶏群発生率は低く，死亡率は1% ほどである．顕著な症状は突然死であるが，発症鶏はほかの鳥に比べて矮小化を示し，物憂げで羽毛の発達が悪い．重症の鳥は腹部が膨満し，呼吸困難やチアノーゼを呈する．

4. 5. 4. 2. 肉用鶏の突然死症候群

本病は健康な肉用鶏がなんの前触れもなく突然死亡するもので，急性死症候群とも称される．本病はほとんどの群において，1〜8 週齢頃から見られ，最も頻繁に認められるのは 2〜3 週齢である．死亡鶏は餌供給装置，保温機もしくは餌箱の中で，死亡する前に驚かされたことを示唆するように死亡している．それに反して，飼育環境から死亡する前に驚くような行動を示す原因は全く見当たらない．死亡鶏は死亡する直前に，一定の症状や異常な行動を示すことはない．ほとんどの死亡鶏は片方もしくは両方の脚を伸ばすか挙げるかして，背中をつけて死亡している．本病の原因は明確ではないが，代謝病および遺伝的素因に栄養状況や飼育環境が影響しているのだろうと考えられている．

4. 5. 4. 3. そのほかの循環器障害

円形心臓症と呼ばれる，心臓が円形を示す急性の循環障害で 4〜8 カ月齢の鶏に認められている．死亡率は低いが，解剖後に円形膨張し，黄色を呈する心臓を認める．また出血性症候群と呼ばれる，筋肉および内臓の出血ならびに骨髄萎縮を特徴とした症例は高い死亡率を示す．3〜14 週齢の育成期の鶏に認められ，死亡率は 1〜40% である．トリクロロエチレン，マイコトキシン，スルフォンアミドなどによる中毒およびビタミン K 欠乏症が原因と考えられている．

4. 5. 5. 呼吸系の異常

4. 5. 5. 1. 肉用鶏肺の軟骨性および骨性小結節形成

発生率は低いがここ数年，肉用鶏肺の軟骨性および骨性小結節形成の症例が報告されている．肉用鶏における本病結節の発生はおよそ 60% 以上となる．顕微鏡検査による本病結節の検査では，100% の肉用鶏で認められる．本病結節は，1〜52 週齢の肉用鶏で認められ，最も多く見られるのは 3 週齢の鶏である．雄の左肺で右肺よりも多く認められる．成長の早い段階で，気管軟骨の軟骨細胞が移動し，結節を形成したものと考えられている．

4.5.5.2. 気　腫

皮下への気腫は負傷もしくは呼吸器系の障害による下方皮下への空気の集積により起こる．このような状況は，鶏の手荒い扱いや去勢手術の後に認められる．去勢手術で切開した皮膚が修復される前に，胸壁が開き，下方皮膚への空気の集積が見られると思われる．この状況は一般的に「一陣の風」と呼ばれ，この状況を緩和するために，気腫の部位に針などを刺して空気を抜く．

4.5.6. 消化管の異常

4.5.6.1. 穀類の残留

低発生率であるが，穀類の残留が多くの鶏群や七面鳥群で認められる．ある鶏群では 5% に及ぶ発生が認められ，重症のものでは餌と敷わらで膨張し，悪臭を放つ液体を含む．線状の穀類は潰瘍の原因となる．食欲は低下せずに鳥は食べ続けるが，消化器の機能は低下し，鳥は衰弱し死亡する．七面鳥では遺伝的傾向が認められ，また暑い時期に水分を過剰に摂取した結果，本病が発生し易いと考えられている．

4.5.6.2. 埋　状

砂嚢の埋状は七面鳥飼養群において，最初の 3 週齢までに高い死亡率を示す疾病であるが，鶏飼養群ではあまり見られない．病鳥は腸内容が全くなく，衰弱しているが，砂嚢は繊維素の編み込まれた塊によって膨張している．この繊維塊は十二指腸の入り口から腸管内まで達することもある．原因は鳥が敷料を飲み込んで詰め込み過ぎたことにより，砂嚢が処理しきれなくなったために起きる．予防は若鶏に敷料を食べさせないよう，習慣付けることである．

4.5.6.3. 筋胃拡張症

単一の飼料で飼育された 4 週齢の鶏に認められる筋胃の拡張症で，最初は筋胃肥大症として報告された．肉用鶏に多く見られ，発生の多い鶏群をとさつした食鳥処理場において肥大した筋胃の破裂により，と体が内容物で汚染されることがある．筋胃は大きく膨張し，壁は薄くなって飼料で満たされている．本病発症鶏は砂嚢の発達が悪く，砂嚢と筋胃の境界が定かではない．砂嚢の発達不全は，繊維素が不足した細かく砕かれた飼料のみの給与が原因で，筋胃の拡張は二次的症状である．

4. 5. 6. 4. 腸重積および捻転

本症はダチョウで時々認められ，家きんでは散発的に認められる．重積は腸管で最もしばしば観察されるが，前胃でも観察される．捻転は腸管自体の捻れや腸間膜根部の捻れにより発生する幼弱鶏における小腸捻転は，卵黄嚢の捻転により起こる．腸重積および捻転は線虫やコクシジウム感染による腸炎や腸の蠕動異常により二次的に発生することがある．症状は食欲不振およびその進行による体重減少，そして2～3日の経過で死亡する．早期診断ができれば，価値の高い鳥では病変部腸の切除術により治療できる．

4. 5. 6. 5. 総排せつ腔脱

総排せつ腔脱は，腸脱，卵管脱および尿管脱を含む疾病である．脱出した部分は滑らかで光沢に富み，充血している．総排せつ腔脱は下痢，嵌頓（かんとん），もしくは栄養不均衡を伴う．本病はクリプトスポリジウムが感染した若いダチョウに多く見られる．採卵鶏では産卵に伴い認められる．養鶏場で，総排せつ腔脱部位がほかの鳥につつかれると，総排せつ腔および内臓は破裂する．

4. 5. 7. 肝の異常

4. 5. 7. 1. 採卵鶏の脂肪肝および出血症候群

本病は世界各国において，採卵鶏で認められる疾病である．本病は主にケージ飼いしている採卵鶏に認められ，最初の症状は産卵率の急激な低下である．雌鳥は肥満で，大きな青白い鶏冠と肉垂を持ち，それらはフケで覆われている．最初の兆候は，死亡率の増加で，貧血した顔面の死体が5%未満で認められる．死亡鶏の腹部には，肝臓からの出血が原因と見られる肝臓の一部を覆う大きな血の塊が認められる．肝臓は腫大し，色が薄く脆い．原因は高エネルギー飼料の多給とケージ飼いによる運動の制限により，エネルギーバランスの崩れと脂肪の蓄積によるものと考えられる．本病は暑熱により増長される．出血の原因は明確ではないが，肝臓への脂肪の過剰な蓄積により，肝組織の破壊が起きることと，血管壁が脆くなり出血が起こることが原因と考えられている．

4.5.8. 泌尿器異常

4.5.8.1. 尿酸塩沈着（痛風）

尿酸塩沈着は，鶏を解剖した時普通に認められる病変である．尿酸の異常な沈着を主張とした病気で，関節痛風と内臓痛風の二つに大きく分けられる．関節痛風は関節特に脚指の関節への尿酸塩沈着や痛風結節を特徴とした病気である．脚指の関節は腫れ上がり，その部分を切開すると，白い尿酸塩の塊が関節部に観察される．原因は高蛋白飼料の多給による，過剰な尿酸の生産，また尿酸の排せつ低下も原因と考えられている．内臓痛風は，腎臓および心内膜への尿酸塩の沈着を主徴とし，肝臓，腸間膜および気嚢，腹膜などへのチョークの粉を振りまいたような沈着を特徴としている．組織学的に観察するとほとんどの臓器に痛風結節が認められる．原因は尿管の閉塞や腎機能の低下による過剰な尿酸の蓄積が原因で，水分の摂取不足による血中尿酸濃度の上昇も原因とされる．血中で飽和となった尿酸塩が結晶化し，腎臓や心内膜に沈着する．腎臓障害性伝染性気管支炎ウイルスの感染や鶏腎炎ウイルスの感染による腎障害が原因となることも多い．

4.5.8.2. 尿石症

尿石症は近年，英国や米国で採卵鶏の死亡原因と知られる疾病で，片側もしくは両側の腎臓の萎縮を特徴とし，尿管は尿石を含んで拡張している．本障害の発生率は数カ月間鶏群の2% を超え，死亡率は50% を超える．採卵鶏での発症率は約3～6% で，健康な採卵鶏が突然死亡する．死亡鶏の肉付きは減少し，鶏冠は小さく青白くなり，総排せつ腔付近の羽毛は白い糊付けたように見える．さらに解剖所見として，萎縮した腎臓と付着した内臓痛風および拡張した尿管内に尿石が認められる．過剰なカルシウム飼料の給与が原因と考えられるが，腎臓障害性伝染性気管支炎ウイルスの感染や鶏腎炎ウイルスの感染による腎障害が原因となることも多い．

4.5.9. 眼の異常

4.5.9.1. アンモニア火傷

アンモニア火傷は，不衛生な飼育環境におけるアンモニアガスに露出された角結膜炎として認められる．発症鶏は，羽で頭やまぶたを擦る．発症鶏はまぶたを閉じて，動くのを嫌がる．角膜は灰色に曇り，爛れてくる．結膜の水腫や充血はあまり認められない．症状は主に両目に現れ，罹患鶏は食欲がなく，衰弱してくる．多くの鳥はアンモニア濃度が低下すると回復に向かう．アンモニア火傷は水分の多い鶏舎で良く見られる．

4. 5. 9. 2. 網膜異形成

網膜異形成は採卵鶏および肉用鶏に見られる，主に劣性遺伝子による遺伝病である．本病は孵化後数日あるいは5～7日齢で認められる．網膜異形成のひなは一般的にほかのひなに比べて小さく，目的もなく歩き回り，餌や水を見つけることができない．病すうの検眼鏡による検査では，乳頭反射の欠如と，正常な前部および後部節が観察される．盲目になる確率は1% 未満と低く，剖検では眼部に病変は認められない．病すうが数週間生存すると，網膜剝離，白内障，繊維形成および軟骨異形成が認められるようになる．プリマスロックとロードアイランドレッドの交雑鶏では，部分的な網膜異形成および変性を認め，2～5% のひなが盲目となる．この系統の鶏は，5～6 週齢で盲目を発症し，6カ月齢になるとほとんどの鶏は視覚刺激に反応しなくなる．

4. 5. 9. 3. 眼瞼結膜炎

七面鳥の飼育群において見られる疾病で，眼瞼の炎症を特徴とし，過剰な流涙と激しい場合は眼球破裂をもたらす．死亡率は高くないが，発生率は15～40% と高く，飼養効率の顕著な低下により多大な経済的損失をもたらす．白い泡状の物質が目じり前方に付着し，続いてチーズ様物が蓄積する．その後，まぶたが腫脹し，眼がその物質に覆われて閉じてしまう．結膜の潰瘍が全眼炎および眼球破裂の原因となる．原因は不明であるが，抗生物質およびビタミンA の投与，そして清潔で暖かい環境は症状を改善する．

4. 5. 9. 4. 採卵鶏の眼切痕症候群

採卵鶏の眼切痕症候群はケージ飼いの採卵鶏で広く見られる疾病である．最初は眼瞼下部の痂皮もしくは潰瘍が認められ，裂け目となって発達し，眼瞼の垂れ下がりが観察される．原因は未だ不明である．

4. 5. 9. 5. 肉用鶏の眼病

肉用鶏の眼病は22 週齢時に見られ，飼養鶏群の 2～3% で認められる．症状は部分的な盲目と羞明である．顕微鏡検査では，網膜変性と剥離で，初期の白内障も認められる．原因は明らかではないが，1日6時間の薄明かり照射で飼育されると発症する．

4.5.9.6. 肉用鶏の内眼球炎

瞳孔の不透明さ，白内障形成，網膜肥厚および剥離，そしてガラス体の縮小を特徴とした肉用鶏の原因不明な疾病である．顕微鏡検査では，眼球内の肉芽組織形成と視神経の萎縮である．

4.5.10. 卵管系器官の異常

4.5.10.1. 嚢状右側卵管

雌の鶏胎子は二つのミュレル管が発達して卵管となる．左のミュレル管は実用的な卵管へと発達し，右の管は退行する．もしこの退行が不完全で，一部が発達すると右の管が嚢状となる．この嚢状右側卵管は採卵鶏若鳥を解剖したときに普通に認められる．その大きさは小さいもので2cmから，液体を含み大きくなると直径10cm以上のものもある．小さなものはあまり影響はないが，大きいものは内臓に圧迫されて，腹部から垂れ下がる．

4.5.10.2. 仮性産卵

仮性産卵とは産卵行動は起こすものの産卵しないものである．そのような症状を示す鳥は，卵巣や卵管は正常であるが，排卵はするものの，卵が漏斗に落ち込まないものである．そのような鳥を解剖すると，過剰なオレンジ色の脂肪に覆われ，体腔には卵黄液もしくは卵黄の凝固物が認められる．これは若齢期の伝染性気管支炎ウイルス感染による障害であると考えられている．

4.5.10.3. 卵　墜

卵墜とは軟卵や普通卵が腹腔内に認められるものである．これは卵黄が卵管内で正常に発達するが，ある時点で逆方向の蠕動が起こり，卵を体腔内に落としてしまうことを示す．このような鳥は腹腔内に大量の卵を保有し，ペンギン様の姿勢をとる．

4.5.10.4. 卵管脱出

卵管は，しばしば多量の卵黄，アルブミン凝固物，卵殻膜および完全な卵を閉じ込めることがある．大量の卵黄様物質が卵管内に認められ，横断面は同心円状に現れる．

4.5.10.5. 卵遺残

卵遺残とは，卵が総排せつ腔内に留どまり産卵されないものである．原因は，卵管の炎症などで卵管括約筋の部分的麻痺もしくは産生された卵が大き過ぎることにより，物理的に産出ができないことによる．通常ではない大きな卵を産生することによる卵遺残が若い鳥では多い傾向にある．

4.5.10.6. 異常卵の産出と産卵低下

採卵養鶏にとって，卵質の低下と産卵率の低下は，日常よく見られる異常で，経済的に大きな損失をもたらす．この原因は多岐に及び，栄養の問題，飼養管理の問題，飼養環境問題および感染症などが考えられる．

4.5.11. 皮膚の異常

4.5.11.1. 接触性皮膚炎

脚の裏の皮膚，後部飛節皮膚もしくは胸骨重層皮膚において認められる皮膚のび爛で，英国，北米の七面鳥や英国，北米および豪州の肉用鶏で問題となっている．北米において，肉用鶏の大腿部皮膚に認められる潰瘍およびび爛は瘡蓋尻症候群として記述されている．この異常の共通点は，管理の悪い飼育鶏群の鳥で，接触の刺激により発病していることである．原因は飼養羽数が多過ぎること（過剰な飼育密度）や飼育日齢の超過，特殊な飼料の給与が考えられ，特に冬場に多く認められる．

4.5.11.2. 黄色腫症

黄色腫症は，皮下の半流動体黄色物質の集積を特徴とした1960年代に問題となった疾病である．最初に白色レグホーンで認められ，被害の大きな群では60%の発生率を示した．発症鶏の病巣は鮮やかな黄色で，活性があり，増殖している．肉垂はしばしば腫脹しており，胸部，腹部および羽毛の生えた脚部にも腫脹は認められる．腫脹はしばしば節状となり垂れ下がる．病変部は最初柔らかく波動し，ハチミツ色の液体を含んでいる．後に病変部は固くなり，異常な厚さの皮下組織にチョーク白色のコレステロール物質が散在する．原因はよく分かっていないが，黄色腫症を起こした組織は多量の炭化水素を含んでおり，炭化水素を含む飼料の多給が考えられている．

4.5.12. 環境性異常

4.5.12.1. 熱射病

養鶏業において飼養鶏は高温と高湿に特に弱い．鳥類は汗線を欠くので，体温を下げる唯一の方法は，口を開けて激しく呼吸することもしくは羽を広げ，両側に垂れ下げることくらいである．あまり体温が上昇すると，鳥は弱り，呼吸不全，循環障害，代謝不全などにより死亡する．熱射病の鳥の対策としては，体全体を水に浸すか，スプレーで吹き付けるかする．また鶏舎内の空気の循環を良くするために，扇風機を最大風速で回したりする．それと同時に鶏舎床面，壁面，天井および屋根にホースで水をかけ，十分に飲水を与える．熱射病を未然に防ぐ対策として，特に暑熱地域で鳥を飼育する場合は，適当な換気システムの設置，鶏舎の白色塗装，アルミニウムで覆って太陽熱を吸収しないように設計したりする．特に暑くなる地域や時期には，霧の発生装置やスプリンクラー設置も必要となる．

4.5.12.2. 窒　息

鳥の窒息は主に，過剰な飼育羽数や飼育スペースの角に積み重なったりした時に起こる．一般に鳥が新しい飼育場所に移された時に起こり易く，恐怖心によるものや，若鳥が寒がった時にも起きる．発生は主に夜間で，健康な鶏群に起こり易い．ひなの窒息は，ひなを詰めた箱に空気穴が十分空いてなかったり，箱を積み上げ過ぎる箱の空気が循環しないような状態になった時に起こる．死亡鶏の病変はあまり特徴的ではないが，ブロイラーや成鶏では気管支や肺の充血，踏みつけられたことによる羽の脱落が認められる．窒息を防ぐには，新しい飼育場所に移した時，波状の段ボールで丸く囲い，角に集まらないようにして，成長につれて段ボールの囲いを広げていくのが良いとされている．新しく鶏を導入した時は，薄暗い明かりやランタンでの夜間の細やかな観察が重要である．

4.5.12.3. 脱水症

脱水症は鳥が飲み水を見つけられなかったり，飲み水までたどり着けなかったり，凍結防止用のヒーターによる電気的負荷の超過から，給水器が止まって飲み水が供給できなかった場合に起こる．鶏は水なしで数日間は生きることはできるが，水の供給が止まり 4〜5 日目から死亡する鳥が認められ，死亡鶏のピークは 5〜6 日目である．水が供給されると突然治まる．脱水症の後半には，鳥は無力でピーピーと鳴き，日齢に比べて小さく，萎んで脚の皮膚はシワだらけである．病変は，胸筋の乾燥および暗色化，腎臓や血液も暗色で，尿管への尿酸塩の沈着も認められる．予防法は，給水器は台の上に置かず，鶏が活動する場所の端の方に直に設置する．小さな給水器から大きな給水器に代える場合や自動給水器に代える場合は，急に交換せず今まで使っていた物をそのまま配置して，徐々に馴らすようにする．

4. 6. 馬の一般疾病

馬は元来，乾燥した草原で集団生活し，イネ科などの植物を食べながら広範囲を移動する動物である．視覚を始めとする感覚は鋭敏で，大量の草を消化するために大腸を中心にした消化器が発達し，速くかつ長時間走るために下肢部は丈夫な骨と腱で構成されている．したがって人やほかの家畜と共通する疾病がある一方で，このような特徴に基づく馬特有の疾病も多い．また，馬は家畜として多様な用途に用いられており，その目的ごとの品種改良が進められた結果，それぞれの品種や用途に特徴的な疾病もある．

4. 6. 1. 消化器の疾病

馬は草食動物であるが，牛やめん羊などの反すう獣とは異なり，胃を一つしか持たず，粗飼料の消化と吸収は主に大きく発達した盲腸と結腸で行われる．また空腸およびそれを吊るす腸間膜は長く，空腸は比較的自由に腹腔内を動く．このような構造的特徴にも関連して，馬は消化器疾病を起こし易い家畜である．特に競走馬や競技馬などに課せられる強い運動，あるいは逆に極端な運動不足や濃厚飼料の多給などは，しばしば消化器疾病を誘発する．

4. 6. 1. 1. 歯の異常

原　因：乳歯から永久歯への生え換わりが上手くいかない（脱換異状），上顎歯の外側や下顎歯の内側が斜めに尖る（斜歯），酸による歯の脱灰と細菌感染（う歯，歯槽骨膜炎，歯瘻）など．

症　状：食欲不振，流涎，咀しゃく困難，口内炎など．歯槽骨膜炎や歯瘻では発熱，頭部の腫脹，排膿が認められることもある．

予防・対策：脱換異状と斜歯は症状から早期に発見し，抜歯や鑢削を行う．う歯は抜歯するが，歯槽骨膜炎に進行していれば抗菌剤による治療を，さらに歯瘻に進行している場合は外科的治療を追加する．

4. 6. 1. 2.　咽頭炎

原　因：呼吸器感染による喉頭炎に併発して起こることが多い．また，刺激物の誤嚥などによることもある．

症　状：食欲不振，嚥下困難など．重症例では流涎や鼻孔からの嚥下物逆流が見られることもある．内視鏡で咽頭部の炎症が確認できる．

予防・対策：原因となる感染を予防し，飼料や水は品質の良いものを与える．治療は刺激物を与えないようして炎症部位へヨード剤を塗布する．感染症の場合はその治療を行う．

4. 6. 1. 3.　食道梗塞

原　因：大きな固形物の丸呑みや，飼料を十分に咀しゃくしないまま大量に摂取することで，食塊が食道の途中で停滞する．競走馬では，レース直後で馬が水分を十分にとる前に乾草を与えると発症することがある．

症　状：採食中に突然，苦悶の表情を呈して採食を中止し，腸の蠕動がなくなる．しばしば大量の流涎や鼻孔からの嚥下物の逆流が認められる（**図 4-10**）．経鼻カテーテルを食道へ挿入して梗塞を確認する．

予防・対策：固形物は大きなまま与えないようにする．運動後は水を十分に与え，呼吸が落ち着いてから飼料を与えるようにする．治療は，経鼻カテーテルで食道内の食塊を除去するが，軽度であれば水を飲ませることで詰まった食塊が通過することもある．

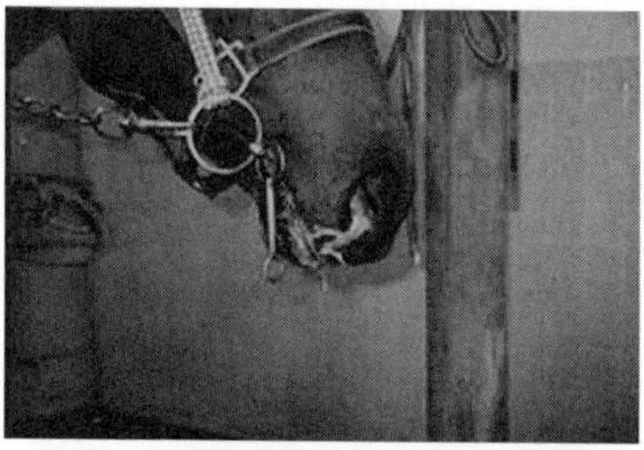

図 4-10　食道梗塞（鼻孔からの嚥下物の流出）（JRA 原図）（CD 収録）

4. 6. 1. 4.　胃潰瘍

原　因：ストレスや濃厚飼料の過剰摂取による胃酸や消化酵素の過剰分泌など．子馬では消化器感染症による腸蠕動の異常が誘因となることも多い．ウマバエ幼虫などの寄生虫感染症でも起こる．

症　状：通常は軽度の食欲不振と元気消失（競走馬では運動能力の低下）が主である．重度になると疝痛症状を呈し，子馬では胃穿孔に至ることもある．胃内視鏡で潰瘍を確認する．

予防・対策：原因の除去が治療になり，また予防にも繋がる．プロトンポンプインヒビターに高い治療効果が認められる．

4.6.1.5. 疝　痛

原　因：疝痛とは腹部に疼痛が認められる状態を指す用語だが，病名としても一般に用いられている．その種類は，過食疝，便秘疝，痙れん疝（腸蠕動の異常な亢進），風気疝（腸内でのガス停滞），変位疝（腸の捻転，絞扼，重積など），寄生疝（前腸間膜根部での円虫感染）など，胃腸の疾病がほとんどである．馬は疝痛を起こし易い家畜であるが，その原因として，①胃が小さくかつ噴門部の括約筋が発達して嘔吐ができない，②腸管膜が長く腸が腹腔内で比較的自由に動く，③腸の形態が部位により著しく異なるため内容物が停滞し易い，④腸管に分布する末梢神経が鋭敏である，⑤円虫感染による寄生性動脈瘤ができ易い，⑤強いストレスあるいは濃厚飼料の多給などの極端な飼養管理下に置かれることがある，などが挙げられる．

症　状：食思がなくなり（好物を口元に持っていっても食べようとしない），腸の蠕動運動が異常になり（変位疝では廃絶，痙れん疝では亢進，風気疝では有響音など），腹部の痛みを示す様子や動作（発汗，挙動不審，前掻き，横臥と起臥の繰り返しなど）が認められる（**図 4-11**）．重症例では発熱，心拍や呼吸の亢進，血液濃縮などが起こる．

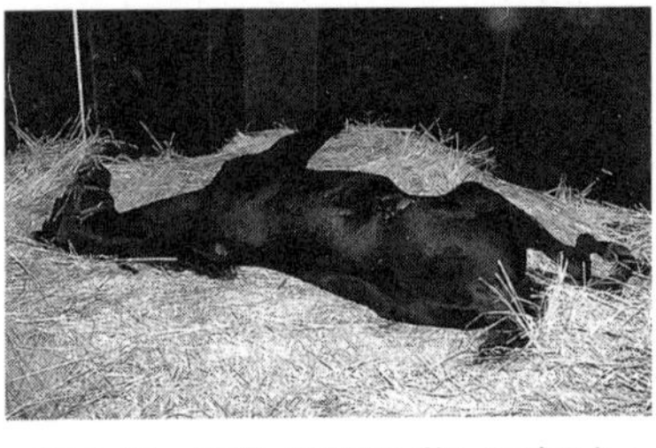

図 4-11　疝痛（腹部の激しい痛み）
（JRA 原図）（CD 収録）

予防・対策：適切な飼料給与と日常の適度な運動が予防に繋がる．治療は，症状の程度や疝痛の種類に合わせて，絶食，軽度の運動，浣腸，鎮痛剤投与，下剤投与，腸蠕動亢進剤の投与，脱水の対処療法などを行う．変位疝では開腹手術が必要になる．

4.6.1.6. 下　痢

原　因：軽度の下痢はストレスや消化不良などで認められるが，感染症あるいは抗菌剤の副作用で起こる下痢は重症化し易い．子馬は腸内細菌叢の成立が未熟なため，しばしば下痢を起こす．

症　状：軟便から水様性下痢までさまざま．腸炎があると血液を混じる．ほ乳期の子馬に見られるロタウイルス感染症では白い下痢（白痢）になる．

予防・対策：感染症の場合は，伝染を防止しながら治療を行う．抗菌剤が原因と考えられる場合はその投与を中止する．重度の下痢では脱水に対する対処療法が必須．抗菌剤あるいは止瀉薬の投与は，使い方を誤るとむしろ悪化させる可能性があるので慎重に判断する．

4.6.1.7. X（エックス）大腸炎

原　因：発症メカニズムには不明な点も多いが，ある種の抗菌剤投与や長時間の全身麻酔あるいは輸送などが引き金となることがある．腸内細菌叢の乱れに乗じて *Clostridium difficile* が増殖し，この菌が産生する毒素により腸粘膜に壊死が起こることが，発症のメカニズムの一つとして知られている．

症　状：発熱と疝痛症状を伴う下痢（軟便から水様性）が認められ，しばしば循環障害やショック症状を伴ってへい死する．下痢便は腐敗臭に似た独特の臭気がある．へい死馬を病理解剖すると，盲腸を中心とした大腸の粘膜に広範な壊死が起こっている．

予防・対策：本症を起こし易い抗菌剤の使用は原則として避ける．また，全身麻酔下での長時間手術や長距離の輸送を行う際には，早期診断と迅速な治療体制を予め整えておく．治療は循環障害とショックに対する対処療法を主体に，救命的な治療を優先して行う．

4.6.2. 呼吸器の疾病

馬の呼吸器疾病は，感染症のほか通気の悪い馬房での飼育や馬運車で長時間輸送などが誘因となることも多い．その症状は軽度の鼻炎から重度の肺胸膜炎までさまざまであるが，競走馬や競技馬などでは軽度であっても運動能力の発揮に悪影響が出る．なお，馬は解剖学的にほかの家畜にはない喉嚢を有している．

4.6.2.1. 鼻　炎

原　因：ウイルスや細菌など病原微生物の感染によって起こる場合が多い．アレルギーあるいは吸気中の刺激物による鼻粘膜のダメージは，微生物感染の誘因となる．

症　状：鼻粘膜の炎症，鼻漏など．重症例では鼻腔の狭窄や呼吸障害などを起こす．

予防・対策：安静にし，原因微生物に合わせた抗菌薬の投与と対処療法を施す．

4.6.2.2. 副鼻腔炎

原　因：副鼻腔は，眼の上から前方に位置する頭骨に囲まれた空洞で，鼻腔の側方と連絡している．副鼻腔炎は主に細菌や真菌の感染により起こるが，アレルギー性に発症することもある．また，しばしば悪化して蓄膿症を発症する．

症　状：副鼻腔から鼻腔への持続的な排膿，発熱など．排膿が阻害された場合は副鼻腔内に膿が貯留して鼻梁の変形が起こる．

予防・対策：副鼻腔炎は，鼻炎や歯槽骨膜炎などの感染から波及して起こることが多いので，それら疾病の適切な治療が予防に繋がる．治療は炎症部位の洗浄や抗菌剤の投与を行うが，蓄膿が進んでいる場合は外科手術により溜まった膿汁を排出する．

4.6.2.3. 鼻出血

原　因：①重度の鼻炎や副鼻腔炎あるいは鼻腔周囲の創傷や打撲による出血，②真菌の感染による喉嚢粘膜下の動脈破綻（喉嚢真菌症），③運動による肺からの出血（運動性肺出血：EIPH）などに分けられる．

症　状：①では少量の出血が，しばしは片側性に認められる．②は馬房内で飼育されている馬に発症し，安静時に大量の鼻出血を突然起こすこともある（図 4-12）．③は競馬などの激しい運動中もしくはその直後に，しばしば両側性の鼻出血として認められる．

予防・対策：①は原因となる炎症や損傷の治療，必要により止血剤や抗菌剤の投与を行う．②の予防は困難だが，馬房の通気性を高め，原因となる真菌の付着が少ない敷料や乾草を使うことで予防効果が期待できる．治療は安静にして止血剤を投与するが，出血が激しい，あるいは続く場合には，全身麻酔下で

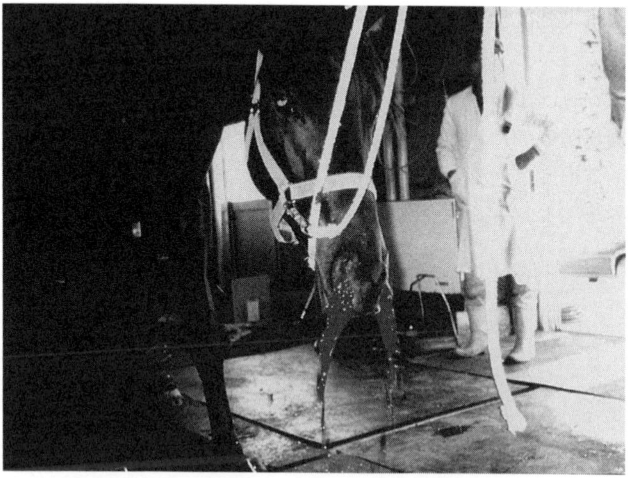

図 4-12　喉嚢粘膜下の動脈破綻による鼻出血
（山口俊男氏提供）（CD 収録）

破綻した動脈の結紮や栓塞手術を行う．③では安静にして必要により止血剤を投与し，激しい運動を一定期間控えることで再発を防止する．

4.6.2.4.　喉嚢炎

原　因：喉嚢は，馬など奇蹄目の動物に特有に存在する器官で，中耳と咽頭鼻部を結ぶ耳管の途中が大きく膨らんだ「憩室」である．喉嚢炎には，細菌感染症と真菌感染症（喉嚢真菌症）とがある．細菌感染症では *Streptococcus equi subsp. zooepidemicus* による自発性感染が最も多いが，伝染病である腺疫（*Streptococcus equi* subsp. *equi* 感染症）にも注意が必要である．喉嚢真菌症は，馬房で使う敷料や乾草に付着した真菌（特に *Emericella nidulans*）の胞子が吸気と一緒に喉嚢内へ侵入し，喉嚢粘膜下を走行する内頸動脈や外頸動脈などに感染して動脈の破綻を起こす．

症　状：細菌感染症では膿汁の排出や蓄膿などだが，腺疫では膿中の菌がほかの馬に感染するので，扱いに注意を要する．喉嚢真菌症は，動脈出血に起因する鼻出血が起こって初めて発見されることが多く，感染馬は馬房内で突然に大量の鼻出血を起こすこともある．

予防・対策：細菌感染症では鼻炎や副鼻腔炎なの上部気道疾患から継続発生することがあるので，それら前駆疾病の治療が予防となる．治療は抗菌剤の投与などを行うが，蓄膿症になっている場合は内視鏡を使った喉嚢洗浄が必要である．喉嚢真菌症では止血剤の投与や内視鏡を使った喉嚢内の消毒と抗真菌剤投与にもある程度の治療効果は期待できるが，重症例では全身麻酔下で動脈の結紮や栓塞手術を行う必要がある．

4.6.2.5. 喉頭炎

原　因：細菌やウイルスの感染による．またその誘因として，運動や輸送などによる喉頭粘膜の損傷が考えられる．

症　状：鼻汁や咳など．比較的重症例では，喉頭部を外から手で圧迫すれば発咳が誘発される．正確な診断には，内視鏡を使って喉頭部の発赤や粘液の付着を確認する必要がある．

予防・対策：中等度以上の炎症があれば，抗菌剤や抗炎症剤の局所投与（吸入療法）もしくは全身投与を行う．

4.6.2.6. 気管支炎

原　因：急性の気管支炎は，細菌あるいはウイルスの感染により起こる．扁桃に常在する *Streptococcus equi* subsp. *zooepidemicus* が輸送や呼吸器ウイルス感染症に誘発されて増殖し，自発性感染を起こすことも多い．慢性の気管支炎は，環境中のカビや粉塵によるアレルギー性のものが多い．

症　状：咳や鼻汁など．重度になると発熱を伴う．

予防・対策：馬房など環境の改善は，アレルギー性炎に対する予防効果が期待できる．治療は，抗菌剤，去痰剤，消炎剤の投与を行う．アレルギー性の場合は抗アレルギー剤や気管支拡張剤を用いる．

4.6.2.7. 肺　炎

原　因：多くは，細菌あるいはウイルスの感染による．ウイルス感染症や長時間の輸送は，*Streptococcus equi* subsp. *zooepidemicus* などの常在細菌による自発性感染をしばしば誘発する．

症　状：発熱（高熱が継続），食欲不振，元気消失などを呈し，しばしば長期化あるいは重篤化する．咳や鼻汁などの症状は見られないこともある．聴診により呼吸に伴う肺の異常音が聴取される．確定診断には，気管支内視鏡検査が有効である．血液検査も補助診断として有用である．

予防・対策：ウイルス感染症に対しては，ワクチン接種が予防になる．細菌による自発性感染症に対しては，ウイルス感染症の予防や早期治療あるいは輸送環境の改善などに予防効果が期待できる．治療は安静にして内科的治療を行うが，細菌感染による場合は，原因菌を対象にした徹底的な化学療法が必要である．感染部位によっては，気管支内視鏡を用いた気管支洗浄に治療効果が期待できる．

4. 6. 2. 8. 胸膜炎

原　因：肺炎から継発することが多い．*Streptococcus equi* subsp. *zooepidemicus* などによる細菌性肺炎が進行して感染が肺胸膜に及ぶと，病態が一気に悪化する．そのほかには外傷性などがある．

症　状：重篤な肺炎の症状に加えて，胸水の貯留が認められる．呼吸は浅速となり，胸部の打診痛を示す．画像診断で胸水の貯留が確認できる場合もある．

予防・対策：予防には，肺炎の早期診断と治療が重要である．治療は徹底した化学療法を行うが，胸水が大量に貯留している場合は胸腔穿刺術により除去する．しばしば予後が悪い重篤な疾病である．

4. 6. 3.　血液・循環器の疾病

サラブレッドは，より速く走らせることを目指して改良を進めた品種であり，循環器系の機能は著しく発達している．その一方で心臓疾患など疾病も多い．

4. 6. 3. 1.　貧　血

原　因：外傷，鼻出血，分娩時の生殖器動脈破綻などによる多量の出血．新生子黄疸などによる溶血．馬伝染性貧血などの血液感染症，中毒など．

症　状：眼結膜など可視粘膜の蒼白や黄疸を呈する．急性例では頻脈や呼吸速迫などが，また慢性例では削痩や浮腫が認められる．診断には血液検査が必須である．

予防・対策：予防や根本的な治療法はそれぞれの原因によって異なるが，重度の貧血には対処療法として補液や輸血を行う．

4. 6. 3. 2.　黄　疸

原　因：黄疸の症状は中毒や血液感染症でも見られるが，馬では新生子黄疸がしばしば認められる．これは，母馬と子馬との間の血液型不適合によるもので，母馬の初乳中に子馬の赤血球に対する抗体が含まれていることが原因である．

症　状：新生子黄疸は，初乳を飲んだ子馬がその直後に発症する．可視粘膜の黄疸，血色素尿，起立困難などの急性かつ重度の黄疸・貧血症状を示す．

予防・対策：新生子黄疸には，母馬と父馬の血液検査を事前に行うことで発症の予測を行う方法もあるが，確率が悪く実用性に乏しい．発症後迅速に輸血を行う方法が最も効果的で，輸血にはユニバーサルドナー（どんな子馬にも血液型不適合を起こさない血液を持った馬）の血液，もしくは母馬の血液から赤血球だけを分離した赤血球浮遊生理食塩水が使われる．

4.6.3.3. 白血病

原　因：馬では，ほかの家畜に認められるような感染性の白血病は確認されておらず，白血病自体が稀だが，その中ではリンパ肉腫が多い．

症　状：削痩，浮腫，脱毛など．リンパ肉腫ではリンパ節の腫大．血液検査で幼弱な白血球を確認する．

予防・対策：予防・治療法ともに確立されていない．

4.6.3.4. 免疫不全症

原　因：移行抗体伝達不全，複合型免疫不全症，無免疫グロブリン血症などがあるが，実際に問題となるのは移行抗体伝達不全である．それ以外では遺伝性の疾病がきわめて稀に認められる．移行抗体伝達不全は，初乳中の免疫グロブリン量の不足や子馬の初乳摂取量の不足あるいは子馬の腸管における吸収上皮細胞の異常などが原因となって，母馬の抗体が子馬へ十分に移行しなかった場合に発生する

症　状：感染症に対する抵抗力の不足．生後 1 カ月を過ぎて子馬自身が抗体を産生できるようになるまでの間，弱毒性の病原体による日和見感染症を含むさまざまな感染症に罹り易い．血液検査で免疫グロブリン量の不足を確認することができる．

予防・対策：生後 24 時間以内に免疫グロブリンを十分に含んだ初乳を子馬に摂取させる．漏乳などが原因で母馬初乳中の免疫グロブリン量が不足している場合は，ストックしておいた凍結初乳を与える．また，授乳拒否の場合は搾

乳して子馬に与える．いずれの場合も生後24時間以内に行わなければならない．また，結果として移行抗体伝達不全に至った場合は，臍帯消毒などの感染症対策を徹底することで細菌感染の機会をできるだけ減らすとともに，朝夕の検温を始めとした健康観察をこまめに行うことで，感染症の早期発見に努める．

4.6.3.5. 敗血症

原　因：病原細菌が循環血液中で増殖した状態．移行抗体伝達不全を始めとする免疫疾患や，重篤な疾病の末期などに見られる．

症　状：発熱，食欲不振，元気消失など，しばしば重度の全身症状を示す．

予防・対策：治療は，抗菌剤を全身投与する．

4.6.3.6. 熱射病

原　因：体の熱が過剰に産生された場合，あるいはその放散が十分できない場合に起こる．夏に激しい運動を行った時や，水分摂取量が不足した際に起こり易い．

症　状：呼吸促迫，発熱，元気消失，発汗の減少などを呈する．

予防・対策：涼しい場所で水道水を連続してかけるなどして，体温を下げる．補液を行ったり水（できればアイソトニック飲料）を飲ませて，水分を補給する．

4.6.3.7. ショック

原　因：臓器への血液供給量が急速に減じた結果，生命維持に必要な諸機能が著しく抑制された状態をショックと呼ぶ．その原因はさまざまだが，大量の出血（外傷や喉嚢真菌症など）や溶血（新生子黄疸など）による循環血液減少性ショック，重度の敗血症や消化器疾病（X大腸炎など）によるエンドトキシンショックなどがあり，馬で時おり見られる．

症　状：頻脈，呼吸速迫，低体温（あるいは発熱），意識低下，血圧の低下などを呈する．

予防・対策：補液と糖質コルチコイドのほか，強心剤，抗菌剤などを投与する．いずれにしても救命的な措置を行う．

4.6.3.8. 内分泌系疾病

原　因：ホルモン分泌の異常（過剰もしくは低下）が継続する疾病で，馬では稀である．クッシング症候群（腫瘍などが原因で起こる下垂体機能亢進），アジソン病（副腎皮質の慢性退行性疫病．自己免疫の関与が疑われている），インスリン抵抗性（高カロリー食の多給などによる血糖値の上昇）などがある．

症　状：多飲多尿・元気消失・被毛の長毛化（クッシング症候群），食欲不振・沈うつ・筋力低下（アジソン病），過食・肥満・蹄葉炎（インスリン抵抗性）などを示す．

予防・対策：クッシング症候群は治療例の報告がない．アジソン病は，副腎皮質ホルモンの投与．インスリン抵抗性は，低カロリー食による食事療法と運動を行う．

4.6.3.9. 不整脈

原　因：脈拍あるいは心電図に異常が認められる状態を指す．心臓疾患により起こる．

症　状：無症状から突然死に至るものまでさまざまだが，競走馬にはしばしば認められる．

予防・対策：競走馬の心房細動では，発症後のできるだけ早い時期に硫酸キニジンやフレカイニドなどを投与して治療を行う．

4.6.3.10. 心臓疾病

原　因：サラブレッドは，遺伝的素因などに運動の負荷が誘因となってさまざまな心臓疾患を発症することがある．そのほかでは細菌感染による心内膜炎や心筋炎などが稀に起こる．

症　状：不整脈（心房細動，房室ブロック，洞性不整脈，洞房ブロック，期外収縮，発作性頻脈），心雑音（心内膜炎），突然死（心不全）などが見られる．

予防・対策：心房細動では硫酸キニジンやフレカイニドなどの投与を行う．細菌感染症には抗菌剤の全身投与を行うが，完治させるのは難しい．

4.6.3.11. 血管疾病

原　因：馬に見られる血管疾病には，普通円虫幼虫の前腸管膜根部への感染（寄生性動脈瘤），細菌感染（血栓，血管炎），真菌感染（喉嚢真菌症）などがある．また分娩時に認められる子宮動脈の破裂は，加齢がリスク因子の一つである．

症　状：疝痛（寄生性動脈瘤），発熱・敗血症・ショック（細菌感染），鼻出血（喉嚢真菌症），突然死（動脈破裂）などが見られる．

予防・対策：感染症の場合は抗菌剤の投与し，そのほかに，それぞれの原因に応じた予防および治療を行う．

4.6.4. 泌尿・生殖器の疾病

馬は泌尿器系の疾病が比較的少ない動物である．一方，生殖器の機能および構造にはほかの家畜と異なる特徴もあり，馬に特有の生殖器疾病も多い．ここでは，泌尿器疾病についてのみ記載し，生殖器疾病については第 3 章繁殖衛生 3.3. 馬の繁殖衛生の項に記載する．

4.6.4.1. 腎　炎

原　因：馬では比較的少ない疾病であるが，細菌感染によって起こることがある．移行抗体不全症の子馬では，しばしば敗血症に伴う化膿性腎炎を発症する．

症　状：発熱，元気消失，尿性状の異常などを呈する．

予防・対策：細菌感染が疑われる場合は抗菌剤の全身投与を行う．予後は悪いことが多い．

4.6.4.2. 膀胱炎

原　因：稀な疾病であるが，発症例では細菌感染が原因となっている場合が多い．馬鼻肺炎による神経障害や尿道の外傷が排尿障害をもたらし，その結果，膀胱炎を発症することもある．

症　状：排尿の量や回数の異常，尿性状の異常，疝痛症状などを呈する．

予防・対策：細菌感染が疑われる場合は，抗菌剤の全身もしくは局所への投与を行う．

4.6.4.3. 血　尿

原　因：腎臓以下の尿路（腎臓，尿管，膀胱，尿道）に炎症や外傷あるいは腫瘍がある場合に起こる．

症　状：血尿とは尿に赤血球が混じる状態をいい，赤色の尿を静置もしくは遠心すると赤血球の沈殿が認められる．一般症状は血尿を起こす原因によってさまざまである．

予防・対策：細菌感染が疑われる場合は抗菌剤を投与し，根本的な治療はその原因に応じて行う．

4.6.4.4. 血色素尿

原　因：循環・造血器で赤血球が大量に破壊されることによって起こる．主な原因は，馬伝染性貧血や馬ピロプラズマ病などの血液感染症，新生子黄疸などである．

症　状：血色素尿とは尿に血色素（ヘモグロビン）が混じる状態をいい，赤色の尿を静置もしくは遠心しても赤血球の沈殿が認められないことで，血尿と区別することができる．

予防・対策：それぞれ原因に応じた治療を行う．

4.6.4.5. 筋色素尿

原　因：濃厚飼料を多給する競走馬や使役馬などで，急激な運動を課した際やその翌日に認められることが多い．発症のメカニズムは未だ不明だが，広範囲に骨格筋の損傷が起こっているのが特徴である．

症　状：筋色素尿とは尿に筋色素（ミオグロビン）が混じる状態をいい，赤色に染まった尿は見かけ上は血色素尿と区別できない．原因の項に記載した発症の背景や「すくみ」あるいは「Tying up syndrome」と称される運動障害の症状から臨床的に診断することができる．血液検査では骨格筋損傷の指標となる酵素値の著しい上昇が認められる．

予防・対策：競走馬では未調教の若馬や長期休養後の馬に急激な運動を課さないことが予防に繋がる．治療は休養と補液を中心に行うが，重度の場合には抗炎症剤を投与することもある．

4.6.5. 感覚器の疾病

馬はほかの家畜に比べても感覚器が鋭敏であり，競走馬や競技馬あるいは乗用馬では感覚器の異常がその用途に重大な支障を及ぼす．また，神経や眼の疾病の中には，馬の品種や用途に関連して特徴的に発症するものもある．

4.6.5.1. 蕁麻疹

原　因：アレルゲンとの接触やその摂取によるI型過敏反応として起こることが多いが，化学物質や日光が原因となって生じることもある．ゲタウイルス感染症でも全身に蕁麻疹が見られる．

症　状：しばしば突然かつ多数，皮膚に境界の明瞭な丘疹が発現する（図4-13）．全身に出ることも多く，鼻端や内股では浮腫を起こすこともある．時に掻痒感を伴う．鼻端の浮腫が重度になると，鼻孔を塞いで呼吸を妨げることがある．

予防・対策：原因が特定されることは少なく，予防は困難である．治療は抗ヒスタミン薬の投与が効果を示す．

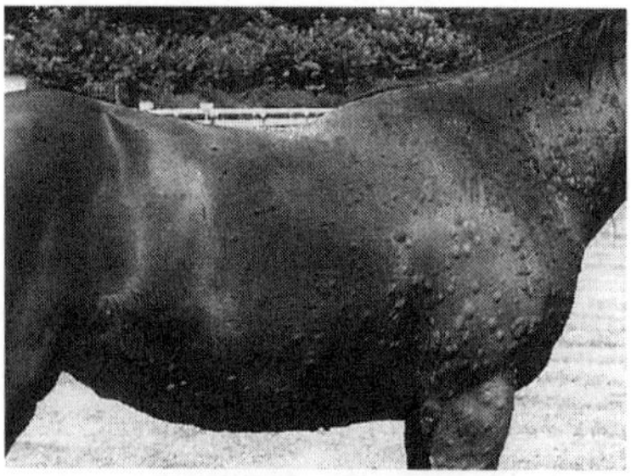

図 4-13　蕁麻疹（JRA 原図）（CD 収録）

4.6.5.2. 皮膚炎

原　因：馬具や器材の不適切な使用による物理的刺激，消毒薬や薬剤などによる化学的刺激，感染症などである．

症　状：丘疹，脱毛，滲出液，潰瘍，化膿などを呈する．

予防・対策：馬の皮膚は鋭敏で，特に不潔になり易い下肢部は清潔に保ち乾燥させておくことが予防に繋がる．治療は原因となるものを取り除いたうえで清潔に保ち，回復を待つ．必要により抗菌剤や抗炎症剤を使用する．

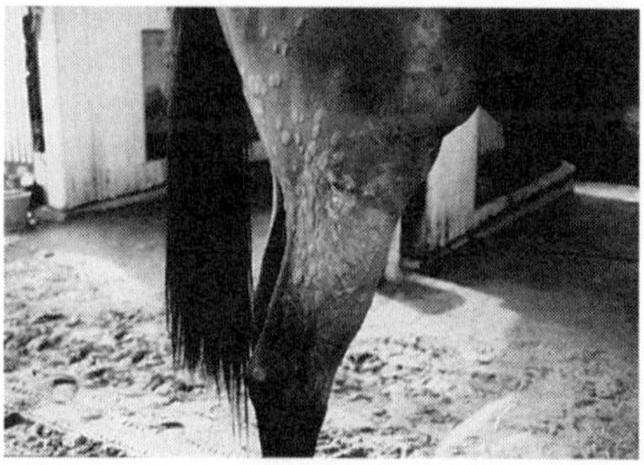

図 4-14　皮膚糸状菌症（JRA 原図）（CD 収録）

4.6.5.3. 乳頭腫

原　因：パピローマウイルスによる皮膚の感染症である．

症　状：小さなイボ状の腫瘤が多数，鼻孔周囲や口唇などに発生する．若馬に多く，自然治癒することが多い．

予防・対策：道具などの共用を避け，周囲の馬への伝染を予防する．治療は通常行わないが，大きいものは凍結させて除去することもある．

4.6.5.4. 皮膚糸状菌症

原　因：Trichophyton 属や Microsporum 属などの真菌が，毛根部などに感染する伝染性の疾病である．

症　状：被毛の脱落と落屑が主な症状．最初は大豆大の丘疹が認められ，やがて脱毛が始まって同心円状にその大きさを増す（**図 4-14**）．痛痒感を伴うこともある．

予防・対策：馬具などの共用を避けて，ほかの馬への伝染を防止する．通常

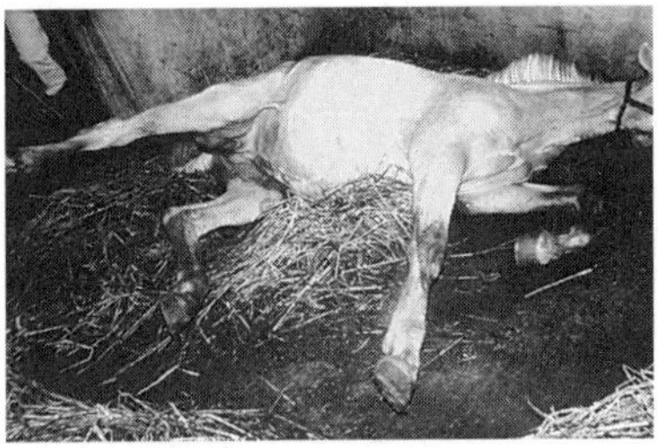

図 4-15　ウイルス性脳炎による遊泳運動（JRA 原図）（CD 収録）

は自然治癒を待つが，消毒薬による洗浄を行って積極的な治療を試みることもできる．

4.6.5.5.　脳脊髄炎

原　因：ウイルス，細菌，寄生虫などによる感染症などの場合がほとんどである（個別の原因は第 5 章 5.5. 馬の感染症の項に記載する．）．

症　状：脳炎では，発熱，興奮もしくは沈うつ，意識低下などが，また脊髄炎では，炎症部位と関連する運動機能に障害が認められる（図 4-15）．

予防・対策：日本脳炎はワクチン接種により高い予防効果が期待できる．治療は難しいが，脳炎では対処療法として鎮静剤や脳圧降下剤あるいは抗炎症剤を投与する．抗菌剤は脳脊髄への移行性が高いものを選択する．

4.6.5.6.　腰　痿

原　因：頸椎における脊柱管の狭窄（ウォブラー症候群），打撲などの外傷，ウイルス・細菌・寄生虫による感染症などがある．

症　状：軽度の歩様異常から中等度の腰ふら，重度では起立困難．筋肉の萎縮が認められることもある．

予防・対策：治療は保存療法を主体に行うが，完治させることは難しい．

4.6.5.7.　橈骨神経麻痺

原　因：全身麻酔下で長時間手術を行った際に，下側の橈骨神経に麻痺が起こることがある．そのほかでは打撲や転倒によって発症することもある．

症　状：麻痺を起こした側の前肢を十分に伸張することが困難となり，歩かせると負重の瞬間に肘関節が沈下して蹉跌もしくは転倒する．

予防・対策：患部のマッサージや針治療などに治療効果を認めるが，機能を十分に回復させることが困難な場合が多い．

4.6.5.8.　鶏　跛

原　因：ブタナの摂取（オーストラリア型）あるいは外傷性（北米型）である．

症　状：あたかも鶏のような，過度に飛節を屈曲させる歩様を呈する．

予防・対策：オーストラリア型では放牧地のブタナを除草する.

4.6.5.9. 創傷性角膜炎

原　因：競走馬で頻繁に起こる疾病であり，競走中に前を走る馬が蹴り上げた砂が眼に飛び込んで角膜に損傷を与える．細菌感染により進行して角膜穿孔に至ることもある.

症　状：流涙，眼瞼の浮腫，結膜炎，羞明感（強い光をまぶしがる)，眼が開かないなどの症状が見られる．感染が進むと失明することもある.

予防・対策：競走後に眼の洗浄を十分に行い，その後は良く観察して上記の症状が見られたら早めに治療を行う．治療はまず眼帯を装着して眼を「擦らせないよう」にし，暗くした馬房内で安静に保ちながら点眼剤による治療を行う．本症の治療は根気強く続ける必要がある.

4.6.5.10. ブドウ膜炎

原　因：馬では，病原性レプトスピラを始めとする細菌による感染症が大半である．外傷や打撲などによる角膜炎から続発することもある.

症　状：眼瞼痙れんによって表される眼痛のほか，縮瞳，前眼房水の濁り，繊維素の析出，蓄膿，出血などを呈する．病原性レプトスピラ感染症では，しばしば炎症の悪化と回復を周期的に繰り返すため，月盲あるいは回帰性ブドウ膜炎と呼ばれている.

予防・対策：治療には抗菌剤のほかに抗炎症剤や散瞳剤などが用いられるが，完治させるのは困難である.

4.6.5.11. 結膜炎

原　因：感染症や紫外線刺激，ほかの眼疾病にしばしば続発する.

症　状：眼結膜の充血と浮腫を呈する.

予防・対策：抗菌剤および抗炎症剤の投与する.

4.6.5.12. 白内障

原　因：加齢性のほか，先天性やブドウ膜炎に続発して起こる.

症　状：水晶体の白濁が認められる.

予防・対策：感染症がないなど一定の条件を満たせば，水晶体破砕法による外科的治療も可能である.

4.6.6. 運動器の疾病

全力疾走や跳躍など激しい運動を行う競走馬や競技馬は，しばしば運動器疾病を発症する．下肢部に起こる関節炎や腱炎あるいは骨折は，発症した馬の用途に重大な支障を及ぼすばかりでなく，時に致命的となることもある．蹄にもさまざまな疾病が認められ，獣医師や装蹄師の指導下で適切な日常管理を行うことが大切である．

4.6.6.1. 骨　折

原　因：競走馬の骨折の多くは，競走あるいは調教中に下肢部の関節面で起こる．走ることによって骨に著しく強い，あるいは不自然な方向に力がかかることが直接の原因であるが，骨折の起点となった部位にはしばしば局所的な軟骨下骨壊死巣とその周囲の海面質の骨硬化が認められ，骨折発症の素因になると考えられている．運動以外では，転倒や打撲で骨折することもある．年齢や用途あるいは品種に特徴的な骨折としては，子馬の尺骨頭骨端線骨折，調教を始めた初期の若馬に起こる管骨罅裂(かれつ)骨折，ウエスタンホースの第二指骨骨折などがある．

症　状：骨折の程度や場所により症状はさまざまであるが，跛行などの歩様異常，患肢の免重，局所の帯熱・腫脹・圧痛などが認められる．診断はレントゲン撮影を行い，骨折線を確認する（**図 4-16，図 4-17**）．

予防・対策：予防は難しいが，軽度の骨折をそのまま放置したり，あるいは完治しないうちに運動を再開すると，重度の骨折や再骨折に繋がることがある．治療はギプスによる固定や外科手術による骨片の摘出あるいは螺子固定など骨折の部位や程度に合わせて選択するが，骨折部が十分に融合するまでは運動を制限することが大切である．

4.6.6.2. 管骨瘤

原　因：管骨に発生した局所的な瘤状の隆起を管骨瘤と呼ぶ．前面にできるものは，成長期の若馬にしばしば発生する管骨々膜炎（ソエ）が進行した結果であることが多い．また，管骨と副管骨を結合させている骨間靭帯の裂傷に起因するものは，内管骨瘤と呼ばれる．

症　状：外観上は骨の局所的な隆起が認められる．発症初期で炎症が強い場

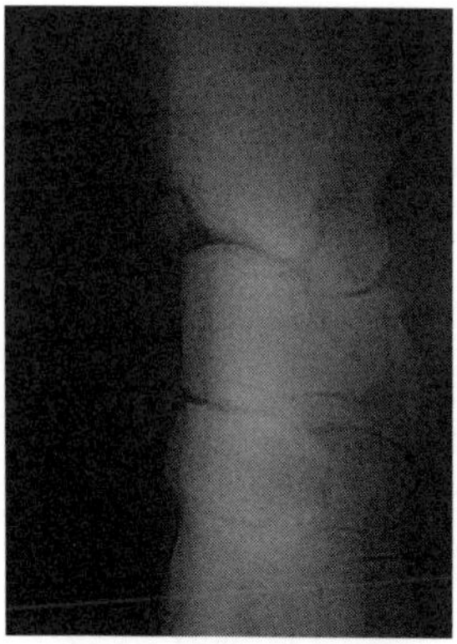

図 4-16　骨折のＸ線写真（橈骨遠位端剝離骨折）（JRA 原図）（CD 収録）

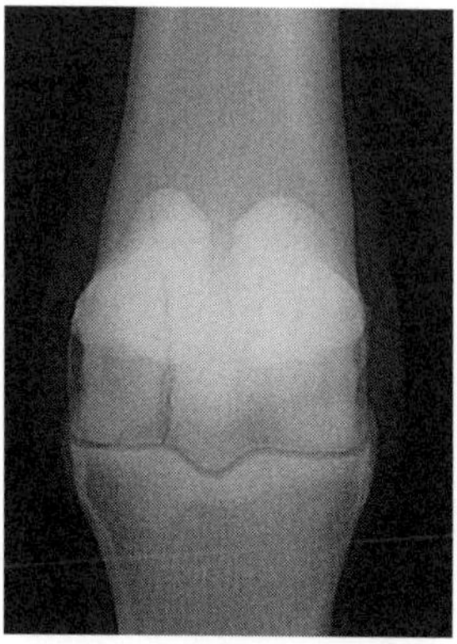

図 4-17　骨折のＸ線写真（第 3 中手骨の顆骨折）（JRA 原図）（CD 収録）

合は，局所の帯熱や圧痛が認められ跛行を呈するが，慢性期に移行すると骨瘤は残存するものの疼痛や跛行は消失する．また，骨瘤中に罅裂骨折がある場合，あるいは靭帯炎を併発すると，治癒期間が長くなる．

予防・対策：育成馬や若い競走馬では，調教方法やその進め具合を調節することで骨膜炎の発症を防ぎまた悪化させないことが対策となる．治療は患部の冷却や抗炎剤の外用が一般的だが，レーザー治療も行われる．

4.6.6.3. 脱　臼

原　因：競走馬では，競走あるいは調教中の事故により球節など下肢部の関節が脱臼することがある．また，膝蓋脱臼は競走馬で時おり認められ，新生子馬やミニチュアホースでも起こり易い疾病であるが，膝関節を構成する骨や軟骨の疾病がその発生原因になるといわれる．

症　状：競走中に下肢で起こった脱臼は多くが重度であり，関節靭帯の断裂を伴って患肢は完全に免重する．膝蓋脱臼では膝が大きく屈曲する特徴的な様相を示す．

予防・対策：靭帯断裂を伴う完全脱臼は予後不良のことが多い．膝蓋骨は通常外側に外れるので，外れた膝蓋骨を手で内側前方に押しながら，馬を前へ歩かせて元の位置へ戻す．

4. 6. 6. 4. 関節炎

原　因：競走馬や競技馬では，関節を不自然な方向に強く捻ったり，あるいは過度に屈曲することで起こる．軟部組織や関節軟骨の損傷，剥離骨折あるいは細菌感染により起こることもある．

症　状：跛行や免重，関節の帯熱・腫脹・圧痛などが認められる．また，関節液は増量する．感染性の関節炎は子馬で時おり認められ，発熱や元気消失などの全身症状があり，関節液は混濁して白血球の浸潤が認められる．

予防・対策：診断の際には，感染や骨折あるいは靭帯の断裂がないかを確かめておくことが重要である．軽度でかつ非感染性であれば，冷却と休養で治癒する．またその程度によっては，ヒアルロン酸や抗炎症剤を投与することもある．感染性の関節炎は移行抗体伝達不全の子馬に起こり易く，抗菌剤による治療が必要である．

4. 6. 6. 5. 離断性骨軟骨症

原　因：成長期の若い馬に発生する病気で，骨の関節面の一部に局所的な血流障害が起こり，関節軟骨の一部が関節腔内に剥離する．

症　状：関節炎が起こって跛行を呈する．四肢のあらゆる関節に認められる．

予防・対策：遺伝的素因に加えて，胎子期を含めた成長期の栄養のアンバランスが原因とされているが，実際に予防することは困難である．治療は非感染性の関節炎に準ずるが，離断した骨軟骨片の摘出手術を行うことが望ましい．

4. 6. 6. 6. 腱・靭帯炎

原　因：競走馬や競技馬でしばしば認められ，特に前肢の浅屈腱炎は競走馬に頻発する．発症機構は未だ不明な部分も多いが，なんらかの原因により変性や壊死を起した腱が，全力疾走など激しい運動によって強く引っ張られた結果，炎症さらには断裂を起こすと考えられている．

症　状：炎症あるいは断裂が起こった部分に，腫脹，帯熱，触診痛が認められる（**図 4-18**）．跛行も呈するが，炎症が軽度の場合は分かり難いこともある．診断には超音波検査が有効である．

予防・対策：姿勢に合わせた装削蹄や運動後の下肢部冷却など，日頃のケアは重要である．できるだけ早期に発見することで重症化を防ぐことができる．治療は休養が中心だが，競走馬として復帰させるにはリハビリテーションが必要となる．幹細胞移植による再生医療の研究も進められている．

4.6.6.7. 筋肉痛

原　因：通常の筋肉痛は急激あるいは過度な運動により起こるが，「すくみ」あるいは「Tying up syndrome」と呼ばれる疾病は，なんらかの代謝障害が関与すると考えられている．

症　状：通常の筋肉痛では一部の筋肉に触診痛や軽度の硬直が認められ，歩様も乱れる程度である．「すくみ」の場合は全身の筋肉の疼痛と硬直でしばしば歩行困難となり，筋色素尿を呈する．

予防・対策：治療は運動強度や量の調節を行うほか，物理療法や消炎剤の投与も行われる．

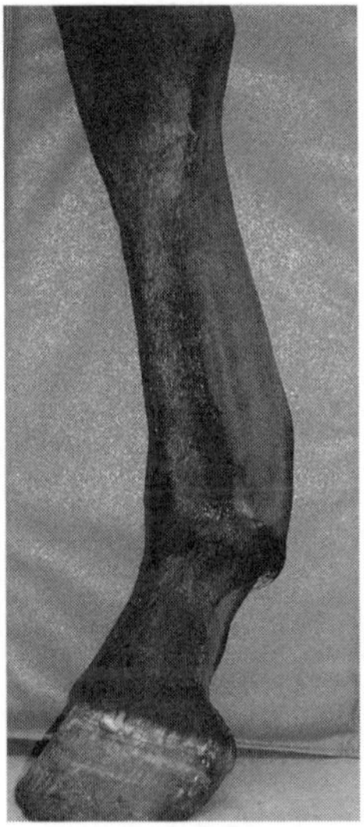

図 4-18　浅屈腱炎
（JRA 原図）（CD 収録）

4.6.6.8. 挫　跖

原　因：石など硬い異物を踏んだり，整地されていない硬い地面を走ったりすることで起こる，蹄底の挫傷．競走馬では「ひらづめ」と呼ばれる蹄底の浅い馬に起こり易く，疾走時に後肢の蹄先を自らの前肢の蹄底にぶつけて起こす（追突）こともある．

症　状：跛行が認められる．重度の場合は，損傷した組織の壊死や感染が起こることもある．

予防・対策：日常管理で蹄底の脆弱化を防ぐことは予防に繋がる．

4.6.6.9. 裂　蹄

原　因：蹄の乾燥が誘引となり，外力により蹄壁に亀裂が発生する．

症　状：亀裂が知覚部に達すると出血が起こり，跛行も認められる．亀裂部から感染が起こることもある．

予防・対策：日常管理で蹄油や軟膏を塗るなど蹄の乾燥を防ぐことで予防効果が期待できる．治療は，装削蹄の工夫やテープや釘などによる固定を行った上で，蹄の伸長を待つ．

4.6.6.10. 蟻 洞

原　因：蹄壁中層と葉状層もしくは白帯が分離して空洞化した状態を蟻洞と

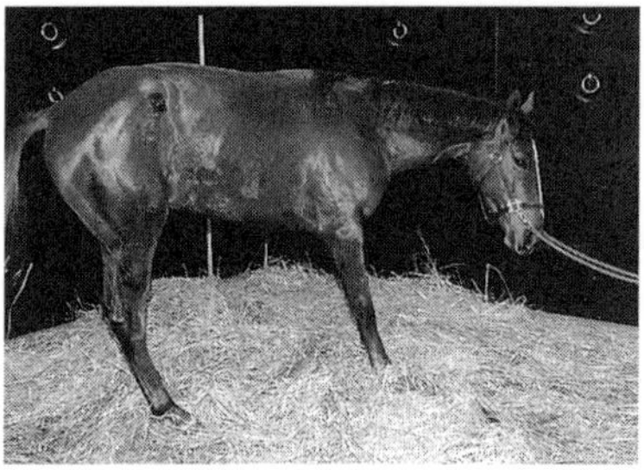

図 4-19　前肢の蹄葉炎（JRA 原図）
（CD 収録）

呼ぶ．物理的な力により発生するが，素因として蹄の脆弱化や栄養不良あるいは微生物感染などが関与すると考えられている．白線裂から進行したり，あるいは蹄葉炎に続発することもある．

症　状：疼痛や跛行を呈す．

予防・対策：蹄の日常管理は予防上重要である．治療は，装削蹄により空洞部分の保護を行いながら蹄の伸長を待つが，感染や腐敗があれば殺菌や消毒なども必要になる．

4.6.6.11．蹄叉腐爛

原　因：蹄叉部の腐敗で，湿潤した不衛生な床面の馬房や放牧場で飼育された馬に蹄の手入れ不足が重なると起こる．

症　状：腐敗が進行して知覚部に達すると，疼痛や跛行が見られる．

予防・対策：蹄の日常管理を行えば予防できる．治療は腐敗部の除去や乾燥あるいは殺菌や消毒などを行う．

4.6.6.12．蹄葉炎

原　因：対側肢の骨折などによる過負重，炭水化物の過剰摂取，輸送などの強いストレス，疝痛などからの続発，治療用ステロイドの過剰投与などで起こるが，原因が不明な場合も多い．

症　状：蹄内部の蹄壁と蹄骨の間にある葉状層に炎症や損傷が認められ，典型的な症例では蹄関節を支点に蹄骨が後方向に屈曲する（ローテーション）．馬は発症肢への負重を避ける姿勢をとり，指趾動脈の強拍動，蹄の帯熱と圧痛が認められ，重症例ではローテーションした蹄骨の先端が蹄底を突き抜けることもある（**図 4-19**）．

予防・対策：原因がはっきりしていればまずそれを取り除き，そのうえで，抗炎症剤の投与，特殊蹄鉄の装着，弾性樹脂の蹄下面への充填などを行うが，本症は治療が難しい疾病でもある．

第5章 感染症とその予防

5.1. 感染症とその対策

5.1.1. 感染症の成立要因

感染源，宿主，感染経路を感染症の 3 要因と呼んでいる．感染は，宿主・寄生体関係（host-parasite relationship）といわれるように，宿主と寄生体の相互作用でその帰趨（きすう）が決まるが，寄生体が感染源から，なんらかの方法で宿主に到達しなければ宿主・寄生体関係は起こらないことから，感染経路を加えた三つを感染症の 3 要因と呼ぶのである．

感染症の成立に関与する宿主側の要因としては，宿主の病原体に対する感受性と宿主の生体防御能に 2 大別できる．前者には，動物種，性，年齢，遺伝的素因などが関係している．病原体に対する感受性が動物種によって異なることは，良く「種の壁」といわれるが，これは病原体側から見れば攻撃できる動物種が限定されているということである．例えばマイコプラズマは宿主特異性が強いといわれるように複数の動物種に対して病原性を示すマイコプラズマは存在しない．一方サルモネラは，多くの動物種に対して病原性を示す血清型が多い．このように宿主と寄生体は，まずは宿主の動物種と病原体の組み合わせによって感染が成立するか否かが決定される．次に，感染が成立する組み合わせであっても，宿主の性や年齢が感染症の成立要因になることは，流死産を起こす病原体の多くが雄にはほとんど起病性を示さないことや，幼若動物には重篤な疾病を起こすが成長した動物ではさほどでもない下痢症病原体のことを想起すれば理解できよう．遺伝的素因が感染症の成立要因になる例としては，豚の浮腫病がある．本病は付着因子（線毛）と志賀毒素を産生する大腸菌によって惹起されるが，線毛に対するレセプターを持たない豚は浮腫病に抵抗性である．レセプターの有無は遺伝的に支配されているので，レセプターを欠く系統は浮腫病抵抗性である．感染症と遺伝的素因の関係は，今後大いに研究すべき領域であり，それにより抗病性家畜が作出されることが期待される．

宿主の生体防御能が感染症の成立に大きく関与していることは，「二度がかり」がない感染症のことを考えれば当たり前のように思える．しかし，このように強力で特異的な免疫だけでなく，「抵抗力」といったあいまいな表現しかできないような生体防御能も感染の成立要因としてきわめて重要である．この「抵抗力」の弱くなった宿主を易感染性宿主（compromized host）という．健康な宿主には起病性を示さないが，易感染性宿主にのみ病気を起こす病原体を日和見病原体といい，ヒトでは入院患者にのみ起病性を示す腸球菌がよく知られている．ヒトでは易感染性宿主は入院患者に代表されるが，家畜ではどうだろうか？　輸送や劣悪な環境などのストレスが生体防御能に与える負の影響についてはしだいに明らかにされてきているが，家畜の飼育環境はヒトと比べるときわめて劣悪で，密飼いされており，常にストレスに曝されていることから，多くの家畜は易感染性宿主かその予備軍といえよう．したがって家畜の感染症は，家畜が易感染性宿主であるという認識を持って理解することが必要である．

感染症の成立に関与する病原体側の要因としては，病原体が持つ毒力（病原性），感染量，混合感染などがあるが，家畜の感染症では混合感染が最も重要である．畜産は，豚コレラやニューカッスル病のような伝播力の強い急性伝染病がワクチンによって克服されたことにより，多頭羽化が進展し集約化してきたが，それとともに感染症の種類も変化してきた．すなわち動物種を問わず，かつて猛威を振るった急性伝染病に代わり，個々の病原体の病原性は弱いが混合感染することによって大きな被害をもたらす感染症が増加してきている．これらの感染症の特徴として強い免疫ができ難いことが挙げられる．したがって，その対策は，強い免疫ができる急性伝染病とは異なり，ワクチンや薬剤のみならず，飼養管理を含む総合的な取り組みが要求されるのである．

5. 1. 2.　感染症の対策

感染症は，三つの要因で成り立っているので，各要因それぞれを対象とした対策がある．

5.1.2.1. 感染源対策

(1)　殺処分

感染源として最も大きな比重を占めるのは感染動物である．したがって感染動物を殺処分して焼却あるいは埋却することは最も効果の大きい感染源対策である．これはまん延すると被害が計り知れない口蹄疫のような特定の家畜伝染病に対してとられる措置である．

(2)　摘発・淘汰（除去，治療）

検査により感染動物を摘発して殺処分（淘汰）あるいはと畜場へ送る（除去）もしくは治療することにより感染源を減らしていく方法である．わが国はこの方式により，ブルセラ病，ひな白痢，結核など多くの感染症対策に大きな効果を挙げてきている．

(3)　レゼルボアの除去

病原体がその生存を依存しているレゼルボア（保有動物）をなくすことにより感染源を断とうという作戦である．わが国の八重山諸島では，バベシア原虫のレゼルボアであるオウシマダニをプアオン法により撲滅することによりバベシア病（ピロプラズマ病）の清浄化に成功した．

(4)　オールイン・オールアウト

畜舎からすべての動物を出して空舎にして洗浄・消毒し，畜舎に蓄積した病原体を除いてから新たな動物を入れるのであるが，最も重要なことは，オールアウト後の洗浄・消毒によりいかに病原体濃度を下げるかということである．そのためには空舎期間を設けて洗浄・消毒を繰り返す．

(5)　洗浄・消毒

汚染された畜舎や環境，器具，機材の病原体濃度を下げるには洗浄・消毒を行うが，消毒剤の多くは有機物の存在によりその効力が著しく低下するので，消毒前の洗浄がきわめて重要である．畜産現場ではふん便など有機物が多いことから洗浄の重要性はいくら強調しても強調し過ぎることはない．

(6)　ワクチンによる撲滅計画

被害が大きく撲滅の経済効果が撲滅に要するコストを上回るような伝染病の場合は，国あるいは地域単位で撲滅計画を立てて実施する．撲滅計画は，まずワクチン接種率を限りなく100％に近づけて病気の発生をなくし，次いで一斉にワクチン接種を止める．もし野外ウイルスが残存していると，ワクチン接種の中止により抗体を持たない次世代の宿主は感染・発症するので，発症した動物を淘汰するという方法で撲滅を図るのである．撲滅計画が成功するには，ワクチン接種を中止して疾病が発生した際の移動制限，殺処分などの強制措置が可能な環境，法律，保証制度が整備され，関係者の合意が形成されていることが必須である．

5.1.2.2. 感染経路対策

(1) 検　疫

外国から病原体が侵入するのを防止するため国家検疫が実施されている．これにより多くの感染症の侵入が水際で防止されており，その効果は計り知れないが，一方潜伏期の感染動物や不顕性感染動物を摘発するのがいかに困難であるかは，多くの感染症が外国からもたらされたものである事実が如実に物語っている．検疫は国家レベルのみならず農場レベルでも重要であり，外部から動物を導入する際には必ず検疫舎を経由させなければならない．

(2) 移動禁止と隔離

伝播力の強い家畜伝染病が発生した場合，発生農場やその近隣の動物を移動禁止にして一定の地域に隔離し，感染の拡大を防ぐ．感染動物を隔離することにより周囲への感染を防ぐ方法は個々の農場においても有効である．

(3) 消　毒

消毒は病原体濃度を下げるので感染源対策であるが，同時に消毒ポイントを設けることによりその地点以降への病原体の持ち込みを防ぐことから感染経路対策でもある．

(4) 閉鎖的飼育

感染動物を隔離するのではなく，感受性動物を感染動物から隔離して飼育するのが閉鎖的飼育である．その代表的なのが SPF 豚である．SPF 豚の生産は，子宮切断法により無菌的に取り出した子豚（プライマリ SPF 豚）を清浄環境下で飼育し，交配して自然分娩により作出するセカンダリ SPF 豚（セカンダリ SPF 豚から自然分娩により生産される豚もセカンダリ SPF 豚という）を生産する核農場，核農場より豚を導入して繁殖豚を生産する増殖農場，増殖農場より母豚を導入して肉豚を生産するコマーシャル農場の三つの農場に分かれる．そして豚の導入は，上位の農場からのみとし，増殖農場間やコマーシャル農場間での豚のやりとりは一切行わない閉鎖的ピラミッドとなっている．隔離早期離乳方式（segregated early weaning : SEW）や多農場生産方式（multiple site production）も閉鎖的飼育である．その特徴は，①早期（10～21日）に離乳して母豚とは隔離した別の離乳豚農場に移動させ，②20～25kgに達した時点でさらに別の肥育農場に移動させて飼育することにある．①は子豚の感染源として最も重要な母豚からの感染を防ぐためであり，②は月齢の近い豚のみを飼育することにより，感染の機会を減らすことにある．いずれも感受性動物を感染動物から隔離して飼育することにより，その目的を達成しようとするものである．

5.1.2.3. 宿主対策

(1) ワクチン

ワクチンによる感染症の予防は最も一般的であるが，ワクチンによる予防は1対1の対応，すなわち疾病Aに対するワクチンは疾病Aにのみ有効であることに留意することが必要である．また一般に豚コレラやニューカッスル病のようなウイルスによる急性伝染病に対するワクチンは，感染そのものを予防するような強い免疫を付与できるが，近年畜産現場で多発している慢性感染症のワクチンは感染そのものを防止することはできず，発症予防あるいは症状の軽減化にとどまるので，ほかの対策と併せて実施すべきものである．個体に対する免疫付与および集団免疫の成立を目的とし，どの時期にどのワクチンを接種するかといったワクチンの接種計画は，対象動物の年齢，移行抗体の状況，地域（農場）における発生状況あるいは汚染状況，季節，ベクターの発生状況などを考慮して作成する．

(2) 抗菌剤

細菌や原虫感染症の治療には抗菌剤が用いられるが，獣医師の診断に基づき慎重に使用しなければならない．一方，抗菌剤による予防は鶏コクシジウム症などの例外を除いて法的に規制されており，また飼料添加剤としての使用はわが国においても制限される方向にある．抗菌剤に代わるもの，あるいは抗菌剤の補助的なものとして，プロバイオティックス（生菌剤）と腸内でその増殖を助けるプレバイオティックス（オリゴ糖など）の利用が増加している．

(3)　飼養衛生管理

密飼いを避け，畜舎を常に清潔にし，温湿度を適正に保つなどにより家畜のストレスを可能な限り軽減することは，家畜の免疫能を向上させることになり，あらゆる感染症に有効であり，宿主対策の基本である．

(4)　抗病性家畜

「5. 1. 1. 感染症の成立要因」の項で述べた浮腫病に抵抗性を示す豚の系統は，浮腫病を起こす大腸菌の F18 線毛に対するレセプターを欠いている．そのレセプターの有無は，ある酵素遺伝子の点変異と相関していることが明らかにされているので，浮腫病抵抗性の種豚を選択することが可能となっている．現在抗病性に関して実用化されているのはこの例のみと考えられるが，今後増加することが期待される．

5. 1. 3. 防　疫

防疫とは，伝染病の発生を防止し，万一発生した場合にはそのまん延を防止することである．防疫は，流行の規模が大きく関係各国が協力し合わなければ目的が達せられないような疾病に対処するための国際防疫，自国内の動物感染症対策を推進する国内防疫，さらに生産者が独自に実施する農場防疫に分けられる．前 2 者が一定の拘束力を持っているのに対し，後者は自主的なものである．

5. 1. 3. 1. 国際防疫

国際防疫を統括する組織として国際獣疫事務局がある．これは第一次世界大戦後，欧州における食料不足に対処するため南米から牛を輸入した際，運搬船が寄港する先々で牛疫が発生したことが発端となって 1924 年に設立された国際機関で，フランス語で Office International des Epizooties と呼ばれたことから，今でもその頭文字をとった OIE が略称として使われている．2013 年現在，178 の国あるいは地域が加盟している．動物衛生のみならず，食品安全およびアニマルウェルフェアも対象としており，取り扱う動物も，ほ乳類，鳥類，蜂，魚類，甲殻類，軟体動物および両生類となっている．その目的は，①世界で発生している動物疾病に関する情報を提供すること，②動物疾病の制圧および根絶に向けて技術的支援および助言を行うこと，③動物および動物由来製品の国際貿易に関する衛生基準を策定すること，④動物由来の食品の安全性を確保し，科学に基づきアニマルウェルフェアを向上させること　などである．①に関しては，重要な動物の感染症として117種類を指定しその情報を提供している．また，ある国がある疾病を撲滅した場合，OIEに認定申請をして認められればその疾病の清浄国としての国際的な「お墨付き」を得たことになり，そのメリットは大きい．なぜなら世界貿易機関（WTO）は，ある疾病の清浄国に対して，その疾病の存在を理由に他国からの当該動物やその産物の輸入を禁止することを認めているからである．わが国は豚コレラ清浄国であるので，豚コレラが存在する国や地域からの豚肉や豚肉製品の輸入を禁止できる．

5. 1. 3. 2.　国内防疫

国内防疫に関する事務を総括所管しているのは，農林水産省（農水省）消費・安全局動物衛生課であり，輸入動物の検疫業務は農水省動物検疫所が，動物用医薬品の検査業務は農水省動物医薬品検査所が実施している．また各都道府県には家畜保健衛生所が設置され，現場における家畜衛生業務に従事している．

国内防疫が依拠する法律として，家畜伝染病予防法（家伝法）が定められている．本法では，発生した場合，その疾病がまん延することを防ぐためには，罹患家畜や罹患が疑われる家畜（疑似患畜）の殺処分や死体の焼却を強制的に実施させることができる28の疾病を法定伝染病（家伝法ではこれを「家畜伝染病」と呼んでいる）として指定している．さらに「家畜伝染病」のうち，特に総合的に発生の予防およびまん延の防止のための措置を講ずる必要のある家畜伝染病を「特定家畜伝染病」とし，その発生を予防しまん延を防止する措置を講じるため，国，地方公共団体，関係機関などが連携して取り組む際の指針が策定されている．2013年現在，口蹄疫，牛海綿状脳症，高病原性鳥インフルエンザ，低病原性鳥インフルエンザ，豚コレラ，牛疫，牛肺疫，アフリカ豚コレラの8疾病に関する特定家畜伝染病防疫指針が作成されているが，これらの指針では，「発生の予防および発生時に備えた事前の準備」から始まって「発生の原因究明」に至るまで，「異常家畜の発見および検査の実施」，「発生農場おける防疫措置」，「移動制限区域および搬出制限区域の設定」，「家畜の再導入」などに関してその実施方法が詳細に記載されている．

一方，発生しても「家畜伝染病」ほど重大な事態は招かないが，発生した場合には家畜保健衛生所に届けなければならない 71 疾病を「届出伝染病」として指定している.「家畜伝染病」と「届出伝染病」を併せて監視伝染病と呼んでいる.

家伝法では，家畜伝染病の発生を予防するため「飼養衛生管理基準」を定めているが，2010 年宮崎県における口蹄疫の発生を契機にこれを改定し，1）農家の防疫意識の向上，2）消毒等を徹底するエリアの設定，3）毎日の健康観察と異常確認時における早期通報・出荷停止，4）埋却地の確保　などについて畜種ごとに具体的に定められた.

5. 1. 3. 3. 農場防疫

各農家が自己の農場で自発的に実施する防疫対策が農場防疫であるが，個々の農家にとどまらず集団で実施する場合もある．日本 SPF 豚協会は，農場の種類（GGP・GP 農場か CM 農場か）に応じた農場防疫管理基準を定めており，同協会から SPF 豚の認定を受けるにはこの基準に従わなければならない．本来農場防疫は自主的なものであるが，SPF 豚農場の場合は強制力を持ったものである．前項に記載した飼養衛生管理基準は，農家が農場防疫を実施する際の参考となる.

5. 2. 牛の感染症

5. 2. 1. 牛のウイルス感染症・プリオン病（表 5-1）

病　名	原　因	症状・病変・疫学	対　策	備　考
5. 2. 1. 1. 口蹄疫（法）	*Foot-and-mouth disease virus* 相互にワクチンの効かない 7 血清型がある.	牛，水牛，しか，めん羊，山羊，豚，いのししなど多種の偶蹄類動物に発熱，流涎．口，蹄，乳房周囲の皮膚や粘膜の水疱形成および跛行．泌乳牛における乳量低下．幼若動物では心筋の変性，壊死	備蓄ワクチン（ワクチン接種すると抗体保有動物が存在しなくなるまで清浄化が認められないため，緊急時のみ使用）．口蹄疫に関する特定家畜伝染病防	牛は少量のウイルスで感染するが，排せつ量は少ない．豚は大量にウイルス排せつ.

病　名	原　因	症状・病変・疫学	対　策	備　考
口蹄疫		（虎斑心）が認められる．直接伝播．風による伝播も知られる．	疫指針に従って，患畜，疑似患畜の殺処分で対処．	
5. 2. 1. 2. 牛疫（法）	*Rinderpest virus*	偶蹄類動物に下痢，頭部や消化管粘膜の出血，壊死，び爛，潰瘍形成．鼻汁，尿，ふん便中に含まれるウイルスによる飛沫，接触感染．わが国や韓国の在来牛は高感受性．	国内産備蓄ワクチンがある．牛疫に関する特定家畜伝染病防疫指針に従って，患畜，疑似患畜の殺処分．	2011年にFAO, OIE による根絶宣言．
5. 2. 1. 3. 水胞性口炎（法）	*Vesicular stomatitis Indiana virus* などラブドウイルス科，ベシキュロウイルス属の複数のウイルスが原因	多種のほ乳類動物に流涎，口腔，舌粘膜部，乳頭，蹄冠部などの水疱形成．口蹄疫との類症鑑別が重要．吸血昆虫による媒介や飛沫，接触感染．	ワクチンはない．患畜，疑似患畜の殺処分．わが国は清浄国のため検疫強化．	人獣共通感染症．馬に比べると，牛では発症率が低い．
5. 2. 1. 4. 牛のリフトバレー熱（法）	*Rift Valley fever virus*	発熱，鼻汁，血様下痢，流産．成牛では症状は軽微．吸血昆虫によって媒介．	ワクチンはない．流行国からの輸入時に厳重な検疫．	めん羊，山羊の症状が重度（表5-14参照）．人獣共通感染症．人では発症動物由来物との接触感染．
5. 2. 1. 5. 牛海綿状脳症（BSE）（法）	プリオン（BSE プリオン）．正常プリオン蛋白質の構造異性体．熱，消毒薬に強い抵抗性を示す．	プリオンの経口摂取による行動異常，知覚異常，運動異常などの神経症状，神経細胞の空胞化変性．わが国は「無視出来る BSE リスク国」．	BSE に関する特定家畜伝染病防疫指針に従って，と場での検査と死亡牛の検査．特定部位の廃棄処分．ほ乳類由来肉骨粉を	発症牛由来食物の喫食による人での発生報告．表 5-14 のスクレイピー参照．

病　名	原　因	症状・病変・疫学	対　策	備　考
牛海綿状脳症（BSE）			牛の飼料としない．	
5. 2. 1. 6. イバラキ病（届出）	Ibaraki virus	発熱，嚥下障害，鼻口腔粘膜の充血，潰瘍，食道筋の変性壊死．吸血昆虫（主にヌカカ）によって媒介され，わが国では関東以西に限定．8～11 月に発生．	単味生ワクチン，牛流行熱との混合不活化ワクチンがある．	1997 年には類似ウイルスが流行し，流産が多発．
5. 2. 1. 7. 牛のブルータング（届出）	*Bluetongue virus*（BTV）	牛は一般に軽症だが，欧州の BTV-8 流行では牛の発症が目立った．1994 年わが国の発生では牛にも咽喉頭麻痺による嚥下障害．ヌカカによる媒介．	ワクチンはない．	めん羊，山羊の症状が重度（表 5-14 参照）．
5. 2. 1. 8. 牛伝染性鼻気管炎（届出）	*Bovine herpesvirus 1*	呼吸器型，眼型，生殖器型，脳炎型など，組織特異的に病変形成．呼吸器型の発症が一般的．下痢や流産を示す場合がある．初感染に際し神経細胞へ潜伏感染し，免疫状態の低下により再発．	牛呼吸器病 3 種～6 種混合生ワクチン，不活化ワクチンがある．細菌の 2 次感染を抑える抗菌剤投与．	
5. 2. 1. 9. 牛ウイルス性下痢・粘膜病（届出）	*Bovine viral diarrhea virus*（BVDV） *1* および *2*	軽い呼吸器症状，下痢．胎子感染では胎齢によって免疫寛容，流産，小脳形成不全，水頭症による奇形．免疫寛容による持続感染（PI）牛は消化	牛呼吸器病 3 種～6 種混合生ワクチン，不活化ワクチンがある．このほか，BVDV 2 の不活化抗原を含む牛ウイル	1980 年代後半に北米で血小板の減少および消化管全体の出血性病変を伴う高致死性疾病流行．

病　名	原　因	症状・病変・疫学	対　策	備　考
牛ウイルス性下痢・粘膜病		管の出血，び爛，潰瘍形成，下痢を主徴とする粘膜病発症．直接伝播のほか，PI牛が感染源として重要．	ス性下痢・粘膜病2価の混合ワクチンがある．	BVDV 2の高病原性株が原因．
5. 2. 1. 10. アカバネ病（届出）	*Akabane virus*	胎子感染の結果，胎齢によって流早死産，大脳の形成不全などによる内水頭症，矮小筋症による関節わん曲症などの奇形を示す．近年，生後感染の子牛や成牛に脳脊髄炎を示す株が報告．吸血昆虫（ヌカカ）によって媒介．	単味生ワクチン，牛異常産3種混合不活化ワクチンがある．	牛より羊の方が高感受性．
5. 2. 1. 11. 牛白血病（届出）	*Bovine leukemia virus*	地方病型（成牛型）：3歳以上に好発，眼球突出，乳量減少，下痢，体表リンパ節の腫大，Bリンパ細胞腫．地方病型は感染リンパ球の移入により伝播．アブなどによる機械的伝播もある． 散発型（子牛型，胸腺型，皮膚型）：原因は不明．それぞれ，子牛のBまたはTリンパ細胞腫，胸腺のTリンパ細胞腫，皮膚のTリンパ細胞腫．地方病型は感	ワクチンはない．遺伝子や抗原診断，血清学的診断を用いた摘発淘汰で対処するが，わが国では各地で感染が拡大している．	地方病型の原因はウイルスだが，散発型は原因不明で，予防法，治療法もない．

病　名	原　因	症状・病変・疫学	対　策	備　考
牛白血病（届出）		染リンパ球の移入により伝播．アブなどによる機械的伝播もあり．		
5. 2. 1. 12. 牛流行熱（届出）	*Bovine ephemeral fever virus*	発熱（40〜42℃），呼吸促迫，筋肉痛，関節痛，皮下および肺気腫，乳量低下．3-day-sickness とも呼ばれる．吸血昆虫（主にヌカカ）によって媒介．わが国では関東以西に限定，8〜11 月に発生．	単味生ワクチン，不活化ワクチン，イバラキ病との混合不活化ワクチンがある．	
5. 2. 1. 13. アイノウイルス感染症（届出）	Aino virus	成牛は無症状，胎子が感染すると，胎齢によって流早死産，大脳，小脳の形成不全による内水頭症，矮小筋症による関節わん曲症などの奇形を示す．吸血昆虫（ヌカカ）によって媒介．近畿以西で発生．	牛異常産 3 種混合不活化ワクチンがある．	
5. 2. 1. 14. チュウザン病（届出）	Kasba virus（Chuzan virus）	新生子牛における後弓反張などの神経症状や大小脳の欠損，形成不全が主徴．水無脳症・小脳形成不全症候群とも呼ばれる．吸血昆虫（ヌカカ）によって媒介．	牛異常産 3 種混合不活化ワクチンがある．	

病　名	原　因	症状・病変・疫学	対　策	備　考
5.2.1.15. 悪性カタル熱（届出）	*Alcelaphine herpesvirus 1*（ウイルスが分離）および *Ovine herpesvirus 2*（ゲノム塩基配列のみ知られる）	ウシカモシカ型はアフリカに限局，羊随伴型はわが国も含め世界中で発生．発熱，流涙，鼻汁，目，鼻，口腔粘膜の充血，び爛形成，下痢，発症すると100%に近い死亡率．病原巣動物との接触によって感染．	ワクチンや治療法はない．	*Alcelaphine herpesvirus 1* はウシカモシカ，*Ovine herpesvirus 2* はめん羊が病原巣動物．
5.2.1.16. 牛丘疹性口炎（届出）	*Bovine papular stomatitis virus* ほかのパラポックスウイルスによっても類似病変形成．	口腔粘膜および口周辺部に丘疹形成．病変部に含まれるウイルスによる接触感染，創傷感染．	ワクチンはない．	人獣共通感染症．
5.2.1.17. ランピースキン病（届出）	*Lumpy skin disease virus*	発熱，呼吸器症状，全身皮膚の結節形成，壊死から潰瘍形成．わが国では発生無し．接触感染，主に吸血昆虫による機械的伝播．	発生国では生ワクチン使用．	
5.2.1.18. 牛 RS ウイルス病	*Bovine respiratory syncytial virus*	発熱（繋留熱；39.5～41.5℃，5～6日），流涙，流涎，咳，皮下気腫，泌乳量の低下．冬季に散発的に発生．飛沫，接触感染．	単味生ワクチン，牛呼吸器病4種～6種混合生ワクチン，5種混合不活化ワクチンなどがある．	
5.2.1.19. 牛アデノウイルス病	*Bovine adenovirus A, B, C*（1型，3型，	発熱，咳，鼻汁などの呼吸器症状，下痢．7型は病原性が強く，	単味生ワクチン，牛呼吸器病4種，5種混合生ワク	

病　名	原　因	症状・病変・疫学	対　策	備　考
牛アデノウイルス病	10 型），*Ovine adenovirus A*（2 型），*Human adenovirus C*（9 型），*Bovine adenovirus D*（4～8 型）	子牛の虚弱症候群や多発性関節炎の主要原因と考えられている．パラインフルエンザとともに輸送熱の主要病原体．	チンがある．BVDV が 2 価の 6 種混合ワクチン（BVDV の項参照）がある．	
5. 2. 1. 20. ロタウイルス病	*Rotavirus A, B, C*	下痢．生後直後から発症し，1～2 週齢の子牛に多発．*Rotavirus A* による発症が主．病変は小腸に限局．ふん便に含まれるウイルスによる飛沫，接触感染．	牛ロタウイルス感染症 3 価，牛コロナウイルス感染症に大腸菌性下痢症を加えた牛下痢症 5 種不活化ワクチンがある．初乳給与による乳汁免疫が有効．	
5. 2. 1. 21. 牛パラインフルエンザ	*Bovine parainfluenza virus 3*	発熱，鼻汁，咳，流涙，稀に流産，乳房炎．重症例では肺炎，気管支炎を発症．輸送熱の主要な病原体．鼻汁や唾液に含まれるウイルスによる飛沫，接触感染．	単味生ワクチン，牛呼吸器病 3 種～5 種混合生ワクチンおよび 6 種混合ワクチンがある．	
5. 2. 1. 22. 牛コロナウイルス病	*Betacorona virus 1*（Bovine coronavirus）	生後 1 週間以降の子牛および成牛に発熱，下痢．冬季に多発し，冬季赤痢と呼ばれる．病変は小腸絨毛の萎縮，融合，大腸粘膜表層部の萎縮．ふん便や唾液などに含まれるウイルスによる	牛下痢症 5 種不活化ワクチン（ロタウイルス病の項参照）がある．初乳給与による乳汁免疫が有効．	

病　名	原　因	症状・病変・疫学	対　策	備　考
牛コロナウイルス病		飛沫，接触感染．経口，経鼻感染．		
5. 2. 1. 23. 牛免疫不全ウイルス感染症	*Bovine immunodeficiency virus*	臨床症状は顕著でない．リンパ腫，軽度の免疫不全，衰弱，削痩を示す場合がある．子宮内感染，乳汁感染，汚染血液による接触感染．	ワクチンがある．発症時の治療法はない．遺伝子診断や血清診断により陽性牛の摘発淘汰．	
5. 2. 1. 24. 牛ライノウイルス病	*Bovine rhinitis A*（1型，3型），*B*（2型）*virus*	軽度の発熱，鼻汁，咳．症状は軽いが，混合感染により重篤化する場合がある．	ワクチンはない．	
5. 2. 1. 25. 牛エンテロウイルス病	*Enterovirus E*（1型），*Enterovirus F*（2型）	下痢，呼吸器病．乳房炎発症牛から分離される場合や，健康牛のふん便や咽喉頭ぬぐい液からも分離．	ワクチンはない．	
5. 2. 1. 26. 牛パルボウイルス病	*Bovine parvovirus*	下痢，呼吸器病に関与を疑われるが，健康牛からも分離され，不顕性感染が主．稀に，流産胎子からウイルス分離．	ワクチンはない．	
5. 2. 1. 27. 牛乳頭腫	Bovine papillomavirus 12の型が報告されているが，新しい型が提唱中．	皮膚，乳頭や消化管，膀胱などの粘膜部分にカリフラワー状の線維性乳頭腫や上皮性乳頭腫を形成する．型により部位や乳頭腫の形態が異なる．	ワクチンはない．	

病名欄中の（法）：法定伝染病　　（届出）：届出伝染病

5. 2. 2.　牛の細菌・真菌感染症（表 5-2）

病　名	原　因	症状・病変・疫学	対　策	備　考
5. 2. 2. 1. 炭疽（法）	*Bacillus anthracis*	世界各国で発生．わが国では近年発生は確認されていない．致死率は高い．死亡牛では肛門，鼻孔などの天然孔からの出血，血液の凝固不全などが見られる．症状は発熱，眼粘膜の充血，可視粘膜の浮腫，呼吸促迫，呼吸困難など．発症後 24 時間以内に急死することもある．原因菌は感染牛の排せつ物中に排せつされ，また血液，臓器に存在．感染死亡牛の処理が不適切であれば芽胞が環境を汚染．芽胞が口，傷口から取り込まれ感染が成立．したがって過去に本病が発生した地域や周辺地域は本病発生リスクが高い．	生ワクチンがある．経過は急で，生前診断は困難なため，治療しない．患畜との同居牛に抗菌薬を投与．芽胞に有効な塩素剤やヨード剤で消毒．	人獣共通感染症．馬，豚，めん羊，山羊も感染．
5. 2. 2. 2. 牛の結核病 （法）	*Mycobacterium bovis* 稀にそのほかの結核菌群の抗酸菌が原因となることがある．	世界各国で発生．わが国では乳牛および種雄牛の結核病は清浄化されているが，肉牛で稀に発生．原因菌は発症牛の咳や乳汁，ふん便，尿中に排菌され，経気道，経口感染．発咳，食欲不振，乳量減少，削痩などの臨床症状を示すが，臨床的異常を	わが国では法令に基づき乳牛と種雄牛は全頭ツベルクリン検査を実施．陽性牛は摘発，淘汰．汚染地域では肉用牛についても定期的な検査が望まし	人獣共通感染症．豚，めん羊，山羊も感染．

病　名	原　因	症状・病変・疫学	対　策	備　考
牛の結核病		認めず，剖検で特徴的な病変から診断されることもある．肺，肺胸膜，肺付属リンパ節，腸間膜リンパ節などに本病に特徴的な結核結節．	い．	
5. 2. 2. 3. ブルセラ病（法）	*Brucella melitensis* のなかの生物型 abortus，稀に canis, melitensis が原因．なお慣例によりそれぞれ *B. abortus, B. canis, B. melitensis* と記載されることがある．	世界各国で発生．わが国では稀に血清反応陽性牛が摘発されるが，菌分離陽性牛は確認されていない．雌は妊娠後期に突然，流死産．原因菌は流産胎子や胎盤，罹患牛の子宮分泌液や乳汁中に存在し，経口，経皮，経粘膜的に感受性個体に感染．雄では精巣炎，精巣上体炎，稀に関節炎．	海外でワクチンが使用されている国はあるが，わが国では摘発・淘汰．	人獣共通感染症．豚，めん羊，山羊も感染．
5. 2. 2. 4. ヨーネ病（法）	*Mycobacterium avium* subsp. *paratuberculosis*	世界各国で発生．わが国では年間数百頭が発生．分娩後に頑固な下痢，その後，削痩，乳量低下，泌乳停止など．下痢発症前に増体が悪くなり，乳量や乳質が低下することもある．腸管粘膜は肥厚し，粘膜面は皺状に隆起するが潰瘍や出血は見られない．原因菌を含むふん便の飛沫や乳汁を経口的に摂取することにより感染．	わが国では摘発・淘汰による対策を実施．農場の清浄性を維持するため，ヨーネ病清浄農場から牛を導入し，飼育牛を定期的に検査．	

病　名	原　因	症状・病変・疫学	対　策	備　考
5. 2. 2. 5. 出血性敗血症（法）	*Pasteurella multocida* のなかの特定抗原型（莢膜抗原型 B または E，菌体抗原型が浪岡の分類で 6，Heddleston の分類で 2 および 2・5）	東南アジア，中近東，アフリカ，中南米で発生．わが国では発生はない．経気道，経口感染．初期症状は発熱，元気喪失，流涎，流涙，粘液様鼻汁漏出，発咳，呼吸促迫など．呼吸困難となり横臥し，発症後数時間から数日で死亡．	本病は経過が急であるため有効な治療法はない．海外ではワクチンが使用されている国がある．	豚，めん羊，山羊も感染．
5. 2. 2. 6. 牛肺疫（法）	*Mycoplasam mycoides* subsp. *mycoides*	アフリカ，アジア，中南米などで発生．わが国では発生はない．輸入牛あるいは輸入牛と同居した牛で発生する可能性がある．症状は発熱，食欲不振，発咳などの呼吸器症状．肺割面は「大理石紋様」の肺炎病変を示す．肺炎病変の拡大に伴い呼吸困難の症状が顕著になり，起立不能となり死に至る．耐過牛は保菌牛となり感染源となる．罹患牛の鼻汁，気管粘液などの飛沫を吸入することにより感染し，容易に伝播．	わが国は本病清浄国．感染牛は淘汰され，治療は行わない．	
5. 2. 2. 7. 牛の破傷風（届出）	*Clostridium tetani*	各地で散発的に発生．芽胞が土壌などの環境を汚染．創傷部位，あるいは去勢，除角などの外科的措置により生	予防にはトキソイドワクチンがある．傷を作らないような飼育管理，	人獣共通感染症．すべての家畜が感染．

病　名	原　因	症状・病変・疫学	対　策	備　考
牛の破傷風		じる傷口から侵入した菌が感染部位で増殖し，破傷風毒素を産生．毒素は神経伝達を阻害し，嚥下障害，四肢の強直，刺激による全身性の強直性痙れんなどの症状の後に，死に至る．過去に本病が発生した農場では本病発生リスクが高い．	断尾器具や去勢器具などの消毒が予防に有効．	
5. 2. 2. 8. 牛のサルモネラ症（届出）	種々の血清型の *Salmonella enterica* subsp. *enterica* 3 種の血清型（*Salmonella* Dublin, *S.* Enteritidis, *S.* Typhimurium）によるサルモネラ症は届出伝染病．	わが国を含め，世界各国で発生．ふん便中の原因菌が経口，経粘膜感染し，小腸で増殖し，腸炎を起こす．そこから血行性に全身に広がり，敗血症を起こす．食欲不振，発熱，下痢，脱水，時に肺炎，黄疸，脳脊髄膜炎，関節炎，産乳量の低下，早流産などの症状を呈し，時に死亡．集団発生することがあり，また常在化し易い．成牛で特定のタイプのサルモネラ（例えば，*S.* Typhimurium definitive phage type 104（DT 104））や，ファージ型型別不能の多剤耐性 *S.* Typhimurium など）によるサルモネラ症なども流行．	一部の血清型のサルモネラに対するワクチンが市販．原因菌が感受性を持つ抗菌剤を選択使用して治療．感染牛の下利便には長期間排菌され，飼槽や水槽などを汚染するため，感染牛の早期摘発，汚染物の除去，消毒などが重要．保菌牛の導入を阻止するため，導入牛を検疫．	

病　名	原　因	症状・病変・疫学	対　策	備　考
5. 2. 2. 9. 牛カンピロバクター症（届出）	*Campylobacter fetus* subsp. *fetus* および subsp. *venerealis* の 2 亜種.	自然交配で放牧している国において発生．胎盤や生殖器に親和性が強い．症状は不規則な発情周期の回帰，頸管炎，子宮内膜炎，膣粘液の増量と混濁，不受胎，流産など．臨床症状が見られない場合もある．種雄牛が保菌牛となって感染源となり，自然交配により伝播．感染雌牛が保菌牛となる場合もある．	ワクチンはない．抗菌剤による治療が行われるが，雄牛の場合生殖器からの完全な除菌が困難なため，淘汰が望ましい．	
5. 2. 2. 10. 牛のレプトスピラ症（届出）	病原性レプトスピラ（*Leptospira borgpetersenii*, *L. interrogans* など）．血清型 Australis, Autumnalis, Canicola, Grippotyphosa, Hardjo, Icterohaemorrhagiae, Pomona によるレプトスピラ症は届出伝染病.	世界各国で発生．流行血清型は地域により異なる．感染動物の尿中に排菌され，環境を汚染．汚染された水や土壌を介して，経皮，経粘膜感染．不顕性から重症型までさまざまな病態．症状は発熱，食欲不振，結膜充血，貧血，黄疸，下痢，乳量の低下，無乳，血色素尿など．妊娠牛は発症後，流死産を起こす．	諸外国ではワクチンがある．ワクチンの使用に際しては流行血清型を考慮する．抗菌剤による治療．感染動物による水や土壌の汚染防止，清浄飲料水の確保，野生動物対策などで予防．	人獣共通感染症．豚，犬，げっ歯類など，ほとんどの動物が感染．
5. 2. 2. 11. 気腫疽（届出）	*Clostridium chauvoei*	原因菌は世界中に分布．皮膚や消化管粘膜の損傷部から侵入し，産生された毒素により病巣が形成される．わが国では特定の地域を中心に散発．症状は発熱，	ワクチンがある．皮膚や消化管粘膜に傷ができないような飼育管理が予防に有効．発病初期であ	めん羊，山羊，豚，馬などにも感染．

病　名	原　因	症状・病変・疫学	対　策	備　考
気腫疽		振戦，肩部や臀部などの不整形浮腫性の腫脹およびその部位の捻髮音，跛行など．発症後24時間以内に死亡．	れば抗菌剤による治療．	
5. 2. 2. 12. 類鼻疽（届出）	*Burkholderia pseudomallei*	わが国では発生報告はない．土壌や水中に存在する菌が創傷，経気道，経口感染．牛は比較的抵抗性が強い．臨床症状はさまざまで，発熱，関節炎，肺炎，下痢など．	ワクチンはない．感染牛を摘発した際は，速やかに淘汰する．	人獣共通感染症．馬，豚，めん羊，山羊も感染．
5. 2. 2. 13. 子牛のパスツレラ症	*Mannheimia haemolytica, Pasteurella multocida*（血清型 6 : B と 6 : E を除く）	子牛呼吸器病の主要原因菌．ウイルス，マイコプラズマ，ほかの細菌との混合感染が多い．年間を通じて発生．導入時や密飼い時，飼育環境の急変や輸送ストレスなどが加わったとき，また初乳未摂取牛で発生が多い．流涙，鼻汁漏出，発咳，呼吸促迫などのほか発熱，食欲減退，元気消失，泌乳量減少などの全身症状．重傷例は死亡．	ワクチンがある．原因菌が感受性を持つ抗菌剤で治療．清浄な飼育環境の確保，密飼いの防止，畜舎の換気など牛に対するストレスの低減，初乳の確実な供与などが予防に有効．	
5. 2. 2. 14. 悪性水腫	ガス壊疽菌群（*Clostridium novyi, C. perfringens, C. septicum, C. sordellii* など）	原因菌は世界中の土壌や動物の腸管内に存在．創傷や外科的処置でできた傷口から感染．感染部位に浮腫が見られ，ガスがたまり腫脹した病変部は後で壊死を起	ワクチンがある．傷ができ難い飼育管理，断尾器具や去勢器具などの消毒が予防に有効．感染初	人獣共通感染症．

病　名	原　因	症状・病変・疫学	対　策	備　考
悪性水腫		こす．発熱，食欲減退，歩行困難，呼吸困難となり，数日後に死亡．	期であれば抗菌剤で治療．	
5. 2. 2. 15. エンテロトキセミア	*Clostridium perfringens*	自然界に広く分布し，土壌，河川，動物の腸管内などから分離される．幼牛で発生が多く，突然死する．その前に食欲減退，発熱，出血性の下痢，運動失調，呼吸促迫，痙れん発作などが見られる．	トキソイドワクチンがある．経過が早いため抗菌剤による治療は困難	
5. 2. 2. 16. 子牛の大腸菌性下痢	下痢原性大腸菌（腸管毒素原性大腸菌）（enterotoxigenic *Escherichia coli* : ETEC），腸管出血性大腸菌（enterohemorrhagic *E. coli* : EHEC）など）	年間を通じて発生．初乳の給与失宜，不衛生な飼育環境，寒冷ストレスなどが誘因．黄色の水様便あるいは灰白色から黄白色の泥状便を排せつする ETEC による下痢は子牛に多い．血液を含む下利便あるいは粘液様便を排せつする EHEC による下痢は 2～8 週齢の子牛に多い．経過が長引くとほ乳停止，脱水症状，体重減少などを起こし，時に死亡．ほかの病原体との混合感染による下痢も認められる．	ETEC のワクチンがある．感受性のある抗菌剤で治療．経口補液や点滴などにより水分と電解質を補給．感染牛の早期摘発，汚染物の除去，消毒．保菌牛の導入を阻止するため，導入牛を検疫．初乳の供与，生菌剤の投与は予防効果がある．	
5. 2. 2. 17. 趾間腐爛	*Fusobacterium necrophorum, Bacteroides melaninogenicus*	趾間壊死桿菌症，趾間フレグモーネなどとも呼ばれる．原因菌が趾間の皮膚の傷口から浸	ワクチンはない．抗菌剤による治療．予防的措置とし	

病　名	原　因	症状・病変・疫学	対　策	備　考
趾間腐爛		入し，皮下織が化膿，壊死し，跛行．重篤になれば食欲減退，泌乳低減などの全身症状．	て定期的な削蹄，蹄浴，牛床の乾燥など．	
5. 2. 2. 18. リステリア症	*Listeria monocytogenes*（多くは血清型 4b，1/2b，による），まれに *L. ivanovii*	土壌，低品質サイレージなど自然界に広く分布する原因菌が経口感染して発症．わが国では春先に発生が多い．口に入った原因菌は腸管で感染し，血行性に広がり敗血症となり，発熱，元気消失，下痢，角膜混濁，呼吸困難を起こして子牛は数日以内に死亡．成牛は乳房炎や妊娠後期に死流産．口腔内の傷口からも感染し，流涎，咽喉頭麻痺，舌麻痺などを起こし，運動異常，起立不能，昏睡状態から死に至る．	低品質サイレージや口腔内を傷つける粗剛な飼料を給与しない．ワクチンはない．急性例以外は抗菌剤による治療が有効．	人獣共通感染症．馬，豚，めん羊，山羊，鳥類も感染．表 5 - 15 のめん羊のリステリア症を参照．
5. 2. 2. 19. 牛のヒストフィルス・ソムニ感染症	*Histophilus somni*	髄膜脳脊髄炎，肺炎，心筋炎による突然死，流死産などを起こす．髄膜脳脊髄炎は年間を通して散発的に発生．輸送ストレスが誘因となり，導入後数週間以内に発生することが多い．髄膜脳脊髄炎では発熱，元気消失，食欲不振，運動失調，四肢麻痺，起立不能などを	ワクチンがある．原因菌が感受性を持つ抗菌剤で治療．	

病　名	原　因	症状・病変・疫学	対　策	備　考
牛のヒストフィルス・ソムニ感染症		呈し，数日以内に死亡．肺炎例では発熱，鼻汁漏出，元気消失，発咳などを示し，重傷例では呼吸困難により死亡．受胎率の低下，頸管炎，腟炎，流産，胎盤停滞なども起こす．		
5.2.2.20. 牛尿路コリネバクテリア感染症	*Corynebacterium cystitidis*, *C. pilosum*, *C. renale*	全国で発生．寒冷地域での発生が多い．原因菌は成牛の生殖器に分布．雌牛では妊娠，分娩などが誘因となって膀胱に侵入し，膀胱炎，尿管炎，腎盂腎炎を起こす．発症牛は尿の混濁，血尿，頻回排尿，排尿困難な姿勢などを示し，菌を尿中に排出．	ワクチンはない．抗菌剤で治療．感染牛の早期摘発と隔離，汚染尿ならびにそれに汚染された資材や環境の消毒などが本病拡大防止に有効．	
5.2.2.21. 伝染性角結膜炎	*Moraxella bovis*	若齢牛，放牧牛で発生が多い．致死的な感染症ではないが，一時的な盲目による採食や増体の悪化，産乳量の低下などによる経済的損失は少なくない．流行状況や症状の程度は混合感染した病原体の種類，ハエなどのベクターの発生状況などにより異なる．初期に流涙，羞明，結膜の腫脹と充血，眼瞼痙れんなどが見られ，結膜炎，角膜炎を発症した後，多く	海外ではワクチンを使っている国がある．注意深い観察による感染牛の早期発見が大切で，抗菌剤で治療．	

病　名	原　因	症状・病変・疫学	対　策	備　考
伝染性角結膜炎		は回復．しかし一部は角膜に潰瘍病変が形成され，失明．		
5. 2. 2. 22. 牛の趾乳頭腫症	原因菌は特定されていない．Treponema属菌が主な原因と考えられている．	多湿期に，不衛生な牛床で過密飼育されている経産乳牛の後肢に多発．疼痛による跛行，食欲減退，泌乳量や体重の減少，繁殖成績の低下などが見られる．	ワクチンはない．外科的措置，蹄部薬浴，抗菌剤で治療．牛床の衛生的な管理，適正な飼育密度の確保，削蹄や蹄消毒による蹄管理などが予防に有効．	
5. 2. 2. 23. ボツリヌス症	*Clostridium botulinum*	土壌など環境に分布する *C. botulinum* が産生する毒素により起こる致死性の疾病．低品質サイレージや野生動物の死骸が混入したサイレージに含まれていた毒素の摂取による中毒事例のほか，体内で増殖した菌の産生毒素による事例の報告もある．症状は後肢から始まる進行性弛緩性麻痺，起立不能，腹式呼吸，嚥下障害など．数日の経過で死亡．	トキソイドワクチンがある．このワクチンは発症を抑えることはできるが，排菌を防ぐことはできない．本病発生農場は徹底的な消毒が必要．	
5. 2. 2. 24. 牛のマイコプラズマ性肺炎	主に *Mycoplasam bovis, M. dispar* など．*M. alkalescens, M.. bovigenitalium,*	年間を通じて，多頭数群飼されている子牛に多発．ウイルスや細菌との混合感染による肺	ワクチンはない．抗菌剤で治療．混合感染しているほ	

病　名	原　因	症状・病変・疫学	対　策	備　考
牛のマイコプラズマ性肺炎	*Ureaplasma diversum* などは二次感染菌で肺炎症状を増悪する.	炎が多い. 症状は発熱, 水様から膿性の鼻汁漏出, 流涙, 乾性発咳など. マイコプラズマ単独感染ではほとんど症状はない. 中耳炎や関節炎を併発することもある. 罹患牛では肝変化病変が肺前葉から中葉の辺縁部に見られる.	かの病原体にも有効な抗菌剤を選択するか, 併用. 導入牛を検疫.	
5. 2. 2. 25. 牛のマイコプラズマ性乳房炎	*Mycoplasma bovis, M. bovigenitalium, M. alkalescens, M. californicum,* ほかのマイコプラズマ	新規に牛を導入した直後に発生することが多い. 呼吸器病に続発することもある. 泌乳期の牛が感染することが多く, その乳汁は多数のマイコプラズマを含むため, 搾乳時にほかの分房や個体に伝播し, 集団感染する. 罹患分房は発赤, 腫脹, 硬結を呈するが, 疼痛感は少なく, 食欲や元気は正常. 泌乳量は短期間で減少し, 無乳となることもある.	一般細菌が分離されない乳房炎や抗菌剤による治療が奏功しない乳房炎が短期間に続発したときは本病を疑う. 可能な限り早く罹患牛を摘発し, 隔離する. 抗菌剤による治療, 強制乾乳, 淘汰などを組み合わせて対処. 併せて搾乳衛生管理を徹底. 導入牛を検疫.	
5. 2. 2. 26. 皮膚糸状菌症	*Trichophyton verrucosum* が主.	全世界で発生. 日常的に分離され, 放牧や集約的飼育により牛群内にまん延. 表在性の皮膚感染を起こし, 頭部, 頸部, 軀幹部, 肢部に	抗真菌剤で治療. 外用する場合は浸透性を高める工夫をする.	人獣共通感染症.

病　名	原　因	症状・病変・疫学	対　策	備　考
皮膚糸状菌症		発赤，脱毛を伴う病巣が見られ，痒感を伴う痂皮を形成.		
5. 2. 2. 27. 真菌中毒症	マイコトキシン産生真菌（Aspergillus 属, Fusarium 属, Penicillium 属などの真菌）	原因真菌は粗飼料や穀類に分布．マイコトキシンを含む飼料の摂食による発熱，体重減少，下痢などの中毒症状.	マイコトキシン汚染飼料の購入，投与を避ける．貯蔵飼料が湿潤状態にならないように管理.	
5. 2. 2. 28. カンジダ症	*Candida albicans* が主．*C. krusei, C. tropicalis* なども原因となる.	全世界で発生．原因真菌は牛の体表のほか，土壌，床敷，飼料など飼育環境に常在．牛の抵抗性低下により感染が起こる日和見感染症．症状は口内炎，胃腸炎，肺炎，子宮内膜炎，流産，乳房炎など.	消毒薬，抗真菌剤で治療.	

病名欄中の（法）：法定伝染病　（届出）：届出伝染病

5. 2. 3. 牛のリケッチア・クラミジア感染症（表 5-3）

病　名	原　因	症状・病変・疫学	対　策	備　考*
5. 2. 3. 1. アナプラズマ病（法）	*Anaplasma marginale*（法定病原体），*A. centrale*	2〜5 週間の潜伏期．溶血性貧血が主症状．発熱，元気食欲低下，便秘，黄疸，脱水，呼吸数増加，流産，不妊．甚急性では発症後数時間で死亡．感染動物はキャリアーとなり感染源になる．マダニやヒメダニがベクター.	常在国ではワクチンを使用．わが国にはワクチンがなく，国内侵入防止が最も重要．早期発見および淘汰.	牛科（牛，水牛，アメリカバイソンなど），シカ科（シカ，エルク），ラクダ科（ラクダ）が感染.

病　名	原　因	症状・病変・疫学	対　策	備　考
5. 2. 3. 2. 牛のコクシエラ症（Q熱）	*Coxiella burnetii*	世界的に分布．わが国では稀．軽い発熱．妊娠動物で流・死産，虚弱子．新生獣は数週間で死亡．脾臓，肝臓，腎臓，生殖器に小肉芽腫性・壊死性病変．	ワクチンはない．テトラサイクリン系薬剤が有効．	人獣共通感染症．牛，豚，馬，めん羊，山羊，犬，猫，各種野生動物が感染．
5. 2. 3. 3. 牛の流産・不妊症	*Chlamydia*（*Chlamydophila*）*abortus*	発生は稀．流産．回復後は不妊症，クラミジアの持続的排出．羊膜の浮腫・肥厚．流産胎子の皮下浮腫，胸腔・腹腔浸出液増量，リンパ節腫大．	ワクチンはない．クラミジア感染症としての一般的な治療（テトラサイクリン系薬剤の投与など）．	めん羊においても同様（流産など）．

病名欄中の（法）：法定伝染病

5. 2. 4.　牛の原虫・寄生虫病（表 5-4）

病　名	原　因	症状・病変・疫学	対　策	備　考
5. 2. 4. 1. ピロプラズマ病（法）(1) 牛のタイレリア病	*Theileria parva*（法）（東海岸熱），*T. annulata*（法）（熱帯タイレリア症），*T. orientalis*（小型ピロプラズマ病）	*T. parva*：発熱，体表リンパ節の腫脹，肺水腫．主にアフリカに分布，コイタマダニ属のマダニが媒介．*T. annulata*：発熱，体表リンパ節の腫脹，肺水腫．肝臓・脾臓の腫大．アフリカ，アジア，欧州など広い範囲に分布し，イボマダニ属のマダニが媒介．*T. orientalis*：発熱（弛張熱），貧血，黄疸，削痩．予後は良いが持続感染す	殺ダニ剤によるマダニの防除．放牧馴致．休牧．治療薬：ジアミジン製剤，8-アミノキノリン製剤．	類症鑑別：アナプラズマ症，バベシア症，トリパノソーマ症．牛のタイレリア病の法定対象は牛，水牛，鹿．小型ピロプラズマ病の病原体名は，従前 *Theil-*

病 名	原 因	症状・病変・疫学	対 策	備 考
ピロプラズマ病		る．フタトゲチマダニが媒介．ダニ体内で原虫が経発育期伝達する．		*eria sergenti* が用いられていた．
5. 2. 4. 2. ピロプラズマ病（法）（2）牛のバベシア病	*Babesia bigemina*（法）（ダニ熱），*B. bovis*（法），*B. ovata*（大型ピロプラズマ病）	*B. bigemina* と *B. bovis*：発熱，黄疸，貧血，血色素尿，神経症状（*B. bovis* の脳性バベシア）．脾臓，肝臓，腎臓の腫大，胆嚢内の濃緑色泥状胆汁の貯留．ウシマダニ属が媒介．中南米，東南アジア，アフリカ，豪州東部など広い範囲に分布． *B. ovata*：前者2種より病原性は弱い．発熱（稽留熱），貧血，黄疸，血色素尿．フタトゲチマダニ体内で原虫が経卵伝達する．国内に分布．	マダニの駆除．治療薬：ジアミジン製剤，8－アミノキノリン製剤．	類症鑑別：アナプラズマ病（貧血），レプトスピラ症（血尿）・細菌性髄膜脳炎．牛のバベシア病の法定対象は牛，水牛，鹿．*B. ovata* は若齢牛より，成牛が感受性が強い．
5. 2. 4. 3. 牛のトリパノソーマ病（届出）	*Trypanosoma brucei*, *T. congolense*, *T. vivax*, *T. evansi*, *T. theileri*	アフリカトリパノソーマ（左記最初の3種）の病害は，泌乳停止，流産，衰弱，貧血，削痩など．ツエツエバエが媒介．アフリカに分布．*T. theileri* は通常は無症状であるが，感染牛から輸血を受けた虚弱子牛や，重度のストレスを受けた成牛で原虫が増殖して急性症状を起こす場合がある．アブ，サシバエが媒介．国内に分布．	媒介昆虫の駆除，殺虫剤の塗布．発生地からの動物輸入の禁止．発病動物の処分あるいはジアミジン製剤等による治療．*T. evansi* は国内に分布していないが，東南アジアに常在しているので，検疫時に注意が必要である．	類症鑑別：タイレリア症，アナプラズマ症，バベシア症．牛のトリパノソーマ病の届出対象は牛と水牛．

病　名	原　因	症状・病変・疫学	対　策	備　考
5.2.4.4. 牛のトリコモナス病（届出）	*Tritrichomonas foetus*	雌牛では腟粘液の異常（膿様物および粘液の増加），陰唇の腫脹，腟炎，妊娠早期（2〜4カ月）の流産，子宮内膜炎などによる不妊症．流産しなければ胎子は死亡し子宮蓄膿症となる．雄牛では原虫は包皮腔に寄生し，精巣，精巣上体，精嚢などに侵入することもあるが，多くは無症状．感染雄牛との交尾や感染精液の人工授精により感染する．わが国では1963年以降，発生していない．	感染牛の国内持ち込みを監視するとともに，感染雄牛の淘汰や，種付け，人工授精の衛生管理を徹底する．治療には，包皮腔や子宮の洗浄，ルゴールグリセリン液の注入，メトロニダゾール製剤の投与．回復しても持続感染する．	類症鑑別：ブルセラ感染による流産．届出対象は牛と水牛．
5.2.4.5. 牛のコクシジウム病	*Eimeria zuernii, E. bovis, E. auburnensis, E. bukidnonensis, E. ellipsoidalis, E. subspherica, E. alabamensis, E. brasiliensis, E. canadensis, E. cylindrica, E. illinoiensis, E. mundaragi, E. pellita, E. wyomingensis*	粥状粘血便，軟便，偽膜性腸炎，食欲不振，元気沈衰，怒責，脱水，貧血，症状の悪化に伴い歩様異常，起立不能，カタル性腸炎，腹痛，痙れん，体重減少，発育不良．小腸，盲・結腸粘膜上皮細胞の炎症，壊死，潰瘍．オーシスト（スポロゾイト包蔵）による経口感染．	オーシスト対策：熱消毒，オルソ剤，堆肥の十分な発酵．治療薬：スルファジジメトキシンなどのサルファ剤．予防薬：アンプロリウム．	
5.2.4.6. 牛のネオスポラ症（届出）	*Neospora caninum*	流死産，神経症状，新生子の起立不能．非化膿性脳炎，肝炎，心筋炎・心膜炎，骨格筋炎および胎	飼料のオーシストによる汚染の防除．ネオスポラ抗体	類症鑑別：ブルセラ病，アカバネ病，チュウザン

病　名	原　因	症状・病変・疫学	対　策	備　考
牛のネオスポラ症		盤炎．犬が終宿主ならびに中間宿主で，牛は中間宿主となる．母牛は持続感染し，感染母牛からの正常分娩子牛も持続感染する場合が多い．主要な感染経路は，胎盤を介した垂直伝播であるが，集団発生の場合は，オーシスト摂取による感染が疑われる．	陽性牛の淘汰および抗体陰性牛の導入を行う．有効な治療法およびワクチンはない．	病．届出対象は牛と水牛．
5. 2. 4. 7. クリプトスポリジウム症	*Cryptosporidium parvum, C. muris*	水様性下痢，（4週齢までの子牛），元気消失，脱水．オーシスト（スポロゾイト包蔵）による経口感染．自家感染がある．	汚染畜舎の消毒．感染牛の隔離．オーシスト対策：熱消毒，オルソ剤，堆肥の十分な発酵．	類症鑑別：大腸菌症，サルモネラ症，ロタウイルス感染症．人獣共通感染症．
5. 2. 4. 8. 牛バエ幼虫症（届出）	ウシバエ *Hypoderma bovis,* キスジウシバエ *H. lineatus*	牛体背部に腫瘤孔，組織溶解，出血，壊死，痒覚，皮膚炎，幼虫の脊髄迷入による運動障害．ハエが被毛に産卵した卵から孵化した幼虫は皮膚に穿入して体内移行する．脊髄硬膜下や食道粘膜に寄生し，神経麻痺や嚥下障害を起こすことがある．経済的に食肉や皮革の価値を下げ，また感染のストレスによって体重増加が低下する．国内では，1997年以降発生の報告はない．	殺虫剤：有機リン剤，アベルメクチン系薬剤．腫瘤内の幼虫を摘出中の虫体破損や，駆虫薬投与後の死滅幼虫に起因するアレルギー反応として流涎，流涙，浮腫，呼吸困難などが生ずることがある．	類症鑑別：血汗症（パラフィラリア症）．届出対象は牛と水牛．牛バエはヒトにも寄生するが，感染は一過性で持続しない．

病　名	原　因	症状・病変・疫学	対　策	備　考
5. 2. 4. 9. 肝蛭症	肝蛭 *Fasciola* sp.	幼虫による急性創傷性肝炎，多発性出血性肝炎，成虫による慢性胆管炎，胆管閉塞．主に胆管に寄生．水草などに付着したメタセルカリアによる経口感染.	牛ふん堆肥の十分な発酵，稲わらのサイレージ化．駆虫剤：プラジカンテル製剤，ビチオノール製剤.	
5. 2. 4. 10. 牛の条虫症	ベネデン条虫 *Moniezia benedeni,* 拡張条虫 *M. expanse*	下痢，栄養吸収阻害．ふん便内に六鉤幼虫卵を包蔵する条虫の片節が排出される．六鉤虫卵を摂取したササラダニ体内の擬嚢尾虫による経口感染.	駆虫剤：プラジカンテル製剤，ビチオノール製剤.	
5. 2. 4. 11. 牛の回虫症	牛回虫 *Toxocara vitulorum*	下痢，脂肪便症，ふん便は泥状で悪臭，疝痛，腸閉塞様症状．感染幼虫包蔵卵により経口感染するが，孵化した幼虫は全身の組織・臓器へ移行し，休眠する．妊娠 8 カ月で活動を再開し，胎子や乳腺に移動し，胎盤感染や経乳感染する．熱帯・亜熱帯に分布し，国内にも分布.	牛ふん堆肥の十分な発酵・駆虫．剤：アベルメクチン製剤，ベンジイミダゾール系薬剤，ピペラジン系薬剤，レバミゾール.	主に 6 カ月齢以下の牛の小腸に寄生する.
5. 2. 4. 12. 牛の糸状虫症	指状糸状虫 *Setaria digitata*：（溷睛虫症・腰麻痺），マーシャル糸状虫 *S. marshalli,* 咽頭糸状虫 *Onchocerca gutturosa*（ワセ・	指状糸状虫：子虫の迷入による眼障害．成虫は腹腔に寄生する．カが媒介．マーシャル糸状虫：腹腔に寄生する．病害はほとんどない．カが媒介．胎盤感染がある．咽頭糸状虫：皮膚の湿疹・脱毛，肥厚．頸部靭帯・後膝関	媒介昆虫の防除．駆虫剤：アベルメクチンン系薬剤，ジエチルカルバマジン，塩酸レバミソール.	

病　名	原　因	症状・病変・疫学	対　策	備　考
牛の糸状虫症	コセ） パラフィラリア *Parafilaria bovicola*（血汗症）， 沖縄糸状虫 *Stephanofilaria okinawaensis*（鼻鏡白斑症）	節に寄生する．ブユが媒介．パラフィラリア：痛みを伴う皮下出血．皮下に寄生する．イエバエが媒介．沖縄糸状虫：鼻鏡，乳頭に寄生し，び爛，潰瘍，角化，色素消失（白斑）を生じる．ウスイロイエバエが媒介．		
5. 2. 4. 13. 牛の肺虫症	牛肺虫 *Dictyocaulus viviparus*	気管支炎，発咳（husk），呼吸困難，衰弱．感染幼虫の経口感染した幼虫は小腸で脱鞘し，腸間膜リンパ節で4期幼虫となり，血行性に肺胞に達し，気管支に移行しつつ成虫になる．気管支閉塞，気管支肺炎，肺水腫，肺気腫．	軽感染時に駆虫を行い免疫を賦与する． 駆虫剤：一般的な抗線虫剤．	初放牧の子牛に多く，発咳と削痩が見られ，重感染ではしばしば死亡する．
5. 2. 4. 14. 乳頭糞線虫症（子牛の突然死）	乳頭糞線虫 *Strongyloides papillosus*	オガクズ牛舎内で多数感染すると前駆症状なく突然死する．腸炎．外界で発育した感染幼虫による経口感染のほか経皮感染．	牛ふんの堆肥化．牛舎床の熱消毒．駆虫剤：一般的な抗線虫剤．	
5. 2. 4. 15. 牛の一般消化管内線虫症	捻転胃虫 *Haemonchus contortus,* 牛捻転胃虫 *Mecistocirrus digitatus,* オステルターグ胃虫 *Ostertagia ostertagi,* 牛毛様線虫	多数感染によって下痢，貧血，食欲不振，削痩．種によっては下顎の浮腫，腹痛を起こす． 多数感染によって下痢，貧血，食欲不振，削痩．種によっては下顎の浮腫，腹痛を起こす． 牛鉤虫は経皮感染，牛鞭虫は感染子虫包蔵卵による経口感染，そのほかの	牛ふんの堆肥化．牛舎床の熱消毒．加熱，乾燥による子虫の殺滅．定期的な駆虫剤の投与：アベルメクチン製剤，ベンジイミダゾール系薬剤，ピペラ	寄生部位は捻転胃虫，牛捻転胃虫，オステルターグ胃虫，牛毛様線虫では第四胃，蛇状毛様線虫，透明毛様線虫，クーペリア，

病　名	原　因	症状・病変・疫学	対　策	備　考
牛の一般消化管内線虫症	*Trichostrongylus axei,* 蛇状毛様線虫 *T. columbriformes,* 透明毛様線虫 *T. vitrinus,* クーペリア *Cooperia punctata,* 細頸毛様線虫 *Nematodirus filicollis,* 牛鉤虫 *Bunostomum phlebotomum,* 牛毛細線虫 *Capillaria bovis,* 牛腸結節虫 *Oesphagostomum radiatum,* 大口腸線虫 *Chabertia ovin,* 牛鞭虫 *Trichuris ovis*	線虫類は外界で発育した感染幼虫による経口感染. オステルターグ胃虫：感染幼虫は胃底腺内に進入し，第四胃粘膜表面に出て成虫になる．胃腺から出る時の病害が強く，ペプシン濃度低下の胃機能低下，下痢，低アルブミン血症など. クーペリア：経口感染後に小腸絨毛間陰窩に侵入し，発育後腸腔に戻り成虫になる．カタル性腸炎. 牛鉤虫：吸血性である．経皮感染に伴い脚部に皮膚病変を起こすことがある. 牛腸結節虫：小腸と盲腸壁に侵入して結節を形成する.	ジン系薬剤，レバミゾール.	細頸毛様線虫，乳頭糞線虫，牛鉤虫，牛毛細線虫では小腸. 牛腸結節虫，大口腸線虫，牛鞭虫では盲腸.

病名欄中の（法）：法定伝染病　　（届出）：届出伝染病

5.3. 豚の感染症

5.3.1. 豚のウイルス感染症（表 5-5）

病　名	原　因	症状・病変・疫学	対　策	備　考
5.3.1.1. 豚コレラ（法）	*Classical swine fever virus* ウイルス株により,	発熱（41-42℃）に続き，元気・食欲の減退．眼結膜の充血	「豚コレラに関する特定家畜伝染病防疫	

病　名	原　因	症状・病変・疫学	対　策	備　考
豚コレラ	抗原性，病原性，生物学的性状などに多様性を示す．	と腫脹．神経症状・起立困難．耳翼，下腹部，四肢にチアノーゼが見られ死亡．死亡せずヒネ豚となることもある．主に経口・経鼻感染．わが国は本病を撲滅している．	指針」が定められており，これに従って防疫措置を実施する．備蓄用の生ワクチンがある．	
5. 3. 1. 2. 口蹄疫（法）	*Foot-and-mouth disease virus* 相互にワクチンが効かない七つの血清型がある．	発熱，流涎，跛行に続いて，口，蹄，乳房周辺の皮膚や粘膜に水疱が認められる．接触感染．風による伝播もある．	「口蹄疫に関する特定家畜伝染病防疫指針」に基づき決定される防疫措置による．	牛の方が豚よりも本ウイルスに対する感受性が高い．しかし感染後のウイルス排出量は，豚が牛よりも100～2,000倍多く，「豚は本ウイルスの増幅動物」といわれている．
5. 3. 1. 3. アフリカ豚コレラ（法）	*African swine fever virus*	甚急性から不顕性まで病態は多様．甚急性：突然死亡．急性：発熱（40-42℃），呼吸困難，嘔吐，血便，体表のチアノーゼを示して1週間以内に死亡．ウイルスは，アフリカに生息するイボイノシシとダニとの間で感染環があり，豚は感染ダニの吸血により感染し，新たな感染源となる．	ワクチンはなく，摘発・淘汰による．	イボイノシシは発症しない．

病　名	原　因	症状・病変・疫学	対　策	備　考
5. 3. 1. 4. 豚水胞病（法）	Swine vesicular disease virus ウイルスは熱や酸に強く，また株により病原性が異なる．	蹄，舌，鼻端に水疱が見られ，口蹄疫のそれと区別できない．主に経口・経鼻感染．	ワクチンはなく，患畜，同居豚の殺処分とともに防疫措置を講じる．	口蹄疫との類症鑑別のため，疑わしい症状が見られたら直ちに最寄りの家畜保健衛生所に連絡する．本ウイルスは口蹄疫と異なり，豚のみに感染し，牛，めん羊，山羊には感染しない．
5. 3. 1. 5. 豚の日本脳炎（法）	*Japanese encephalitis virus*	ミイラ化胎子，黒子，白子などの死亡胎子と神経症状（痙れん，震え，旋回，麻痺）を示す虚弱子豚が同時に娩出されることが多い．コガタアカイエカによって媒介されるので，8〜11月が異常産の多発期となる．	各種ワクチンがあるので，春〜秋に種付けを予定している豚に接種する．	ヒトと馬では脳炎を起こすが豚では異常産である．豚は本ウイルスの増幅動物であるので感染豚を吸血したカは有毒カとなる．
5. 3. 1. 6. 豚の水胞性口炎（法）	*Vesicular stomatitis Indiana virus* など	口，鼻，蹄部に水疱ができ，これが破裂してび爛や潰瘍ができる．蹄部の潰瘍のため感染豚は跛行や歩行困難となる．接触感染のほかに昆虫による感染もある．	わが国は清浄国であるので，検疫による侵入防止が重要である．	口蹄疫との類症鑑別のため，疑わしい症状が見られたら直ちに最寄りの家畜保健衛生所に連絡する．豚以外にも牛，馬およびげっ歯類さらにはヒトにも感染する．ヒトはインフルエンザ様の症状を示す．

病　名	原　因	症状・病変・疫学	対　策	備　考
5. 3. 1. 7. 伝染性胃腸炎（届出）	*Alphacoronavirus 1*（Transmissibe gastroenteritis（TGE）virus）抗原型は単一．一般に伝播力が強いが，伝播力が弱く常在型となるウイルス株もある．	嘔吐に続いて激しい水様下痢が見られ，哺乳豚は1週以内に死亡する．4週齢以上では耐過するがヒネ豚となる．成豚の症状は軽いが，授乳期の母豚では下痢に加えて泌乳の停止が見られ，そのため子豚が死亡する．常在型では症状は軽く，死亡率は低い．経口・経鼻感染．	母豚にワクチンを接種し，乳汁を介して子豚に免疫を付与する方法（乳汁免疫）と子豚に生ワクチンを経口投与する方法がある．	大腸菌症を併発して重篤化することがきわめて多いので，抗生物質投与により症状の軽減化を図る．
5. 3. 1. 8. オーエスキー病（届出）	*Suid herpesvirus 1*	3週齢以下の子豚では急死することもあるが，多くは運動失調や痙れんなどの神経症状が認められる．妊娠豚では高率に異常産が認められ，分娩胎子は痙れんを起こして死亡する．豚やいのししでは感染耐過後，三叉神経節に潜伏し，輸送，分娩などのストレスにより活性化する．この再活性化されたウイルスが新たな感染源となり，清浄化の妨げとなっている．吸入・経口感染が主で，交尾・胎盤感染もある．	56℃ 15分の熱や界面活性剤などの消毒剤で容易に不活化される．ワクチンは発症予防効果にとどまり，感染予防はできない．そのためワクチン使用時でも摘発・淘汰ができるようにワクチン抗体と野外ウイルスによる抗体が識別できるような遺伝子欠損ワクチンが開発されている．	豚，いのししのほか，牛，めん羊，山羊，犬，猫など多くの動物が感染する．豚，いのしし以外の動物では掻痒感を示し，急性経過で死亡する．

病　名	原　因	症状・病変・疫学	対　策	備　考
オーエスキー病			2013 年現在，わが国では撲滅計画が実施されている．	
5. 3. 1. 9. 豚流行性下痢（届出）	*Porcine endemic diarrhea virus* 培養細胞での分離が困難．60℃ 30 分の加熱で不活化される．	元気消失，食欲不振に続いて水様下痢が見られ 10 日齢以下のほ乳豚では脱水によりほぼ全頭が死亡する．日齢が進むと軟便程度となり耐過する．母豚では泌乳の減少や停止が起こりほ乳豚が死亡する原因となる．経口感染．	繁殖豚舎の洗浄・消毒を徹底するとともに空舎期間を設けて常在化を防ぐ．常在化した農場では，単味ワクチンのほか，豚伝染性胃腸炎との混合生ワクチンがある．	冬季に発生し易く，豚群内での伝播は遅い．
5. 3. 1. 10. 豚繁殖・呼吸障害症候群（届出）	*Porcine reproductive and respiratory syndrome virus*（PRRS ウイルス）PRRS ウイルスにはヨーロッパ型と北米型があり，北米型は株間の多様性が著しい．わが国の流行株は後者．	母豚では流産，早産，死産などの繁殖障害．離乳～育成豚では発咳，腹式呼吸などを示し発育不良となる．経口・経鼻，接触，胎盤感染．	ワクチンはあるが感染予防はできない．馴致と称した計画感染のような方法では清浄化はできない．農場衛生の向上を図りオールイン・オールアウトの範囲を豚舎単位から農場単位へと拡大させることを基本する．	PRRS ウイルスそのものの病原性よりも，本ウイルスがほかの病原体を活性化させることによる被害が大きい．*Haemophilus parasuis* や *Mycoplasma hyorhinis* による多発性漿膜炎は，通常散発的にしか発生しないが本ウイルス汚染農場では集団発生することがある．このような例は，サルモネラ症で

病　名	原　因	症状・病変・疫学	対　策	備　考
豚繁殖・呼吸障害症候群				も報告されている．一方，マイコプラズマ肺炎は本病を長期化させる．
5. 3. 1. 11. 豚エンテロウイルス性脳脊髄炎（届出）	*Porcine enterovirus B* および *Porcine teschovirus*	重篤例は，月齢に関係なく，後軀麻痺，起立不能，眼球振とう，痙れん，後弓反張（背筋の痙れんにより胴体を弓なりに反らせる），昏睡などを示して 3〜4 日で死亡する．若齢豚にのみ軽度の神経症状（運動失調，四肢の麻痺）を示す病態もある．経口・経鼻感染．	ワクチンはなく，治療法もない．	常在的なウイルスがなんらかの原因で中枢神経に至り発症する．
5. 3. 1. 12. ニパウイルス感染症（届出）	*Nipah virus* 本ウイルスの自然宿主はオオコウモリ．	呼吸器症状，時に神経症状．死亡率は 5% 以下．1998 年にマレーシアで初めて発生．	ワクチンや治療法はなく，淘汰する．	人獣共通感染症．
5. 3. 1. 13. 豚水疱疹（届出）	*Vesicular exanthema of swine virus* 豚水疱疹ウイルスは，海棲動物由来のサンミゲルアシカウイルスと酷似．	鼻端，口唇，舌，乳頭などの水疱形成．経口，接触感染．	非加熱残飯を与えない．感染豚は隔離，淘汰．	1956 年，米国での発生が最後．
5. 3. 1. 14. 豚パルボウイルス病	*Porcine parvovirus*	同腹の胎子にミイラ化胎子，黒子，白子，虚弱子，正常子など	ワクチンがある．	妊娠初期の感染では，産子数の減少や不妊症が

病　名	原　因	症状・病変・疫学	対　策	備　考
豚パルボウイルス病		が認められる．流産は稀．経口・経鼻感染のほか交配による伝播もある．		認められる．
5. 3. 1. 15. 豚サーコウイルス感染症	*Porcine circovirus-2*	離乳後多臓器性発育不良症候群（PMWS）では，発育不良，被毛粗剛，呼吸困難，黄疸，皮膚の蒼白．豚皮膚炎腎症症候群では，後肢，臀部，腹部などに赤紫色の斑点や丘疹．経口・経鼻感染．	PMWSにはワクチンがある．	農場衛生としてPRRSの項参照．
5. 3. 1. 16. 豚呼吸器型コロナウイルス感染症	Porcine respiratory coronavirus 本ウイルスは，TGE ウイルスのスパイク蛋白質の一部が欠損したウイルス．	不顕性に経過することが多く，発症しても軽度の呼吸器症状に止まる．飛沫感染．	ワクチンはないので，PRRSに準じた農場衛生対策を講じる．	原因ウイルスは消化器ではほとんど増殖しない．
5. 3. 1. 17. 豚インフルエンザ	*Influenza A virus*（Swine influenza virus） わが国では血清亜型 H1N1 と H3N2 ウイルスが分離されていたが，近年では H1N2 ウイルスが多数分離されている．	豚群が一斉に元気消失，食欲減退し，発熱，鼻汁，発咳などが認められる．飛沫感染．	ワクチンがある．感染豚には抗菌剤を投与して2次感染による被害を防止する．	2次感染がなければ一過性の鼻風邪程度で経過するが，豚は，ヒトと鳥の両方のウイルスに感染し，体内で組換えを起こしてヒトの新型ウイルス出現の場となるので，公衆衛生上重要である．

病　名	原　因	症状・病変・疫学	対　策	備　考
5. 3. 1. 18. 豚血球凝集性脳脊髄炎	*Betacoronavirus 1*（Hemagglutinating encephalomyelitis virus）本ウイルスはコロナウイルス2群に属する.	全身性の神経症状を呈する型と嘔吐と衰弱を主徴とする型がある．後者は生後2～3日以内に悪臭の強い嘔吐が見られる.	ワクチンはない．また特に対策も必要ない.	わが国では約半数が抗体を保有しているが，発生例はない.
5. 3. 1. 19. 豚サイトメガロウイルス病	*Suid cytomegalovirus* 本ウイルスは，ヘルペスウイルス科に属するが属は未確定.	移行抗体を持たない新生豚ではくしゃみ，鼻汁などの呼吸器症状が見られる.	子豚以外は問題とならないので，初乳を十分に飲ませることで発症は防げる.	ほとんどの豚がウイルスを保有している.
5. 3. 1. 20. 豚のゲタウイルス病	*Getah virus*	1週齢以内の新生豚が元気消失，食欲不振，下痢，震えなどを示し，2～3日で死亡する．キンイロヤブカ，コガタアカイエカにより媒介される.	ワクチンがある.	馬も感染する.
5. 3. 1. 21. 豚ロタウイルス病	*Rotavirus* A（Porcine rotavirus）ロタウイルスは，A～Gの7血清群に分けられているが，主にA群による.	ほ乳豚や離乳後1週以内の子豚に激しい下痢が見られるが，ノトバイオートを用いた感染実験では再現できないことから，大腸菌などほかの病原体が関与していることが多いと考えられる.	繁殖豚舎の洗浄・消毒を徹底するとともに空舎期間を設けて常在化を防ぐ.	ヒトを始め多くのほ乳類や鳥類にも下痢を起こす.

病名欄中の（法）：法定伝染病　　（届出）：届出伝染病

5.3.2. 豚の細菌・真菌感染症（表5-6）

病　名	原　因	症状・病変・疫学	対　策	備　考
5.3.2.1. 豚丹毒（届出）	*Erysipelothrix rheusiopathiae, E. tonsillarum* および未命名の2菌種.	突然の発熱，食欲廃絶，跛行，暗赤色～赤紫色のび漫性の発疹あるいは蕁麻疹．死亡率は区々であるが血清型1a型の感染ではきわめて高い．経口感染が主で，創傷感染も起こる．	予防の基本は農場の衛生対策である．ワクチンは生と不活化があり，農場の状況に応じて使い分ける．発症豚にはペニシリン系薬剤の注射が著効を呈する．	と畜場で関節炎や心内膜炎が見いだされることがある．豚丹毒菌は，豚のほか，鳥類やイルカに敗血症，反すう動物に関節炎，ヒトには類丹毒を起こす．
5.3.2.2. 豚のブルセラ病（法）	*Brucella suis*	流産，不妊，精巣炎，時に後軀麻痺．流産は妊娠の時期を問わず見られ，受精後17日という例もある．経口・経皮・粘膜感染．	わが国は清浄国であるので，検疫による侵入防止が重要．	流産に際しては，本病を想定した細菌検査を行う．
5.3.2.3. 豚の炭疽（法）	*Bacillus anthracis*	腸炎型は最も多い型であるが臨床症状に乏しい．アンギナ型は，浮腫性腫脹が咽喉部に始まり，下顎，頸部，腋下へと移行する．急性敗血症型では牛と同様，天然孔から出血して急死する．経口・創傷感染．	発症豚を殺処分後，徹底した消毒により環境汚染を防ぐ．緊急予防措置としてはワクチンや抗菌剤を投与する．	牛，馬，めん羊，山羊などの草食動物の感受性が高い．豚，犬，ヒトは比較的抵抗性が強く，また病型が異なることから非定形炭疽と呼ばれている．
5.3.2.4. 萎縮性鼻炎（届出）	*Bordetella bronchiseptica* のほか，毒素産	初期にはくしゃみ，水洟，のちに膿性鼻汁，アイパッチ，	まず本病フリーの農場から豚を導入する．母豚	Pmが関与する場合は進行性萎縮性鼻炎 pro-

病　名	原　因	症状・病変・疫学	対　策	備　考
萎縮性鼻炎	生性の *Pasteurella multocida*（Pm）が関与する場合がある．	鼻出血．くしゃみにより鼻甲介の一部が排出されることもある．重症例では「鼻曲がり」や「狆面」．接触・飛沫感染．	へのワクチン接種によりほ乳豚の感染を防ぐ．治療は ST 合剤やテトラサイクリン系薬剤を飼料添加する．	gressive atrophic rhinitis と呼ばれる．
5. 3. 2. 5. 豚のサルモネラ症（届出）	*Salmonella enterica* subsp. *enterica* のうち血清型 Choleraesuis（SC），Typhimurium（ST）および Enteritidis．特に前2者．	SC では，元気消失，食欲廃絶，発熱の後四肢や下腹部にチアノーゼを呈して敗血症により死亡する．ST では黄色水様性下痢が数日のうちに群内に拡がり，終息と発生を繰り返す．経口感染．	農場を徹底的に高圧洗浄したのち消毒する作業を継続的に実施する．発症豚は淘汰して農場の汚染を最小限にとどめる．抗菌剤による治療は最小限度とする．	本病は日和見感染症であるが，PRRS ウイルス汚染群では多発することがある．
5. 3. 2. 6. 豚赤痢（届出）	Brachyspira hyodysenteriae（Bh）	悪臭のある粘血下痢便が 5〜10 日間持続する．経口感染．	マクロライド系およびプルロムチリン系薬剤が有効であるが，耐性株が少ないことから後者が推奨される．発症豚には後者のチアムリンを飲水投与し，同居豚には飼料添加する．同時に豚舎の清掃・洗浄と消毒を頻回，徹底的に実施して環境中の Bh の濃度を可能な限り下げる．	飼料の種類により Bh を人工感染させた時の発病率が異なることが報告されており，特に発酵性の炭水化物（チコリの根とスウィートルピナス）を添加した場合には，全く発病しなかったことが報告されている．

病　名	原　因	症状・病変・疫学	対　策	備　考
5. 3. 2. 7. 哺乳期大腸菌下痢	*Escherichia coli* のうちエンテロトキシン（ET）を産生する大腸菌（ETEC）で，特定の O 群血清型（O8，O9，O141，O157 など）に属するものが多い．	早ければ生後数時間，普通は 1〜2 日で下痢を始める．重篤化して水様下痢になると脱水により死亡する．経口感染．	農場の日常の衛生対策により環境中の大腸菌数を減らす．母豚へのワクチン接種は抗原型が一致すれば有効であるが，基本は衛生管理である．	病原因子として ET のほか，付着因子として F4，F5，F6，F41 などの線毛アドヘジンを持つ菌株が多い．
5. 3. 2. 8. 離乳後大腸菌下痢	*Escherichia coli* のうち，付着因子と ET 産生性を持った菌株で，特定の O 群血清型（O8，O38，O45，O141，O157 など）に属するものが多い．	離乳後 3〜10 日に発生する．栄養状態良好な離乳豚 1〜2 頭が急死するのを皮切りに下痢が見られるようになることが多い．軟便〜泥状便で水様になることは少ない．経口感染．	一群の頭数を少なくする，群分け，移動を制限するなどにより，離乳に伴うストレスを軽減するとともに，徹底した衛生対策を講じる．多発期間を制限給餌にすることも有効である．発症豚には抗菌剤を投与するが，定期的に薬剤耐性のモニタリングを実施する．	生菌剤の効果は多様であるが，さまざまな製品を大量に投与すると効果があったという報告がある．
5. 3. 2. 9. 浮腫病	*Escherichia coli* のうち，付着因子と志賀毒素産生性を持った菌株で，特定の O 群血清型（O139，O141 など）に属するものが多い．	浮腫病は，4〜12 週齢の若齢豚に多発し，後軀麻痺，犬座姿勢，間代性痙れん，眼瞼周囲や前頭部皮下の浮腫が見られる．経口感染．	離乳後下痢と同様，離乳に伴うストレスを軽減するとともに，高蛋白・低粗線維飼料が発症要因となるので，制限給餌や給与飼料の適正化	浮腫病に対する感受性は，病原因子である志賀毒素に対する感受性ではなく，F18 線毛に対するレセプターの有無による．

病　名	原　因	症状・病変・疫学	対　策	備　考
浮腫病			（多発する期間は粗線維を15〜20%とする）を図る.	
5.3.2.10. 増殖性腸症（腸腺腫症候群）	*Lawsonia intracellularis*（Li）は，人工培養できず培養細胞でのみ培養可能.	急性型と慢性型がある．急性型は，4〜12カ月齢の繁殖候補豚などが罹患．黒色タール便から軟便化することが多い．便性状に異常がなく極度の貧血で死亡する例もある．発症豚の死亡率は50%に達する．慢性型は，離乳後3〜4週，あるいは10〜12週齢豚が罹患するが無症状．2次感染がなければ死亡することはないが，発育の遅延による経済被害は大きい．経口感染.	慢性型による発育の遅延による被害は，ワクチンの使用により軽減化し，また抗菌剤の使用量も減少したとの報告がある．治療には，リンコマイシン，タイロシン，クロールまたはテトラサイクリン，チアムリンなどを用いる．消毒には第4級アンモニウム塩が最も有効で，次亜塩素酸ナトリウムは無効.	発症には腸内の常在菌が関与．また Li は，宿主域が広く，ハムスター，ウサギ，シカ，ウマなどにも同様の疾病を起こす.
5.3.2.11. レンサ球菌症（1）	*Streptococcus suis*	5〜10週齢豚が多い．高熱（42.5℃）後，元気消失，食欲減退，跛行に続き，ぎこちない動作や不自然な姿勢，震え，痙れん，起立不能，後弓反張眼球振盪などの神経症状．接触感染.	常に豚舎の洗浄・乾燥を心がけ，密飼いを避けて，適切に換気し，豚群の組換えや移動は最小限度にとどめ，子豚にかかるストレスをできるだけ緩和する．豚の導入時には隔離・	子豚の生体防御機能が低下した時に発症する日和見感染症的色彩が強い疾病.

病　名	原　因	症状・病変・疫学	対　策	備　考
レンサ球菌症（1）			検疫を徹底．ワクチンはあるが予防の基本は上記の飼養衛生管理．βラクタム系薬剤とデキサメタゾン（抗炎症剤）を同時に投与すると良い．治療は最低5日間は続ける．	
5. 3. 2. 12. レンサ球菌症（2）	*S. dysgalactiae* subsp. *equisimilis*	1〜3週齢の子豚．関節の腫脹，跛行．剖検時に心内膜炎が見られることもある．	βラクタム系，テトラサイクリン系薬剤で治療．ワクチンはない．	四肢の外傷を避けるようほ育舎の床面に配慮．
5. 3. 2. 13. レンサ球菌症（3）	*S. porcinus*	肥育豚に多発．頸部膿瘍，頸部リンパ節炎．主に米国で発生．	ワクチンはない．膿瘍には抗菌剤無効，外科的処置のみ．	
5. 3. 2. 14. グレーサー病	*Haemophilus parasuis*	離乳子豚（4週齢〜2カ月齢）が被毛粗剛となり，呼吸器症状や関節炎症状を呈して発育不良となる．死亡率はさまざまであるが20％を超えることもある．接触感染．	*Mycoplasma hyorhinis* 感染も本病と同じ症状を示し，また2菌種が同時に関与していることもあるので，両者に有効なテトラサイクリン系薬剤を用い，同居豚にも投与する．SPF豚はワクチンにより予防．	起因菌は子豚鼻腔内の常在菌であり，発症には輸送や気候の急変等のストレスが関与している．通常散発的であるが，PRRS汚染豚群では多発することがある．

病　名	原　因	症状・病変・疫学	対　策	備　考
5. 3. 2. 15. 豚胸膜肺炎	*Actinobacillus pleuropneumoniae* 1〜15 の血清型がある．わが国では，1，2，5 型が多い．	突然元気消失，食欲廃絶して横臥．発熱，呼吸促迫して死に至る．耐過豚では痰が絡んだ湿性の発咳が見られ，発育不良となる．接触・飛沫感染．	ワクチンは発症予防には有効．上記の症状を呈する豚には，直ちに抗菌剤（βラクタム系，テトラサイクリン系，ニューキノロン系薬剤やフロルフェニコールなど）を注射する．	常在豚群では定期的に感受性を測定して感受性薬剤を使用する．
5. 3. 2. 16. 滲出性表皮炎	*Staphylococcus hyicus*	4〜6 日齢の哺乳豚か 5〜6 週齢の離乳豚が多く罹患．突然元気・食欲消失，皮膚が赤〜銅色となり，腋下やそ径部にうす茶色の滲出物が鱗状に見られる． 3〜5 日で全身に拡がり，色は急速に黒ずんでベトベトしてくる．重症例では急速に痩せて，発病後 3〜10 日以内に死亡．接触感染．	治療にはβラクタム系薬剤や ST 合剤を全身的に投与．水を十分に与え，皮膚をセトリミドのような洗浄・消毒剤で洗浄，乾燥後に亜鉛化オリーブ油やホウ酸軟膏のような保護剤を塗布する．予防には母豚の体表面を洗浄・消毒後，清潔な分娩舎に入れる．	生残豚の発育は遅延するので感染豚群の生産性は約 35% 低下する．
5. 3. 2. 17. 抗酸菌症	*Mycobacterium avium intracellulare* complex	不顕性感染のため，大部分がと畜時の食肉衛生検査で摘発される．稀に発育不良．経口感染．	感染母豚をツベルクリン検査により摘発，淘汰する．	豚以外にもヒト，牛，犬，猫など多くのほ乳類，鶏やあひるなどの鳥類も感染する．

病　名	原　因	症状・病変・疫学	対　策	備　考
5. 3. 2. 18. 豚のレプトスピラ症（届出）	*Leptospira interrogans* のうち，Pomona, Canicola, Icterohaemorrhagiae など 7 血清型.	発症は幼若豚と妊娠豚．特に後者の流死産（81 日目以降が多い）や虚弱子豚の娩出．経皮・粘膜感染.	ネズミを駆除し，豚舎の床面をできるだけ乾燥させる．発症時にはストレプトマイシン，予防にはテトラサイクリン系薬剤やワクチンが有効.	豚のほか，牛，犬の疾病が届出伝染病.
5. 3. 2. 19. アルカノバクテリウム・ピオゲネス感染症	*Arcanobacterium pyogenes*	四肢，臀部，肩甲部，頸部などの皮下膿瘍は，触診すると波動感を呈する．時に自壊して排膿．化膿性関節炎では関節部の腫脹と熱感，跛行，起立不能．脊椎膿瘍では特徴的な症状はない．経皮・創傷感染.	ワクチンはなく，抗菌剤の治療効果は期待できないので，感染豚を隔離し必要なら淘汰する.	多頭飼育とともに多発するようになった.
5. 3. 2. 20. 豚のマイコプラズマ肺炎	*Mycoplasma hyopneumoniae*	空咳．発育遅延や飼料効率低下．接触・飛沫感染.	オールイン・オールアウト．ワクチンや抗菌剤は病変を軽減化し，それに伴って経済被害も軽減化する.	豚呼吸器病症候群の諸悪の根源.
5. 3. 2. 21. 豚のマイコプラズマ関節炎	*Mycoplasma hyosynoviae* あるいは *M. hyorhinis*	*M. hyosynoviae* は 40 kg 以上の豚に，*M. hyorhinis* は幼若豚に関節炎症状.	ワクチンはない．抗菌剤と副腎皮質ホルモンを投与する.	

病名欄中の（法）：法定伝染病　　（届出）：届出伝染病

5. 3. 3. 豚の原虫病・寄生虫病（表 5-7）

病　名	原　因	症状・病変・疫学	対　策	備　考
5. 3. 3. 1. トキソプラズマ病（届出）	*Toxoplasma gondii*	発熱，呼吸困難，下痢，耳翼などの紫赤斑，起立不能．急性感染例では全葉性水腫性肺炎，消化管粘膜の出血・壊死，リンパ節の腫大，実質臓器の微細出血，胸水や腹水の増加．慢性の場合，明瞭な病変は認めない．感染経路はブラディゾイトを含むシストやスポロゾイト形成オーシストによる経口感染，タキゾイトによる垂直感染．	猫（オーシスト排出源）の侵入防止，ネズミ（シスト保有）の駆除．ゴキブリ，ハエなどが豚舎にオーシストを運び込む可能性もあるので，衛生対策を徹底する．オーシストは一般の消毒剤が無効なため，加熱消毒（煮沸，熱湯の散布）やオルソ剤によって処理する．豚の急性症治療にはサルファ剤を投与する．シストに有効な薬剤はない．	類症鑑別：豚コレラ，豚丹毒，オーエスキー病．届出対象は豚，いのしし，山羊，めん羊．人獣共通感染症．鳥類を含む温血動物が本原虫に感受性がある．
5. 3. 3. 2. 豚のコクシジウム症	*Eimeria debliecki, E. neodebliecki, E. suis, E. porci, E. perminuta, E. spinosa, E. polita,* (＝*cerdonis*), *E. scabra, E. guevarai, Isospora suis, I. alamataensis, I. neyrai*	黄色～水様の下痢．発育遅延．腸管壁の薄化，粘膜の壊死・絨毛の萎縮，腸管膜リンパ節の腫大．ほ乳期の子豚の下痢症の原因となるのは *Isospora suis* であり，8～15 日齢のものを中心にして主に 30 日齢以下のものに見られる．Eimeria 属コクシジウムは 60 日齢以上の豚から検出される．オーシス	駆虫薬：トリアジン類（トリトラズリル製剤），サルファ剤（スルファモノメトキシン，スルファジメトキシンなど）．子豚のオーシスト摂取防止．オールイン・オールアウトの励行，母豚導入前の分娩房の熱湯散布による消毒，加圧水による徹底洗浄．オーシスト対策：オルソ系消毒剤（オルソジクロロ	コクシジウム類は宿主特異性が強く，豚のコクシジウム種は豚以外には感染しない．

病　名	原　因	症状・病変・疫学	対　策	備　考
豚のコクシジウム症		ト（スポロゾイト包蔵）による経口感染.世界的に分布.	ベンゼンを主剤とするもの）．畜舎入り口での長靴消毒.	
5. 3. 3. 3. バランチジウム症	大腸バランチジウム *Balantidium coli*	成豚では不顕性感染が多く，幼豚では下痢，赤痢，貧血．シストによる経口感染.	駆虫薬：メトロニダゾールの経口投与	人獣共通感染症．豚，ヒト，サル，犬，げっ歯類に寄生.
5. 3. 3. 4. 豚回虫症	豚回虫 *Ascaris suum*	重度の寄生でカタール性腸炎，腸閉塞，子虫の体内移行による肝白斑，出血性肺炎．感染幼虫包蔵卵による経口感染.	加熱，乾燥による子虫の殺滅．駆虫剤：アベルメクチン製剤，ベンジイミダゾール系薬剤，ピペラジン系薬剤，レバミゾール.	
5. 3. 3. 5. 豚の条虫症	有鉤条虫 *Taenia solium,* アジア条虫 *T. asiatica,* 胞状条虫 *T. hydatigena*	豚は中間宿主として，嚢虫症を起こす．多数感染で，発熱，食欲不振，運動障害．有鉤条虫の幼虫：筋肉に嚢虫を形成．胞状条虫の幼虫：大網，肝臓，腸間膜に嚢虫を形成する．ふん便中の虫卵による経口感染.	終宿主動物のふん便管理．成虫はプラジカンテルにより完治できるが豚体内の嚢虫に対する特効薬はない．アルベンダゾールまたはプラジカンテルを用いることがある.	人獣共通感染症.
5. 3. 3. 6. 豚鞭虫症	豚鞭虫 *Trichuris suis*	血便，水様性下痢，脱水，削痩．子虫が重度感染した場合は激しい下痢・血便．感染幼虫包蔵卵による経口感染.	ふん便の堆肥化．床敷用オガクズの更新．駆虫剤：アベルメクチン製剤，ベンジイミダゾール系薬剤，ピペラジン系薬剤.	

病　名	原　因	症状・病変・疫学	対　策	備　考
5.3.3.7. 豚肺虫症	豚肺虫 *Metastrongylus elongates*	間歇な咳，肺炎，呼吸困難．肺辺縁性気腫．シマミミズが中間宿主．ミミズ体内の感染幼虫による経口感染．	ミミズとの接触を避ける．駆虫剤：アベルメクチン製剤，ベンジイミダゾール系薬剤，ピペラジン系薬剤，レバミゾール．	人獣共通感染症．稀にヒトの肺や気管支に寄生することがある．
5.3.3.8. 旋毛虫症（トリヒナ症）	旋毛虫 *Trichinella spiralis*	筋肉痛，運動障害，呼吸困難，発熱．成虫は小腸，子虫は筋肉（横紋筋）内に虫嚢を形成して寄生．感染動物の生肉の生食，豚は感染豚の尾かじりなどにより感染．	感染源（子虫保有生肉）を摂取させない．治療薬：小腸の旋毛虫に対してチアベンダゾール，筋肉の旋毛虫に対してメベンダゾールが使われることがある．	人獣共通感染症．

病名欄中の（届出）：届出伝染病

5.4. 家きんの感染症

5.4.1. 家きんのウイルス感染症（表5-8）

病　名	原　因	症状・病変・疫学	対　策	備　考
5.4.1.1. ニューカッスル病（法）	*Newcastle disease virus* 法定伝染病としては，初生ひなの脳内接種で病原性が高いもの，ウイルスのF蛋白に特定のアミノ酸配列を持つもののみ．	緑色下痢便，奇声・咳・開口呼吸などの呼吸器症状，脚麻痺，頸部捻転等の神経症状を呈し死亡．前胃の出血．感染鶏の呼吸器・消化器からの分泌物を介した接触感染．	混合生，不活化ワクチンが多種類市販され，特に免疫持続を図るための油性アジュバント加不活化ワクチンが主流．	ほとんどの鳥類が感染し，鶏，あひる，うずら，七面鳥が法定対象．人獣共通感染症（ヒトは結膜炎）．

病　名	原　因	症状・病変・疫学	対　策	備　考
5.4.1.2. 低病原性ニューカッスル病（届出）	前記以外のニューカッスル病ウイルス.	軽い呼吸器症状や下痢，産卵率低下. 感染様式は前に同じ.	前に同じ.	前に同じ（鶏・あひる・うずら・七面鳥が届出対象）.
5.4.1.3. 高病原性鳥インフルエンザ（法）	*Influenza A virus*（Avian influenza virus A） 高病原性鳥インフルエンザウイルスとは，H5またはH7亜型のHAを持つウイルスで，静脈内接種で鶏を高率に死亡させるか，HAの開裂部位のアミノ酸配列が強毒型のウイルス.	しばしば臨床症状を示さず急死する．沈うつ，食欲消失，急激な産卵低下，震え，斜頸，起立不能などの神経症状を呈する. 感染した鳥類との直接接触，またはウイルスに汚染された排せつ物，飼料，粉塵，水，ハエ，野鳥，ヒト，資材，車輌などを介して伝播. わが国では1925年を最後に発生がなかったが，2004年からは2007年，2008年，2010年，2011年，2014年と毎年のように発生.	日本における防疫の基本は，摘発淘汰．H5およびH7亜型の不活化ワクチンが承認されているが，いずれも万一の場合を考えた国家備蓄用.	自然宿主はカモなどの野生水きん類．鶏，あひる，うずら，きじ，だちょう，ほろほろ鳥，七面鳥が法定対象．人獣共通感染症.
5.4.1.4. 低病原性鳥インフルエンザ（法）	高病原性鳥インフルエンザウイルス以外のH5またはH7亜型ウイルス.	無症状あるいは軽い呼吸器症状や産卵率の低下を示す程度.	同上.	同上.
5.4.1.5. 鳥インフルエンザ（届出）	H5またはH7亜型以外のウイルス.	同上.	ワクチンはない.	鶏，あひる，うずら，七面鳥が届出対象.
5.4.1.6. 鶏白血病（届出）	*Avian leukosis virus*	食欲減退，体重減少，産卵停止，緑色下痢便の排せつ，肉冠の萎縮. 介卵感染と同居感染.	ワクチンはない．摘発・淘汰による種鶏の清浄化.	鶏が届出対象.

病　名	原　因	症状・病変・疫学	対　策	備　考
5.4.1.7. マレック病（届出）	*Gallid herpesvirus 2, 3*	歩行異常，起立不能，翼・頭部下垂，斜頸等の神経症状，内臓諸臓器に腫瘍．感染性ウイルスを含むフケの気道感染．	生ワクチンがある．マレック病生ワクチンは，ヒトおよび動物の腫瘍の予防に成功した最初のワクチン．	鶏，うずらが届出対象．
5.4.1.8. 伝染性気管支炎（届出）	*Avian coronavirus* (Infectious bronchitis virus)	呼吸器症状や産卵低下などの産卵障害が見られ，腎炎を起こすものもある．感染鶏の呼吸器，ふん便から排せつされたウイルスの気道感染．	混合生，不活化ワクチンが多種類市販．ウイルスは抗原変異を起こし易いため流行している株に近いワクチンを選択．	鶏が届出対象．
5.4.1.9. 伝染性喉頭気管炎（届出）	*Gallid herpesvirus 1*	発咳，異常呼吸音，開口呼吸，血痰，産卵鶏では産卵率の低下．感染鶏の呼吸器分泌物の飛沫感染．	生ワクチンがある．	鶏が届出対象．
5.4.1.10. 鶏痘（届出）	*Fowlpox virus*	鶏冠，肉垂，眼瞼，皮膚の無毛部，口腔，気道，食道粘膜に発痘．感染鶏の羽毛などの接触感染，飛沫感染．	生ワクチンがある（鶏痘ワクチンは要指示医薬品から除外）．	鶏，うずらが届出対象．七面鳥，ハトにも感染．
5.4.1.11. 伝染性ファブリキウス嚢病（届出）	*Infectious bursal disease virus*	高病原性株では感染翌日から元気消失，2〜5日目には羽毛逆立て，下痢，沈うつ，死亡が見られ，致死率は50%以上．以前からわが国にある従来型株	種鶏用生ワクチン，ひな用生ワクチン，ひな用中等毒生ワクチン，単味や混合の不活化ワクチ	鶏が届出対象．あひる，七面鳥，きじ，水きん類にも感染．

病　名	原　因	症状・病変・疫学	対　策	備　考
伝染性ファブリキウス嚢病		では軽い下痢と元気消失を呈するが回復．感染鶏のふん便を介した経口感染．	ンがある．	
5. 4. 1. 12. 鶏のウイルス性関節炎	*Avian orthoreovirus*	肉用鶏に多発し，跛行，起立不能．感染鶏のふん便を介した経口・気道感染．	生および不活化ワクチンがある．	鶏のほか多くの鳥類が感染．
5. 4. 1. 13. 鶏脳脊髄炎	*Avian encephalomyelitis virus*	ひなでは元気消失，震え，脚麻痺による起立困難と歩様異常を呈し，死亡するものもある．産卵鶏では2週間ほどV字型の産卵低下を起こす．主に経口感染と介卵感染．	生ワクチンがある．	鶏．稀にきじ，うずら，七面鳥が感染．
5. 4. 1. 14. 産卵低下症候群	Duck adenovirus A	産卵最盛期の30〜40週齢に多発し，無殻，軟殻，薄殻などの卵殻形成異常の卵を産出する．4〜10週間に亘りV字型の産卵低下を起こす．感染鶏のふん便を介した経口感染と介卵感染．	単味および混合不活化ワクチンがある．	鶏，あひる，がちょうに感染．
5. 4. 1. 15. 鶏貧血ウイルス病	*Chicken anemia virus*	ヘマトクリット値が10% 以下まで低下し，発育不良と死亡率の増加．介卵感染と同居感染により起こるが，発症は，散発的．	種鶏用生ワクチンがある．	鶏．
5. 4. 1. 16. あひる肝炎（届出）	*Duck hepatitis A virus* および *Duck astrovirus*	症状がほとんどなく突然死亡．肝臓の腫大と出血班． ふん便を介した経口感	ワクチンはない．	あひるが届出対象．

病　名	原　因	症状・病変・疫学	対　策	備　考
あひる肝炎		染. 1960年代に発生したが，現在はない.		
5. 4. 1. 17. あひるウイルス性腸炎（届出）	Duck enteritis virus	食欲・元気消失，水様性下痢. 経口感染. わが国では発生はない.	ワクチンはない.	あひるが届出対象．がちょう，白鳥も感染.
5. 4. 1. 18. 家きんのメタニューモウイルス感染症	*Avian metapneumovirus*	眼瞼周囲・頭部の水腫性腫脹，呼吸器症状，産卵低下. 接触感染.	生ワクチン，単味および混合不活化ワクチンがある.	鶏，七面鳥.

病名欄中の（法）：法定伝染病　　（届出）：届出伝染病

5. 4. 2.　家きんの細菌・真菌感染症（表5-9）

病　名	原　因	症状・病変・疫学	対　策	備　考
5. 4. 2. 1. 家きんサルモネラ症 (1) ひな白痢（法）	*Salmonella enterica* subsp. *enterica* のうち血清型 *S.* Pullorum	介卵感染を受けたひなは，無症状で7日齢頃までに死亡．同居感染したひなは，元気・食欲廃絶，羽毛を逆立て，白色下痢を呈し，死亡．中びな，成鶏は不顕性感染となることが多く，保菌鶏となる. 介卵感染とそのひなによる同居感染（経口感染）.	ワクチンはなく，全血急速凝集反応などの検査により保菌鶏を摘発淘汰.	鶏，あひる，うずら，七面鳥が法定対象.
5. 4. 2. 2. 家きんサルモネラ症 (2) 家きんチフス（法）	*Salmonella enterica* subsp. *enterica* のうち血清型 *S.* Gallinarum	症状はひな白痢と同じであるが，中びなや成鶏での発生が多い．介卵感染と同居感染．わが国での発生はない.	ワクチンはない.	鶏，あひる，うずら，七面鳥が法定対象.

病　名	原　因	症状・病変・疫学	対　策	備　考
5.4.2.3. 家きんサルモネラ症（3）鶏のサルモネラ症（届出）	*Salmonella enterica* subsp. *enterica* のうち血清型 *S.* Enteritidis（SE）または *S.* Typhimurium（ST）	孵化後間もないひなではひな白痢と類似した症状を示す．成鶏では無症状．介卵感染（SE）と経口感染．	不活化ワクチンがある．	鶏，あひる，うずら，七面鳥が届出対象．ヒトでは食中毒．
5.4.2.4. 家きんコレラ（法）	*Pasteurella multocida*	沈うつ，発熱，食欲廃絶，羽毛の逆立て，下痢，呼吸促迫，チアノーゼを呈し，2〜3日の経過で死亡． 主に呼吸器粘膜から感染．わが国では1954年以降発生ない．	ワクチンはない．	多くの家きん類，水きん類，野鳥が感染し，鶏，あひる，うずら，七面鳥が法定対象．
5.4.2.5. 鶏結核病（届出）	*Mycobacterium avium* subsp. *avium*	衰弱，削痩，肉垂・肉冠の退色，嗜眠． 粟粒大の結核結節が肝，脾，腸管に好発．経口感染と気道感染．	ワクチンはない．	鶏，あひる，うずら，七面鳥が届出対象．がちょう，きじ，野鳥，豚のほか多くのほ乳類も感染．
5.4.2.6. 鶏マイコプラズマ病（届出）	*Mycoplasama gallisepticum*（MG）または *M. synoviae*（MS）	マイコプラズマの単独感染では無症状の場合が多いが，産卵鶏では産卵率の低下，肉用鶏では体重の減少，気嚢炎．介卵感染と感染鶏との接触や飛沫の気道感染．	MGでは生ワクチン，単味および混合不活化ワクチンがある． MSでは生ワクチンがある．	鶏，七面鳥が届出対象．うずら，くじゃく，ほろほろ鳥も感染．
5.4.2.7. 伝染性コリーザ	*Avibacterium paragallinarum*	発熱，食欲減退，鼻汁，流涙，顔面・肉垂の浮腫性腫脹，産卵低下．	血清型のAおよびC型の不活化ワク	鶏，うずら，きじ，がちょうに感染．

病　名	原　因	症状・病変・疫学	対　策	備　考
伝染性コリーザ		接触感染，経口感染.	チン，混合不活化ワクチンがある.	
5. 4. 2. 8. 大腸菌症	*Escherichia coli*	元気消失，呼吸器症状，羽毛逆立て，白色〜黄緑色下痢を呈し死亡. 介卵感染，気道感染	不活化ワクチンがある.	鶏（ブロイラー）や七面鳥での発生が多い.
5. 4. 2. 9. ブドウ球菌症	*Staphylococcus aureus*	浮腫性皮膚炎では沈うつ，下痢，皮膚の爛れで1〜2日で死亡. 骨髄炎・関節炎では跛行，脚麻痺.	ワクチンはない.	鶏のほか鳥類

病名欄中の（法）：法定伝染病　（届出）：届出伝染病

5. 4. 3. 家きんの原虫病・寄生虫病（表5-10）

病　名	原　因	症状・病変・疫学	対　策	備　考
5. 4. 3. 1. ロイコチトゾーン病（届出）	*Leucocytozoon caulleryi*	喀血と出血を呈して死亡. 貧血，緑便，点状出血（鶏冠，脚），犬座姿勢，削痩，産卵低下. 全身各臓器の点状出血あるいは不整出血斑，腹腔内の血液貯留，心外膜，肝包膜，膵臓などに針尖大のシゾントを形成する. ニワトリヌカカが媒介. 東南アジアに分布し，わが国では青森以南で夏に発生.	ニワトリヌカカの防除（殺虫剤散布，防虫網，ライトトラップなど）. 飼料添加剤（サルファ剤/トリメトプリムなど）による予防. シゾント由来の防御抗原を利用したサブユニットワクチンを接種して症状の軽減.	類症鑑別：鶏マラリア，マレック病，ニューカッスル病. 届出対象は鶏のみ. ニワトリヌカカが本原虫の終宿主であり，ニワトリヌカカ体内で感染型虫体であるスポロゾイトが形成される.

病　名	原　因	症状・病変・疫学	対　策	備　考
5. 4. 3. 2. 鶏のコクシジウム症	*Eimeria tenella*（鶏急性盲腸コクシジウム症），*E. necatrix*：（鶏急性小腸コクシジウム症），*E. acervulina*, *E. maxima*, *E. burnetti*, *E. praecox*, *E. mitis*	*E. tenella*（鮮血便），*E. necatrix*（粘血便），*E. acervulina*（肉様便，水様便），*E. maxima*（粘血便），*E. burnetti*（水様便），*E. praecox*（水様便），*E. mitis*（水様便）．腸粘膜の炎症，出血，破壊・壊死．成熟オーシストによる経口感染．オーシストはヒト，動物，昆虫，風などにより運ばれることがある．	発生鶏舎の熱消毒．オールイン・オールアウト方式の採用．汚染鶏舎群の淘汰．高床ケージでの飼養．オーシスト対策：熱消毒，オルソ剤，堆肥の十分な発酵．治療薬：サルファ剤とトリメトプリムの合剤，ポリエーテル系薬剤の予防投与．生ワクチン（弱毒株）接種．	類症鑑別：ヒストモナス病，鶏サルモネラ症，鶏回虫症．コクシジウムは宿主特異性が強く，鶏のコクシジウム種は鶏以外には感染しない．寄生部位；盲腸：*E. tenella,* 小腸上部：*E. acervulina*•*E. praecox*•*E. mitis,* 小腸中部～後部：*E. maxima,* 小腸中部～盲腸：*E. necatrix,* 小腸下部～結腸：*E. burnetti.*
5. 4. 3. 3. ヒストモナス病（黒頭病）	*Histomonas meleagridis*	水様便，黄緑色便，歩行の異常，元気や食欲の減退・廃絶，貧血，仮眠姿勢．末期には肉冠が暗紫色．肝（菊花状の巣状壊死），盲腸の潰瘍・壊死，腹膜炎．くじゃく，七面鳥では重症だが，鶏，うずらなどは比較的軽症．感染経路は①ヒストモナス原虫が侵入した鶏盲腸虫卵を鶏が摂取，②感染した鶏	鶏盲腸虫 *Heterakis gallinarum* の駆虫，高床鶏舎での飼育，ミミズ対策．駆虫薬：チアゾール誘導体，メトロニダゾール．	類症鑑別：コクシジウム症．

病　名	原　因	症状・病変・疫学	対　策	備　考
ヒストモナス病		盲虫卵をシマミミズが摂取し，その感染シマミミズを鶏が摂取．ミミズが地表に多く現れる6〜9月に多発．		
5.4.3.4. ワクモ病	ワクモ *Dermanyssus gallinae*	夜間にケージや壁の隙間などの外界から移動し，鶏体表に寄生して吸血する．貧血，産卵の低下，生産性の低下．ひなや抱卵中の成鶏は死亡することがある．	駆除：殺ダニ剤を用いて施設の壁，鶏舎などのダニを駆除する．予防：感染鶏との接触を避ける．鶏舎周辺のスズメやハトなどの野鳥が感染源になることがある．	鶏を供給する孵化場や養鶏場，廃鶏や成鶏を運ぶ運搬車輌や器具，従業員，鶏卵を入れる箱などの機材がワクモの感染源になる可能性がある．
5.4.3.5. トリサシダニ病	トリサシダニ *Ornithonyssus sylviarum*	全生涯を寄生して吸血する．貧血．吸血によってできる痂皮により鶏の商品価値が低下．産卵低下．	殺ダニ剤（有機リン剤，カーバメート剤，ピレスロイド剤）の主に噴霧あるいは薬浴．	トリサシダニは鶏の肛門付近や頭部を好んで寄生するが，ワクモは，全身の体表に寄生する．

病名欄中の（届出）：届出伝染病

5.5. 馬の感染症

5.5.1. 馬のウイルス感染症（表 5-11）

病名	原因	症状・病変・疫学	対策	備考
5.5.1.1. 馬伝染性貧血（法）	*Equine infectious anemia virus*	貧血と回帰熱（発熱と解熱を繰り返す）．国内では清浄化が進んでいる．	抗体陽性馬の摘発と淘汰．使い捨て医療器具の使用もしくは消毒の徹底．	
5.5.1.2. 流行性脳炎（法）（1）馬の日本脳炎	*Japanese encephalitis virus*	興奮・沈うつ・麻痺などの神経症状と発熱．ウイルスはカが媒介．	定期的なワクチン接種．	人獣共通感染症．ウイルスは豚の体内で増幅する．
5.5.1.3. 流行性脳炎（法）（2）ウエストナイルウイルス感染症	*West Nile virus*	症状と感染経路は日本脳炎と同じ．ただし本症は海外病．	輸入検疫と国内サーベイランスによる早期発見．	人獣共通感染症．ウイルスは野鳥の体内で増幅する．
5.5.1.4. 流行性脳炎（法）（3）東部馬脳炎	*Eastern equine encephalitis virus*	症状と感染経路は日本脳炎と同じ．ただし本症は海外病．	輸入検疫と国内サーベイランスによる早期発見．	人獣共通感染症．ウイルスは野鳥の体内で増幅する．
5.5.1.5 流行性脳炎（法）（4）西部馬脳炎	*Western equine encephalitis virus*	症状と感染経路は日本脳炎と同じ．ただし本症は海外病．	輸入検疫と国内サーベイランスによる早期発見．	人獣共通感染症．ウイルスは野鳥の体内で増幅する．
5.5.1.6. 流行性脳炎（法）（5）ベネズエラ馬脳炎	*Venezuelan equine encephalitis virus*	症状と感染経路は日本脳炎と同じ．ただし本症は海外病．	輸入検疫と国内サーベイランスによる早期発見．	人獣共通感染症．ウイルスはげっ歯類や野鳥の体内で増幅する．

病　名	原　因	症状・病変・疫学	対　策	備　考
5.5.1.7. アフリカ馬疫（法）（図5-1）	*African horse sickness virus*	発熱と呼吸困難で，致死率は95%以上．ヌカカが媒介する海外病．	輸入検疫と国内サーベイランスによる早期発見．	
5.5.1.8. 馬の水胞性口炎（法）	*Vesicular stomatitis Indiana virus* など	発熱，口内粘膜の水疱，蹄冠部の皮膚炎．海外病．	輸入検疫と国内サーベイランスによる早期発見．	人獣共通感染症．牛や豚も感染する．
5.5.1.9. 馬鼻肺炎（届出）	*Equid herpesvirus 1* and *4*	発熱，呼吸器症状，流産，神経症状など．ウイルスは馬の体内に潜伏感染する．	流産馬の迅速な診断とその隔離および消毒．ワクチンの効果は限定的．	
5.5.1.10. 馬インフルエンザ（届出）	*Influenza A virus*（Equine influenza virus）H3N8およびH7N7亜型のうち主に前者が流行．	発熱と呼吸器症状．伝染力が強く拡大が速い．国内では過去に2回流行したが，現在は清浄化．	ワクチンは症状軽減効果があり，定期的な集団接種が有効．	
5.5.1.11. 馬ウイルス性動脈炎（届出）	*Equine arteritis virus*	発熱，結膜炎，浮腫，流産．呼吸器および交尾感染．海外病．	輸入検疫と国内サーベイランスによる早期発見．緊急接種用ワクチンの備蓄．	
5.5.1.12. 馬モルビリウイルス肺炎（届出）	*Hendra virus*	出血性肺炎，神経症状．致死率高い．ウイルスはオオコウモリの尿に含まれる．海外病．	輸入検疫と国内サーベイランスによる早期発見．	人獣共通感染症．
5.5.1.13. 馬痘（届出）	Uasin Gishu disease virus	皮膚の丘疹，膿疱，痂皮形成．国内での発生は未確認．		

病　名	原　因	症状・病変・疫学	対　策	備　考
5. 5. 1. 14. 馬のニパウイルス感染症（届出）	*Nipah virus*	馬では抗体陽性例の報告だけ．ウイルスはオオコウモリの尿に含まれる．海外病．	輸入検疫と国内サーベイランスによる早期発見．	人獣共通感染症．豚では呼吸器症状や神経症状．
5. 5. 1. 15. ボルナ病ウイルス感染症	*Borna disease virus*	運動機能障害などの中枢神経症状．不顕性感染例も多い．感染経路は不明．		馬以外にも多くの動物種で感染が認められている．
5. 5. 1. 16. 馬のゲタウイルス感染症（図 5-2）	*Getah virus*	発熱，発疹，後肢の浮腫．通常は軽度で一過性．ウイルスはカが媒介．	ワクチン接種が著効．	ウイルスは豚の体内で増幅する．
5. 5. 1. 17. 馬媾疹	*Equid herpesvirus 3*	外部生殖器の腫脹・水疱形成．交尾感染．	患部との接触を回避．細菌の二次感染を防止．	
5. 5. 1. 18. 馬ロタウイルス感染症	Equine rotavirus	子馬の下痢，発熱，食欲不振，削痩．下痢便中のウイルスの経口感染．	細菌の二次感染防止と補液．ワクチンは症状軽減の効果がある．	
5. 5. 1. 19. 馬コロナウイルス感染症	Equine coronavirus	発熱，症例によっては下痢．ばんえい馬で時おり集団発生．	細菌の二次感染防止．下痢には補液．	

病名欄中の（法）：法定伝染病　（届出）：届出伝染病

図 5-1　アフリカ馬疫（鼻孔から泡沫を出してへい死した馬）（JRA 原図）

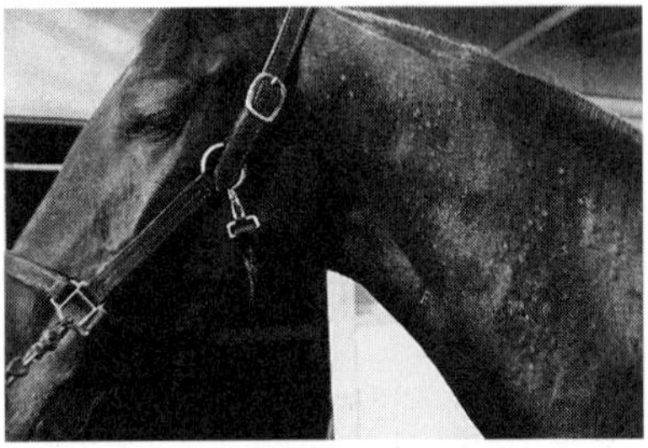

図 5-2　ゲタウイルス感染症（発疹）（JRA 原図）

5.5.2. 馬の細菌・真菌感染症（表 5-12）

病　名	原　因	症状・病変・疫学	対　策	備　考
5.5.2.1. 鼻疽（法）	*Burkholderia mallei*	肺炎，鼻腔粘膜の潰瘍，皮下リンパ管の念珠状結節・膿瘍など．接触性に伝染する．海外病．	ワクチンはない．感染馬は隔離して淘汰．	人獣共通感染症．
5.5.2.2. 炭疽（法）	*Bacillus anthracis*	発熱，チアノーゼ，天然孔から出血．土壌中の菌の経口感染．国内では近年，発症例はない．	生ワクチンがある．感染馬は隔離して淘汰．	人獣共通感染症．牛やめん羊でも同様の症状．豚も感染するが症状はやや軽い．
5.5.2.3. 類鼻疽（届出）	*Burkholderia pseudomallei*	土壌中の菌が創傷感染し，肺炎，鼻腔粘膜の潰瘍などの鼻疽と類似した症状が見られる．海外病．	ワクチンはない．感染馬は隔離して土壌汚染の防止と淘汰．	人獣共通感染症．山羊とめん羊は感受性が高い．牛や豚も感染する．
5.5.2.4. 破傷風（届出）（図 5-3）	*Clostridium tetani*	土壌中の菌が創傷感染し，神経毒による骨格筋の強直性痙れんを起こす．	定期的なワクチン接種が著効．	人獣共通感染症．あらゆる動物が感染するが，馬は特に感受性が高い．
5.5.2.5. 馬伝染性子宮炎（届出）（図 5-4）	*Taylorella equigenitalis*	交尾感染して子宮炎を発症．国内では 2010 年に清浄化された．	ワクチンはない．交配前に外部生殖器の保菌検査を行う．	馬特有の感染症．
5.5.2.6. 馬パラチフス（届出）	*Salmonella* Abortusequi	経口感染して，流産，関節炎，膿瘍，精巣炎などを起こす．主に根室・釧路地方で発生．	ワクチンはない．流産馬は隔離し，娩出物に汚染された環境を消毒する．	馬特有の感染症．

病　名	原　因	症状・病変・疫学	対　策	備　考
5. 5. 2. 7. 野兎病（届出）	*Francisella tularensis*	馬は感染しても症状を示さないことが多い．国内では近年，馬の発症例はない．	ワクチンはない．	人獣共通感染症．めん羊では，発熱，呼吸数増加，硬直歩行など．
5. 5. 2. 8. 仮性皮疽（届出）	*Histoplasma capsulatum var. farciminosum*	肢，頸部などの皮下リンパ管に膿瘍を形成．国内では近年，馬の発症例はない．	治療法は十分には確立されていない．	人獣共通感染症．
5. 5. 2. 9. ロドコッカス・エクイ感染症	*Rhodococcus equi*	化膿性肺炎が主で，そのほか腸炎や関節炎など．土壌中の菌が経気道感染し，3 カ月齢以下の仔馬が発症．	ワクチンはない．早期に発見して化学療法を行う．	主に馬で特有に見られる感染症．
5. 5. 2. 10. 腺疫（図 5-5）	*Streptococcus equi* subsp. *equi*	下顎リンパ節などの化膿，膿性鼻汁，発熱．放牧場などで集団発生する．	ワクチンはない．隔離して安静にし，必要により化学療法を行う．	馬特有の感染症．
5. 5. 2. 11. 馬のレンサ球菌感染症	*Streptococcus equi* subsp. *zooepidemicus* ほか	輸送あるいは呼吸器ウイルス感染に伴う肺炎，上気道感染，生殖器感染，リンパ節炎など． *S. equi* subsp. *zooepidemicus* は扁桃に常在して自発性感染を起こす．	ペニシリンなどβラクタム系抗菌剤が有効．	
5. 5. 2. 12. 馬のブドウ球菌感染症	*Staphylococcus aureus* ほか	フレグモーネ，膿瘍，皮膚炎など． *Staphylococcus aureus* は皮膚表面に常在して自発性感染を起こす．	セフェム系抗菌剤などによる化学療法．	多くの家畜やヒトでも感染症が認められる．

病　名	原　因	症状・病変・疫学	対　策	備　考
5. 5. 2. 13. サルモネラ症	*Salmonella* spp.	経口感染して下痢，腸炎，子馬の敗血症など．牛などほかの家畜から感染することがある．	馬用のワクチンはない．感染馬は隔離し，分離株が感受性を示す抗菌剤で化学療法を行う．	人獣共通感染症．症状は概ね共通する．
5. 5. 2. 14. レプトスピラ症	*Leptospira interrogans sensu lato*	発熱，食欲不振，流産，回帰性ブドウ膜炎（月盲）など．水や湿った土などからさまざまな経路で感染する．不顕性感染も多い．	ワクチンはない．急性期には化学療法が効果．	人獣共通感染症．さまざまな動物が感染するが，げっ歯類が保菌する．
5. 5. 2. 15. クロストリジウム・ディフィシル感染症	*Clostridium difficile*	下痢を伴う急性壊死性腸炎の原因の一つ．抗菌剤投与や全身麻酔下での手術後に起こることが多い．	対症療法が中心．	ヒトやほかの動物にも認められる．
5. 5. 2. 16. 馬増殖性腸症	*Lawsonia intracellularis*	下痢，削痩，被毛異状，疝痛，低蛋白血症状．経口感染し，子馬が発症．	馬用のワクチンはない．治療は化学療法と対症療法．	豚では同様の症状のほか，急性例では出血性腸炎が認められる．
5. 5. 2. 17. ポトマック馬熱	*Neorickettsia risticii*	下痢，食欲廃絶，発熱，疝痛など．しばしば蹄葉炎を併発．菌を保有するカタツムリなどの経口感染．海外病．	ワクチンはない．対処療法とテトラサイクリン系抗菌剤などによる化学療法．	馬特有の感染症．
5. 5. 2. 18. 馬のピチオーシス	*Pythium insidiosum*	肢，頭頸部，口唇などの顆粒性炎症．国内でも報告はあるが稀．	病巣部の外科的切除．消毒薬の使用など．	

病　名	原　因	症状・病変・疫学	対　策	備　考
5. 5. 2. 19. 馬の皮膚糸状菌症（図 5-6）	*Trichophyton equinum* ほか	脱毛が円形状に認められて全身に拡大．接触性に伝染．	直接および間接的な接触による感染を防止し，自然治癒を待つ．手入れ道具は良く消毒する．	人獣共通感染症．
5. 5. 2. 20. 喉嚢真菌症	*Emericella nidulans* ほか	馬房内で突然，大量の鼻出血を起こすのが典型的．寝わらなどに付着する真菌が喉嚢内の動脈に感染して血管を破綻する．	馬房の通気を良くする．重症例では破綻動脈の結紮や塞栓手術を行う．	喉嚢は，馬など奇蹄目の動物に特有の器官であり，本症は馬特有の感染症．

病名欄中の（法）：法定伝染病　　（届出）：届出伝染病

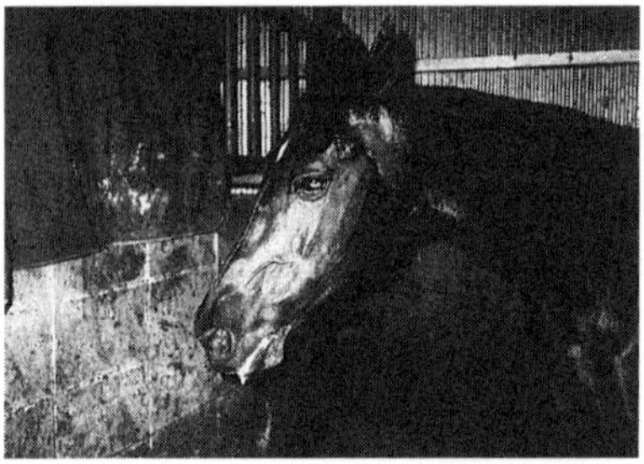

図 5-3　破傷風（筋肉の強直と鼻翼開張）（JRA 原図）（CD 収録）

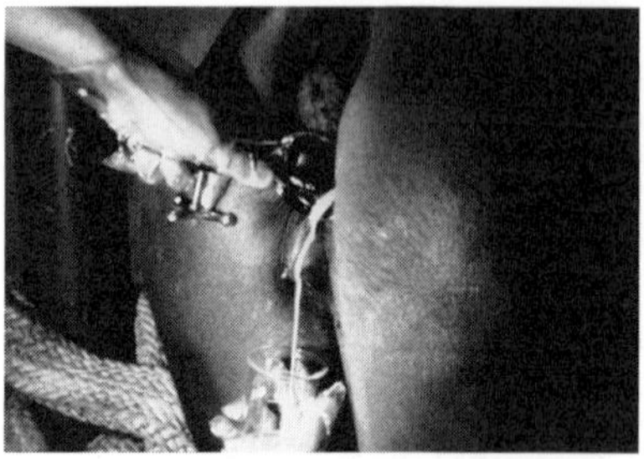

図 5-4　馬伝染性子宮炎（外陰部から子宮滲出液の排出）（JRA 原図）（CD 収録）

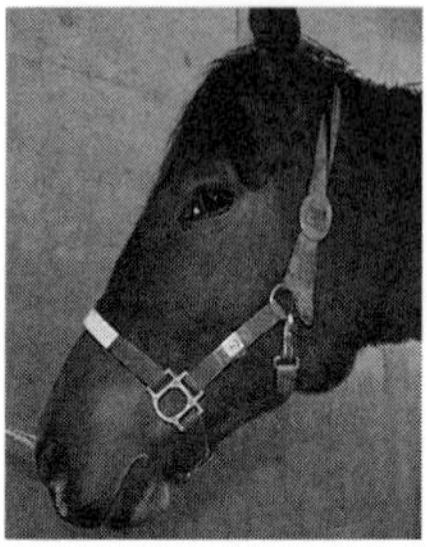

図 5-5　腺疫（下顎リンパ節の腫脹と膿性鼻汁）（JRA 原図）（CD 収録）

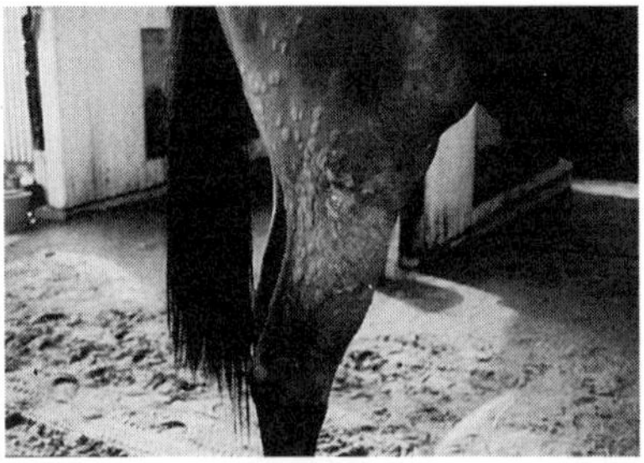

図 5-6　皮膚糸状菌症（JRA 原図）
（CD 収録）

5. 5. 3.　馬の原虫病・寄生虫病（表 5-13）

病　名	原　因	症状・病変・疫学	対　策	備　考
5. 5. 3. 1. 馬のピロプラズマ病（法）	*Babesia caballi*, *B. equi*（*Theileria equi*） *B. equi* は *Theileria equi* の同種異名であるが，本表では法律関係の常用を考慮して *B. equi* を優先した．	発熱，黄疸，貧血，血色素尿，四肢の浮腫，脾臓・肝臓の腫大，流産．中南米，アジア，アフリカなどに分布．カクマダニ属，イボマダニ属，コイタマダニ属のマダニが媒介．国内発生例はないが，媒介ダニのクリイロコイタマダニは国内にも分布．	マダニの防除．治療薬：ジアミジン製剤，キノリン製剤，アクリフラビン（アクリジン誘導体），メチレンブルー．	類症鑑別：レプトスピラ症，リケッチア症，気管支炎，馬インフルエンザ，馬ウイルス性動脈炎，アフリカ馬疫，馬伝染性貧血．ほかの馬科動物にも感染するが，法定対象は馬のみ．
5. 5. 3. 2. 馬のトリパノソーマ病（届出） (1) ナガナ	*Trypanosoma brucei*, *T. congolense*, *T. vivax*	弛張熱，浮腫，貧血，流涙，筋肉の萎縮・無力化，筋麻痺を呈してへい死．本原虫は動物の血流中に存在し，	媒介昆虫の駆除，殺虫剤の塗布．発症動物の処分あるいは抗原虫剤（ジミナゼン・	ヒトに致死性の睡眠病を起こすものがある．

病　名	原　因	症状・病変・疫学	対　策	備　考
馬のトリパノソーマ病		血球には侵入せずに増殖する．ツェツェバエが媒介．アフリカに分布．	アセチュレート，塩化イソメタミジウム，硫酸キナピラミン硫酸）などによる治療．	
5. 5. 3. 3. 馬のトリパノソーマ病（届出） （2）スルラ	*Trypanosoma evansi*	間歇性の発熱，進行性の衰弱，神経症状を呈してへい死，流産，貧血，削痩．リンパ節と脾臓の腫大．アブ，サシバエ，ツェツェバエが媒介．東南アジアからアフリカに分布．	媒介昆虫の駆除．殺虫剤の塗布．抗原虫剤：上記のナガナの項と同じ．	わが国には分布しないが，東南アジアに常在しているので，検疫時に注意が必要．
5. 5. 3. 4. 馬のトリパノソーマ病（届出） （3）媾疫 （Dourin）	*Trypanosoma equiperdum*	外部生殖器粘膜の炎症・浮腫・潰瘍，発熱，ダーラー斑（銭型円形丘疹）．頻尿，流産，貧血，削痩．神経症状を呈してへい死．交尾により感染．北アフリカ，中近東，メキシコなどに分布．	感染馬の淘汰．	類症鑑別：馬伝染性貧血．
5. 5. 3. 5. 馬原虫性脊髄脳炎	*Sarcocystis neurona*	非対称性の進行性運動失調，痙れん，中枢神経障害．神経原性筋萎縮．非化膿性脳脊髄炎．本原虫の終宿主はオポッサムで，中	原虫（オーシスト，スポロシスト）に汚染された飼料・飲水を与えないように注意する．厩舎へ	類症鑑別：脳脊髄線虫症，狂犬病，破傷風，ボツリヌス中毒，中枢神経系の腫瘍，多発性筋炎，トキソプラズマ，

病　名	原　因	症状・病変・疫学	対　策	備　考
馬原虫性脊髄脳炎		間宿主はアルマジロ，アライグマ，スカンク．終宿主の排せつしたオーシスト（スポロゾイト形成スポロシスト包蔵）による経口感染．発生は世界的で北米に多い．わが国では輸入感染例はあるが，国内感染例はない．	の野生動物の侵入防止．オポッサム生息地では放牧地周辺個体の駆除．駆虫剤：抗コクシジウム剤．	ネオスポラなど．馬の筋肉内にサルコシストを形成とする肉胞子虫 *S. fayeri* は脳脊髄系には寄生せず，EPM（Equine Protozoal Myeloencehalitis）は起こさない．
5. 5. 3. 6. 馬回虫症	馬回虫 *Parascaris equorum*	移行子虫による発熱，肺炎，成虫による食欲不振，下痢，便秘．多数寄生では腸閉塞・腸重積，腸捻転，疝痛．間質性肝炎，肺の点状出血，出血性肺炎，カタル性腸炎，腸粘膜の肥厚，迷入による胆管閉塞，うっ血性黄疸．感染幼虫包蔵卵による経口感染．	ふん便処理の徹底．子馬での発症が多いので，母馬の駆虫．駆虫剤：アベルメクチン製剤，ベンジイミダゾール系薬剤，ピペラジン系薬剤，レバミゾール．	成虫は小腸に寄生するが，幼虫は気管型の体内移行を行う．
5. 5. 3. 7. 馬の条虫症	葉状条虫 *Anoplocephala perfoliata,* 大条虫 *A. magna,* 乳頭条虫 *Paranoplocephala mamillana*	重度の寄生で食欲不振，貧血，疝痛．ふん便内に六鉤幼虫卵を包蔵する条虫の片節が排出される．六鉤虫卵を摂取したササラダニ体内の擬嚢尾虫による経口感染．	入牧前の一斉駆虫．駆虫剤：プラジカンテル製剤，ビチオノール製剤．	寄生部位：葉状条虫（盲腸），大条虫と乳頭条虫（小腸）．

病　名	原　因	症状・病変・疫学	対　策	備　考
5. 5. 3. 8. **馬の円虫症**	普通円虫 *Strongylus vulgaris*, 馬円虫 *S. equines*, 無歯円虫 *S. edentates*	成虫による病害は3種ともほとんど同一であり，重度寄生で，発熱，下痢，食欲不振，疝痛，貧血，栄養不良など．幼駒での症状が激しい．腸粘膜に吸着，吸血するため，出血点，潰瘍を形成．体内移行中の幼虫は以下の病変を起こす；普通円虫では腸粘膜の損傷，寄生虫性結節形成，寄生性動脈瘤の形成，馬円虫では大腸壁の小結節，肝臓・膵臓の出血，無歯円虫では腹壁・腸粘膜に寄生虫性結節の形成，腹膜炎および肝砂粒症．感染幼虫による経口感染．	定期的駆虫．ふん便のこまめな除去．放牧地の土地改良，客土．反すう獣との交互放牧．駆虫剤：アベルメクチン系薬剤，ピペラジン系製剤，チアベンダゾール系薬剤．	寄生部位：普通円虫（主に盲腸），馬円虫（主に盲腸），無歯円虫（主に盲腸・結腸）．
5. 5. 3. 9. **馬の糸状虫症**	馬糸状虫 *Setaria equine*（脳脊髄糸状虫症，溷睛虫症）， 指状糸状虫 *S. digitata*（脳脊髄糸状虫症，溷睛虫症）， 頸部糸状虫 *Onchocerca*	馬糸状虫・指状糸状虫：子虫の迷入による眼障害，神経麻痺．カが媒介．頸部糸状虫：子虫による瘙痒を伴う結節の形成，脱毛，皮膚の肥厚．ヌカカ類が媒介．	駆虫剤：アベルメクチン系薬剤，ジエチルカルバマジン，塩酸レバミソール．媒介昆虫の防除．ヌカカ類発生の防除．	馬糸状虫，指状糸状虫：成虫は腹腔・胸腔に寄生する．ミクロフィラリア（Mf）は血中から検出できる．頸部糸状虫：成虫は頸部靭帯に寄生する．Mf は皮下

病　名	原　因	症状・病変・疫学	対　策	備　考
馬の糸状虫症	*cervicalis*（夏癬）			織寄生で，末梢血からは検出できない．
5. 5. 3. 10. 馬蟯虫症	馬蟯虫 *Oxyuris equi*	肛門・会陰部の炎症，掻痒，被毛の脱落．幼虫による腸粘膜のび爛，小潰瘍．感染幼虫包蔵卵による経口感染．	駆虫．駆虫剤：アベルメクチン製剤．	
5. 5. 3. 11. 馬バエ幼虫症	ウマバエ *Gasterophilus intestinalis*, アトアカウマバエ *G. haemorrhoidalis*, ムネアカウマバエ *G. nasalis*	食欲不振，栄養障害，貧血，疝痛．胃粘膜のび爛・潰瘍，胃穿孔．幼虫が寄生．馬の毛に産み付けられた卵や孵化した幼虫は馬に舐めとられ，幼虫は最初，口腔に寄生し，その後，胃に移行して前胃部に咬着する．成熟するとふん便とともに排せつ．アトアカウマバエの幼虫は排せつされる前，一時的に直腸の内壁に寄生．	馬体の手入れによる虫卵除去．駆虫．駆虫剤：有機リン剤，アベルメクチン系薬剤．	ウマバエ幼虫はヒトにも寄生するが，一過性で，感染は持続しない．

病名欄中の（法）：法定伝染病　（届出）：届出伝染病

5.6. めん羊・山羊の感染症

5.6.1. めん羊・山羊のウイルス感染症・プリオン病（表 5-14）

病　名	原　因	症状・病変・疫学	対　策	備　考
5.6.1.1. リフトバレー熱（法）	*Rift Valley fever virus*	発熱，鼻汁，血様下痢，流産，高致死率（子羊；70～100%，成羊；20～30%）．吸血昆虫（カ，サシチョウバエなど）によって媒介．	発生国では不活化および生ワクチン使用．わが国ではワクチンはない．流行国からの輸入時に厳重な検疫．	人獣共通感染症．ヒトでは発症動物由来物との接触感染．牛のリフトバレー熱は表 5-1 参照．
5.6.1.2. スクレイピー（法）	プリオン（スクレイピープリオン）正常プリオン蛋白質が立体構造変化した PrP^{Sc} が原因と考えられている．	行動異常，知覚異常，運動異常などの神経症状，神経細胞の空胞化変性．プリオンの経口摂取による母子感染．	感染動物の摘発・淘汰．	表 5-1 の牛海綿状脳症参照．
5.6.1.3. 小反芻獣疫（法）	*Peste des petits ruminants virus*	発熱，鼻汁，下痢，消化管および口腔粘膜の出血，壊死，び爛，潰瘍形成．鼻汁，尿，ふん便中に含まれるウイルスによる飛沫，接触感染．	発生国ではワクチンがある．流行国からの輸入時に厳重な検疫．	牛疫ウイルスと近縁．山羊が高感受性で，致死率も高い．
5.6.1.4. 伝染性膿疱性皮膚炎（届出）	*Orf virus*	皮膚および乳房や粘膜部の丘疹，水疱形成．接触感染，経口感染．	ワクチンはない．	人獣共通感染症．わが国でも発生（特にニホンカモシカ，めん羊の発生もあり）．

病　名	原　因	症状・病変・疫学	対　策	備　考
5.6.1.5. ブルータング（届出）	*Bluetongue virus* 24の血清型が存在.	発熱，鼻汁漏出. 口腔，鼻粘膜，舌のチアノーゼ，潰瘍形成. 妊娠動物への感染では，流死産，大脳欠損などの先天異常を示す場合あり. 吸血昆虫（主にヌカカ）によって媒介.	ワクチンはない.	表5-1の牛のブルータング参照.
5.6.1.6. 山羊関節炎・脳脊髄炎（届出）	*Caprine arthritis encephalitis virus*	2〜4カ月齢の子山羊に脳脊髄炎，1歳以上では関節炎が主. 乳を介して子山羊に経口伝播，水平伝播も報告.	ワクチンはない. 隔離飼育による感染動物の排除，陰性動物の導入.	2002年にわが国で発生.
5.6.1.7. マエディ・ビスナ（届出）	*Visna/maedi virus*	マエディは主に3〜4歳以上の羊に慢性進行性肺炎，ビスナは2歳以上の羊に脳脊髄炎を示す. 乳汁を介する垂直，経口感染.	ワクチンはない. 隔離飼育による感染動物の排除，陰性動物の導入.	2012年にわが国で発生.
5.6.1.8. ナイロビ羊病（届出）	*Dugbe virus* (Nairobi sheep disease virus)	発熱，鼻汁漏出. 粘血便下痢. 妊娠動物への感染では流産. めん羊での致死率は30〜90%と高い. マダニによって媒介.	ワクチンはない.	人獣共通感染症だが，人では発症は稀.
5.6.1.9. 羊痘（届出）	*Sheeppox virus*	発熱，皮膚の発疹，流涙，鼻汁漏出. 病変部に含まれる	発生国ではワクチンがある.	羊痘，山羊痘ウイルスは性状がきわめて類似す

病　名	原　因	症状・病変・疫学	対　策	備　考
羊痘		ウイルスによる接触感染，鼻汁などに含まれるウイルスによる飛沫感染，経気道感染．		るが，野外では宿主特異性が強い．
5. 6. 1. 10. 山羊痘（届出）	*Goatpox virus*	症状，病変，疫学は羊痘とほぼ同じだが，山羊痘の方がやや軽症を示す．	発生国ではワクチンがある．	羊痘を参照．
5. 6. 1. 11. めん羊・山羊のアカバネ病（届出）	*Akabane virus*	流早死産，大脳の形成不全などによる内水頭症，矮小筋症による関節わん曲症．ヌカカによる媒介．	牛用ワクチンはあるが，羊は対象外．妊娠めん羊に牛用の生ワクチンを接種すると胎子感染するので使用不可．	表 5-1 のアカバネ病参照．
5. 6. 1. 12. めん羊の悪性カタル熱（届出）	*Ovine herpesvirus 2* ウイルスは未分離．	めん羊では不顕性感染．	ワクチンはない．	表 5-1 の悪性カタル熱参照．
5. 6. 1. 13. ボーダー病	*Border disease virus*	急性感染では発熱，呼吸器症状，下痢．胎子感染では，感染時期により流死産，免疫寛容，先天性異常（関節わん曲症，小脳形成不全，内水頭症）を示す．飛沫，接触感染だが，免疫寛容羊が感染源として重要．	発生国では不活化ワクチンがある．持続感染めん羊の摘発淘汰．	偶蹄類に広く感染するが，めん羊，山羊が発症．

病名欄中の（法）：法定伝染病　　（届出）：届出伝染病

5.6.2. めん羊・山羊の細菌・真菌感染症（表 5-15）

病　名	原　因	症状・病変・疫学	対　策	備　考
5.6.2.1. 山羊・めん羊のブルセラ病（法）	*Brucella melitensis* のなかの生物型 melitensis，ovis が主な原因．なお慣例によりそれぞれ *B. melitensis, B. ovis* と記載されることがある．	症状は牛のブルセラ病とほぼ同じだが，流産は妊娠期間に関係なく突然起こる．流産胎子や胎盤には多くのブルセラ菌が含まれ感染源となり，経口，経皮，経粘膜的に感受性個体に感染．雄では精巣炎，精巣上体炎，稀に関節炎を起こす．	海外ではワクチンが使用されている国があるが，牛同様，わが国ではワクチンは使用せず，摘発・淘汰．	人獣共通感染症．表 5-1 の牛のブルセラ病を参照.
5.6.2.2. 野兎病（届出）	*Francisella tularensis*	北米，ヨーロッパ，アジアなどで発生．ダニ，カなど吸血昆虫による機械的伝播，汚染飛沫の吸入，汚染水や汚染飼料の飲食などにより感染．原因菌は水，土壌，へい死感染動物体内などに長期間生存．症状は発熱，呼吸促迫，食欲減退，硬直歩行，発咳，下痢など．	わが国ではワクチンは使用されていない．抗菌剤で治療．	人獣共通感染症．すべての家畜が感染．
5.6.2.3. 山羊伝染性胸膜肺炎（届出）	届出対象原因菌は *Mycoplasma capricolum* subsp. *capripneumoniae* 同様の疾病は *M. mycoides* subsp. *capri* の感染でも起こる．	中近東，地中海沿岸で発生．感染動物は呼吸器から排菌し，本病は感染動物との接触や汚染飛沫の吸入により伝播．成山羊では不顕性感染が多いものの，子山羊ではほぼ 100% が発症し，致死率は 50% 以上．症状は発熱，食欲減退，呼吸困難，関節炎，起立不能など．	ワクチンはない．発病初期に抗菌剤で治療．	

病　名	原　因	症状・病変・疫学	対　策	備　考
5. 6. 2. 4. 伝染性無乳症	*Mycoplasma agalactiae*, *M. mycoides* subsp. *mycoides*, *M. mycoides* subsp. *capri*, *M. capricolum* subsp. *capricolum* など	世界各国で発生．伝染力は強く，原因マイコプラズマを含む乳汁の摂食，あるいは飛沫の吸入により感染．元気喪失，食欲不振，乳房炎，泌乳停止などの症状に加えて，関節炎，肋胸膜炎などを併発．原因マイコプラズマは長期間，乳汁中に排菌される．	海外ではワクチンが使用されている地域はあるが，わが国ではワクチンはない．抗菌剤による治療は十分奏功しないため，早期淘汰が望ましい．	
5. 6. 2. 5. 山羊・めん羊の仮性結核	*Corynebacterium pseudotuberculosis*	わが国を含め，世界各国で発生．皮膚や口腔内の傷口から感染し，周辺リンパ節，肺，肝臓に乾酪性膿瘍ができる．毛刈りの際にできる傷口から感染することが多い．	ワクチンはない．抗菌剤による治療では奏功しないことが多いため，傷口の消毒など感染予防が大切．	
5. 6. 2. 6. めん羊のクロストリジウム症	*Clostridium chauvoei*, *C. novyi* *C. perfringens*, *C. septicum* など	菌種により発生地域，病態は異なる．*C. chauvoei* は気腫疽，*C. novyi* は壊死性肝炎，*C. septicum* は悪性水腫，*C. perfringens* は子羊下痢，パルプ状腎などを起こす．	トキソイドや抗毒素による治療は可能．	
5. 6. 2. 7. めん羊のリステリア症	*Listeria monocytogenes*	牛のリステリア症を参照．めん羊では集団発生することが多い．経過は急で発症後数日で死亡．	牛のリステリア症を参照．	人獣共通感染症．表 5-1 の牛のリステリア症を参照．

病名欄中の（法）：法定伝染病　（届出）：届出伝染病

5.6.3. めん羊・山羊のリケッチア・クラミジア感染症（表5-16）

病　名	原　因	症状・病変・疫学	対　策	備　考
5.6.3.1. 流行性羊流産	*Chlamydia*（*Chlamydophila*）*abortus*	感染後，発熱，50〜90日で流・死産．予後は良好．主要病変は胎盤炎．胎盤絨毛膜の浮腫・壊死．	ヨーロッパではワクチンがある．	人獣共通感染症．
5.6.3.2. めん羊の多発性関節炎	*Chlamydia*（*Chlamydophila*）*pecorum*	主に米国で発生．わが国での報告なし．発熱，食欲不振，硬直，沈うつ，跛行，時に結膜炎．漿液線維素性ないし線維素性関節炎．	ワクチンはない．クラミジア感染症としての一般的な治療（テトラサイクリン系薬剤など）．	
5.6.3.3. 伝染性漿膜炎	*Chlamydia*（*Chlamydophila*）*pecorum*	米国，ニュージーランド，欧州で発生．不顕性感染羊が感染源．輸送などのストレスにより誘発．元気・食欲消失，発熱・咳，下痢，粘液性鼻汁．混合感染により悪化．気管支炎，胸膜炎，肋膜肺炎，肺炎．肺前葉腹部に限局した病巣．肺葉単位の間質性肺炎．	ワクチンはない．クラミジア感染症としての一般的な治療（テトラサイクリン系薬剤など）．	

5. 6. 4. めん羊・山羊の寄生虫病（表 5-17）

病　名	原　因	症状・病変・疫学	対　策	備　考
5. 6. 4. 1. 疥癬（届出）	ヒツジキュウセンヒゼンダニ *Psoroptes ovis*	強度な痒覚で，病状が進行すると削痩，貧血，浮腫から悪液質に陥る．耳，頸背部，尾根部，四肢などの寄生部位に炎症，水疱，膿疱などが見られる．病畜との接触により感染．世界中に分布．	病畜の早期発見および隔離．病畜の畜舎の敷料，器具などの殺虫剤処理．	疥癬の届出対象はめん羊のみである．
5. 6. 4. 2. めん羊・山羊の消化管内線虫症	捻転胃虫 *Haemonchus contortus*, オステルターグ属線虫類 *Ostertagia* sp., 毛様線虫類 *Trichostrongylus* sp., クーペリア属線虫類 *Cooperia* sp., ネマトジルス属線虫類 *Nematodirus* sp., 乳頭糞線虫 *Strongyloides papillosus*, 羊鉤虫 *Bunostomum trigonocephalum*, 腸結節虫類 *Oesophagostomum* sp., 大口腸線虫	各種消化管内線虫が多数感染すると下痢，貧血，食欲不振，削痩など．国内各地に分布． 捻転胃虫：吸血性が強く，貧血，被毛粗剛，下顎の浮腫．重度感染では死亡．Spring rise や Self-cure の現象がある．外界で発育した感染幼虫による経口感染． オステルターグ属線虫類：幼若虫による第四胃粘膜の小結節形成，成虫によるカタル性胃炎，間歇（かんけつ）性下痢，体重減少．外界で発育した感染幼虫による経口感染． 毛様線虫類：重度感染では，悪臭のある黒緑色下痢便．外界で発育した感染幼虫による経口感染． 乳頭ふん線虫：腸炎．重度感染では感染幼虫の経	ふん便の堆肥化．畜舎床の熱消毒．導入時の駆虫．発症があれば 2〜4 週間ごとの駆虫．駆虫剤：アベルメクチン系薬剤，ベンジイミダゾール系薬剤，レバミソール．	寄生部位：捻転胃虫（第四胃），オステルターグ属線虫（第四胃・小腸），毛様線虫（第四胃・小腸），クーペリア属線虫（小腸），ネマトジルス属線虫（小腸），乳頭糞線虫（小腸），羊鉤虫（小腸），腸結節虫（盲腸・結腸），大口腸線虫（盲腸・結腸），羊鞭虫（盲腸・結腸）．

病　名	原　因	症状・病変・疫学	対　策	備　考
めん羊・山羊の消化管内線虫症	*Chabertia ovina*, 羊鞭虫 *Trichuris ovis*	皮感染が腐蹄病の誘因になる．経口感染のほか経皮感染． 腸結節虫類：結腸に米粒大の結節を形成する．慢性貧血や下痢．外界で発育した感染幼虫による経口感染． 羊鞭虫：感染幼虫形成卵による経口感染．		
5. 6. 4. 3. めん羊・山羊の糸状虫症（腰麻痺）	指状糸状虫 *Setaria digitata*	突発的な跛行，旋回運動，後軀麻痺による犬座姿勢，起立不能．発症すると予後不良の場合が多い．カが媒介する．カ体内の感染幼虫が非固有宿主であるめん羊・山羊に感染後，体内を移行する幼若虫が脳や脊髄へ迷入して発症する．夏期（7月～9月）にカの発生に1カ月ほど遅れて発生する．国内各地に分布．	カの発生時期に予防投薬 駆虫剤：アベルメクチン系製剤，ジエチルカルバマジン，レバミソール．	類症鑑別：腐蹄症，関節炎，脱臼などが原因の跛行．熱射病，低カルシウム血症，神経麻痺，各種中毒症などが原因の起立不能．

病名欄中の（届出）：届出伝染病

5.7. 蜜蜂の感染症

5.7.1. 蜜蜂の細菌・真菌感染症（表 5-18）

病　名	原　因	症状・病変・疫学	対　策	備　考
5.7.1.1. 腐蛆病（法） (1) アメリカ腐蛆病	*Paenibacillus larvae*	有蓋期幼虫の死亡．死亡した幼虫をマッチの軸などで触れると粘ちょうな糸を引く．またニカワのような刺激臭がする． 年間を通じて発生するが，9～10月最も多い．	巣箱を酸化エチレンガスで燻蒸する．ミロサマイシンを早春期に投与することで予防．本病を見つけたら家畜保健衛生所に連絡．焼却．	
5.7.1.2. 腐蛆病（法） (2) ヨーロッパ腐蛆病	*Melissococcus plutonius*	無蓋房の4～5日齢幼虫の死亡．死虫は溶けたように見えるが糸は引かない．	ミロサマイシンの予防効果はアメリカ腐蛆病ほどではない．米国ではオキシテトラサイクリンが有効との報告があるが，わが国では認可されていない．	アメリカ腐蛆病より被害は少ない．
5.7.1.3. チョーク病（届出）	*Ascosphaera apis*	蛹が白いチョークのような塊となる．	感染巣脾を第4級アンモニウム塩で噴霧消毒する．重篤な場合は女王を隔離して産卵を停止させ，蜂児を一時的に処分して感染環を絶つ．	蜂児が30℃以下に長時間曝されると発症率が高まるので，内検時に蜂児巣板を冷やさないようにする．

病名欄中の（法）：法定伝染病　（届出）：届出伝染病

5. 7. 2. 蜜蜂の原虫・寄生虫病（表 5-19）

病　名	原　因	症状・病変・疫学	対　策	備　考
5. 7. 2. 1. ノゼマ病（届出）	*Nosema apis*	成蜂の下痢により巣箱の表面がふんで汚染される．腹部膨満，飛翔不能となった成蜂が周辺を徘徊する．	使用できる薬剤はなく，巣箱の換気を良くすることで治療．空巣箱は燻蒸消毒する．	感染性が強いので衛生管理を徹底する．
5. 7. 2. 2. バロア病（届出）	*Varroa jacobsoni*（ミツバチヘギイタダニ）	①体表に成ダニが付いた働き蜂が目に付き始め，次いで②羽化不全の働き蜂が巣板上に見られるようになり，放置すると③巣門前に蛹や翅の伸展不良の成蜂が捨てられるようになる．	②の段階で殺ダニ剤のフルバリネート製剤を蜂児巣板に入れるが，6 週間を超える使用は避ける．シュウ酸やギ酸の噴霧も有効．	ダニは春には雄蜂の蜂児で繁殖するため，蜂群への影響は限定的で気づき難い．雄の生産が停止する夏に大量のダニが一気に働き蜂の蜂児に寄生して羽化を妨げ，蜂群の壊滅を来す．
5. 7. 2. 3. アカリンダニ症（届出）	*Acarapis woodi*（アカリンダニ）	アカリンダニは成虫の気管に棲みついて増殖するが，肉眼では確認できない．ダニの寄生による影響よりも，なんらかの病原体を媒介することによる影響の方が大きい． わが国での発生報告はない．	メントールで燻蒸あるいはパテ（植物性ショートニング 1 と粉砂糖 3～4 を混ぜたもの）にメントールを混ぜたものを巣箱の天井板に置く．殺ダニ剤やギ酸の噴霧も有効．	

病名欄中の（届出）：届出伝染病

コラム

・感染症とワクチン

感染症は，古くから人や動物の生命を脅かしてきたが，1798年にJennerの「種痘」が初めてのワクチンとして8歳の少年を天然痘から守り，人類は，感染症を防ぐツールを手にした．その後，Pasteurが1880年代に家きんコレラ，炭疽，狂犬病の病原体を人為的に弱毒化させ，生ワクチン開発の基礎を築いた．Pasteurの弱毒化の手法は，長時間培養，高温培養，異種宿主での継代等であり，現在使用されている生ワクチンの多くは，これらの手法で開発されている．

人類が地球上から根絶した感染症は，1980年の天然痘と2011年の牛疫の2種類だけであるが，いずれも国際機関が実施した生ワクチンを用いる根絶計画によるものである．

日本では2007年にOIEが認定する豚コレラ清浄国になったが，これも優秀な生ワクチンが大きな役割を果たした．一方，狂犬病では不活化ワクチンが使用されているが，1950年の900頭を超える発生が，同年，狂犬病予防法による全頭ワクチン接種が行われるようになり，わずか7年で発生がなくなった．日本が誇る優秀なワクチンの賜物である．

（平山紀夫）

第6章 畜産物の衛生

6.1. 生乳の衛生

牛乳，乳製品はヒトへの栄養供給の観点からは理想的な食品であり，特に成長期の子供や，病人・老人など健康弱者にとってそれを摂取することは成長を促すことや健康管理のうえからも非常に重要である．また，均質化と殺菌しか行われない牛乳を始めとして，牛乳・乳製品は一般的に，原料である生乳に対して加えられる加工の度合いが低く，その分製品の品質，安全性に対して生乳の品質が大きく影響することとなるので，衛生面ばかりでなく品質全般に亘って万全な注意が払われなければならない．

6.1.1. 関係法令

生乳の規格基準は，法令により厳密に定義されており，次に示す二つの法令がそれに関与している．

6.1.1.1. 乳及び乳製品の成分規格等に関する省令（乳等省令）

昭和26年12月27日に公布され，以後暫時改定が行われている．生乳，牛乳・乳製品に関わる定義（第2条），表示（第7条），規格基準（別表），検査方法（別表）が規定される．生乳の規格基準を**表 6-1** に示した．

また，この省令の中において飲用乳等およびクリームの総合衛生管理製造過程（「HACCP」）の承認申請に際し，発生防止のための措置を定めなければならない危害の原因物質として次の14物質を指定している．①異物，②エルシニア・エンテロコリチカ，③黄色ブドウ球菌，④カンピロバクター・コリ，⑤カンピロバクター・ジェジュニ，⑥抗菌性物質（化学合成品たるものに限り，抗生物質を除く），⑦抗生物質，⑧殺菌剤，⑨サルモネラ属菌，⑩洗浄剤，⑪動物用医薬品の成分である物質，⑫病原大腸菌，⑬腐敗微生物，⑭リステリア・モノサイトゲネス．

表 6-1 乳等省令が生乳に定める規格基準（抜粋および表現を一部修正）

事　項	基　準	
比重 （15℃において）	ジャージ種以外の牛から搾取したもの ジャージー種の牛から搾取したもの	1.028-1.034 1.028-1.036
酸度 （乳酸として）	ジャージ種以外の牛から搾取したもの ジャージー種の牛から搾取したもの	0.18%0以下 0.20%0以下
細菌数	直接鏡検法において	400万/mL以下

そのほか

1 次に掲げる疾病にかかっておらず，およびその疑いがなく，次に掲げる異常がない場合
　牛疫，牛肺疫，炭疽，気腫疽，口蹄疫，狂犬病，流行脳炎，Q熱，出血性敗血症，悪性水腫，レプトスピラ症，ヨーネ病，ピロプラズマ病，アナプラズマ病，トリパノソーマ病，白血病，リステリア症，トキソプラズマ病，サルモネラ症，結核病，ブルセラ病，流行性感冒，痘病，黄疸，放線菌病，胃腸炎，乳房炎，破傷風，敗血症，膿毒症，尿毒症，中毒諸症，腐敗性子宮炎および熱性諸病

2 抗生物質・化学合成品および抗菌性物質，厚生労働大臣が定める放射性物質を含有しないもの.
　ただし，人の健康を損なうおそれのないものとして厚生労働大臣が定めるもの，法において定められた基準以下のもの等を除く.

3 分娩後5日を経過した牛から搾取したもの

4 乳に影響ある薬剤を服用させ，または注射した後，その薬剤が乳に残留している期間を経過したもの.

5 生物学的製剤を注射し著しく反応を呈していないもの.

6.1.1.2. 加工原料乳生産者補給金等暫定措置法施行規則

過去において生乳の規格基準は日本農林規格（JAS）において定められていた．加工原料乳生産者補給金等暫定措置法（不足払い法）施行に際し，その対象とする生乳の規格基準については農林規格1等乳に該当する基準がそのまま適用され，それが施行規則の中に盛り込まれた（**表 6-2**）．元となった生乳に関わる日本農林規格は平成15年に廃止されたが，不足払い法は現在も効力を有しており，生乳取引においても基準とされている．

6.1.1.3. 異常乳

法令が定める規格基準を逸脱したものは異常乳として取り扱われるが，その分類を**図 6-1**に示した．しかし，法令が定める規格基準は食品原料としての生乳が備えるべき最低の基準として見るべきであり，国産牛乳乳製品が輸入乳製品やほかの多様な食品と競合するうえで優位を維持するためには，より安全で

表6-2　加工原乳生産者補給金等暫定措置法施行規則

事　項	基　準
色沢および組織	牛乳特有の乳白色からクリーム色までの色を呈し，均等な乳状で適度な粘度を有し，凝固物およびじんあいそのほかの異物を含まないもの
風味	新鮮良好な風味と特有の香気を有し，飼料臭，牛舎臭，酸臭そのほかの異臭または酸味，苦味，金属味そのほかの異味を有しないもの
比重	温度15℃において1.028～1.034までのもの
アルコール試験	反応を呈しないもの
乳脂肪分	2.8％以上のもの
酸度	酸度として，ジャージー種の牛以外の牛から搾取したものにあっては0.18％以下，ジャージー種の牛から搾取したものにあっては0.20％以下のもの

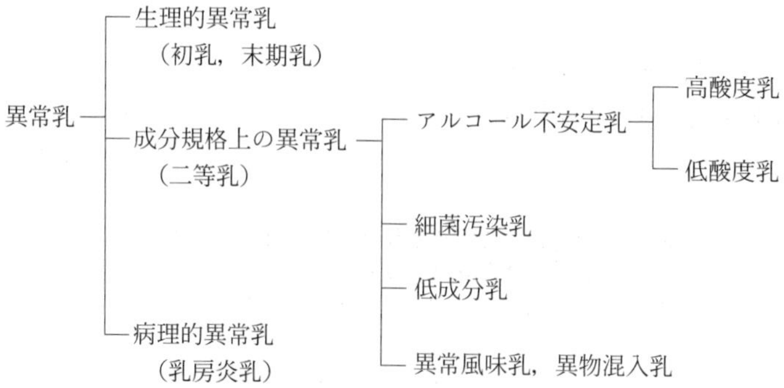

図6-1　異常乳の分類（生乳取扱技術必携より）

高品質であることが必要とされ，生乳に対しても法令よりもはるかに高いレベルの品質が要求されている．細菌数の例でいえば，法令が求める基準は総菌数として400万/mL以下であるが，平成8年の食品衛生法の改正によりHACCPが国内に導入された際にモデルとして示された原料生乳の基準では30万/mL以下とされたのがその一例である．生乳に対しては搾乳から庭先での受け入れ，乳業工場への搬入に至る各段階で法令などによって定められた検査が行われ，異常乳はそこで流通からは排除される．

6.1.2. 細菌面での衛生管理

戦前，戦後を通じ衛生管理上の乳質改善の中心をなしてきたのは細菌汚染の防止であった．国内で流通する牛乳の大部分は殺菌を行ったうえで消費に供されているが，黄色ブドウ球菌のように殺菌によっては破壊されることのない菌体外毒素（エンテロトキシン）を産生する細菌など公衆衛生上の問題と，細菌増殖による風味の劣化を始めとする品質上の問題から，細菌汚染の防止は現在においても改善すべき問題の中で大きな位置を占めている．**表 6-3** に北海道内における過去 22 年間の細菌面での乳質の推移について示した．ヨーロッパや北米など酪農先進地域における細菌数の奨励基準は生菌数として 3 万 CFU/mL 以下に設定されている．全体としては高いレベルにある細菌面での乳質ではあるが，出荷前の段階を見ると目標値を逸脱する生乳の発生は根絶されるには至っておらず，高品質な生乳を安定的に生産することに向けた努力は継続されなければならない．

6.1.2.1. 生乳の細菌汚染とその防止

(1) 搾乳直後の生乳の細菌叢

生乳を無菌的に搾取した場合であっても，そこには若干の細菌が含まれてい

表 6-3　北海道における合乳（タンクローリー乳）細菌数検査成績の推移

年　　度	閾値以下比率	
	1. 4 万 CFU/mL 以下	3. 4 万 CFU/mL 以下
	(%)	(%)
平成 2		80. 8
7		94. 7
12	90. 8	97. 2
17	98. 5	99. 6
22	98. 7	99. 7
24	99. 0	99. 8

（北海道酪農検定検査協会調べ）

る．搾乳直後の細菌叢や菌数レベルは，牛体なかでも乳頭の衛生管理状態や飼養する周辺環境，あるいは疾病感染の有無によって影響される．健康な牛から無菌的に採取された生乳の細菌数に関する調査結果は**表6-4**に示すとおりであり，試料の36.9％は0～99 CFU/mLの範囲，細菌数の平均値は653 CFU/mLであったとしている．また，**表6-5**で示した4牛群を対象に，体細胞数40万/mL以下の牛97頭を抽出して前搾り乳と全量を含む乳の細菌数について行われた調査では，搾乳した生乳全体としての生菌数が659 CFU/mL，前搾りでは

表6-4　健康乳牛の生乳中細菌数

生菌数（CFU/mL）	生菌数区分別度数（％）				
	右前	右後	左前	左後	合乳
0	14.1	25.3	19.7	12.7	17.9
0～99	35.2	36.6	38.0	38.0	36.9
100～499	21.1	19.7	19.7	15.5	19.0
500～999	5.6	7.0	2.8	14.1	7.4
1,000～2,499	12.7	9.9	7.0	11.3	10.2
2,500～4,999	9.9	1.5	11.3	4.2	6.7
5,000～9,999	1.4	0.0	1.5	1.4	1.1
10,000～16,500	10.0	0.0	0.0	2.8	0.8
平均生菌数（幾何平均値）	668	311	693	958	658

（Wayne *et al.*: 1933）

表6-5　4牛群における前搾り乳と合乳中の細菌数の比較

牛群	搾乳牛頭数	細菌数（CFU/mL）	
		前搾り乳	合乳
Ⅰ	14	5,260	1,085
Ⅱ	23	3,750	785
Ⅲ	35	1,220	353
Ⅳ	25	7,150	1,015
合計	97	3,100	659

（Bacic *et al.*: 1968）

3, 100 CFU/mL であったとしている．全体の乳量からすると前搾りの乳量はわずかであり，そこに含まれる菌量も相対的に見ればわずかなものであるが，ストリップカップによる前搾り乳の検査は乳房の異常を見分けること以外に，細菌を多く含む乳をバルクから排除する意味でも有効に機能するものである．1964 年に行われた搾乳直後の細菌叢についての報告によれば *Micrococcus, Staphylococcus* および乳酸菌が多かったとされるが，乳房炎感染牛においては疾病の原因となっている細菌が排出され，特に *Streptococcus agalactiae* による乳房炎の場合には，バルク乳全体としても法令が定める規格を逸脱するほどの数の細菌が排出されることがあり注意を要する．

(2)　搾乳前準備

搾取された生乳が最初に接触する部位は乳頭とミルカーのライナー部位である．搾乳前の乳頭部位は常に飼養されている外部環境に曝されているために細菌に汚染されている．搾乳準備における乳頭清拭は，この細菌を除去することと，乳頭に刺激を与えることで射乳を促進することを目的に行われる．よって，細菌除去効果を上げるために清拭は適正に調整された殺菌液を用いて行われる．ただし，殺菌剤の効果は有機物の存在によって減ずるために，清拭前の乳頭部位はできるだけ清潔であることが必要である．乳房が汚れている場合，搾乳時に洗浄が行われることがあるが，これによって乳頭部位にまで細菌汚染が拡散される可能性もあるため，汚れの除去は搾乳時以外に行われることが理想ではある．やむを得ずこれを行う場合には，より一層念入りに乳頭の清拭を行わなければならない．乳頭以外の部分の乳房は生乳に直接接触することはないが，乳頭部位を清潔に保つためには乳房の毛刈りを行うことも乳中細菌数の低減に大きく影響する．また，乳頭清拭の際に過剰な殺菌液を用いた場合，乾燥が十分でなければ細菌を含んだ洗浄液が生乳に混じてバルク乳を汚染することがあるので，乳頭の拭き取りは十分に行わなければならない．乳房の搾乳前準備のポイントは，生乳に接触する部位である乳頭をいかに清潔に保つかにかかっている．

(3)　ミルカー，バルククーラーの衛生管理

次に生乳が接触する部位は，ミルカーの配管部位とバルククーラーの内面である．食器などの洗浄の際には中性洗剤とスポンジなど用いての物理的な作用

によりすべての汚れが除去される．しかし，ブラシでの洗浄が不可能な配管類が主となるミルカーなどにおいては十分な物理作用を及ぼすことができない．そこでこれらの部位の洗浄，殺菌は定置洗浄（cleaning in place; CIP）によって行われる．定置洗浄は，水流による物理的作用，温度による洗浄効率の向上を利用する洗浄方法であるが，それだけでは除去しきれない成分があり，これに化学的な作用を有する洗剤の力を付加することで効果を上げることを前提としている．すなわち，主として脂肪，蛋白質を除去することを目的に使用されるアルカリ洗剤と，乳石を形成するミネラルなどを除去するための酸洗浄である．搾乳後の洗浄ではアルカリ洗浄，酸洗浄の両方を実施するのが理想であるが，一般的には毎回実施するアルカリ洗浄に加え，定期的（3日に1回程度）に酸洗浄を実施することが推奨されている．また，洗浄時における洗浄液温度の維持も重要である．ミルカーなどの汚れの主たるものは乳脂肪と蛋白質である．乳脂肪の融点は40℃前後であり，通常，洗浄開始時の温度はこの温度以上で進められるので乳脂肪は液状となり機器表面から剝がれ易くなるが，循環洗浄中の温度低下により洗浄液の温度が40℃以下になった場合に脂肪は固化し，機器表面に再付着することで洗浄の効果が減ずる．洗浄水温と洗浄効果の関係について根釧農業試験場が行った調査結果を**表6-6**に示した．40～80℃の範囲内においては温度が10℃上昇すると洗浄効果は2倍になるといわれるほど大きな影響を及ぼす．特に農場規模が大型化した近年においては，牛舎内に長い

表6-6　洗浄水温および洗剤濃度と搾乳装置の殺菌前衛生状態

処理	洗浄条件		ゆすぎ液中の細菌数の平均値（1）		
	洗浄工程排水温度	アルカリ洗剤濃度	中温性細菌	耐熱性細菌	低温性細菌
	℃	%	CFU/mL（対数値±S. CD）	CFU/mL（対数値±S. CD）	CFU/mL（対数値±S. CD）
1	42	0. 5	2, 600（3. 41±0. 19）	7（0. 85±0. 72）	1, 500（3. 17±0. 19）
2	41	0. 1	6, 500（3. 81±0. 25）	18（1. 25±0. 80）	2, 200（3. 35±0. 19）
3	32	0. 5	15, 000（4. 18±0. 09）	15（1. 18±0. 53）	5, 200（3. 72±0. 13）
4	33	0. 3	18, 000（4. 26±0. 18）	45（1. 65±0. 20）	9, 100（3. 96±0. 22）

（1）　処理開始後2～3週間後の幾何平均値　（根釧農業試験場：1989改変）

ミルク配管が設置されている例が見られる．その場合，給湯器の能力が十分であっても循環中の洗浄液の温度低下は避けられず，所期の効果を上げるうえで温度と時間のバランスをどうとるかは洗浄の効果を上げるための重要なポイントである．搾乳機器の洗浄の最終工程は，殺菌剤を用いての機器表面の殺菌である．塩素系の殺菌剤は保管中の品質低下を防ぐ目的でその pH をアルカリ性としているので，そのままでは十分な殺菌効果を得ることができない．そこで，希釈によって pH を中性側に引き戻すことで効果が得られるように設計されている．つまり，殺菌剤は濃ければ効果が上がるというものではなく，所期の効果を得るためには，定められた濃度に希釈することが必要であることを十分に理解して用いなければならない．

(4) 貯乳中の増殖

搾乳された生乳は，集荷までの間バルククーラー内で冷蔵保管される．低温殺菌乳向けの生乳に関して定められている米国のバルククーラーの衛生に関わる 3A 規格（2003 年版）では，「搾乳開始後 4 時間以内に 10℃ 以下に，また搾乳終了後 2 時間以内に 4. 4℃ 以下に冷却すること．また，出荷後 2 回目以降の搾乳で生乳が投入される際，乳温が 10℃ を超えないこと.」と規定されている．バルククーラーが普及する以前，乳温管理が不十分であった時代においては保存中の細菌増殖は乳酸菌など，中温域において増殖する細菌が主であったため，高度に細菌に汚染された生乳はアルコール検査によって発見することもできた．温度管理が十分に行われる現在では *Pseudomonaceae* など低温域においても増殖する低温性細菌（phytophlic bacteria）が占める割合が高くなっている．低温性細菌が及ぼす乳質への影響は脂肪および蛋白質の分解が主である．検査される生乳が冷却されていてアルコール検査でこれらが検出できる菌数レベルは，直接鏡検法による総菌数として 1, 000 万/mL 以上であるとされている．バルククーラーのスイッチの入れ忘れで，冷却されない状態が続き低温性細菌の増殖が起こっても，その後それが冷却されてしまえばアルコール検査ではそれを発見できないことも多くあり，これが規格外の生乳発生の大きな要因となっている．現在バルククーラーに設置する乳温記録装置の利用が可能となっている．この装置では，集荷後最初に行われる搾乳からその生乳が出荷されるまでの乳温を連続的に測定，記録していて，さらに，そこに積算乳温という考え方が取り入れられている（**図6-2**）．これは，4.4℃を基準として，当該生乳が出荷されるまでそれを超えた温度と時間を積算するものであり，これを用いることで，先の事例のようにバルクスイッチの入れ忘れなどを集荷の段階で把握することが可能となり，保管中の温度上昇による細菌増殖乳の出荷を未然に防ぐことが期待される．乳業工場に搬入された段階における生乳の細菌学的性状を**表6-7**に示した．また，同じ時点における各種細菌の分布状況について**表6-8**に示した．細菌面での乳質改善は一般生菌数を対象として実施されてきた．そのほかの細菌についても一般生菌数の成績向上に伴い改善されていることからすると，低

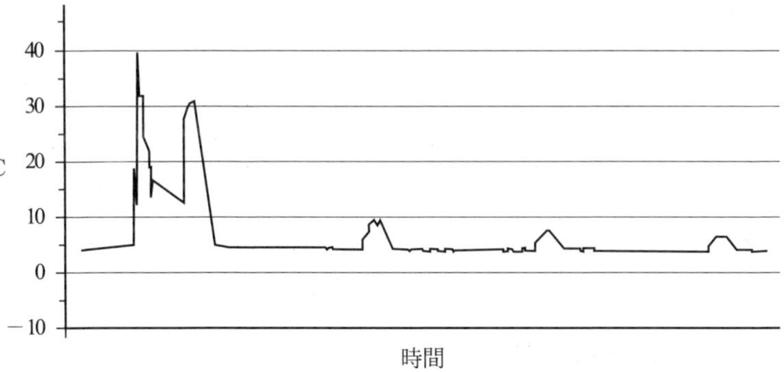

図6-2　最初の搾乳から集荷（隔日集荷）までの保管中の乳温推移の典型

表6-7　乳業工場受入時点における混合生乳の細菌分離状況

分離菌の分類学的位置	分離菌株数				出現率（%）
	9〜12月	12〜2月	3〜5月	6月〜8月	
Streptococcaceae	47	54	33	59	55.5
lactobacilleae	13	11	19	40	23.9
Micrococcaceae	3	5	11	3	6.3
Enterobacteriaceae	2	0	3	7	3.4
Propionibacteriaceae	0	0	0	5	1.4
Bacillaceae	5	22	3	2	9.2
Corynebacteriaceae	0	0	0	1	0.3

（佐々木ら：1959「牛乳」）

表 6-8　北海道における各種細菌数閾値以下比率の推移

年　　度	域　値　以　下　比　率			
	一般生菌数 <10, 000 CFU/mL	中温性細菌数 <5, 000 CFU/mL	低温性細菌数 <1, 000 CFU/mL	耐熱性細菌数 <1, 000 CFU/mL
	(%)	(%)	(%)	(%)
平成 9	67. 9	77. 7	51. 8	92. 7
10	70. 0	74. 7	38. 3	92. 2
11	56. 4	64. 6	30. 2	91. 0
12	67. 2	75. 1	40. 1	88. 7
13	71. 6	74. 1	62. 9	95. 8
14	82. 2	89. 3	72. 9	99. 1
15	79. 7	88. 1	63. 0	95. 6
16	74. 1	83. 2	72. 8	95. 4
17	82. 1	87. 9	70. 8	97. 5
18	81. 7	89. 6	75. 4	96. 3

（北海道酪農検定検査協会：2007）

温性細菌，耐熱性細菌数改善を図るに際しても，一般生菌数を指標として取り組むことで一定の成果は得られるものと見ることができる．

6. 1. 3.　乳中体細胞数

健康な牛であっても，そこから搾取される生乳中には若干の体細胞が含まれている．これは乳腺組織の上皮細胞が剥落することで生乳に移行したものが主であるが，乳房内に乳房炎などによる炎症や傷害などが生じた場合，牛本来の生体防御機能の一環として白血球を主とする体細胞が生乳中に移行し体細胞数が上昇することとなる．よって，乳中体細胞数は乳房の健康状態の指標の一つとして見られ，特に迅速，高精度かつ安価にこれを測定することができる蛍光光学式体細胞数測定機が開発されて以降，体細胞数は乳房炎防除におけるスクリーニング法の一つとして広く利用されるようになった．体細胞数に影響を及ぼす要因について以下に言及する．

6. 1. 3. 1.　季節による影響

体細胞数は 8 月ないしは 9 月に増加する一定の変動パターンを示す．近年わが国の乳質は著しく向上し，乳中の体細胞数についても国内で一般的に採用さ

表 6-9　北海道における取引された生乳の体細胞数 20 万/mL 以下比率の月別推移

年度	4 月	5 月	6 月	7 月	8 月	9 月	10 月	11 月	12 月	1 月	2 月	3 月
平成 21	75.6	73.2	71.4	65.2	61.5	65.4	68.9	75.2	77.3	71.5	78.1	77.6
22	76.3	73.8	71.6	55.0	48.9	54.3	64.9	72.9	75.3	75.1	73.9	74.2
23	73.4	70.1	67.8	63.0	54.0	55.9	69.0	73.9	74.7	77.0	70.9	70.7

（北海道酪農検定検査協会）

れている区分（30 万/mL）については 90% 台後半で推移しているのでこの変動パターンは顕著には見られない．しかし，**表 6-9** に示すように閾値を 20 万/mL とすると，このパターンには変わりのないことが分かる．夏季における体細胞数の上昇には，暑熱によるストレス，飼養環境の悪化，サシバエなど複数の要因が関与しているといわれている．

6.1.3.2.　産次による影響

乳中体細胞数は，産次が進むに従い増加するとの報告が多い．これは牛の生理的で不可避な現象と見る向きもあるが，北海道乳牛検定協会（当時）が実施した調査の結果を**表 6-10** に示した．産次の進行に伴う体細胞数の増加の程度は牛群の体細胞数レベルの違いによって大きな差がある．牛群体細胞数レベルが低い**表 6-11** の牛群の場合，初産時における体細胞数 10 万/mL 以下の牛の割合が 80.4%，5 産においても 59.4% であったが，45 万/mL 以上の牛群（**表 6-12**）では，初産の段階で 10 万/mL 以下の比率が 46.7% と低く，5 産の段階では 21.5% にまで低下していた．このことは，産次の進行に伴う体細胞数の増加は当該牛の過去の乳房炎罹患の履歴を反映したものであり，産次を重ねることで生理的に不可避なものではなく，適正な乳房炎防除対策が行われることによりある程度コントロールできるものであることを示唆している．

6.1.3.3.　ミルカーと乳房炎の関係

ミルカーは搾乳牛が毎日接する機器であり，しかも複数の牛に共用されることから伝染性乳房炎起因菌の媒介となり，搾乳時において病原菌の乳房内への侵入が起こり得る環境を作り出す可能性があるため，使用，管理は適正に行われなければならない．ミルカーと乳房炎を結びつけるものは，乳頭に加えられるストレスによる細菌侵入阻止能力の低下と真空圧の変動などによる乳房内へ

表 6-10　産次と搾乳日数に対する体細胞数の変化

搾乳日数	初産	2 産	3 産	4 産	5 産以上
	(×10^3/mL)	(×10^3/mL)	(×10^3/mL)	(×10^3/mL)	(×10^3/mL)
20 日以下	235	181	231	293	372
21-40	140	128	169	211	269
41-60	109	129	166	212	274
61-80	108	144	184	228	289
81-100	111	156	195	234	299
101-120	116	159	209	242	314
121-140	117	166	210	254	319
141-160	123	172	218	257	325
161-180	123	174	223	259	322
181-200	126	178	222	270	320
201-220	122	181	233	270	322
221-240	128	182	229	267	338
241-260	123	185	235	275	330
261-280	125	185	245	280	338
281-300	128	192	246	291	346
301-320	130	202	253	302	349
321-340	131	200	262	304	366
341-360	132	211	261	317	377
平均	113	167	247	294	341

（社）北海道乳牛検定協会調べ（1995 年 6 月～1996 年 5 月）

表 6-11　平均体細胞数 15 万/mL 未満の牛群の産次別体細胞数

産次	0～99	100～199	200～299	300～499	500～999	≧1000	頭数	＜300
初産	80. 4	11. 4	3. 4	2. 5	1. 6	0. 8	321, 946	95. 2
2 産	73. 7	11. 6	4. 8	3. 6	2. 4	0. 9	250, 160	90. 1
3 産	66. 7	17. 7	6. 4	4. 9	3. 2	1. 2	182, 851	90. 8
4 産	62. 6	18. 8	7. 2	6. 1	3. 9	1. 6	119, 464	88. 6
5 産	59. 4	19. 4	8. 0	6. 7	4. 7	1. 8	72, 233	86. 8
6 産以上	56. 2	20. 1	8. 8	7. 5	5. 3	2. 2	78, 773	85. 1
	70. 9	15. 4	5. 5	2. 7	4. 4	1. 1	1, 025, 427	91. 8

（北海道乳牛検定協会調べ：1995 年 6 月～1996 年 5 月）

表6-12　平均体細胞数45万/mL以上の牛群の産次別体細胞数

産次	0-99	100-199	200-299	300-499	500-999	≧1000	頭数	＜300
初産	46.7	20.2	8.8	8.1	7.1	9.2	41,335	75.7
2産	35.6	21.0	10.2	10.3	9.8	13.3	35,099	66.8
3産	28.0	19.7	10.9	12.3	12.3	16.8	28,782	58.6
4産	24.0	18.7	11.2	12.3	13.9	20.0	20,793	53.9
5産	21.5	17.6	10.9	13.1	14.1	22.9	13,711	50.0
6産以上	19.4	16.4	10.6	13.0	15.4	25.3	17,561	46.4
	32.5	19.4	10.2	10.9	11.1	15.9	157,281	62.1

（北海道乳牛検定協会調べ：1995年6月～1996年5月）

の細菌の侵入である．現在販売されているミルカーは，牛群の規模に見合い正しく設置され適正に操作されれば，乳房炎の発症はある程度防ぐことができる．しかし，そこになんらかの問題があれば，それが生産者にもたらす損害は大きなものとなるので，保守管理については常に注意が払われなければならない．ミルカーと乳房炎との関連について以下に示す．

(1)　過搾乳

過搾乳は，ミルカー自体というよりはそれを使う人間側での問題である．ミルカーは大気圧よりも低い負圧（搾乳真空圧）によって乳房内に滞留する生乳を搾取する．搾乳真空圧は可能な限り乳頭に負担がかからないように設定されているが，乳頭組織にとって持続的な真空圧への暴露が大きなストレスになることは避けられない．それを回避するために，ミルカーでは真空圧によって乳を取り出す工程とライナー外部が大気圧になることでライナーゴムがつぶれることによりマッサージを行う工程を繰り返すことが行われ，乳頭へのストレスの軽減が図られている．また，搾乳中の射乳量が十分であれば乳頭にかかる真空圧は軽減されるが，射乳量が減り比較的高い真空圧で長時間に亘って搾乳が行われると，乳頭には大きなストレスがかかることとなる．さらにティートカップがはい上がることで乳頭の基部が締め付けられると射乳量は一層減少することから，この傾向に拍車がかかる．また，乳頭の乾燥が十分でないことに加え過搾乳が行われることで発生するライナースリップは，搾乳システム全体の真空圧の変動を引き起こすので，乳房炎の原因となる．自動離脱装置の利用でその改善を図ることができるが，自動離脱装置が適正に動作することが前提であり，定期的に自動離脱装置の点検を実施することが必要である．

(2) 真空圧の変動

真空圧の変動は，ポンプ能力の不足や調圧機の不調，システムのエアー漏れなどによる機械的な要因と，搾乳中のユニットの脱落やユニット装着時の空気漏れ，ライナースリップなど機械的な要因以外の原因により発生する．真空圧の変動は，乳頭から射出されクロー内に滞留する生乳がライナーに逆流しそれが乳頭に衝突する現象（ドロップレッツ）を引き起こす．乳房炎に感染した分房が存在する場合，これが原因で健康な分房に乳房炎が拡散する結果を招くことがある．

6.1.3.4. 給与飼料と乳房炎の関係

飼料の給与体系が高蛋白質，低エネルギーに偏っている場合，肝機能の低下による免疫機能の低下によって乳房炎が発生する可能性が高くなるといわれている．また，粘膜保護の観点からはビタミンA，抗酸化作用や免疫応答の観点からはビタミンE（トコフェロール），酸化的損傷からの生体の保護の観点からはグルタチオンペルオキシダーゼとの関連で，セレンと乳房炎との関係について研究がされている．**図 6-3** に Weiss らによる牛群血漿中のセレン濃度とバルク乳中体細胞数との関係に関する調査結果を示した．北海道内の 40 市町村中，

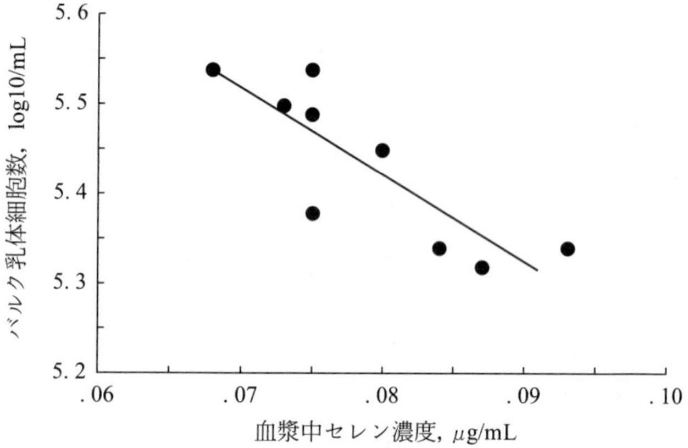

図 6-3 バルク乳体細胞数と血漿中セレン濃度との関係（Weiss *et al*.: 1990 改変）

21地区（53.3%）から採取された牧草中のセレン濃度は0.02ppm以下の著しく低い値であったとする新得畜産試験場からの調査報告があり，その対応についてもいくつか報告が行われている．

6.1.3.5. 牛舎環境と乳房炎の関係

乳房炎の原因となる細菌は，伝染性の強い細菌と，伝染性は強くはないものの牛の飼育環境中に常在する細菌の二つに大別される．効果的な乳房炎防除対策を進めるためには，原因となる菌がいずれであるかを見きわめたうえで進めなければならない．牛舎環境は，乳房内への細菌の侵入と牛に対するストレスの二つの側面で乳房炎の発生に大きく関与している．細菌のコントロールの点では，牛床管理を始めとして牛体をできるだけ衛生的に管理することを，またストレス軽減については暑熱対策，換気の改善などに主眼が置かれる．

6.1.4. 乳成分の変動要因と改善対策

わが国における乳成分の面での改善は乳脂肪率の向上を目標として進められてきたが，その後，乳製品の消費構造の変化とともに無脂乳固形分が重視され現在に至っている（表6-13）．その間，乳脂肪率，無脂乳固形分率ともに大き

表6-13　乳の泌乳能力の推移

年度	年間乳量	乳脂率	脂肪量	SNF率	SNF量	蛋白質率
	（Kg）	（%）	（Kg）	（%）	（Kg）	（%）
昭和50	4,464	3.44	153.56	8.18	365.16	
55	5,006	3.55	177.71	8.40	420.50	
60	5,640	3.64	205.30	8.52	480.53	
平成2	6,383	3.75	239.36	8.58	547.66	3.09
7	6,986	3.83	267.56	8.65	604.29	3.16
12	7,401	3.90	288.64	8.70	643.89	3.19
17	7,894	3.99	314.97	8.79	693.88	3.25
22	7,917	3.91	309.55	8.75	692.74	3.23
23	7,993			8.72	696.99	3.24

※1　SNF（Solid Not Fat）＝無脂乳固形分
※2　乳量は農林水産省「畜産統計」「牛乳乳製品統計」より酪農乳業速報社が推定，乳脂率は農林水産省「畜産物生産費調査」，SNF率は（財）日本乳業技術協会調べ，蛋白質率は（社）家畜改良事業団「乳用牛群能力検定成績のまとめ」，脂肪量，SNF量は乳量と成分率から得た計算値．

く向上したが，これは飼養管理技術とともに，乳牛の能力の向上が大きく寄与したものである．近年，乳脂肪率は低下傾向にあるが，成分率は生産される乳量と成分量に依存するものであるので，乳脂肪率の低下が成分面での乳質改善の後退を示すものではないことには注意しなければならない．

6. 1. 4. 1.　乳成分の変動の原因

乳成分は，季節，泌乳ステージ，乳房炎の罹患，給与飼料などさまざまな要因によって変動する．牛本来の泌乳能力を十分に引き出すためにはこれらの要素を十分に管理する必要がある．

(1)　季節による影響

乳成分率は**図 6-4** に示したように季節により一定の変動パターンを示す．脂肪率については夏季に底を打ち冬季にピークとなる 1 峰性，無脂乳固形分率については夏季に低く冬季に高い基本パターンは同様であるが，6 月にこれとは別に小さなピークを有する 2 峰性のパターンを示す．ただし，2 峰性パターンは飼養方法により現れ方が異なり，草地型酪農において顕著に現れる．さらに，季節変動には乳量，飼養条件，気象条件，乳期，分娩時期などが複雑に関連している．近年，乳牛の産乳能力が飛躍的に向上した結果，牛自体は以前に比べると多くの熱を発生させるようになっている．さらに，夏季の気温が上昇する傾向にあることから，暑熱の影響をどう回避するかが成分面での乳質改善にお

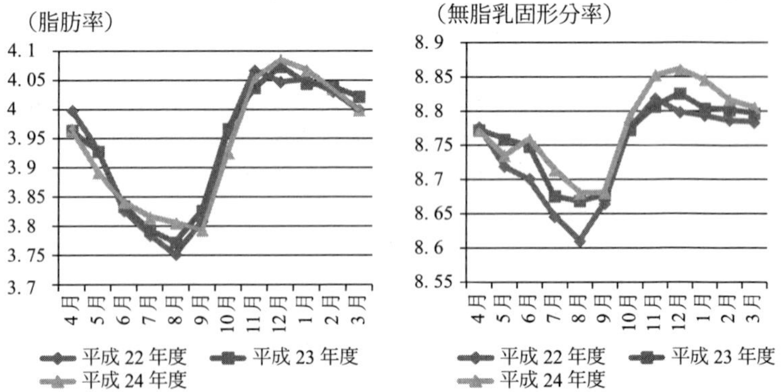

図 6-4　北海道における合乳乳成分の月別変動（北海道酪農検定検査協会調べ）

いて大きなポイントとなっている．また，暑熱は受胎率の低下をもたらし，その影響はその後数年に亘る生産状況や乳房炎罹患状況にまで及び，酪農経営に大きな影響を及ぼすことになるため，暑熱期対策の適否が乳質改善においてその重要性を増してきている．

(2)　給与飼料による影響

粗飼料給与量，濃厚飼料給与量が乳成分に影響を及ぼすことはよく知られている．粗飼料が少なく濃厚飼料を多給した際に乳脂肪率が低下することは，1940年代前後の研究よって報告された．また，粗飼料を細断あるいは粉末化した場合にも脂肪率が低下することが知られている．このことは，乳脂肪は体脂肪と粗飼料がルーメン内で分解されて生成する酢酸などを基に合成されることに関係している．無脂乳固形分は単一成分ではなく，主として乳糖と蛋白質からなるが，乳糖率は比較的変動の少ない成分であり，変動の多くは乳蛋白質によっている．さらに乳蛋白質の変動は給与されるエネルギー量と可消化粗蛋白質量に大きく依存する．乳成分の生合成模式図を**図6-5**に示した．なお，エネルギー供給量と蛋白質供給量のバランスをモニターする指標として乳中尿素態窒素（MUN）の利用が広く行われている．

(3)　乳房炎が乳成分に及ぼす影響

乳房炎によって引き起こされる乳汁の合成機能の阻害，あるいは血液成分の透過性の変化は**表6-14**に示す乳成分の変動をもたらす．ただし，乳房炎の病態はさまざまであり，各種成分の変化は一様ではない．カゼインの減少はチー

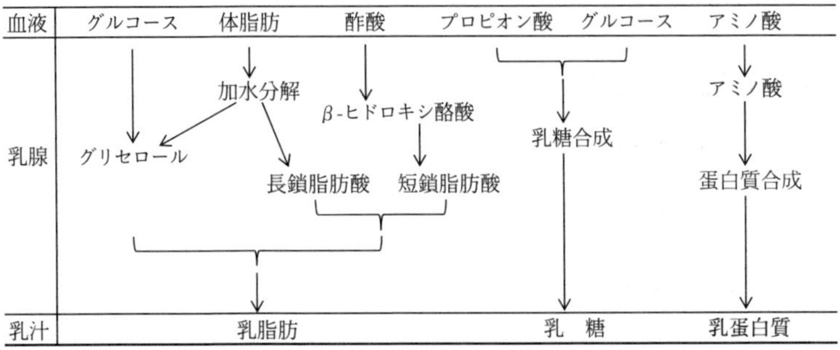

図6-5　乳汁成分の生合成模式図（生乳取扱技術必携）

表 6-14　潜在性乳房炎が乳成分に及ぼす影響

成　分	影　響	成　分	影　響
乳糖	5〜20% 減少	ナトリウム	増加
総蛋白質	僅かに減少	塩化物	増加
カゼイン	6〜18% 減少	カルシウム	減少
免疫グロブリン	増加	リン	減少
無脂乳固形分	最大 8% 減少	カリウム	減少
全固形分	3〜12% 減少	ミネラル	僅かに減少

（Nelson Philpot「ザ・体細胞」より抜粋）

ズ歩留まりの低下を，塩化物の増加は乳汁に塩味をもたらす．

6. 1. 4. 2.　低成分乳の改善対策

パイプラインミルカーが普及し始めた時期においては，ミルクラインの立ち上がりやたわみなどのあるミルカーが多く見られた．そのような施設では，搾乳終了後にライン内に残留する生乳を水で押して回収する事例が多く見られ，回収用の水がバルク内に混入する事故も散発していた．現在こうした設備が見られることは稀であるが，低成分乳の改善にあたっては，それが乳牛自体に由来するものか，あるいは搾乳以後の工程の管理に由来するものであるかを明らかにすることから始められる．それを確認するには，通常氷点検査が行われる．北海道では氷点の基準を−0. 529 H°（ホルトベット温度）として定めており，氷点がそれよりも低ければ牛自体の問題の改善に着手する．乳成分の変動要因としては飼養管理や暑熱ストレスなどさまざまな原因が考えられるので，先の項で記したことを念頭に対応を図らなければならない．

6. 1. 5.　異物の混入

6. 1. 5. 1.　抗菌性物質

平成 18 年に改正食品衛生法が施行され，わが国の食品衛生管理にポジティブリスト制度が導入された．この制度では，抗生物質を含めた農薬などについて食品への残留を原則認めないこととしたうえで，個々の薬剤などに関して残留許容値を定め管理している．この制度に対して，生産者サイドとしては以下の 3 点を柱として対応を図っている．①農場における薬剤などの用量，用法の厳守，②使用した薬剤などの記帳とその検証，③上記2項目に基づく管理体制が機能していることを検証するための検査の実施，以上の対応によって牛乳・乳製品の安全は担保されている．しかし農場段階では出荷に至る前の段階での抗生物質残留による廃棄が根絶されるには至っていない．こうした事故の大部分は，治療牛をほかの牛と同様に搾乳してしまう「うっかりミス」に起因している．これを防止するには，治療牛を搾乳牛から隔離して取り扱うことが望ましいが，一般的には治療牛であることが搾乳者に容易に判別できるよう治療後に速やかに識別のためのマーキングが行われている．

6.1.5.2. 農　薬

農薬についてもポジティブリスト制度への対応の中で抗生物質などの薬剤と一体として管理が行われている．日本酪農乳業協会では，中央酪農会議が実施する生乳生産段階での農薬などの使用実績調査に基づき，使用実績のあった物質から年度ごとに定期的検査対象物質と定めて検査を実施しており，その結果については同協会のホームページ（http://www.j-milk.jp/）上で公表されている．

6.1.5.3. 洗浄液・殺菌液

搾乳終了後，ミルカーは直ちに洗浄・殺菌が行われるが，その際，操作を誤ると，洗浄液や殺菌液が生乳の貯留するバルクタンクに混入することとなる．このような生乳は出荷を禁じられており，比重検査，乳成分検査，あるいは氷点検査を行うことによりその有無を確認することができる．

6.1.6. 異常風味乳の原因と対策

食品の官能上の品質は，外観，色調，舌触り，香気（風味），口に含んだ際の味，口から鼻に抜ける際の香り，後味などが一体となって構成される．生乳の取り扱いにおける風味検査とは以上の規格すべてを包含するものであり，味覚・嗅覚を示す字義本来の意味よりは広くとらえられている．近年，牛乳本来の味を強調する製品が注目を浴びていることもあり，生乳の風味に対する関心は以前よりもはるかに高まっている．

6.1.6.1. 異常風味

異常風味の発生原因とそれから生ずる主要な異常風味の種類は**表6-15**に示したとおりである．また，それらの出現率についてはアイオワ大学で実施した

表 6-15　異常風味とその原因

原因	異常風味区分
加熱	加熱臭，カラメル臭，こげ臭
光線	日光臭，活性化臭
脂肪分解	ランシッド臭，酪酸臭，苦味，ヤギ臭
微生物	酸臭，苦味，果実臭，麦芽臭，腐敗臭，不潔臭
酸化	紙臭，ダンボール臭，金属臭，油臭，魚臭
移行	飼料臭（サイレージ臭），雑草臭，牛臭，牛舎臭
そのほか	吸着臭，収斂味，苦味，白墨臭，化学臭，淡味，古臭，塩味

Shipe *et al*., 1978 改変

表 6-16　アイオワ大学の牛群の個体乳における異常風味の出現率と泌乳ステージ

異常風味	泌乳ステージ		
	初期	中期	後期
	(%)	(%)	(%)
飼料臭	82.9	89.6	89.3
収斂味	11.8	13.7	11.7
牛臭	13.8	11.0	10.3
酸化臭	12.6	5.2	4.3
淡味	5.4	4.1	3.0
不潔飼料臭	3.7	4.3	3.7
塩味	1.3	2.1	7.9
金属臭	6.9	2.3	1.7
不潔臭	3.5	2.5	5.4
ランシッド	0.4	0.8	2.3
その他	2.3	1.4	1.5

Kratzer *et al*., 1967 改変

調査では，すべての泌乳ステージを通じて異常風味の出現が最も多かったのは飼料臭であった（**表 6-16**）．以下，代表的な異常風味とその対策について詳述する．

(1)　ランシッド臭

工場到着時における異常風味として比較的多く見られるものであり，乳脂肪が生乳あるいは細菌由来の脂肪分解酵素であるリパーゼの作用により加水分解され遊離脂肪酸が生成されることにより発生する．適正に取り扱われた生乳では乳脂肪は脂肪球皮膜に覆われているため，リパーゼによる分解は起こり難いが，物理的な作用などにより皮膜の構造が破壊され中に含まれる脂質が露出すると分解が促進されることとなる．脂肪球を破壊する物理的要因とは，ミルクラインの立ち上がり，アジテータなどによる過度の撹拌，凍結などであるが，物理的な要因だけでなく保存中の不適切な温度

管理や牛の生理的な要因（泌乳末期など）によって起こることもある．この検査としては，脂肪中の遊離脂肪酸を滴定によって測定するBDI法が行われるが，近年フーリエ変換を用いた光学式乳成分測定機を用い，迅速かつ安価にこれを測定することが可能になっている．オランダでは定期的に遊離脂肪酸の測定が行われ，それが乳価に反映されている．ランシッド臭は，ホモジナイズした殺菌乳に生乳を加え一夜冷蔵保管することにより再現することができる．

(2)　飼料臭・雑草臭

牛が摂食した飼料に由来する異常風味であり，その強さは摂食した量や種類，摂食後の経過時間，またはその香気物質によって異なる．原因となる飼料としてはマメ科牧草の多給，品質の低下したサイレージなどである．また，雑草臭は，ニラ，ニンニク，アサツキ，ギョウジャニンニク（キトビロ）などにより発生する．しかし，近年では放牧地の整備などが進み雑草臭はめったに見られなくなっている．

(3)　サイレージ臭

サイレージの品質が低下する春先に，換気の悪い牛舎で牛が飼養されるケースで見られることがある．国内における風味検査は正常とは異なる風味のスクリーニングを主とするものであり，その分類については米国ほどには意識されない傾向がある．したがって，ランシッド臭を有する生乳がサイレージ様風味と評されることがあるが，風味の種類によって改善の対応も異なるためこの見きわめには注意を要する．Dougherty ら（1962）は，消化器よりも呼吸器を介した移行の方が異常風味の現れが速くまた顕著であることを示している（**表6-17**）．サイレージ臭の対策は十分な換気と，搾乳の直前でのサイレージ給与の見直しが主となる．

(4)　苦　味

低温菌の増殖による影響の主なものは蛋白質の分解であり，分解産物として苦味ペプチドが生成され．これが苦味発生の主要な原因である．細菌が原因で発生する苦味は，搾乳機器の洗浄の徹底や適正な乳温管理を行うなどによって改善することができる．また，細菌以外に初乳，末期乳あるいは疾病感染など牛自体の生理的な状態によって発生することも知られている．味覚の訓練用に用いる規格物質とその濃度について**表6-18**に示す．

表 6-17　肺および消化器を介したエチル酢酸臭の移行

	処理開始後経過時間（分）	異常風味検出数		
		肺経由	消化管経由	両方を経由
試験 1（ジャージー種）	15	4	1	—
	30	5	1	4
	45	5	3	—
	60	4	4	4
試験 2（ガンジー種）	15	5	—	1
	30	5	0	3
	45	5	—	4
	60	—	3	4

（Dougherty *et al.*: 1962 改変）

表 6-18　味覚検査のトレーニングに用いる味覚物質と濃度

味覚	味覚物質	濃度（%）		
		強	中	弱
甘味	砂糖	0. 7	0. 3	0. 1
塩味	食塩	0. 3	0. 2	0. 1
酸味	乳酸	0. 05	0. 03	0. 01
苦味	キニーネ	0. 01	0. 005	0. 0025

（Farmers' Bulleting No. 2259 USDA）

(5)　塩　味

乳房炎に感染した乳房から得られる生乳の成分は正常なものとは異なり，一般的にはカゼイン以外の血液由来の蛋白質の増加，乳糖率の減少と塩化ナトリウムの増加により口に含んだ直後に塩味が感じられる．また，末期乳においても同様の現象が見られることがある．

(6)　それ以外の異常風味

塩化ビニル製の他用途向けのチューブ類をミルカーに使用することで，生乳の段階では正常であっても加熱殺菌後に豆様風味が発生することがある．ミルカーに用いるチューブ類は，ミルカー用のものを用いるべきである．

6.1.7. 乳質改善の考え方

わが国で生産される生乳の乳質は世界のトップレベルにあるが，これはこれまで積み重ねられた乳質改善の成果であることはいうまでもない．乳質改善で所期の成果を得るうえで必要となるポイントについて以下に述べる．

a）正確な評価方法の必要性

乳質改善を進めるためには，それがどの程度達成されたかを正確に知る手段（検査法）が必要となる．その過程の中で成果が見えることで，進展があった場合には改善意欲を一層高めることになり，停滞が見られる場合には推進方策の見直しを図ることが可能となる．細菌数，体細胞数に関しては，蛍光光学式測定機が全国的に整備され，より高品質の生乳を正しく評価するためのインフラ整備など，改善のために望ましい環境が整っている．一方，数値化の難しい風味などの官能上の品質については，味覚センサーや香気物質測定用ガスクロマトグラフィー質量分析装置などはあるものの，コスト面や利便性の面でその可能性が十分に活用されるには至っていない．ただし，フーリエ変換式乳成分測定機の中にはランシッド臭の原因とされる遊離脂肪酸を測定する機能を付与できるものも普及しつつあり，今後風味の改善に活用されることが期待される．

b）達成可能で具体的な目標設定

乳質改善を推進する際には，達成すべき具体的な目標が設定されていなければならない．大幅な改善が求められる場合，それを成功裏に継続させるうえでは最終的な目標と，そこに至るまでの過渡的な目標を設定することも検討する必要がある．

c）達成のための方法論

搾乳手技など乳質改善の対象となる事項には常に新しい技術や考え方が持ち込まれているため，時代あるいは指導者によって方法などが異なることがある．この整理がなされないままに改善を進めようとすると現場を混乱させてしまう結果となりかねない．よって，改善活動を推進するに際しては，事前に関係者の認識の共通化と指導方針を統一しておく必要がある．

6.2. 食肉の衛生

6.2.1. と畜検査の概要

食用の目的で，獣畜（牛，馬，豚，めん羊および山羊）をとさつする場合は，消費者に対し安全な食肉を提供するため，「と畜場法」に基づくと畜検査が食肉衛生検査所で実施されている．この検査は，都道府県，指定都市および中核市の職員のうち，獣医師のと畜検査員が業務を行う．特別の場合を除いて，と畜場以外の場所でとさつを行ってはならない．また，とさつする前の生体検査，解体前と解体後の検査を受けなければならない．これらの生体検査，解体前検査，解体後検査を総称してと畜検査という．検査に合格した枝肉，内臓，皮については，それぞれ動物ごとに決められた検印が押される．

平成 8 年の腸管出血性大腸菌 O 157 による集団食中毒の全国的発生や平成 13 年の牛海綿状脳症（BSE）の発生などがあり，食肉の安全性について，消費者の不安を招くこととなった．そのため，と畜場の衛生管理や構造設備の基準が強化され，また，BSE スクリーニング検査などが追加された．BSE 検査では，当初，全頭のと体牛について検査されていたが，平成 25 年内閣府の食品安全委員会において，BSE 検査対象月齢を 48 カ月齢超に引き上げたとしてもヒトへの健康影響は無視できるとの評価を確定したこと，また，OIE（国際獣疫事務局）において，日本が「無視できる BSE リスクの国」，いわゆる BSE 清浄国と認定されたことから，BSE の検査対象月齢が 48 カ月齢超に引き上げられた．

6.2.1.1. 生体検査

食肉処理施設に搬入された牛や豚について，家畜が生きている状態で，1 頭ごとに外観や，呼吸の状態，脈拍，体温などの健康診断を行い，疾病の有無を検査する．この検査で異常を認め，食用に適さないと判断した場合は，とさつ禁止の措置をとる．この家畜の肉は食肉として流通することはない．

6.2.1.2. 解体前検査

とさつ後，肉眼的にあるいは血液について検査し，異常が認められ，疾病が疑われた場合，解体禁止の措置をとる．この場合，食肉として流通することはない．

6.2.1.3. 解体後検査

生体検査，解体前検査に合格したと体は剝皮され，頭部を切り離し，内臓を摘出し，背中の正中で体を二分される（牛の場合，その前に脊髄が除去される）．解体後，頭部，枝肉，内臓などをそれぞれ肉眼検査し，異常が認められた場合，該当部位を切り取って廃棄（一部廃棄）する．また，全部廃棄の対象となる疾病などが疑われた場合，精密検査を実施し，その結果によっては獣畜のすべてを廃棄する．さらに，牛，めん羊・山羊の場合は，BSE・伝達性海綿状脳症（TSE）検査を実施する．

(1)　内臓摘出後検査

1頭ごとに，心臓，肺，肝臓，脾臓，胃，腸管，膀胱，生殖器などの臓器全般を検査する．全身的な疾患が発見され易い．

(2)　枝肉検査

枝肉と枝肉についている腎臓の検査を行う．

6.2.1.4. 精密検査

と畜検査において，肉眼的所見のみでは食用に適するか否かの判定が難しい疾病に関しては，微生物学的，理化学的あるいは病理学的に精密検査を行う．

(1)　微生物検査

枝肉の衛生状態を確認するため，O 157感染，豚丹毒，サルモネラ症，敗血症などの感染性疾病が疑われる場合には，細菌の分離・培養・同定を行う．さらに，牛白血病を始めとするウイルス検査やそのほかの微生物検査を行う．また，食肉センターの器具，機械などについて微生物の汚染などについて検査する．

(2)　病理学検査

白血病を始めとする各種腫瘍性疾病，寄生虫病，炎症，変性，奇形などの病変については，病理解剖および病理組織学的検査を始め，細胞診，血液検査などの臨床病理学的検査も実施して，病変部分の細胞や組織について顕微鏡を用いて検査する．なお，検査にあたっては凍結切片による迅速診断法を活用する．

(3)　理化学検査

黄疸や尿毒症などの疾病が疑われる場合には，それらの疾病の指標となる血液中のビリルビンやBUNなどの濃度を測定する．そのほか食肉中における抗菌性物質，動物用医薬品や農薬などの残留検査を行う．また，殺そ剤などの中毒原因物質の特定検査も行う．

6.2.1.5. BSE検査

平成13年に日本で初めてBSEが発見されたことを受け，同年10月から，すべての牛にBSEスクリーニング検査を実施することとなった．平成17年10月からは，牛以外にめん羊・山羊がTSE検査として追加された．生体搬入時には，と畜検査員（獣医師）が，と畜前・解体前に，起立不能や神経症状などの異常がないかどうかを検査する．

厚生労働省において，BSEの検査対象月齢が平成25年7月1日から48カ月齢超に引き上げられた．内閣府の食品安全委員会において，BSE検査対象月齢を48カ月齢超に引き上げたとしてもヒトへの健康影響は無視できるとの評価を確定した．OIEにおいて，日本が「無視できるBSEリスクの国」，いわゆる清浄国と認定された．また，平成26年5月，めん羊および山羊についても，12カ月齢超のすべてを対象とするスクリーニング検査は廃止の方針となった．

(1) スクリーニング検査

食肉衛生検査所においてELISA法による検査が行われている．異常プリオンは延髄の閂部に多く蓄積するので，牛の頭部から延髄を採取し，検査に用いる．ELISA法では，正常なプリオンを蛋白質分解酵素で処理し，残った異常プリオンに結合させた抗体を発色させて測定する．陰性の場合は合格となり，陽性の場合は再検査を行う．2回陽性になった場合は，確認検査を行う．

(2) 確認検査

スクリーン検査で2回陽性の場合は，国立感染症研究所などでウェスタンブロット法や免疫組織化学的検査を行う．確認検査で陰性と判断された牛の枝肉や内臓などは出荷される．陽性と判断された場合には厚生労働省の「牛海綿状脳症の検査に係る専門家会議」において確定診断が行われる．

(3) 確定診断

確認検査で陽性の場合は，厚生労働省専門家会議で確定診断を行う．確定診断の結果，牛海綿状脳症であると診断された牛の枝肉や内臓などはすべて焼却される．

(4)　**検査後の処置**

牛とめん羊・山羊では，BSE および TSE 検査を含むすべての検査に異常が認められなかったものだけを合格とし，検印を押印する．

食肉処理施設で特定部位（全月齢の牛の扁桃，回腸遠位部，および 30 カ月齢を超える牛の頭部（舌，頬肉，扁桃を除く），脊髄）は除去および焼却される．

スクリーニング検査および確認検査の実施中は，対象牛の枝肉や内臓などは適切に保管され，合格の検印が押印されるまで出荷されることはない．

6. 2. 2.　食鳥検査の概要

食用に供する鶏，あひる，七面鳥の鳥肉は，消費者に対し安全な鳥肉を提供するため，「食鳥処理の事業の規制及び食鳥検査に関する法律」に基づき，食鳥検査員（獣医師）による食鳥検査が義務付けられており，食鳥検査に合格したもののみが出荷される．この検査で不合格となったものについては廃棄される．食鳥検査は生体検査，脱羽後検査，内臓摘出後検査からなる．

6. 2. 2. 1.　生体検査

食鳥処理施設に搬入された鶏について，生きた状態で，外観などを観察し，異常がないかを確認する．異常がないもののみ食用として処理される．

6. 2. 2. 2.　脱羽後検査

放血処理し，羽毛を除去した後に検査を行う．体表を中心に異常がないかを検査して，異常があれば内臓の摘出を禁止し，廃棄処分とする．

6. 2. 2. 3.　内臓摘出後検査

と体や内臓に異常や病変がないか視診，触診により検査する．異常が見つかれば，全部あるいは異常のあった部分を廃棄処分とし，合格したものが次の処理工程へと送られ，ササミ，胸肉，モモ肉などに分けられた後，出荷される．

6. 2. 2. 4.　精密検査

上記の食鳥検査において，肉眼的所見のみでは食用に適するか否かの判定が難しい疾病に関しては，微生物学的，理化学的あるいは病理学的に精密検査を行う．

(1)　微生物検査

鶏肉，作業台，器具などの拭き取り検査により，微生物による感染や汚染の有無などを調べる．

(2)　病理学検査

病変部の組織標本を作製し，顕微鏡で検査する．炎症の程度や腫瘍の状態などを組織学的に調べ，診断する．

(3)　理化学検査

食鳥肉中における抗生物質，動物用医薬品，農薬などの残留について定性・定量検査を実施する．また，殺そ剤などの中毒原因物質の特定検査も行う．

6. 2. 3.　食肉の衛生管理

6. 2. 3. 1.　食肉の微生物汚染防止

と畜場で解体されたと体枝肉などへの病原細菌汚染を防止するためには，ナイフや手指の消毒を徹底して汚染物を枝肉に付着させないように注意し，ふん便など消化管内容物だけではなく，被毛の付着している部分，あるいは付着した可能性のある部分を確実にトリミングする必要がある．食肉が生産され，消費者に届くまでには，生体，枝肉，部分肉，精肉などの段階を経る．枝肉が微生物汚染していると，加工の行程において汚染が拡大して衛生的な食肉の供給ができない．

食鳥処理と牛，豚の処理方法には大きな違いがあり，牛，豚はとさつ後剝皮されるが，鶏は脱羽するだけで，皮膚も食用に供される．鶏の背中の部分は羽毛に覆われるが，胸，腹部では羽毛は少なく直接ふんや敷料に触れ，皮膚の微生物汚染も多く認められる．また，食鳥処理を行う場合，湯の中に浸漬しその後脱羽，さらに処理工程の最後に，と体は冷却水に浸漬される．これらの温湯，冷水中へ浸漬することにより鶏肉は水分を吸収し，その後の流通工程においてドリップ（浸出液）を滲出し，微生物がドリップ中で増殖する．これらの工程を衛生的に保つ必要がある．厚生労働省は食鳥処理場における HACCP 方式による衛生管理指針を策定し，各食鳥処理場の実情に応じた重要管理点および目標基準，モニタリングする方法およびモニタリング結果に基づく措置などを定めた衛生管理マニュアルを作成するよう都道府県などを通じて指導した．

6.2.3.2. 食中毒の主な原因菌

食肉，食鳥肉に起因する食中毒の発生では，特に，カンピロバクター・ジェジュニやカンピロバクター・コリによる食中毒が多い．また，腸管出血性大腸菌，サルモネラ属菌による食中毒も発生している．さらに，わが国の豚のと畜場出荷段階における血中のE型肝炎ウイルス（HEV）抗体の保有が高率であることも注視されている．

(1)　腸管出血性大腸菌O 157

腸管出血性大腸菌O 157は志賀毒素産生性大腸菌に属する下痢を起こす大腸菌である．本菌は1982年米国におけるハンバーガーを原因とした出血性大腸炎の起因菌として，初めて報告された．腸管出血性大腸菌感染症は三類感染症に指定されている．

1） と畜場の衛生管理

牛の生体洗浄の徹底，食道および肛門結紮の実施，83℃以上の熱湯でのナイフなど器具・機械の洗浄消毒の徹底，作業終了後の施設設備・器具の清掃・消毒の徹底，衛生管理責任者および作業責任者の設置，衛生管理者などによる牛枝肉の総合的評価の実施，牛枝肉の生菌数の検査の実施，衛生的処理のための管理マニュアルを作成し，実施する．

2）　O 157 の検査

牛の枝肉・ふん便などの拭き取りなど検査の実施，牛の枝肉などの自主検査を実施する．

(2)　カンピロバクター

ヒトの下痢症から分離される菌種はカンピロバクター・ジェジュニがその大半を占め，カンピロバクター・コリなども下痢症に関与している．家畜や家きんは，健康な状態において腸管内などにカンピロバクターを保有している場合がある．鶏肉関連調理食品およびその調理過程中の加熱不足や取り扱い不備による二次汚染などが主な原因と考えられている．そのほか，牛の生レバーを食べたことが原因と考えられる食中毒も発生している．厚生労働省は食鳥処理場やと畜場での対策として，2006年，カンピロバクターなどの微生物による汚染防止対策を盛り込んだ「一般的な食鳥処理場に於ける衛生管理総括表」を作成し，都道府県などを通じて食鳥処理業者や食肉販売業者などの食鳥関係従事者への周知を行った．

(3) サルモネラ

サルモネラ症は各種の動物，鳥類に発生する人獣共通感染症で，多数の血清型を有するサルモネラ属菌によって引き起こされる疾病である．サルモネラ属菌のうちサルモネラ・エンテリティデス，サルモネラ・チィフィムリウム，サルモネラ・ダブリン，サルモネラ・コレラスイスの四つの血清型は，家畜伝染病予防法の届出伝染病に指定されているだけでなく，と畜場法においてもサルモネラ症を廃棄すべき疾病として指定された．卵および卵製品を原因とするサルモネラ食中毒の事例が依然として多いが，近年，鶏肉を介した食中毒の集団発生も多く，鶏肉はサルモネラ食中毒の原因食品として重要視されている．

(4) E型肝炎ウイルス

狩猟で捕獲されたいのしし，シカなどの野生動物の肉を人が生食することにより，HEV に感染したことが確認され，人獣共通感染症であることが認識された．また，豚の肝臓の生食により感染したと疑われる事例も報告され，豚も人への感染源として注視されている．国内の豚の血清やふん便からの HEV の検出率は低いが，と畜場出荷段階における血中 HEV の IgG 抗体保有率は高く，高率に感染があったことを示唆している．

6. 2. 3. 3. 食肉中の放射性物質

2011 年の福島第一原子力発電所における事故発生を受け，関係する都道府県では，畜産物を含む食品中の放射性物質検査を行っている．本検査は，「食品中の放射性セシウムスクリーニング法」に基づく簡易検査である．

6. 2. 3. 4. 食肉のトレーサビリティ

牛の個体識別のための情報の管理および伝達に関する特別措置法に基づいて，BSE のまん延防止措置の的確な実施や個体識別情報の提供の促進などを目的として，牛トレーサビリティ制度が運用されている．牛トレーサビリティ制度とは，1 頭ごとの牛に，出生と同時に，生涯唯一の個体識別番号を付与し，その個体識別番号を印字した耳標を装着し，牛の出生から死亡またはとさつまでの間の管理者や飼養施設の異動などの記録し，枝肉から消費者に販売または提供されるまでの間の牛肉への個体識別番号の表示による伝達と流通業者による売買などの記録を行い，牛肉について，牛の出生までの履歴の追跡を可能とするものである．1頭の牛ごとに重複することのない生涯唯一の個体識別番号で識別・管理する牛個体識別システムが採用されている．個体識別番号とは，牛の個体を識別するために，農林水産大臣が牛ごとに管理者に通知する10桁の番号である．

と畜場におけるID連携システムの活用として，と畜場，家畜市場，農協，育成牧場および大規模農場などの多数の牛の異動（移動，と畜）を行う者を対象として，届出を正確かつ迅速に行うために，ハンディターミナル（HT）が用いられ，耳標や出生報告カードなどから個体識別番号のバーコードを読みとり，届出をする．家畜改良センターおよび家畜改良事業団が利用者に対しシステム（ソフト）を提供している．また，このシステムは利用者にとっては，HTで読みとった複数の個体識別番号を一括検索できるなど，個体識別情報の迅速な確認・収集が可能となるとともに，家畜改良センターからフィードバックされる最新の個体識別情報が活用できるなど，業務の効率化に役立てることができる．ID連携システムは，と畜場における個体識別番号の管理や枝肉への正確な表示を支援する．

6. 3. 鶏卵の衛生

6. 3. 1. 鶏卵の鮮度，品質管理および規格

6. 3. 1. 1. 鶏卵の鮮度

牛肉などの熟成が必要な食品を除いて，生鮮食品は鮮度の良いものが好まれる．殻付卵は産卵直後から品質の劣化が始まるが，その理由は微生物が関与する場合と関与しない場合に大別される．微生物が関与する場合は，卵殻内の水分蒸発などに起因している．また，鶏卵の鮮度とは産卵から店頭に並ぶまでの日数と，店頭から食べるまでの日数，保存状態などを加味して考えなければならない．さらに，微生物が関与した品質の劣化はヒトの健康や安心に，微生物が関与しない劣化は物理的，化学的な影響として鶏卵加工に及ぼすこととなる．

鶏卵の鮮度変化を卵殻，卵殻膜，卵白，卵黄に分けて，電子顕微鏡の写真像などを取り混ぜ要領よく説明されているので，詳細な事象については専門書を

参考にされたい．ここでは殻付鶏卵の鮮度の指標と鮮度低下に及ぼす因子について述べる．

(1) 鮮度の指標

殻付卵の品質を調べる方法には二つの方法がある．一つは割卵せずに卵殻の状態を観察，重量を測定，あるいは腐敗卵を摘発するために行う透光検査などの外観検査で非破壊検査である．ほかの一つは割卵し，卵黄，卵白の状態を調べる割卵検査と呼ばれるものである．

1) 外観検査

a) 肉眼検査

卵殻の洗浄前に鶏卵の大きさ（重さ），形，卵殻の亀裂の有無，色，表面の状態（光沢，シワ，汚染の状況）を肉眼で検査する．

b) 透光検査

卵殻は透過光線に対して半透過性を示すので，卵の片側より60 W程度の細光を当て，気室の高さや卵黄の位置を観察し，鮮度を判定する．産卵直後の気室は平均2 mmであるが，8 mmを超え内容物が大きく移動するようになると，鮮度は低下している．透過した卵黄の影は産卵直後では見難いが，37℃で24時間，22℃では4～5日，9℃では14日間経過すると見えるようになってくるが，この程度では食用には問題ない．

c) 比重検査

外観検査ではあまり実施されないが，比重は非破壊検査として意義はある．新鮮卵の比重は1.08～1.09なので，水に入れると横転し水沈する．種々の濃度の食塩水（**表6-19**）を作成し，卵の浮き沈みで鮮度を判定する．鮮度が低下

表6-19　食塩水比重表

比重	NaCl（%）	比重	NaCl（%）	比重	NaCl（%）
1.00725	1	1.04366	6	1.08097	11
1.01450	2	1.05108	7	1.08859	12
1.02174	3	1.05851	8	1.09622	13
1.02899	4	1.06593	9	1.10384	14
1.03624	5	1.07335	10	1.11146	15

した卵は卵重が減少しても比重は低下するので，気室の側を上にして浮かせる．

2）割卵検査

割卵検査の目的は鮮度把握にあり，サンプリング法で行われる場合と，外観検査で正常・異常の判定が困難な場合に行われる．一般的に新鮮卵は卵黄が丸く同心円状に盛り上がっている．また，濃厚卵白が多いので卵白も盛り上がっている．これに対して鮮度が低下した卵の卵黄は扁平となり，濃厚卵白が少なくなる．つまり，割卵後の卵の鮮度は卵黄の盛り上がりと濃厚卵白の量で判断する．

a）卵黄係数

卵黄の高さ（H）と卵黄の直径（W）を測定する．H/W を卵黄係数といい，鮮度が低下した卵は卵黄膜の強度が低下するので，卵黄係数が低下する．新鮮卵は 0. 45 に近いが，夏季の室温に 1 週間放置すると 0. 38 まで低下し，鮮度が低下した卵は 0. 25 以下となる．

b）卵白係数

濃厚卵白の高さ（H）と濃厚卵白の平均直径（W）を測定する．平均直径は最長径と最短径の平均をいう．この H/W を卵白係数といい，鮮度が低下した卵は係数が低下する．新鮮卵は 0. 14〜0. 17 の範囲である．

c）ハウユニット（ハウ単位）

濃厚卵白の形態変化に重量変化を組み合わせて，濃厚卵白の劣化度を表現するため考案された方法で，濃厚蛋白の高さ（H : mm），卵重（W : g）を測定し，次式により求められる．

$$\text{ハウユニット (HU)} = 100 \cdot \log (H - 1.7\ W^{0.37} + 7.6)$$

この計算は複雑なので，HU 測定用簡易スケール（**図 6-6**）で測定した濃厚卵白の高さと卵重を照合し HU を求める．実際の測定の様子を**図 6-7** 示す．濃厚卵白の高さが 1mm の時は HU は 0. 2mm で 30，3mm で 48，5mm で 70，

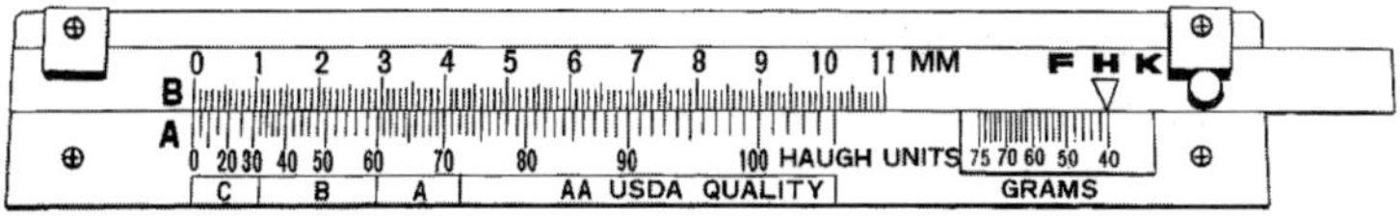

図 6-6　ハウユニット測定用簡易スケール

図 6-7　ハウユニットの測定
（CD 収録）

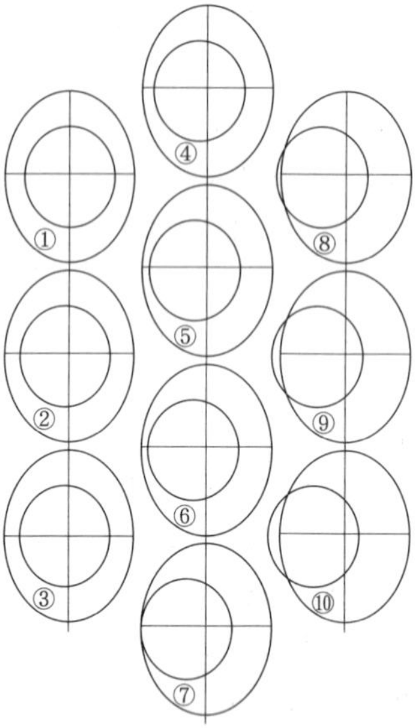

図 6-8　黄偏心度評点図

8 mm で 90 となる．商品取引上，特級卵は 65 以上が要求される．新鮮卵は 86～90 の範囲にあり，鮮度が低下した卵は 60 以下となる．わが国には HU の等級分けはないが，アメリカでは農務省の基準で HU 72 以上を AA, 71～55 を A, 54～31 を B, 30 以下を C とランクしている．AA と A は食用，B は加工用，C は一部加工用として用いる．

d）卵黄偏心度

平板上に割卵した卵の卵黄の位置を評価する方法で，卵白の中心に卵黄がある場合を 1 点，卵白の外に出た場合を 10 点とし，図と評点からなる卵黄偏心度評点図（図 6-8）と照合し，採点する．濃厚卵白が水様化し，鮮度が劣化すると，評点は高くなる．

6. 3. 1. 2.　鮮度低下に及ぼす因子

(1)　鶏側の影響

1）月　齢

6～8 カ月齢と 13～14 カ月齢の卵の同一産卵後日数における HU を比較する

と，通常若い鶏の卵の方が大きい.

2） 品　種

数カ所の養鶏場のシェーバー，ハイライン，ハイスドルフ，バブコック，デカルブの5品種の同一産卵後日数におけるHUには品種による差はなかった.

3） ワクチン接種

ニューカッスル病ワクチンの接種鶏と非接種鶏について，ワクチン接種2日後卵およびワクチン接種7日後卵のHUを比較した．その結果，接種鶏の卵が3〜4 HU低下したが，7日後には両群間に差がなかった.

4） 病　気

過去に伝染性気管支炎に罹患した鶏と健康鶏で産卵直後のHUを比較した．健康鶏のHUは12，卵黄係数で0. 03高かった.

(2)　生産・流通・販売側の影響

1） 洗　卵

洗卵の有無による影響について，産卵後7日までHUを調べたが，洗卵による影響は見られなかった.

2） 低温流通

産卵後すぐに5℃の冷蔵庫に入れた鶏卵と，3日間室温放置後に冷蔵庫に入れた鶏卵について，HUを比較した（夏季の実験）．冷蔵庫に入れた時点での差はわずかであったが，3カ月後では室温放置後に冷蔵庫に入れたものでは，腐敗卵の発生が多く，HUの低下も大きかった.

3） 輸　送

輸送中の振動によってHUに影響するかを中京地区の5農場から東京までのトラック輸送で調べたが，輸送による影響は見られなかった.

4） 鶏卵の並べ方

鈍端上，鋭端上，横置きについて，目減り，気室高，卵黄係数，HUについて比較したが，いずれも有意差は見られなかった.

(3)　保存による影響

1） 温　度

異なる温度に卵を保存して，そのHUの下降曲線を調べた．温度が高いほどHUの低下速度は大きく，夏季4日で31の低下であったが，冬季4日で2の低下に過ぎなかった.

2） 湿　度

開放室内（50～60% 程度）と密封容器内（60～70% 程度）に保存した卵の HU には有意差はなかった．しかし，密封容器内の卵殻表面にカビの発生が見られた.

6. 3. 1. 3. 品質管理

産卵して GP センターで受入れて，農場から出荷するまでの流れと品質管理について述べる.

（1） GP センターでの卵の流れ

GP センターは養鶏場からの原卵を受け入れ，品質検査を行い，洗浄・乾燥，検卵，重量選別，殺菌，包装などを行い，出荷を行っている.

具体的には，①卵表面の汚れを洗浄し，乾燥する．②汚れのとれない卵，ヒビが入った卵をチェックする．③オゾンや紫外線により殺菌する（省略しているセンターもある)．④血卵のチェックをする．⑤重量選別をする．⑥パッキングとラベリングを行う．⑦専用のトレーなどに格納する．⑧出荷する.

（2） 品質検査

主に鶏卵の鮮度を確認するための検査で，実際には HU と細菌検査が主である．ほかに卵殻厚さ，卵黄色などの検査があるが，これらは鮮度と直接関係しない．しかし，日常的に問題になる項目で，卵殻厚さは輸送や商品陳列に関係し，卵黄色は視覚的好感度に関係する.

1） 卵殻厚さ

割卵して卵殻片を集め，卵殻膜，クチクラ層を剥がし，専用のゲージで数カ所を測定し，平均卵殻厚さを求める．非破壊検査方法として，超音波や β 線を利用する方法もある.

2） 殻強度

卵殻に圧力を加え，卵殻の破壊直前で測定値を求める加圧変形法と卵殻に亀裂ができるまで加圧を続ける加圧破壊法などがある.

3） 卵黄色

ヨークカラーと俗称されている．Roche 社が販売促進用に作成したヨークカラーファン（図 6-9）があるが，これは 15 枚のプラスチックカードからできて

図 6-9　ヨークカラーファン（CD 収録）

表 6-20　鶏卵のサイズの規格（パック詰め）

区　分	ラベルの色	基準（g）
LL	赤	70～76
L	橙	64～70
M	緑	58～64
MS	青	52～58
S	紫	46～52
SS	茶	40～46

いて，それぞれ淡黄色から橙黄色まで色分けされているもので，検査する卵黄がこのカラーファンの何番の色に相当するかを見て判定するもので，簡易に検査ができる．

6. 3. 1. 4.　鶏卵の規格

鶏卵の取引に用いられる規格として，箱詰め鶏卵（10 kg）の品質向上と流通の円滑化，適正な価格形成を目的とした要綱が 1965 年に制定された．当時はバラ売りが主流を占めている時代であり，世相を反映している．その後，6 個あるいは 10 個のパック詰めが流通するようになり，パック詰めの規格（**表 6-20**）と凍結卵の規格（**表 6-21**）が 1971 年に追加された．また，個々の鶏卵の品質区分についても定められている（**表 6-22**）．なお，これらの規格は法律に基づいたものではなく，農林水産省事務次官通達であり，違反や罰則はない．つまり，養鶏業界の自主規格といえる．

1998 年に食品衛生法が改正されたことを受け，「鶏卵の賞味期限表示等について」の通知が農林水産省より以下のようになされた．この通知の経緯はサルモネラによる食中毒が増加傾向を示し，原因食材が判明しているもののうち，卵類およびその加工品の割合が高いことなどから 1998 年 6 月食品衛生調査会食中毒部会において，鶏卵のサルモネラ対策を検討するよう勧告がなされ，1998 年 7 月には同調査会から厚生労働大臣に対して，鶏卵の期限表示などを行うように意見が具申された，法改正に至ったものである．なお，2003 年 7

表 6-21　加工卵の品質規格（鶏卵規格取引要綱：2000）

事項＼区分		凍結全卵	凍結卵黄	凍結卵白
品質	卵固形分（%）	24 以上	43 以上	11 以上
	粗脂肪（%）	10 以上	28 以上	0.1 以上
	粗蛋白質（%）	11 以上	14 以上	10 以上
	pH	7.2～7.8	6.1～6.4	8.5～9.2
	風味	正常	正常	正常
	細菌数（1 g 中）	5,000 以下	5,000 以下	5,000 以下
	大腸菌群	陰性	陰性	陰性
	サルモネラ属菌およびそのほかの病原菌	陰性	陰性	陰性
	添加物	なし	なし	なし

月以降，品質保持期限は賞味期限と呼称が改訂されている．

(1)　表示の基準

容器包装を開かないでも容易に見えるよう，見易い場所に記載すること．

1）　生食用の殻付卵

生食用である旨，品質保持期限である旨の文字を冠したその年月日，10℃以下で保存することが望ましい旨，品質保持期限を経過した後は飲食に供する際に加熱殺菌を要する旨，生産農場または選別包装施設の所在地および氏名（輸入品は輸入業者の所在地および氏名）

2）　生食用以外の殻付卵

加熱加工用である旨，産卵日，採卵日，選別日または包装日である旨の文字を冠したその年月日，飲食に供する際に加熱殺菌を要する旨，生産農場または選別包装施設の所在地および氏名（輸入品は輸入業者の所在地および氏名）

3）　殺菌液卵

名称，品質保持期限である旨の文字を冠したその年月日，殺菌方法・保存方法・添加物，製造所の住所および製造者名（輸入品は輸入業者の所在地および氏名）

4）　未殺菌液卵

名称，未殺菌である旨，消費期限または品質保持期限である旨の文字を冠したその年月日，保存方法・添加物，飲食に供する際に加熱殺菌を要する旨，製

表 6-22　鶏卵個体の品質の区分（鶏卵規格取引要綱：2000）

事項		特級（生食用）	1級（生食用）	2級（加熱加工用）	級外（食用不適）
外観検査および透光検査した場合	卵殻	卵円形，緻密できめ細かく，色調が正常なもの 清浄，無傷正常なもの	いびつ，粗雑，退色などわずかに異常のあるもの 軽度汚卵，無傷なもの	奇形卵 著しく粗雑のもの 軟卵 重度汚卵，液漏れのない破卵	カビ卵 液漏れのある破卵 悪臭のあるもの
透光検査した場合	卵黄	中心に位置し，輪郭はわずかに見られ，扁平になっていないもの	中心をわずかに外れるもの 輪郭は明瞭であるもの やや扁平になっているもの	相当中心を外れるもの 平かつ拡大したもの 物理的理由により乱れたもの	腐敗卵 ふ化中止卵 血玉卵 乱れ卵 異物混入卵
	卵白	透明で軟弱でないもの	透明であるが，やや軟弱なもの	軟弱で液状を呈するもの	
	気室	深さ 4mm 以下でほとんど一定しているもの	深さが 8mm 以下で，若干移動するもの	深さが 8mm をこえるもので大きく移動するもの	
割卵検査した場合	拡散面積	小さなもの	普通のもの	かなり広いもの	
	卵黄	円く盛り上がっているもの	やや扁平なもの	扁平で卵黄膜の軟弱なもの	
	濃厚卵白	大量を占め，盛り上がり，卵黄をよく囲んでいるもの	少量で，扁平になり，卵黄を十分に囲んでいないもの	ほとんどないもの	
	水様卵白	少量のもの	普通量のもの	大量を占めるもの	

造所の住所および製造者名（輸入品は輸入業者の所在地および氏名）

(2)　鶏卵の規格基準（食品，添加物等の規格基準）

1）　食品の製造，加工または調理に使用する殻付卵は食用不適卵（腐敗卵，

カビ卵，異物混入卵，血卵，乱れ卵およびふ化中止卵）であってはならないこと

2） 液卵を製造する場合，使用する殻付卵は食用不適卵であってはならないこと

3） 液卵を製造する原料卵は正常卵，汚卵，軟卵および破卵に選別されていること

4） 割卵から充塡までの工程は，一貫して行うこと

5） 冷却後，容器包装に充塡する場合は，微生物汚染が起こらない方法により，殺菌した容器包装に充塡し，直ちに密封すること

6） 殻付卵を加熱せずに飲食に供する場合は，賞味期限を経過しない生食用の正常卵*を使用しなければならないこと

〔＊正常卵とは食用不適卵，汚卵（ふん便，血液，羽毛などにより汚染されている殻付卵），軟卵および破卵（卵殻にひび割れが見える殻付卵）以外の鶏の殻付卵をいう.〕

6. 3. 2. 鶏卵の衛生管理

6. 3. 2. 1. 卵の構造と防御機構

(1) 卵の構造

鶏卵は外部から，卵殻，卵殻膜，卵白および卵黄によって構成されている(図 6-10). 卵黄は卵白に包まれて，さらに外側には卵殻膜と卵殻が中心部の卵黄を取り巻いているが，これらは外部からの衝撃を保護している.

1） 卵殻および卵殻膜

卵殻は卵黄や卵白を取った残渣として，廃棄物的な評価しかなかった. しかし，豊富なカルシウムとリンが注目されるようになり，肥料原料，陶芸原料，食品原料としても用途が広がりつつある.

卵殻厚さは強度と密接な関係にあるが，強度を増強させるためにカキ殻のようなカルシウムを豊富に含む飼料素材を鶏に給与したり，カルシウムの吸収を促進させる CPP を飼料に添加する工夫がなされている.

卵殻の主成分は炭酸カルシウムで，その存在は外部環境と卵内部を遮断することが主目的である. 卵殻は海綿状マトリックスに無機物が沈着し網目で，空気は通過しても，微生物は通過し難い構造となっている.

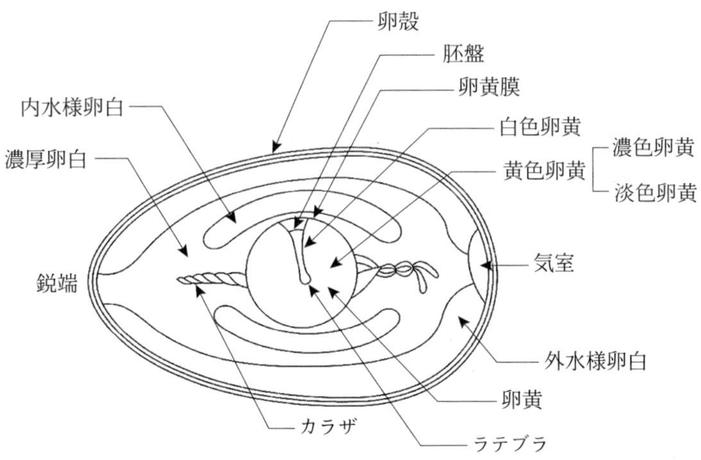

図 6-10　鶏卵の構造

卵殻膜も卵殻と同じように，網目状で 2 種類の繊維状蛋白質が布を織りなすような状態で存在している．

2） 卵　白

卵白は食品としての卵の価値を左右する部分で，蛋白質（9. 7～10. 6%）に富み，多くの蛋白質，水分のほかに数種の栄養素が含まれている．螺旋状のカラザは炭水化物と蛋白質から構成されていて，卵黄の保持に貢献している．卵白には卵黄を取り囲む粘性の高い濃厚卵白と，その外側にある粘性の低い水様卵白とからなっている．

3） 卵　黄

卵黄も卵白と同様，あるいはそれ以上に食品としての卵の栄養価を決めている．卵黄はもともと肝臓で合成された成分やそのほかの成分を血液中から卵胞に蓄積して形成されたもので，黄色の濃い部分と薄い部分がいくつもの層状になっている．

(2)　防御機構

健康な産卵鶏から得られた卵の内部はほぼ無菌状態である．鶏卵は微生物による汚染を防御するさまざまなメカニズムが存在している．卵殻部はクチクラ

（産卵時の粘液が乾燥）で覆われ，微生物は通過できない．しかし，洗卵により簡単にクチクラは剥がれて，微生物が通過し易くなる．卵殻膜はケラチンの網目構造に，ムチンや蛋白質が詰まり，細菌の通過は非常に困難である．もし，卵殻部の防御機構をくぐり抜けても卵白に到達しても，卵白には微生物の増殖を抑制する蛋白質が存在する．

6.3.2.2. 主な食中毒菌とその対策

鶏卵から分離される食中毒の起因菌はサルモネラ属菌，黄色ブドウ球菌，腸炎ビブリオ，病原性大腸菌，ウエルシュ菌などであるが，圧倒的に問題となるのはサルモネラ属菌である．鶏卵の鮮度を低下させ，ヒトの健康に深刻なダメージを与え，腐敗卵や細菌数の多い卵の発生は養鶏業界のみならず食品業界にも大きな影響を及ぼすこととなる．

(1) 卵の微生物叢

鶏卵の卵殻表面から検出される微生物として，グラム陽性菌では *Staphylococcus, Micrococcus, Corynebacterium* などが，グラム陰性菌では産卵直後の湿った卵殻表面には *Pseudomonas* や *Flavobacterium* のような細菌も存在するが，乾燥に弱いので，卵殻表面の乾燥とともに減少する．

鶏卵内部から細菌が検出される頻度は低いが，食中毒の起因細菌（**表 6-23**）として，サルモネラ属菌，病原性大腸菌，黄色ブドウ球菌，カンピロバクター

表 6-23　卵関連食品による食中毒

原　因　菌	サラダ類		洋生菓子類		玉子焼き類		合　計	
	件数	患者数	件数	患者数	件数	患者数	件数	患者数
S. Enteritidis	27	6, 168	59	5, 674	55	3, 787	141	15, 629
サルモネラ，ほかの型*	4	263	5	533	5	354	14	1, 150
黄色ブドウ球菌	5	291	8	51	14	712	27	1, 054
腸炎ビブリオ	4	81			7	154	11	235
病原性大腸菌	5	729					5	729
ウエルシュ菌	1	12			1	494	2	506
不　　明	1	2	1	31			2	33
合　　計	47	7, 546	73	6, 289	82	5, 501	202	19, 336

＊*S.* Typhimurium, *S.* Infantis など計 8 型　　（厚生労働省：1990～1999）

などが分離される．要注意はサルモネラ属菌で，加工卵製品では黄色ブドウ球菌が問題となる．

(2)　卵の微生物による変化

汚染卵から検出される微生物のうち，ほとんどが *Pseudomonas* などのグラム陰性菌であるが，殻付卵の内部が汚染された場合，外から観察される変化は少ない．10^6 CFU/g 程度以下の汚染では割卵しても官能的に汚染を判断するのは困難である．しかし，著しい増殖では，蛋白質の分解により，アンモニアや硫化水素の発生で，腐敗臭が生じる．これに伴い，内容物は暗緑色ないし黒色となっていく．*Pseudomonas* の増殖では，卵白に蛍光が生じることもある．乳酸菌など有機酸を産生する細菌増殖では，酸敗臭の発生も認められる．

6.3.2.3.　抗菌剤などの残留規制

安全な食品の条件とは，①その成分中に有害物質を含まないこと，②病原微生物や有害化学物質に汚染されていないことが保証されなければならない．

農水産物については，その生産過程で多少なりとも農薬や抗生物質などが使用されている．これはその対象となる野菜や家畜を各種の病害や疾病から守り，商品価値を高くする手段としてなされている行為である．これらに関連して，水俣病における有機水銀，農薬としてのDDT，工業薬品としてのPCBなどのようにヒトの生活環境や健康に悪影響を及ぼす例も発生している．また，畜産物の輸入自由化により，諸外国からの牛肉，豚肉，鶏肉やそれら関連の畜産物から抗生物質や農薬などが検出され社会問題化している．

(1)　抗菌剤などの規制と残留

食品衛生法では，食品，添加物などの規格基準で「食品は抗生物質を含んではならない」，また「食肉，食鳥卵および魚介類は化学合成品たる抗菌物質を含んではならない」と規定されている．しかしながら，食肉や牛乳では一部の残留が認められ，食用卵でも表示する薬剤については残留が認められている（表6-24）．

飼料の安全性の確保及び品質の改善に関する法律（飼料安全法）では飼料の品質低下の防止，栄養成分の補給および栄養素の有効利用の促進を目的に飼料に混合，添加する物質を飼料添加物といい，農林水産大臣が指定する．しかしながら，搾乳中の乳牛，採卵鶏や出荷間近の牛や豚には給与することは認めら

表 6-24　鶏卵の残留基準

医薬品	薬　　剤	残留基準（ppm）
抗生物質	オキシテトラサイクリン クロルテトラサイクリン	0.4 （合計）
	スペクチノマイシン	2
	ネオマイシン	2
駆虫剤	フルベダゾール	0.4
殺虫剤	シロマジン	0.2

（2002 年厚生労働省告示）

表 6-25　鶏卵の残留抗菌剤の検出状況

	国産（鶏卵）	輸入（液卵）
平成 7 年度	1/756	0/18
8	3/756	0/ 6
9	0/671	0/ 5
10	0/718	0/11
11	0/640	0/ 9
12	1/676	0/ 6
13	2/730	0/ 3
14	0/721	0/13

分子：検出数　分母：供試検体数
検出された抗菌剤はすべてサルファ剤である

れていない．つまり，採卵鶏は幼すう期と中すう期に限り使用が認められている．

また，厚生労働省は食肉や鶏卵などの畜産食品や養殖魚介類の生産段階で使用されている動物用医薬品および飼料添加物が食肉，魚介類などの水畜産食品に残留している実態を把握し，適切な行政指導を行う目的で，国産品および輸入品についてモニタリングを継続して実施している．**表 6-25** に鶏卵の残留抗菌剤の検出状況を示す．

6.3.3. 生産から消費までの衛生管理

卵関連の食中毒で最も問題となるのはサルモネラによる細菌性食中毒である．養鶏場へのサルモネラの侵入経路を**図 6-11**に示す．

6.3.3.1. 農場段階での管理

産卵前には鶏体内での感染，つまり in egg 感染が問題となる．また，ふんが卵の表面に付着することでの感染，つまり on egg 感染が挙げられる．

養鶏現場におけるサルモネラ対策は，わが国でも競合排除（CE）法の製剤

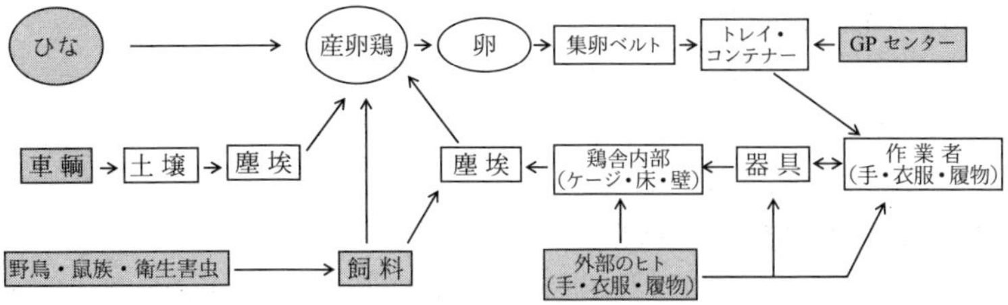

図 6-11　養鶏場へのサルモネラの侵入経路（横関 1996 を改変）

やワクチンが発売されている．それらの基盤となるのは隔離と淘汰を含む環境の汚染排除と清浄化である．

サルモネラの侵入経路は多数考えられるが，主なものはひなと飼料である．ひなについては導入時にサルモネラフリーの孵卵場を選定する．飼料は汚染されていないものを選ぶことは当然であるが，飼料運搬車，フレコンバックなどの対応が問題となる．つまり，消毒の徹底が挙げられる．ほかに，野鳥，そ族，衛生害虫の駆除も徹底して行うべきである．さらに，外部からの持ち込が懸念されるので，ヒト，物品，車輛の消毒も重要である．これらに対応することによって in egg 感染の機会を減らさなければならない．on egg 感染は GP センターでの洗卵作業によって対応が可能となるが，in egg 感染については農場の衛生レベルの高低によって感染が決定付けられる．

なお，月齢の低い鶏は小卵を，高い鶏は大卵を産むことが知られている．大卵では産卵当日でも小卵に比べて HU は低く，同一条件で保存しても低い値となる．つまり，HU では大卵には不利に作用する．したがって，産卵鶏に求められる条件として，健康で若齢であることが肝要といえる．

さらに，産卵後については集卵ベルトからの汚染が問題視される．

6. 3. 3. 2. GP センターでの管理

GP センター以降の感染は当然ながら on egg 感染のみを想定すれば良い．集卵された原卵は洗浄によって物理的に汚れは除かれ，表面の殺菌作業も行われている．また，作業の多くはヒトの手で卵に直接触れることは少なく，最終的には小売用としてはパック詰めが主流なので，作業者の衣類，履物，手指などの清潔を保持するように努める．

6. 3. 3. 3. 輸送段階での管理

鶏卵のみを単独に運搬する場合と，ほかの荷物と混載する場合がある．万一，on egg 感染卵が混入していても，長距離を運搬することは少ないので時間経過による増菌の可能性は少ない．

6. 3. 3. 4. 販売段階での管理

店内の直射日光の影響受けない場所，冷蔵設備の排熱の影響を受けないような涼しい所に陳列するように心掛ける．アメリカやヨーロッパでは冷蔵しての卵の販売も見受けられる．また，仕入れた順から販売するように心がける．

6. 3. 3. 5. 消費者段階での管理

店舗で卵を買う時はきれいで，ひび割れのない新鮮なもの，賞味期限まで 7 日以上あるものを求める．卵は生ものという認識を持ち，購入したらなるべく速やかに冷蔵庫（10℃ 以下）に容器ごと保存する（できればパックから出さない．出すことで卵に触れることとなる）．

料理の下準備は卵を入れた調理器具（ボールなどの容器，包丁，まな板）は使用後，よく洗うこと．調理や生食には賞味期限内のもの（ひび割れ卵はダメ）を用い，ひび割れと期限切れ卵は十分に加熱する．また，食べる時はすぐに食べ，残ったものは冷蔵庫で保存し，長時間経過したものは廃棄する．

食品の安全性を願わないヒトはいない．現代社会では食糧の生産現場と消費者の距離がしだいに遠くなり，食品の全体像が見え難くなってきている．そのため消費者の不安感が募り安全性が脅かされそうになり，食品の安全性を再認識するようになってきた．

かつては，食品は身近な所で生産され，消費者が生産者を意識しながら消費してきた．安全とは生産過程での問題が多少はあっても，最終段階での検査をクリアできれば問題なしとされてきた．しかし，食品の原材料の生産，加工，製造，流通が複雑化するに従い，どの段階からでも安全性の確保を考えなければならなくなってきた．そこで考案された手法が HACCP システムである．この詳細はほかに譲るが，鶏卵生産や鶏卵加工もこの HACCP システムを採用して，農場から食卓まで（from farm to table）の一貫した衛生管理のもとにおかれなければならない．これにより鶏卵に対する安全性の確保が保証されるようになっていく．

6.4. 消費畜産物の流通衛生管理

6.4.1. はじめに

畜産物の流通衛生管理の対象範囲は，生産農場段階およびその生産品の一次加工段階とした．また，そのハザードの対象は食品安全・品質・衛生・情報（トレーサビリティ）とした．すなわち，これらハザード（健康および品質などの顧客視点での危害とそれに関わる情報）が流通や小売店などの販売段階，さらに，家庭や飲食店などでの消費段階のフードチェーンで，ハザードの原因物質が汚染し，拡散し，もしくは増殖し，その結果，健康被害，腐敗・変敗，苦情などが発生する．流通衛生段階での多くは，温度および時間管理（一部，低温ロジスティック管理の概念が必要）上の問題が多い．また，これ以外のハザードとしては，流通段階での包装破損による異物混入，非食品および異なる食品の混載による着臭（例：牛乳と柑橘果実との混載保管などによる牛乳の柑橘臭）や冷蔵庫・車体などの洗浄・殺菌による薬品の付着臭などが挙げられる．

これらの管理体制を維持するためには，フードチェーン（またはトレーサビリティ）フローダイアグラムを明確にし，その流通過程で起きる可能性のあるハザードまたはハザード原因物質を特定し，リスト化するとともに，それらの発生要因および発生を防止するための措置を明らかにする．いわゆるハザード分析を実施し，その管理（制御）手段を明確にすることが必要である．

一般的に食品製造管理の視点から生鮮品（畜産物，農産物，水産物）は，なんらかのハザードを保有している．例えば，畜産物のハザード原因物質は，飼育段階で病原菌が汚染・付着・残留し，加工段階で，除去・排除・軽減（許容限界以下）できるもの（病原微生物の低温管理による増殖の抑制など）と，加工段階では許容限界以下に押さえられないもの（抗生物質など有害化学物質の残留など）がある．さらに，加工段階で制御されたとしても，消費段階での消費者の食品安全認識（家庭内衛生管理教育）不足などが原因で，家庭での事故や品質不良などが発生することがある．

畜産物の流通衛生管理では，前提条件プログラム（pre-requisite programs : PRP）**表 6-26** が重要となるが，食品安全規格が策定されるグローバルな背景の中で，

表 6-26　農業における前提条件プログラムの概要

A. 農業における共通の前提条件プログラム	B. 作物生産特有の前提条件プログラム
1. 一般要件	1. 一般要件
2. 立地	2. 灌漑
3. 構内の建設および配置	3. 施肥
4. 装置の適切性および保守	4. 植物保護製品
5. 要員の衛生	5. 収穫および収穫後の活動
6. 作業動物	C. 動物生産特有の前提条件プログラム
7. 購買管理	1. 一般要件
8. 農場での保管および輸送	2. 動物のための飼料と水
9. 清掃・洗浄	3. 衛生管理
10. 廃棄物・排せつ物の管理	4. 搾乳
11. 農場構内における有害生物の防除	5. 殻付き卵の採卵
12. 安全でないと疑われる生産物の管理	6. とさつのための準備
13. 外部委託された活動	7. 水産動物の育成，捕獲および取扱い

「参考：ISO/TS 22002-3（農業），ISO/TS 22002-1（食品製造）及び ISO 22000 第 7. 2. 3 項」

次のような畜産物の流通衛生管理の規格について記載し，その後食肉（牛），鶏卵，牛乳，さらには，販売店での販売上の問題点について述べる．

①ISO 22000 : 2005（食品安全マネジメントシステム－フードチェーンの組織に対する要求事項）

②ISO/TS 22002-1 : 2009（食品安全のための前提条件プログラム　第 1 部：食品製造）

③ISO 22005 : 2007（飼料およびフードチェーンにおけるトレーサビリティシステム設計・開発のための一般原則および指針）など

6. 4. 2.　ISO 22000 : 2005（食品安全マネジメントシステム-フードチェーンの組織に対する要求事項）

畜産物の流通衛生管理の関する ISO 22000 ファミリー規格の一覧を**表 6-27**に示した．

ISO 22000 ファミリー規格の中に流通衛生管理に関する規格として，畜産物のフードチェーンとしての ISO 22000 : 2005 規格の第 7. 9 項のトレーサビリティシステムがあり，「組織は，製品ロットおよびその原料のバッチ，加工およ

表 6-27　ISO 22000 ファミリー規格

規格番号	ISO 規格名称	規格の概要
ISO 22000 : 2005	食品安全マネジメントシステム-フードチェーンの組織に対する要求事項	HACCP システムと ISO 9001（品質マネジメントシステム）の要求事項を組み合わせた規格
ISO/TS 22002-1 : 2007	技術仕様書：食品安全のための前提条件プログラム　第 1 部　食品製造（補足：GMP）	ISO 22000 では，食品ハザードを確立し，実施し，維持することのための技術仕様書である．その内容は Codex 委員会：食品衛生の一般原則（CAC/RPCP 1-1969）
ISO/TS 22002-3 : 2011	技術仕様書：食品安全のための前提条件プログラム　第 3 部　農業	ISO 22002-1 : 2007 に対応した GAP 版である
ISO/TS 22003 : 2007	食品安全マネジメントシステム-食品安全マネジメントシステムの認定および認証機関に対する要求事項	食品安全マネジメントシステム審査登録機関に対する審査のための要求事項（2007 年 2 月に発行）
ISO/TS 22004 : 2005	食品安全マネジメントシステム-ISO 22000 適用のための指針	ISO 22000 導入のための解説，また中小企業への規格適用の際の留意点などをまとめた（2005 年 11 月発行）
ISO 22005 : 2007	飼料およびフードチェーンにおけるトレーサビリティシステム設計・開発のための一般原則および指針	ISO 22519 から変更，2007 年 7 月発行，食品トレーサビリティシステムに関する規格要求事項
ISO/TS 22002-2 : 2013	技術仕様書：食品安全のための前提条件プログラム　第 2 部　ケータリング	食堂，病院，高齢者施設，セントラルキッチン，ホテル・レストラン，ケータリングサービス，スーパーマーケット，一般食料品店等の調理場を対象とした前提条件プログラム
ISO/TS 22002-X（準備）	技術仕様書：食品安全のための前提条件プログラム　第 X 部　水産養殖	未定（検討中）

表 6-28　ISO 22000 : 2005 附属書 C（参考）：管理手段の選択および使用のための前提条件プログラムおよび手引を含む管理手段の事例を提供しているコーデックス参考文書の一部

C 1.　規範および指針 a）

分　類	内　容
C. 1. 1 一般	CAC/RCP 1-1969（Rev. 4-2003），勧告国際衛生取扱規範―食品衛生の一般原則；ハザード分析重要管理点（HACCP）システムおよびその適用指針を含む． 食品衛生管理手段の妥当性確認の指針 b） 食品検査および認証に関するトレーサビリティ/製品トレースの適用原則 b）
C. 1. 2 飼料	CAC/RCP 45-1997，乳生産動物のための原料および補助給餌飼料におけるアフラトキシン B_1 の低減のための取り扱い規範 CAC/RCP 54-2004，適正動物給餌のための取扱規範
C. 1. 7 食肉および肉製品	CAC/RCP 41-1993，獣畜のとさつ前およびとさつ後の検査並びに獣畜および食肉のとさつ前およびとさつ後の判定のための規範 CAC/RCP 32-1983, 追加加工のために機械的に切り離す食肉および家禽の生産，保管および粗製のための取扱規範 CAC/RCP 29-1983, Rev. 1（1993），猟獣肉のための衛生取扱規範 CAC/RCP 30-1983，カエルの脚の加工のための衛生取扱規範 CAC/RCP 11-1976, Rev. 1（1993），生肉のための衛生取扱規範 CAC/RCP 13-1976, Rev. 1（1985），加工肉および家禽製品のための衛生取扱規範 CAC/RCP 14-1976，家禽加工のための衛生取扱規範 CAC/GL 52-2003，食肉衛生のための一般原則食肉のための衛生取扱規範 b）
C. 1. 8 乳および乳製品	CAC/RCP 57-2004，乳および乳製品のための衛生取扱規範 「食品中の動物用医薬品残留物に関する規制プログラムを設定するための指針の改訂」および「乳・乳製品（牛乳および乳製品を含む）の薬品残留物の防止および管理 b）」
C. 1. 9 卵および卵製品	CAC/RCP 15-1976，卵製品のための衛生取扱規範（1978 年，1985 年に修正） 卵製品のための衛生取扱規範の改訂版 b）

C 2　食品安全ハザード固有の規範および指針 a）

CAC/RCP 38-1993，動物用医薬品の使用の管理のための取扱規範
食品におけるリステリア・モノサイトゲネス制御のための指針 b）
抗菌耐性を最小限に抑制するための取扱規範

a）これらの文書およびその更新版は，コーデックスホームページ：http//www/codexalimentarius.net からダウンロードすることができる．
b）作成中

び出荷記録との関係を特定できるトレーサビリティシステムを確立し，適用すること.」と定められ，ISO 22005 : 2007（表6-27）の中で規格として運用できるようになっている．したがって，畜産物の流通衛生管理においては，牛肉BSE事件を契機として牛肉トレーサビリティシステムが，平成15年6月11日法律第72号，「牛の個体識別のための情報の管理及び伝達に関する特別措置法」として法律化された.

一方，ISO 22000 第3章 用語および定義の第3.8項「PRP」は，「人間による消費にとって安全な最終製品（3.5）および安全な食品の生産，取扱いおよび提供に適切なフードチェーン（3.2）の衛生環境を維持するために必要な〈食品安全〉基本条件および活動」であると定義付けられている．さらに，必要なPRPは，組織が活動するフードチェーンの部分および組織の種類に依存する附属書C（表6-28）を参照，およびその同義の用語例として，適正農業規範（GAP），適正獣医規範（GVP），適正製造規範（GMP），適正衛生規範（GHP），適正生産規範（GPP），適正流通規範（GDP），適正取引規範（GTP）があることが記載されている.

なお，ISO 22000 : 2005 附属書Cの「C.1一般基準および指針」および「C 2.食品安全ハザード固有の規範および指針」a）の中の一般および畜産関係を記載したものを表6-28に示した.

6.4.3. 畜産物の流通衛生管理

畜産物を始めとする生鮮3品を論じる場合，HACCPでいうフローダイアグラムではなく，フードチェーンフローダイアグラム（FD）におけるハザード分析を考えることが重要である．フードチェーンおよびフローダイアグラムは，ISO 22000 : 2005 第3章 用語および定義され，「フードチェーン」は，「一次生産から消費までの，食品およびその材料の生産，加工，配送，保管および取扱いに関わる段階および作業の順序」（これには食品を生みだす動物および食品となる動物の飼料の生産を含む，およびフードチェーンには食品または原料と接触することを意図する材料の生産も含むこととされている.）に関わるものである．さらに，「フローダイアグラム」は，食品およびその材料の取り扱いに関わる「段階の順序および相互関係の図式ならびに体系的表現」したものである.

食品の安全で議論される多くは，「農場から食卓」までとの認識があるが，HACCPでは「原料入荷から製品出荷まで」という制約認識がある．

以下に，「フードチェーン・トレーサビリティ」の概念に基づいた畜産物（食肉，鶏卵および牛乳）の流通衛生管理について述べる．

6. 4. 3. 1. 食肉の流通衛生管理

食肉（精肉加工）の流通衛生管理におけるFDは，**図6-12**のとおりである．食肉（牛肉）のFDでの問題点は，①酪農家（食肉牛）での飼育環境の衛生管理（適正酪農規範good farming practice : GFP）が重要となる．飼料については，肉骨粉を使用した時期にはBSEが問題になり，牧草を多く飼料とする牛は肉質にグラス臭を呈し，ふん便が軟便となり，腸管出血性大腸菌O 157などのリスクが高いといわれた時期もある．また，繁殖酪農家から肥育酪農家に受け渡される時には，サルモネラフリーの確認検査が必要となる．これは牛がサルモネラに感染することであり，この段階では，ヒトに感染する腸管出血性大腸菌O 157などより，牛に感染するサルモネラの方が重要である．一方，牛の飼育に当たっては，日常的な飼育管理とともに，出荷時における牛の臀部・腹部などに付着した「ふん」が除去されないで食肉処理施設に持ち込まれると，腸管出血性大腸菌O 157などの汚染原因となる．さらに，牛の体表の手入れを怠ると臀部および腹部に付着した「ふん」が鎧（ヨロイ）のように固くなり，物理的に除去しなくてはならず，と畜前の「ふん」除去作業が作業員への負担と牛へのストレスを生じ，肉質に影響することが考えられる．したがって，酪農家での日常的な牛体の手入れ，特に出荷前の洗浄（FD②生体洗浄）が重要な管理工程になる．食肉処理

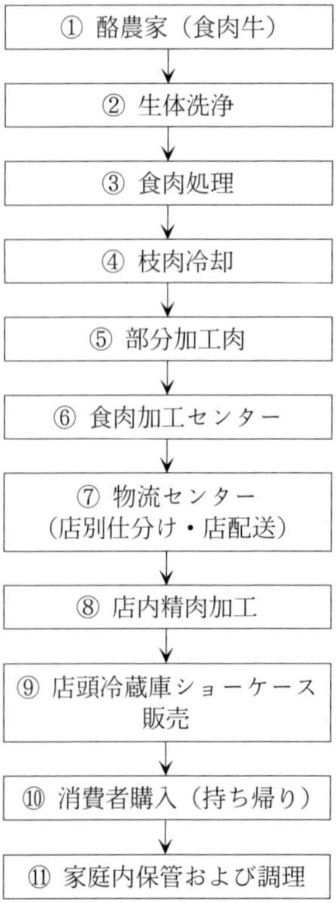

図6-12 食肉（牛肉）のFD

施設によっては，施設の汚染を防ぐために牛のふん便による汚れ度合いによって受け入れ時に洗浄料金を決めている施設もある.

一方，ISO 22000 : 2005 を取得した食肉処理施設での塩素使用は効果が認められないこと，食肉処理場の衛生管理の向上と酪農家での出荷時生体洗浄が食肉の菌数低下に重要な影響を及ぼすという報告がある（豊福，2013）. 今後，これらについてはGAPの中で，適正酪農規範が検討され，それに基づく認証や取引先監査が行われることが予測される.

さらに，FD③食肉処理，④枝肉冷却，⑤部分肉加工での食肉処理および部分肉加工施設についての詳細は省略する. しかし，これらの施設における補修・改修（特に床面）などで床材や塗料などに揮発性物質を使用する場合がある. この場合，一定期間枝肉などを補修・改修などの施設に持ち込まないことが重要である. 過去に，施設内工事に伴い大量の枝肉が着臭し，廃棄処分をした事例がある（神戸市環境保健研究所，2007）.

食肉処理施設からFD⑥食肉加工センター，⑦物流センター（店別仕分け・店配送），⑧店内精肉加工などに冷凍あるいは冷蔵で配送され，部分肉流通された食肉加工センターや小売店での精肉加工場などでスライスパックされる.

この段階においては，食肉加工センターや店内精肉加工場などでのスライサーの洗浄・殺菌が重要となる. 特にスライサーや床面および排水溝などの清掃・洗浄が悪いと加工場内の異臭（悪臭）が問題になり，外部監査などで印象を悪くすることがある. さらに，まな板，ビニールカーテンなど樹脂製品が低温細菌産生色素により変色（赤，紫，黄色など）する. これらは洗浄・殺菌が悪いと産生色素が樹脂の内部に浸透するので，その後は洗浄・漂白しても除去できない. したがって，比較的新しい樹脂などの変色は，洗浄不十分であると判断する根拠となる.

最近，馬肉中の寄生虫（住肉胞子虫）による食中毒が発生している.（斎藤，2012）. 本中毒は馬刺が原因とされることが多い. 住肉胞子虫は加熱により死滅するが，馬刺などで喫食する予防策は凍結（−22℃以下，18時間以上）することにより死滅する.

6. 4. 3. 2. 鶏卵の流通衛生管理

鶏卵の流通衛生管理におけるFDは，**図6-13**のとおりである. 産卵時に卵

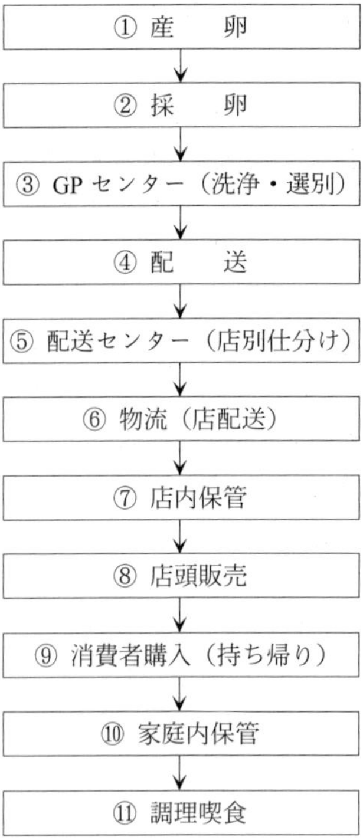

図 6-13　鶏卵の FD

表面にサルモネラが汚染（on egg）されている可能性があるので，採卵後卵殻表面を洗浄することが推奨されているが，クチクラ層を傷つけるので鮮度低下が見られる．また，流通・消費段階では，鶏卵の保存温度が 10℃であればサルモネラの増殖が抑制され，4℃以下では増殖しない（今井，1993）．一方，on egg に対し，産卵鶏の体内でサルモネラが直接鶏卵に汚染（in egg）することもある（中村，1996）．また，卵の異臭については飼料由来の魚臭や洗浄液由来などのオゾン臭・塩素臭，鶏ふん付着によるアンモニア臭が考えられる．

GP センターでは，透光検査や外観検査で異常卵を排除している．異常卵としては，黒玉（内容物が黒色を呈する腐敗卵），サワーエッグ（甘酸っぱい異臭を呈する卵），緑色卵白（卵白が緑色を呈し，紫外線で蛍光を発する），血液環（有精卵で血管の発生した卵）などがある．

流通業では卵の鮮度保持チェックのためにハウユニット（HU）の検査をして流通段階での鮮度保持の指標としているところが多い．

6. 4. 3. 3.　牛乳の流通衛生管理

牛乳の流通衛生管理における FD は，**図 6-14** のとおりである．酪農における乳牛の飼育環境衛生と乳牛の健康管理が，主に生乳の品質に影響を及ぼすことが多い．中でも，乳質評価としては総菌数，細胞数などの受入規格があり，抗生物質などは，搾乳・合乳および乳処理段階で検査されているが，稀に抗生物質が検出されることがある．これには搾乳管理や薬剤投与後の休薬期間の遵守および酪農家のリスク管理などの手順書が求められる．牛乳の異臭は，飼料（グラス臭など）由来，酪農衛生資材の汚染着臭，生乳および牛乳流通段階での低温細菌およびその産生酵素由来や牛乳以外（香粧品，柑橘類など）の混載輸送・保管中における着臭・異臭の苦情がある．したがって，飼育・搾乳・生乳輸送・乳処理受入・製品流通保管などのFDでのハザード分析が乳処理メーカーに求められる．なお，乳処理工程は割愛するが，「HACCP：衛生管理計画の作成と実践（厚生省生活衛生局乳肉衛生課，1998）を参考にされたい．

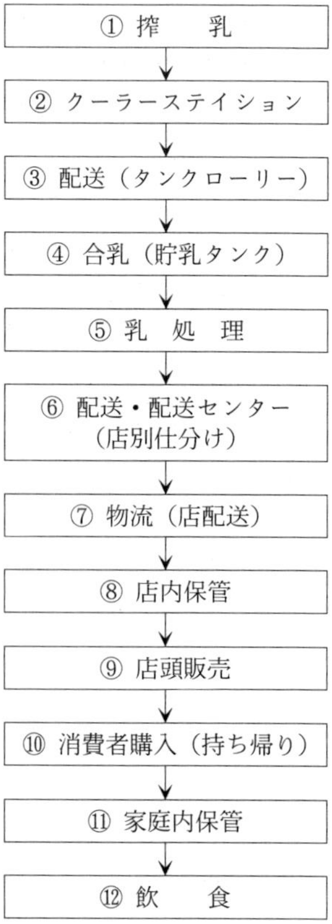

図6-14　牛乳のFD

6.4.3.4. スーパーマーケットなどの販売管理の考え方

スーパーマーケット（以下スーパー）で代表される小売業の顧客対応から見た衛生・品質管理業務は，1962年3月15日公布されたケネディ大統領の「消費者保護に関する特別教書（消費者の四つの権利：①安全を求める権利　②知らされる権利　③選ぶ権利　④意見を聞いて貰える権利）の概念に基づいて実施されている．この概念に基づきスーパーなどの流通・衛生管理は，①生鮮4品（畜産物・農産物・水産物・デリカ），②配送加工センターからの生鮮3品および加工品，③グループ食品加工会社製品，④プライベートブランド（PB）食品，⑤地域ブランド食品，⑥ナショナルブランド（NB）食品などに大別される．

上記①から③は，スーパーなどがPL（製造物責任）補償の対象となり，それぞれバックヤードHACCP（食品流通におけるHACCP導入協議会，2001）やプライベートブランドHACCPとして衛生管理の指導・検証・評価などを「取引先監査」として実施している．

近年，一部を除き，加工食品の苦情は激減しており，消費者の不安は，生鮮品や輸入品についての関心が高まってきている．特に，輸入品については，従来は国産品あるいは国産原料使用食品であったが，TPP 参加加盟による規制緩和予測の中で輸入原料（例えば米国産牛肉など）および食品（例えば米国輸入 GMO 作物および飼料，食品添加物など）の不安が高まってきている．また，生鮮品については，スーパーなどの監査対象が，工場から生産農場への監査にシフトしているようである．例えば，農作物では，オーガニック農場やグローバル GAP に基づく監査・認証が行われてきている．しかし，対米などの食肉輸出処理施設や対 EU 水産規制などの監査は実施されているが，その対象は限られている．さらに，米国では，2011 年に食品安全強化法（Food Safety Modernization Act）が公布され，日本から米国に輸出あるいは並行輸出されている食品が対象にされ，2012 年には，米国の査察官がわが国の食品工場約 100 カ所以上の査察を実施しており，今後も増えるようである．

このような背景の中で，畜産物の流通衛生に関する監査は，今後，注目されると思われる．一方，ISO 22002-3 : 2011（表 6-27）の中の第 5 章共通の前提条件プログラムのほかに，畜産領域では，第 7 章．動物生産特有の前提条件プログラムがあり，その内容は，第 7. 1 項一般，第 7. 2 項動物のための飼料と水，第 7. 3 項衛生管理，第 7. 4 項搾乳，第 7. 5 項殻付き卵の採卵，第 7. 6 項とさつのための準備，第 7. 7 項水産動物の育成，捕獲および取扱である．「第 7. 7 項水産動物の育成，捕獲および取扱」は，ISO 22002-X 水産養殖（表 6-27）として規格が検討されている．したがって，「酪農」の規格の選定と規格導入検討は時間の問題であり，今後，農産物と同様，酪農とその加工分野でも第二者監査頻度が増え，品質競争以外に，安全・衛生レベルの競争が始まるであろう．さらに，2013 年にホテル・レストランなどでのステーキなどの偽装（誤）表示では，原産地・ブランドなどの偽装（誤）表示とともに，加工食肉（脂肪注入肉，貼り合わせ肉）がステーキ（精肉）としてホテル・レストランなどで提供されていた事件である．これは，フードチェーンの中での解決（食品トレーサビリティの重要性）と偽装食品は健康被害の確率が高くなる（フードチェーンでの HACCP：ハザード分析の実施）という認識が必要となる事例である．

第7章 畜産廃棄物と環境

7.1. 家畜ふん尿の性質

7.1.1. 排せつ量

家畜ふん尿の排せつ量は家畜の種類，体重，飼料の種類，飲水量，飼養形態，季節など，条件の違いによってさまざまであり，その量を正確に知ることはなかなか難しい．例えば，乳用牛のふん尿排せつ量は，搾乳牛と乾乳牛，また搾乳牛も乳量の多少によって違う．最近，乳牛の高泌乳化や飼料品質の改善などが顕著であり，家畜のふん尿排せつ量も変化してきている．そこで，日本飼養標準を基にした推定式と経験値とを総合して算出された標準的な排せつ量を表

表 7-1　家畜排せつ物量，窒素およびリン排せつ量の原単位

畜種		排せつ物量（kg/頭/日）			窒素量（gN/頭/日）			リン量（gP/頭/日）		
		ふん	尿	合計	ふん	尿	合計	ふん	尿	合計
乳用牛	搾乳牛	45. 5	13. 4	58. 9	152. 8	152. 7	305. 5	42. 9	1. 3	44. 2
	乾乳牛	29. 7	6. 1	35. 8	38. 5	57. 8	96. 3	16. 0	3. 8	19. 8
	育成牛	17. 9	6. 7	24. 6	85. 3	73. 3	158. 6	14. 7	1. 4	16. 1
肉用牛	2 歳未満	17. 8	6. 5	24. 3	67. 8	62. 0	129. 8	14. 3	0. 7	15. 0
	2 歳以上	20. 0	6. 7	26. 7	62. 7	83. 3	146. 0	15. 8	0. 7	16. 5
	乳用種	18. 0	7. 2	25. 2	64. 7	76. 4	141. 1	13. 5	0. 7	14. 2
豚	肥育豚	2. 1	3. 8	5. 9	8. 3	25. 9	34. 2	6. 5	2. 2	8. 7
	繁殖豚	3. 3	7. 0	10. 3	11. 0	40. 0	51. 0	9. 9	5. 7	15. 6
採卵鶏	雛	0. 059	—	0. 059	1. 54	—	1. 54	0. 21	—	0. 21
	成鶏	0. 136	—	0. 136	3. 28	—	3. 28	0. 58	—	0. 58
肉鶏	ブロイラー	0. 130	—	0. 130	2. 62	—	2. 62	0. 29	—	0. 29

7-1 に示す．

畜産現場の堆肥化施設や貯留槽などの規模算定に用いる排せつ量は**表 7-2** に示すとおりである．ふん尿の水分は家畜の飲水量や飼養条件によって変動する．水分の変動が大きい場合には，乾物量に変動がないものとして，生ふん量を計

表 7-2　堆肥化施設，貯留槽などの規模算定に用いる排せつ量

畜種		体重	ふん（日・頭羽）			尿	合計	合計
			乾物量	水分	生重	（日・頭羽）	（日・頭羽）	（年・頭羽）
乳用牛	搾乳牛[1)]	700kg	7.5kg	86%	54kg	17kg	71kg	25.6t
	搾乳牛[2)]	700kg	6.8kg	86%	50kg	15kg	65kg	23.7t
	搾乳牛[3)]	600〜700kg	5.7kg	84%	36kg	14kg	50kg	18.3t
	乾乳牛	550〜650kg	4.2kg	80%	21kg	6kg	27kg	9.9t
	育成牛	40〜500kg	3.6kg	78%	16kg	7kg	23kg	8.4t
肉用牛	2 歳未満	200〜400kg	3.6kg	78%	16kg	7kg	23kg	8.4t
	2 歳以上	400〜700kg	4.0kg	78%	18kg	7kg	25kg	9.1t
	乳用種	250〜700kg	3.6kg	78%	16kg	7kg	23kg	8.4t
豚	子豚	3〜30kg	0.15kg	72%	0.5kg	1.0kg	1.5kg	0.55t
	肥育豚	30〜110kg	0.53kg	72%	1.9kg	3.8kg	5.7kg	2.08t
	繁殖豚	150〜300kg	0.83kg	72%	3.0kg	7.0kg	10.0kg	3.65t
採卵鶏	雛	—	13kg	70%	43kg	—	43kg	15.7kg
	成鶏[4)]	—	30g	70%	100g	—	100g	36.5kg
	成鶏[5)]	—	30g	60%	75g	—	75g	27.4kg
肉鶏	ブロイラー	—	26g	70%	87g	—	87g	31.8kg
	ブロイラー[6)]	—	26g	40%	43g	—	43g	15.7kg

注）1）生乳生産量が年間 10,000kg 以上の場合
2）生乳生産量が年間 10,000kg 程度の場合
3）生乳生産量が年間 7,600kg 程度の場合
4）低床式鶏舎のふんの場合
5）高床式鶏舎のふんの場合
6）床暖房式のウインドウレス鶏舎のふんの場合

算する．

7. 1. 2.　肥料成分

7. 1. 2. 1.　家畜ふん尿の肥料成分

家畜ふん尿には窒素（N），リン酸（P_2O_5），カリ（K_2O）などの肥料成分が多量に含まれ，肥料資源としての価値が大きい．その成分組成を**表 7-3** に示す．牛ふんは C/N 比が高く，窒素，リン酸，カリなどの肥料成分含量は，豚や鶏に比べると低い．鶏ふんは C/N 比が低く，肥料成分含量は概して高く，特に採卵鶏では石灰（CaO）含量が高い．豚ふんはリン酸含量が高く，ほかの肥料成分は牛と鶏の中間くらいである．

家畜ふん尿の年間窒素量を約 70 万 t とすると，わが国の農耕地面積で割って，農耕地当たりの窒素施用量は 102 kg/ha となり，それほど過剰な量ではない．しかし，各都道府県の農耕地面積と家畜ふん尿量のバランスがとれているわけではなく（**図 7-1**），偏在化しているところに問題がある．

7. 1. 2. 2.　家畜ふんの堆肥化

(1)　堆肥化の基本

生ふんは臭気が強く，汚物感があり，病原菌や寄生虫（卵）が含まれることがある．そこで，堆肥化処理によって，取り扱い易く安全な堆肥を生産する必要がある．

堆肥化とは，ある適正に制御された条件下で，微生物が家畜ふんの中の有機

表 7-3　家畜ふん尿の成分組成（乾物%）

		乾物率	N	P_2O_5	K_2O	CaO	MgO	Na_2O	T-C
採卵鶏		36. 3	6. 18	5. 19	3. 10	10. 98	1. 44	—	34. 7
ブロイラー		59. 6	4. 00	4. 45	2. 97	1. 60	0. 77	—	—
豚	ふん	30. 6	3. 61	5. 54	1. 49	4. 11	1. 56	0. 33	41. 3
	尿	2. 0	32. 50	—	—	—	—	—	—
牛	ふん	19. 9	2. 19	1. 78	1. 76	1. 70	0. 83	0. 27	34. 6
	尿	0. 7	27. 1	tr	88. 6	1. 43	1. 43	—	—

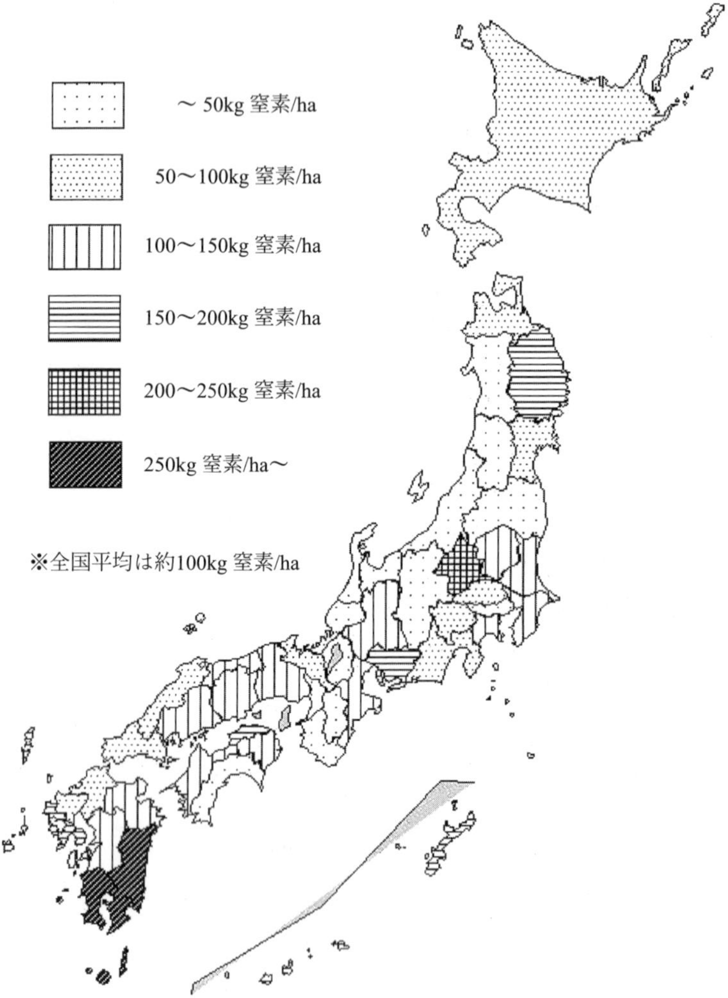

図 7-1　耕地面積当たりの家畜排せつ物発生量（農林水産省：2013）
（窒素ベース，畜舎内での窒素揮散量を考慮した場合）

表7-4　堆肥化を促進する基本6条件の目安

条　　件	目　　安
1. 栄養分は十分にあるか	十分にある．BOD数万mg/kg以上が目安． 家畜ふんのC/Nは6～16（表7-3）と窒素の比率が高い．
2. 水分は適当か	60～65%程度に調整する． 通気性の良くなるような水分． 容積重0.5kg/Lにできるだけ近づける．
3. 空気（酸素）は十分に送られているか	通気性が良くなるように堆積する． 撹拌または時々切り返す． 強制通気をする場合は50～300L/分・m^3が目安．
4. 微生物は沢山いるか	十分にいる．戻し堆肥で十分．
5. 温度は上昇しているか	60℃以上で数日間が目安．
6. 時間をかけているか	家畜ふんのみの場合は2カ月，稲わら，モミガラなどの作物残さを混合した場合は3カ月，オガクズ，バークなど木質資材を混合した場合は6カ月が目安．

物を好気的に分解・変化させて悪臭の少ない良質な有機質肥料を生産することである．堆肥化には適正に制御された条件が必要であり，そのことが自然界における腐敗現象や単なる分解現象とは異なる点である．堆肥を生産する環境条件には，栄養分，空気（酸素），水分，微生物，温度，時間の六つが挙げられる（表7-4）．堆肥化の主役は好気的に働く多くの微生物であり，十分な空気と適正な水分条件下で，易分解性有機物（分解され易い有機物）を盛んに分解して発熱し，堆肥化を進行させる．

(2)　堆肥化処理方式

堆肥化処理方式は堆積方式と撹拌方式に分けられる（図7-2）．堆積方式には無通気型の堆肥舎やバッグ式や，通気型の堆肥舎がある．撹拌方式には，開放型と密閉型があり，開放型はロータリーやスクープなどで撹拌し，槽の形状から直線型，円型，回行型（エンドレス型）などがある．密閉型は筒状の内部を撹拌羽などで通気・撹拌するものである．

7.1.2.3.　堆肥の肥料成分

全国の多数の堆肥の肥料成分データが集約されている（表7-5a，表7-5b）．

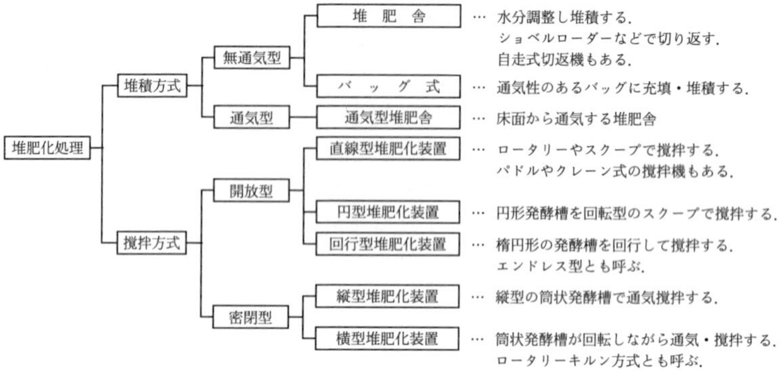
堆肥化処理
堆積方式
無通気型
堆　肥　舎
… 水分調整し堆積する．
ショベルローダーなどで切り返す．
自走式切返機もある．
バ　ッ　グ　式
… 通気性のあるバッグに充填・堆積する．
通気型
通気型堆肥舎
… 床面から通気する堆肥舎
撹拌方式
開放型
直線型堆肥化装置
… ロータリーやスクープで撹拌する．
パドルやクレーン式の撹拌機もある．
円型堆肥化装置
… 円形発酵槽を回転型のスクープで撹拌する．
回行型堆肥化装置
… 楕円形の発酵槽を回行して撹拌する．
エンドレス型とも呼ぶ．
密閉型
縦型堆肥化装置
… 縦型の筒状発酵槽で通気撹拌する．
横型堆肥化装置
… 筒状発酵槽が回転しながら通気・撹拌する．
ロータリーキルン方式とも呼ぶ．

図 7-2　堆肥化処理方式の種類（中央畜産会，1998）

表 7-5a　畜種別の堆肥分析値

畜種	水分	灰分	窒素 N	リン酸 P_2O_5	カリ K_2O	試料数
	（水分以外は乾物%）					
乳牛	52.3 (15.7〜82.9)	28.7 (10.1〜73.8)	2.2 (0.9〜5.6)	1.8 (0.5〜13.3)	2.8 (0.2〜2.8)	319
肉牛	52.2 (10.5〜76.6)	23.3 (11.2〜57.7)	2.2 (0.9〜4.1)	2.5 (0.5〜6.7)	2.7 (0.4〜7.1)	303
豚	36.7 (16.6〜72.0)	30.0 (10.4〜74.2)	3.5 (1.4〜7.2)	5.6 (1.6〜22.7)	2.7 (0.3〜6.6)	144
採卵鶏	22.9 (6.4〜58.7)	50.3 (25.8〜74.5)	2.9 (1.4〜6.2)	6.2 (1.7〜20.9)	3.6 (1.2〜5.8)	129
ブロイラー	33.0 (15.4〜60.1)	27.5 (15.6〜58.4)	3.8 (2.1〜5.6)	4.2 (1.0〜9.2)	3.6 (1.1〜7.6)	27
複数	45.6 (5.4〜78.8)	27.6 (4.7〜62.6)	2.5 (0.9〜8.1)	3.2 (0.1〜13.4)	2.9 (0.2〜7.5)	580

＊平均値（最小値〜最大値）　　（畜産環境技術研究所：2005）

有機物含量は牛に多く，採卵鶏は灰分が著しく高い．窒素やリンは豚や鶏で高く，牛が低い．重金属に関しては，豚の銅と亜鉛，鶏の亜鉛は高い傾向にある．酸素消費量とは，堆肥中に易分解性有機物がどのくらい残っているのかを知る指標である．従来から生物化学的酸素要求量（BOD）として測定されていた易

表 7-5b　畜種別の堆肥分析値

畜種	石灰（カルシウム）%	苦土（マグネシウム）%	銅（Cu）mg/kg	亜鉛（Zn）mg/kg	シーエヌ比（C/N 比）—	酸素消費量 μg/g/分
乳牛	4.4 （0.7〜18.8）	1.5 （0.3〜6.6）	50 （5〜906）	167 （43〜893）	17.6 （7.0〜40.8）	1.7 （0〜8.0）
肉牛	3.0 （0.5〜33.9）	1.3 （0.1〜3.8）	31 （3〜313）	149 （35〜575）	19.0 （9.6〜39.3）	1.5 （0〜8.0）
豚	8.2 （1.8〜49.3）	2.4 （0.7〜5.5）	226 （45〜654）	606 （191〜1956）	11.4 （6.0〜26.6）	2.7 （0〜16）
採卵鶏	25.8 （1.6〜53.4）	2.2 （0.3〜5.1）	58 （11〜108）	435 （172〜843）	9.5 （4.9〜21.5）	3.9 （1.0〜14.0）
ブロイラー	8.9 （4.2〜28.0）	1.9 （0.7〜2.9）	68 （31〜114）	351 （126〜658）	10.6 （7.3〜20.1）	6.2 （0〜22.0）
複数	6.0 （0.5〜28.3）	1.5 （0.1〜5.7）	68 （5〜414）	255 （19〜1213）	16.4 （3.9〜44.3）	2.0 （0〜23.0）

＊平均値（最小値〜最大値）　（畜産環境技術研究所：2005）

分解性有機物の量を把握する方法と同じ意味を持つ．豚と鶏の堆肥には，牛に比べて未分解の易分解性有機物が残存している可能性がある．

7.1.3. 水質汚濁

7.1.3.1. 水質規制

水質汚濁防止法による排水の水質規制に関しては，**図 7-3** に示すように総面積 50 m² 以上の豚房，200 m² 以上の牛房，500 m² 以上の馬房を持つ経営は特定事業場とされ，排水量に関係なく健康項目（有害物質）の排水基準の規制対象となる．さらに，特定事業場において排水量が 50 m³ 以上の大規模な経営になると，生活環境項目の対象にもなる．

7.1.3.2. 水質汚濁成分

(1)　健康項目

健康項目（28 項目）の水質汚濁成分の中で畜舎排水に特に関係の深い項目は，

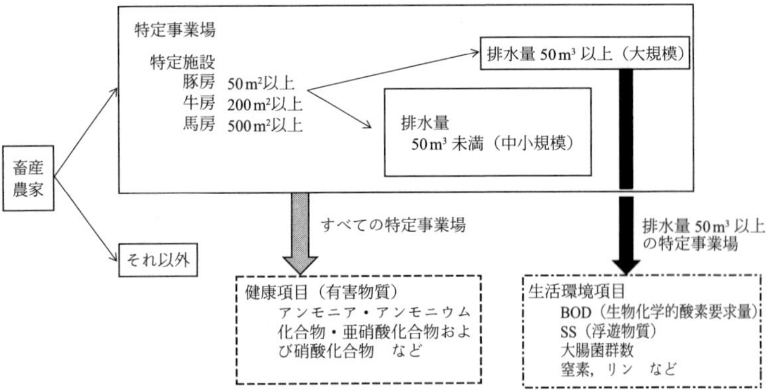

図 7-3　健康項目と生活環境項目の排水基準の畜産への適用

アンモニア，アンモニウム化合物，亜硝酸化合物および硝酸化合物（アンモニア性窒素×0.4＋亜硝酸性窒素＋硝酸性窒素の合量で，以下，硝酸性窒素等と呼ぶ）である．硝酸性窒素等の基準値は，2001 年 7 月に一律基準 100 mg/L に対し，畜産農業は 1,500 mg/L の暫定基準が設けられた．3 年たった平成 2004 年に暫定値が 900 mg/L に引き下げられたが，その後 3 年ごとの改定時に暫定値が 900 mg/L のまま 2 回延長され，2013 年 7 月には暫定基準が 700 mg/L になった．

(2)　生活環境項目

生活環境項目（15 項目）に係る排水基準は，排水量が 50 m³ 以上の大規模な特定事業場が対象になる．畜舎排水に関係の深い項目は，**表 7-6** に示すとおり pH，BOD（生物化学的酸素要求量），COD（化学的酸素要求量），SS（浮遊物質），大腸菌群数，窒素，リンの 7 項目である．この規制値はあくまで国で定めるものであり，各自治体の環境条件に応じ，より厳しい上乗せ基準が設定されたり，より少ない排水量についても規制されることがある．また，富栄養化の恐れのある告示湖沼および海域の流入域には，窒素，リンの排水基準が適用されている．

大腸菌などを滅菌する目的で，河川などへの放流に先立って処理水の塩素消毒が行われる．しかし，クリプトスポリジウム（原虫）のオーシストは塩素消毒しても死なないために，注意する必要がある．

表7-6　畜舎汚水に関連する主な生活環境項目の排水基準

項目	排水基準	性質	測定法
pH	5.8～8.6	7が中性，それより高いとアルカリ性，低いと酸性	pHメーターまたはpH試験紙
BOD	160mg/L （日間平均120/mg/L）	微生物学的に分解され易い成分	20℃，5日間培養
COD	160mg/L （日間平均120/mg/L）	化学的に酸化分解される成分	100℃，30分間化学反応
SS	200mg/L （日間平均150mg/L）	浮遊・懸濁している成分	1μm以上の粒子
大腸菌群数	日間平均3,000個/cm^3	ふん便性の細菌数	37℃，20時間培養
窒素	120mg/L （日間平均60mg/L）	窒素を含む成分	窒素含有量の分析
リン	16mg/L （日間平均8mg/L）	リンを含む成分	リン含有量の分析

(3)　総量規制

東京湾，伊勢湾，瀬戸内海のような閉鎖系水域では，濃度規制だけでは水質保全が果せないため，CODによる総量規制がある．事業場の通常の稼働状態における最大排水量のQ（m^3/日）と，業種区分ごとに定められるCOD濃度のC（mg/L）から，$L=C\times Q\times 10^{-3}$の式で算出されるCOD総量の許容負荷量のL（kg/日）による規制基準が，該当水域の都道府県ごとに定められている．

(4)　トリハロメタン

発ガン物質の疑いがあるトリハロメタン（trihalomethane）が水道水中に検出され問題となっている．トリハロメタンは浄水場において原水中に含まれるある種の有機物（トリハロメタン生成能と呼ぶ）が消毒用塩素と反応して生成する．それに対処するため，指定水源地域の事業場の排水中のトリハロメタン生成能を「特定水道利水障害防止のための水道水源水域の水質保全に関する特別措置法」によって規制している．畜舎排水のトリハロメタン生成能の基準は，指定地域において 1.3〜5.2 mg/L の間で定められる．畜産は水道水源に近い山間部へと移動させられることが多く，この規制の影響は大きいが，BOD, COD, SS などの処理が排水基準以下になっていれば，トリハロメタン生成能の基準値を満たしている．

7.1.3.3. 汚水処理技術

汚水処理技術としては活性汚泥処理施設（現場では「浄化槽」と呼ぶことが多い）が利用され，排水基準を満たした処理水は河川などの公共水域に放流されることが多い．活性汚泥とは汚水を浄化する活性を持った微生物の塊（汚泥）であり，その微生物を使って汚水を浄化処理する方法が活性汚泥法である．活性汚泥法は，下水や産業排水など有機性の排水の浄化処理に広く使われている．

(1) 回分式活性汚泥法

図 7-4 は畜産の排水処理によく使われる回分式と連続式活性汚泥法のしくみを比較して示したものである．回分式活性汚泥法は処理する汚水を貯留する汚

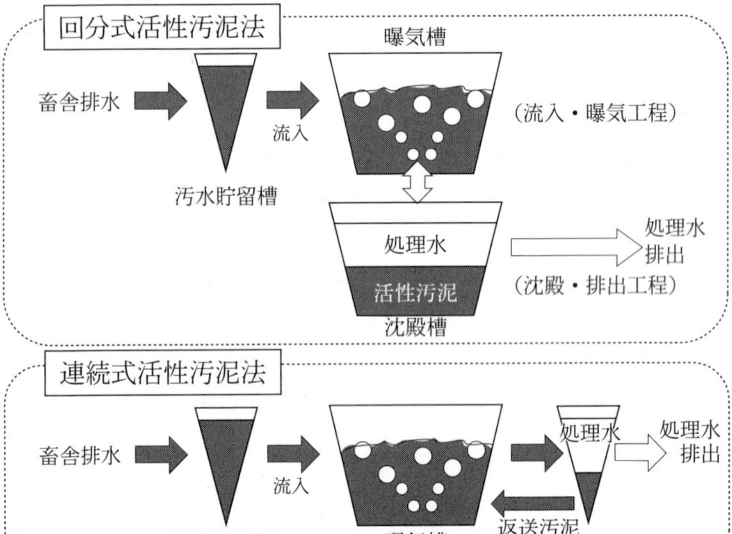

図 7-4　回分式活性汚泥法と連続式活性汚泥法の比較

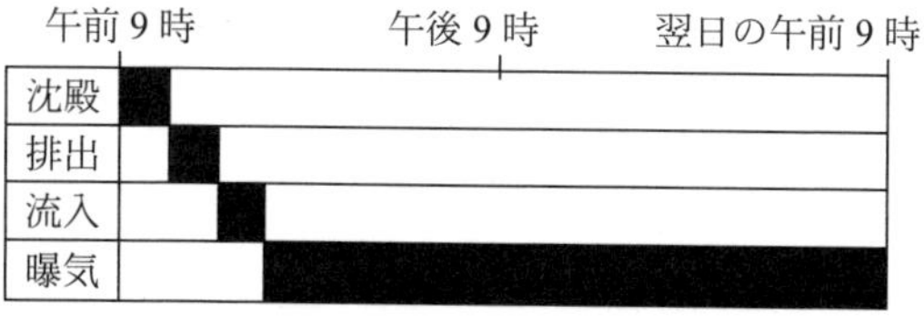

図 7-5　回分式活性汚泥法の 1 日の運転スケジュール例

水貯留槽と，活性汚泥に空気を送り浄化処理を行う曝気槽から成り立っている．回分式活性汚泥法は四つの工程で処理が行われる．①流入工程：汚水が曝気槽に流入し，②曝気工程：活性汚泥とともに曝気（空気を送ることを曝気という）し，微生物の働きによって汚濁成分（BOD や SS など）を浄化処理する．③沈殿工程：一定時間後に曝気を停止して，活性汚泥を沈降させ，上澄液にきれいな処理水を得ることができる．④排出工程：処理水を排出し，新たに汚水をさせる流入工程に入り，四つの工程を繰り返す．

この工程を 1 日の作業・運転スケジュールとして**図 7-5** に示す．例えば，朝 9 時に曝気を停止し活性汚泥の沈殿工程に入る．沈殿工程と排水工程の時間に畜舎の掃除を終了し，流入汚水を汚水貯留槽に準備する．排水工程が終了した時点で流入工程に入り，翌日の朝 9 時まで曝気工程によって汚水を処理する．

(2)　連続式活性汚泥法

曝気槽に沈殿槽を併設すると（図 7-4），回分式のように曝気を停止して，汚水の流入を止めなくても，連続的に沈殿処理ができる．この方法を連続式活性汚泥法と呼ぶ．沈殿槽に沈んだ活性汚泥の一部は曝気槽に返送し（返送汚泥），曝気槽の活性汚泥濃度を一定に保持するとともに，増加した活性汚泥は余剰汚泥として処分する．

7. 1. 4.　悪　臭

7. 1. 4. 1.　悪臭規制と特定悪臭物質

悪臭防止法では，事業場の敷地境界（1 号規制），煙突などの排気口（2 号規制）および排出水（3 号規制）の三つの地点における規制がある．畜産業は主に敷地境界線における 1 号規制の対象となっている．悪臭防止法の規制値は，臭気強度が基本となっている．臭気強度は人間の臭気を感じる強度を 0 から 5 まで

表 7-7　規制される特定悪臭物質の臭気強度別濃度とそのにおい

悪臭物質	物質濃度（ppm）			におい
臭気強度	2.5	3	3.5	
(1) アンモニア	1	2	5	し尿のようなにおい
(2) メチルメルカプタン	0.002	0.004	0.01	腐った玉ねぎの様なにおい
(3) 硫化水素	0.02	0.06	0.2	腐った卵のようなにおい
(4) 硫化メチル	0.01	0.04	0.2	腐ったキャベツのようなにおい
(5) 二硫化メチル	0.009	0.03	0.1	腐ったキャベツのようなにおい
(6) トリメチルアミン	0.005	0.02	0.07	腐った魚のようなにおい
(7) アセトアルデヒド	0.05	0.1	0.5	青ぐさい刺激臭
(8) スチレン	0.4	0.8	2	都市ガスのようなにおい
(9) プロピオン酸	0.03	0.07	0.2	酸っぱいような刺激臭
(10) ノルマン酪酸	0.001	0.002	0.006	汗くさいにおい
(11) ノルマル吉草酸	0.0009	0.002	0.004	むれたくつ下のにおい
(12) イソ吉草酸	0.001	0.004	0.01	むれたくつ下のにおい
(13) トルエン	10	30	60	ガソリンのようなにおい
(14) キシレン	1	2	5	ガソリンのようなにおい
(15) 酢酸エチル	3	7	20	刺激的なシンナーのようなにおい
(16) メチルイソブチルケトン	1	3	6	刺激的なシンナーのようなにおい
(17) イソブタノール	0.9	4	20	刺激的な発酵したにおい
(18) プロピオンアルデヒド	0.05	0.1	0.5	刺激的な甘酸っぱい焦げたにおい
(19) ノルマルブチルアルデヒド	0.009	0.03	0.08	刺激的な甘酸っぱい焦げたにおい
(20) イソブチルアルデヒド	0.02	0.07	0.2	刺激的な甘酸っぱい焦げたにおい
(21) ノルマルバレルアルデヒド	0.009	0.02	0.05	むせかえるような甘酸っぱい焦げたにおい
(22) イソバレルアルデヒド	0.003	0.006	0.01	むせかえるような甘酸っぱい焦げたにおい

の 6 段階で表示する 6 段階臭気強度が一般的である．悪臭防止法では，臭気強度 2. 5 から 3. 5 の範囲内で各自治体が規制値を定めることになっている．その臭気強度に対応する特定悪臭物質濃度は**表 7-7** に示すとおりである．

悪臭防止法の規制は 22 種類の特定悪臭物質の濃度によって行われるが，畜産に特に関係が深く，一般的に測定されるものは，アンモニア，メチルメルカプタン，硫化水素，硫化メチル，二硫化メチル，プロピオン酸，ノルマル酪酸，ノルマル吉草酸およびイソ吉草酸の 9 物質である．

物質の濃度規制だけでは改善が認められない場合には，人間の官能試験（三点比較式臭袋法）の臭気濃度のデータを元にした臭気指数による規制が導入されている．臭気強度 2. 5〜3. 5 に相当する臭気指数は，豚が 12〜18，牛が 11〜20，鶏が 11〜17 となっている．

7. 1. 4. 2.　脱臭法の種類

図 7-6 と**表 7-8** に家畜ふん尿の処理方法と，畜産分野で用いられる脱臭法の

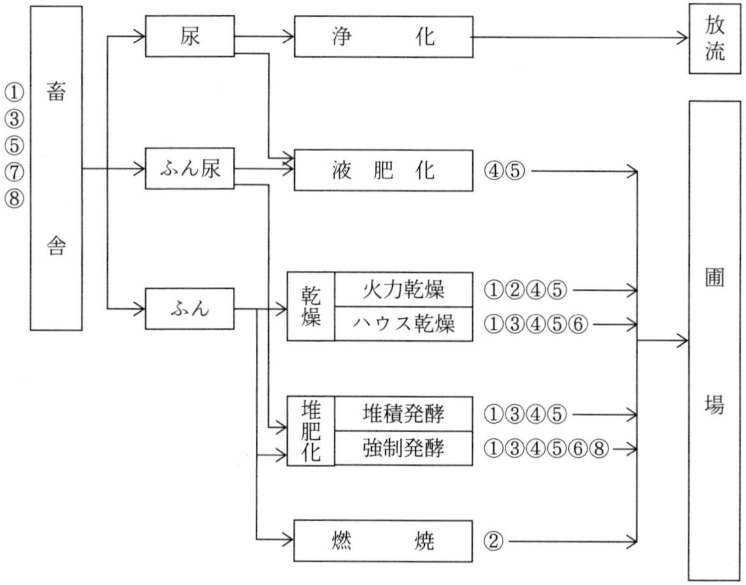

図 7-6　家畜ふん尿の処理方法と脱臭法

表 7-8　畜産分野で用いられる

番号	方　法		原　理
①	水洗法		臭気ガスを水に溶解させる．なお，一定量の水に溶ける臭気成分には限界がある．
②	燃焼法	高温燃焼法	臭気ガスを 700～800℃ の温度に 0.3～0.5 秒間維持して酸化分解する．
		低温燃焼法	臭気ガスの触媒（白金，パラジウムなど）利用での 250～350℃ 維持により酸化分解する．
③	吸着法		活性炭，シリカゲル，活性白土，オガクズ，腐植物などで臭気成分を吸着し除去する．
④	薬液処理法		酸液（希硫酸，木酢液），アルカリ液（カセイソーダ）と臭気ガスを接触させ化学反応で除去する．
⑤	生物脱臭法	堆肥脱臭法	発酵材料中に臭気ガスを通し，微生物の働きで臭気成分を無臭化する．
		土壌脱臭法 ロックウール脱臭法	火山灰土壌，ロックウール脱臭材料等に臭気ガスを通し，微生物の働きで無臭化する．
		活性汚泥脱臭法	活性汚泥と臭気ガスを接触させ，汚泥中の微生物の働きで無臭化する．
⑥	空気希釈法		臭気ガスを大量の無臭空気で希釈して人間の嗅覚では感知できないようにする．
⑦	マスキング法		芳香成分を臭気ガスに混ぜ，人間の嗅覚では芳香を感じさせるようにする．
⑧	オゾン酸化法		オゾンでの臭気ガスの酸化分解による無臭化．

脱臭法の特徴と問題点

特　　徴	問　題　点
水に溶け易い臭気ガスに適する（例えばアンモニアなど）	水とガスとの接触を良好にするとともに，大量の水が必要である．処理後の排水処理も必要である．
高い効果が期待できる．臭気ガス濃度が高い場合に有利である．（例えば，数千 ppm のアンモニアなど）	化石燃料の消費量が大きい．
臭気ガス濃度が高い場合に有利．低温のため装置が簡単で必要燃料が節減できる．	触媒が高価である．
比較的低温度の臭気ガスに適する．	臭気成分の一定量吸着後に効果が消失する．再生利用にはコスト高または困難である．
脂肪酸，アミン類などの水に溶解し易い臭気成分に適する．	化学反応処理後の廃液処理対策が必要である．薬品代にコストがかかる．
運転コストが他方式に比べて安価．高濃度の臭気ガスに適する．	発酵材料水分が高く通気性不良の場合は不適．微生物の働きは土壌，ロックウールの場合より低い．
他方式に比べて運転コストが安価．装置の適正規模確保により高性能の脱臭が可能．	高温ガスには不適．装置面積規模は大きいが，ロックウール脱臭の場合は土壌の場合の 1/5 程度．
低〜高温度の臭気ガスに適用可能．汚泥特有の臭気は残る．	曝気槽利用では高濃度ガスは不適．活性汚泥浄化施設が必要，処理後の汚泥の処理対策も必要．
比較的低濃度の臭気ガスに適する．	大量の無臭空気が必要であり，現実には無理である．
比較的低濃度の臭気ガスに適する．	畜産では大量の芳香成分が必要となり，運転コスト高．
オゾンのにおいによるマスキング効果もある．イオウ系臭気成分に効果ある．	オゾン濃度によっては呼吸器疾患の恐れがある危険なもの．

特徴と問題点を示す．畜舎からの排気は悪臭物質濃度が低く大風量であり，ふん尿処理施設からの排気は悪臭物質濃度が高く比較的小風量であることに留意し，脱臭法を選定する．畜産で用いられる主な脱臭法は生物脱臭法，吸着法，燃焼法などである．生物脱臭法には，土壌脱臭法，ロックウール脱臭法，堆肥脱臭法，活性汚泥脱臭法およびピートモス脱臭法などがある．

(1)　土壌脱臭法

土壌脱臭法は，悪臭物質を土壌粒子・水分に吸着・溶解させた後，土壌微生物によって悪臭物質を分解する方法である．研究蓄積も多く，確立された方法の一つである．

(2)　ロックウール脱臭法

ロックウール脱臭法は，土壌脱臭法と原理的にはほぼ同様であるが，必要面積が土壌脱臭装置の 1/5 くらいで済む方法である．ロックウールは土壌よりも通気性が高く，約 2.5 m の深さの脱臭槽に充塡することができる．

(3)　活性汚泥脱臭法

活性汚泥脱臭法は，活性汚泥をスクラバー方式や曝気槽方式で脱臭に利用する方法である．

(4)　吸着脱臭法

吸着法は，悪臭成分を吸着材に吸着させて脱臭する方法である．吸着材としては，オガクズ，モミガラ，くん炭，ゼオライトなどが利用されている．

(5)　燃焼脱臭法

燃焼法は，800℃ 前後の温度で悪臭物質を酸化分解する脱臭法である．堆肥化過程で発生する高濃度のアンモニアにも対応できる脱臭法であるが，重油などの燃料代が嵩むことが問題である．

7.1.5.　発熱量

表 7-9 に示すように，牛と豚のふんは乾物 1 kg 当たり約 4,500 kcal（18.8 MJ），鶏ふんは約 3,600 kcal（15.1 MJ）の総発熱量（高位発熱量）があるので，直接燃焼利用が可能である．例えば，ブロイラー鶏舎から排出されるブロイラー鶏ふんは水分が 20% 程度に乾燥しているので，鶏ふんボイラーを用いて直接燃焼し，温湯を育すう鶏舎の床暖房に利用できる．鶏舎の暖房用の重油使用量を

表7-9　新鮮ふんの熱量（総発熱量）

家畜別	ふんの種類	熱量 kcal/kg 乾物
採卵鶏	ひな	3, 660
	成鶏	3, 660
ブロイラー	ひな（2週齢）	3, 777〜3, 888
豚	子豚（体重10〜30kg）	4, 944
	肥育豚（体重30〜115kg）	4, 739
	繁殖豚　妊娠豚	4, 432
	授乳豚	4, 753
乳牛	泌乳牛	4, 512
	育成牛	4, 352
肥育牛	黒毛	4, 426
	ホルスタイン	4, 295

（中央畜産会：2000）

70〜80% 節減でき，焼却灰は元のふんの量の約10% に減量するので，ふん処理のうえからも有効である．ただし，燃焼に際しては有害ガスや粉塵などの発生に注意する必要がある．

ほかの直接燃焼利用には，セメント工場における燃料利用がある．セメント製造用燃料には，通常は石炭を用いているが，燃料価格の高騰や，化石燃料による二酸化炭素の発生を抑制する意味から，家畜ふん堆肥の燃料利用が試みられている．

7.2. 家畜ふん尿の処理利用法

家畜の飼養形態，敷料の有無，ふん尿分離か混合か，畜舎のタイプなどによって搬出されるふん尿の性状は，固形状，スラリー状，液状などと異なるので，その性状に対応したふん尿処理・利用を考える必要がある．

7. 2. 1. 乳用牛ふん尿の処理利用法

農林水産省が平成 21 年に実施した調査によると，ふん尿分離が 45. 5%，ふん尿混合が 54. 5% であり，分離されたふんの 90. 1% が堆積発酵（堆積堆肥化）処理であり，強制発酵（通気撹拌堆肥化）処理は 6. 6% となっている（農林水産省，2011）．分離された尿は貯留し，適宜液肥利用する．ふん尿混合物の混合物の 50. 9% は副資材で水分調整して堆積発酵処理されており，強制発酵処理が 22. 9%，貯留が 15. 4% となっている．主な飼養形態とふん尿処理の方法は**図 7-7** のとおりである．

7. 2. 2. 肉用牛ふん尿の処理利用法

肉用牛は敷料にふん尿を混合した形で処理されている割合が高く 95. 2% となっている（農林水産省，2011）．この混合物は，堆積発酵処理が 85. 6% とほとんどを占め，強制発酵は 10. 8% である．主な飼養形態とふん尿処理の方法は**図 7-8** のとおりである．

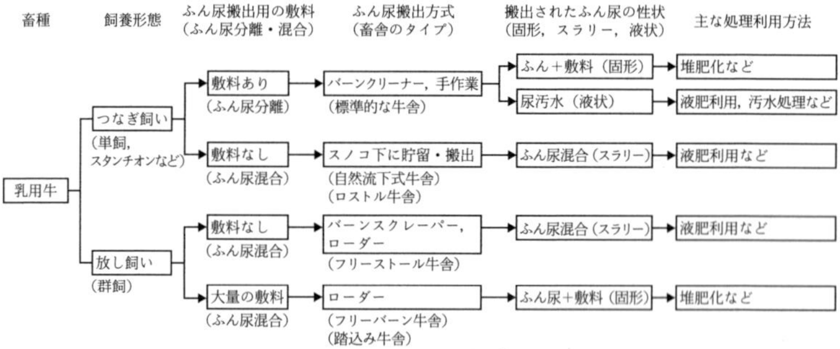

図 7-7　乳用牛の飼育形態とふん尿処理利用方法

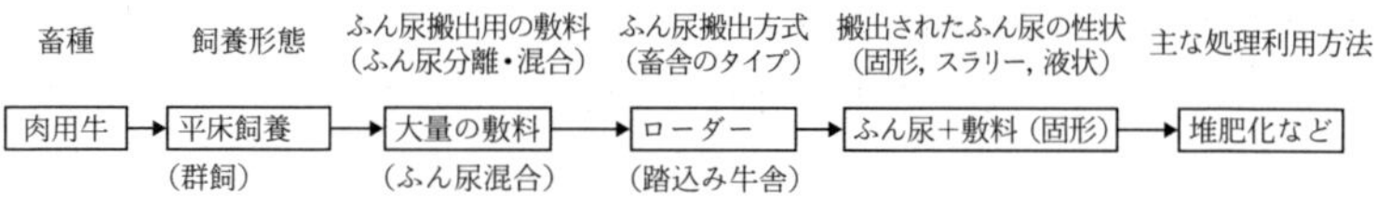

図 7-8　肉用牛の飼育形態とふん尿処理利用方法

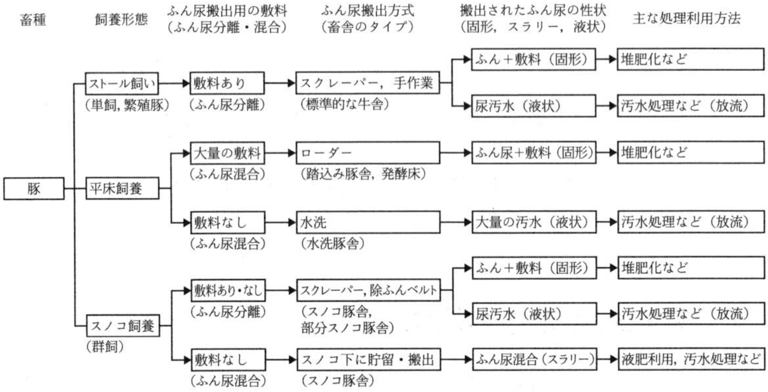

図7-9　豚の飼育形態とふん尿処理利用方法

7.2.3. 豚ふん尿の処理利用法

豚はふん尿分離の割合が高く73.9%を占めている．分離されたふんの97.5%が堆肥化（発酵）処理されている（農林水産省，2011）．堆積発酵処理が49.3%，強制発酵処理が48.2%と，牛に比べて強制発酵処理の割合が高い．分離されて尿の76.3%は浄化処理された後に河川などに放流されている．貯留は15.3%しかない．主な飼養形態とふん尿処理の方法は**図7-9**とおりである．

7.2.4. 採卵鶏ふんの処理利用法

採卵鶏ふんの処理方法は，強制発酵処理が49.6%，堆積発酵処理が36.8%，天日乾燥が8.2%，火力乾燥が2.2%となっており，豚と同様に強制発酵処理の割合が多い（農林水産省，2011）．主な飼養形態とふん尿処理の方法は**図7-10**のとおりである．

7.2.5. 肉用鶏ふんの処理利用法

肉用鶏（ブロイラー）ふんの処理方法は，堆積発酵処理が36.7%，焼却処理が30%，強制発酵処理が19.3%，天日乾燥処理が2.5%となっており，焼却の割合が高い特徴がある（農林水産省，2011）．主な飼養形態とふん尿処理の方

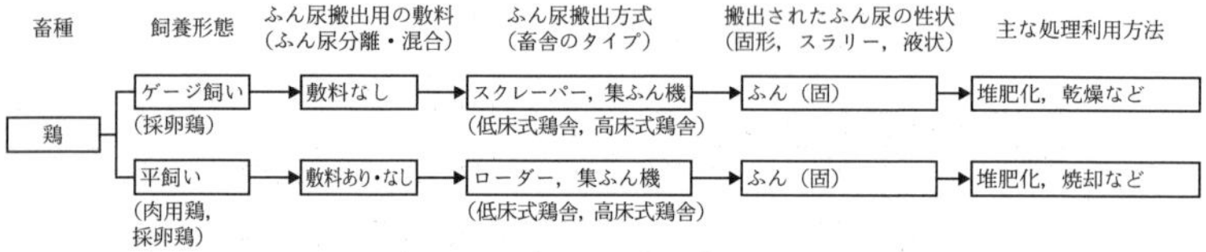

図 7-10　鶏の飼育形態とふん尿処理利用方法

法は図 7-10 のとおりである．

7. 2. 6.　馬ふんの処理利用法

馬は敷料にふん尿を混合した形で処理されている割合が高く 96. 9% となっている（農林水産省，2011）．この混合物は，堆積発酵処理が 99. 8% とほとんどを占めている．

7. 3.　家畜ふん尿以外の畜産廃棄物

7. 3. 1.　レンダリング

レンダリングとは，と畜した際に派生する獣畜の肉，皮，骨，内臓そのほかの副産物を処理し，肥料，飼料，石鹼洗剤そのほかの製品原料となる動物性油脂およびミールを生産することをいう（押田，2012）．レンダリング工場は都道府県知事の許可を受けた化製場である．レンダリング製品は細菌汚染や BSE などに対する安全性の確保が重要である．

7. 3. 2.　と体副産物（畜産副生物）

と体副産物とは，食肉を生産する目的で家畜をと畜解体する際に副次的に発生する食肉との結合生産物であり，正肉および原皮を除くすべての副産物となっている．2005 年における生産量は，豚で 291. 6 千 t，牛で 155 千 t と推定されている（押田，2012）．内臓，血液，骨，脂肪，羽，家きん処理副産物などがあり，飼料，肥料などに利用されている．

7.3.3. ホエー

チーズの製造工程で分離される液体廃棄物である．乾燥してホエーパウダーとし，製菓原料や飼料原料に利用されている（押田，2012）．

7.3.4. 卵　殻

割卵工場から出る卵殻は，洗浄，殺菌，乾燥，粉砕し，肥料や飼料原料，塗料や建築資材，陶器原料などに活用されている．最近ではカルシウム源として食品添加物などに利用されている（押田，2012）．

コラム

・堆肥化による口蹄疫ウイルスの不活性化

堆肥の中に残存する口蹄疫ウイルスを清浄化するために，堆肥化の発酵温度によって，不活性化することが可能である．Pharo（2002）によると，口蹄疫ウイルスの不活性化にかかる時間は，55℃で2分間，60℃で30秒間となっている．堆肥化によって，ウイルス不活性化の温度と時間を達成することが可能である．（口蹄疫に汚染されたおそれのある家畜排せつ物等の処理について　平成22年7月1日　農林水産省消費・安全局動物衛生課長通知22消安第3232号）

・堆肥中の動物用医薬品などの残留

動物用医薬品が適切に適正に利用されていれば，ふん尿中に排せつされた動物用医薬品は，適切なふん尿処理によって低減可能である．動物用医薬品は堆肥化過程で分解されるが，その半減期は薬品によって異なる（畜産生物科学安全研究所，2010）．

・放射性セシウム汚染堆肥

放射性セシウムの濃度が暫定許容値400 Bq/kg以下の堆肥は安全に利用

できる．放射性セシウムの濃度が 400〜8,000 Bq/kg の汚染堆肥は「特定一般廃棄物等」として一時保管した後，焼却や埋却で最終処分する．8,000 Bq/kg を超える汚染堆肥は「指定廃棄物」として隔離一時保管した後，最終処分に向ける．（平成二十三年三月十一日に発生した東北地方太平洋沖地震に伴う原子力発電所の事故により放出された放射性物質による環境の汚染への対処に関する特別措置法　平成 23 年 8 月 10 日　法律 110 号）

（羽賀清典）

第8章 家畜衛生に関する法的規制

8.1. 家畜衛生行政と法規

8.1.1. 家畜衛生行政

米を主食とするわが国の農業産出額の割合は，昭和30年までは米が50%を占め，畜産は14%に過ぎなかった．その後順調に畜産業が発展し，平成23年には31%となっている．国民の健康増進にとってバランスの良い食事を摂ることが重要であり，蛋白源としての畜産食品はなくてはならいものとなっている．安全な畜産物を安定的に供給するためには，健康な家畜を多数飼育することが前提となる．家畜の健康維持や生産性の向上を図るために，家畜衛生は，家畜伝染病の発生予防とまん延防止を通じ，安全な畜産物の安定的供給に大きく貢献している．

戦後の家畜衛生行政は，主に昭和25年制定の「家畜保健衛生所法」および昭和26年制定の「家畜伝染病予防法」に基づき執り行われてきた．畜産振興を阻害する要因のうち家畜伝染病による被害は大きく，昭和40年代初めの豚コレラやニューカッスル病の大発生は，畜産界を揺るがす出来事であった．しかし，これらの急性伝染病の発生は，優秀な生ワクチンや診断方法の開発で激減した．

明治以来，家畜の伝染性疾病の防疫は，国と都道府県による国家防疫として実施されてきたが，昭和40年代に家畜の所有者が自らの家畜を疾病から守り，家畜の健康を保持し，生産性を高めるという自衛防疫が取り入れられるようになった．昭和46年には自衛防疫に関する条項が家畜伝染病予防法に追加され，その推進母体として各都道府県に家畜畜産物衛生指導協会が設立された．このように公権力による国家防疫と家畜の所有者自らの自衛防疫による車の両輪で家畜衛生が推進され，その成果の一端は，平成18年に豚コレラの撲滅で如実に示された.

平成 13 年の牛海綿状脳症（BSE）の発生は，畜産界のみならず日本の社会を震撼させた出来事であった．BSE の発生を契機に家畜衛生行政にもリスク分析・管理手法が取り入れられるとともに，疫学の重要性が再認識された．また，平成 22 年の口蹄疫の大発生は，宮崎県のみに封じ込めたが，多くの課題が提起され，家畜伝染病予防法を大きく改正するなどの対応がなされたところである.

8. 1. 2. 家畜衛生に関する行政機関

家畜衛生を担当する中央行政機関は，農林水産省であり，直接事務を所掌している部署は，消費・安全局の動物衛生課および畜水産安全管理課である．動物衛生課は，「家畜伝染病予防法」などを主管し，家畜防疫対策室および国際衛生対策室がある（**図 8-1**）.

畜水産安全管理課は，「薬事法」，「飼料の安全性の確保及び品質の改善に関する法律」などを主管し，薬事審査管理班，飼料安全基準班，水産安全室などがある（**図 8-2**）．農林水産省の付属機関として，動物用医薬品などの承認審査や検査を担当する動物医薬品検査所および動物や畜産物などの輸出入検疫を担当する動物検疫所が設置されている.

なお，平成 13 年の中央省庁再編に伴い独立行政法人となった農業・食品産業技術総合研究機構の動物衛生研究所は，家畜伝染病の診断・研究を実施しており，家畜衛生行政にとってはきわめて重要な機関である．同様に，独立行政法人農業水産消費安全技術センターでは飼料および飼料添加物の検定などを実施しており，独立行政法人家畜改良センターでは牛個体識別台帳を管理している.

動物衛生課
- 家畜防疫対策室
  - 保健衛生班
  - 防疫業務班
- 国際衛生対策室
  - 国際獣疫班
  - 査察調整班
  - 検疫企画班

図 8-1　動物衛生課の組織

地方機関としては，全国の都道府県の農林水産部に畜産課（都道府県により名称が異なる）が設置され，地方の家畜衛生行政を担当している．その第一線の機関として家畜保健衛生

- 畜水産安全管理課
  - 総括・総務班
  - 生産安全班
  - 牛トレーサビリティ監視班
  - 獣医事関係
    - 獣医事班
    - 小動物獣医療担当
  - 薬事関係
    - 薬事安全企画班
    - 薬事審査管理班
    - 薬事監視指導班
  - 飼料関係
    - 飼料安全基準班
    - 飼料検査指導班
    - 粗飼料対策班
    - 愛玩動物用飼料対策班
  - 水産安全室
    - 水産防疫班
    - 水産安全班

図 8-2　畜水産安全管理課の組織

所が設置されており，畜産現場を直接担当している．

一方，家畜衛生を直接担当するわけでないが，関連深い国の機関として以下のものがある．食品の安全確保のためのリスク評価を担当する部署として内閣府に食品安全委員会，畜水産食品の安全性を担当する部署として厚生労働省に感染症研究所や医薬食品局食品安全部の監視安全課，基準審査課，動物愛護などを担当する部署として環境省自然環境局総務課に動物愛護管理室がある．

8. 1. 3.　家畜衛生関係法規等

家畜衛生関係法規として重要と思われる「家畜伝染病予防法」，「薬事法」などの 9 種類の法律を 8. 2 以下に解説した．

法律は，主要な事項を規定し，より細かい事項や内容は，施行令や省令，告示で決めている．さらに，それらのより具体的なことや解説が局長通知などに記載されているので，法律だけでなく，関連する通知まで読んで理解する必要がある．

8.2. 家畜伝染病予防法

8.2.1. 歴史的背景

現行の家畜伝染病予防法が制定されたのは，昭和26年であるが，その歴史は古く，明治4年までさかのぼる．近代国家成立後間もなく，中国東北部およびシベリア地方で牛疫が大流行し，国内への侵入が危惧され，「悪性伝染病予防に関する太政官布告」が制定された．これは，いわゆる検疫制度の走りである．その後，主にまん延防止を中心とした防疫対策を規定した「獣類伝染病予防規則」（明治19年），「獣類予防法」（明治29年），旧「家畜伝染病予防法」（大正11年）と変遷してきた．昭和26年には，新たに家畜の伝染性疾病の発生を予防する概念を取り入れ現行の家畜伝染病予防法が制定された．以降，家畜飼養規模の拡大，家畜・畜産物の国内外の流通，牛海綿状脳症・口蹄疫・高病原性鳥インフルエンザなどの発生などを受け，数次の改正が行われ現在に至っている．

8.2.2. 法の目的

この法律は，家畜の伝染性疾病（寄生虫病を含む）の発生を予防し，およびまん延を防止することにより，畜産の振興を図ることを目的としている（法第1条）．

8.2.3. 家畜伝染病と届出伝染病

8.2.3.1. 家畜伝染病

本法では，家畜伝染性疾病のうち**表8-1**に示す28種類を家畜伝染病といい，かつ対象となる家畜も定められているので注意を要する（法第2条第1項，施行

表 8-1　家畜伝染病の種類と家畜の種類

家畜伝染性病の種類	家畜の種類	政令で定める家畜
1. 牛　疫	牛，めん羊，山羊，豚	水牛，鹿，いのしし
2. 牛肺疫	牛	水牛，鹿
3. 口蹄疫	牛，めん羊，山羊，豚	水牛，鹿，いのしし
4. 流行性脳炎	牛，馬，めん羊，山羊，豚	水牛，鹿，いのしし
5. 狂犬病	牛，馬，めん羊，山羊，豚	水牛，鹿，いのしし
6. 水胞性口炎	牛，馬，豚	水牛，鹿，いのしし
7. リフトバレー熱	牛，めん羊，山羊	水牛，鹿
8. 炭　疽	牛，馬，めん羊，山羊，豚	水牛，鹿，いのしし
9. 出血性敗血症	牛，めん羊，山羊，豚	水牛，鹿，いのしし
10. ブルセラ病	牛，めん羊，山羊，豚	水牛，鹿，いのしし
11. 結核病	牛，山羊	水牛，鹿
12. ヨーネ病	牛，めん羊，山羊	水牛，鹿
13. ピロプラズマ病*	牛，馬	水牛，鹿
14. アナプラズマ病*	牛	水牛，鹿
15. 伝達性海綿状脳症	牛，めん羊，山羊	水牛，鹿
16. 鼻　疽	馬	
17. 馬伝染性貧血	馬	
18. アフリカ馬疫	馬	
19. 小反芻獣疫	めん羊，山羊	鹿
20. 豚コレラ	豚	いのしし
21. アフリカ豚コレラ	豚	いのしし
22. 豚水胞病	豚	いのしし
23. 家きんコレラ	鶏，あひる，うずら	七面鳥
24. 高病原性鳥インフルエンザ	鶏，あひる，うずら	きじ，だちょう，ほろほろ鳥，七面鳥
25. 低病原性鳥インフルエンザ	鶏，あひる，うずら	きじ，だちょう，ほろほろ鳥，七面鳥

家畜伝染性病の種類	家畜の種類	政令で定める家畜
26. ニューカッスル病*	鶏，あひる，うずら	七面鳥
27. 家きんサルモネラ症*	鶏，あひる，うずら	七面鳥
28. 腐蛆病	蜜　蜂	

＊：省令で定めるもの

令第1条）．例えば，牛や山羊の結核病は家畜伝染病であるが，めん羊や豚の結核病は家畜伝染病とはならない．なお，「法定伝染病」という用語は，家畜伝染病予防法にはないが，法律で定められている伝染病という意味でこの28種類を指す用語として一般に使用されている．

8. 2. 3. 2. 患畜と疑似患畜

患畜とは，家畜伝染病（腐蛆病を除く）に罹っている家畜をいう．疑似患畜とは患畜である疑いがある家畜および牛疫，牛肺疫，口蹄疫，狂犬病，豚コレラ，アフリカ豚コレラ，高病原性鳥インフルエンザ又は低病原性鳥インフルエンザの病原体に触れたため，又は触れた疑いがあるため，患畜となる恐れがある家畜をいう（法第2条第2項）．

伝染病に罹っているか否かの判定法は，ブルセラ病，結核病，ヨーネ病，伝達性海綿状脳症および馬伝染性貧血では規則（別表第1）で決められている．また，牛疫，牛肺疫，口蹄疫，牛海綿状脳症，豚コレラ，アフリカ豚コレラ，高病原性鳥インフルエンザおよび低病原性鳥インフルエンザでは特定家畜伝染病防疫指針の中で判定基準が示されている．なお，その他の伝染性疾病については病性鑑定マニュアルに検査法と判定法が記載されている．

8. 2. 3. 3. 届出伝染病

家畜伝染病以外の伝染性疾病のうち，本法の目的からみて重要な疾病については省令で定め（届出伝染病），防疫の徹底を図るため，疑いがある場合も含めて発見した獣医師に対して届出を義務付けている（法第4条）．届出伝染病としては**表8-2**に示した71種類がある（規則第2条）．

なお，家畜伝染病と届出伝染病を合わせて「監視伝染病」という．

表 8-2　届出伝染病の種類と家畜の種類

届出伝染病の種類	家畜の種類
1. ブルータング	牛，水牛，鹿，めん羊，山羊
2. アカバネ病	牛，水牛，めん羊，山羊
3. 悪性カタル熱	牛，水牛，山羊
4. チュウザン病	牛，水牛
5. ランピースキン病	牛，水牛
6. 牛ウイルス性下痢粘膜病	牛，水牛
7. 牛伝染性鼻気管炎	牛，水牛
8. 牛白血病	牛，水牛
9. アイノウイルス感染症	牛，水牛
10. イバラキ病	牛，水牛
11. 牛丘疹性口炎	牛，水牛
12. 牛流行熱	牛，水牛
13. 類鼻疽	牛，水牛，鹿，馬，めん羊，山羊，豚，いのしし
14. 破傷風	牛，水牛，鹿，馬
15. 気腫疽	牛，水牛，鹿，めん羊，山羊，豚，いのしし
16. レプトスピラ症（レプトスピラ・ポモナ，レプトスピラ・カニコーラ，レプトスピラ・イクテロヘモリジア，レプトスピラ・グリプティフオーサ，レプトスピラ・ハージョ，レプトスピラ・オータムナーリスおよびレプトスピラ・オーストラーリスによるものに限る.）	牛，水牛，鹿，豚，いのしし，犬
17. サルモネラ症（サルモネラ・ダブリン，サルモネラ・エンテリティディス，サルモネラ・ティフィムリウムおよびサルモネラ・コレラエスイスによるものに限る.）	牛，水牛，鹿，豚，いのしし，鶏，あひる，七面鳥，うずら

届出伝染病の種類	家畜の種類
18. 牛カンピロバクター症	牛，水牛
19. トリパノゾーマ病	牛，水牛，馬
20. トリコモナス病	牛，水牛
21. ネオスポラ症	牛，水牛
22. 牛バエ幼虫症	牛，水牛
23. ニパウイルス感染症	馬，豚，いのしし
24. 馬インフルエンザ	馬
25. 馬ウイルス性動脈炎	馬
26. 馬鼻肺炎	馬
27. 馬モルビリウイルス肺炎	馬
28. 馬　痘	馬
29. 野兎病	馬，めん羊，豚，いのしし，兎
30. 馬伝染性子宮炎	馬
31. 馬パラチフス	馬
32. 仮性皮疽	馬
33. 伝染性膿疱性皮膚炎	鹿，めん羊，山羊
34. ナイロビ羊病	めん羊，山羊
35. 羊　痘	めん羊
36. マエディ・ビスナ	めん羊
37. 伝染性無乳症	めん羊，山羊
38. 流行性羊流産	めん羊
39. トキソプラズマ病	めん羊，山羊，豚，いのしし
40. 疥　癬	めん羊
41. 山羊痘	山　羊
42. 山羊関節炎・脳脊髄炎	山　羊
43. 山羊伝染性胸膜炎	山　羊
44. オーエスキー病	豚，いのしし

届出伝染病の種類	家畜の種類
45. 伝染性胃腸炎	豚，いのしし
46. 豚エンテロウイルス性脳脊髄炎	豚，いのしし
47. 豚繁殖・呼吸障害症候群	豚，いのしし
48. 豚水疱疹	豚，いのしし
49. 豚流行性下痢	豚，いのしし
50. 萎縮性鼻炎	豚，いのしし
51. 豚丹毒	豚，いのしし
52. 豚赤痢	豚，いのしし
53. 鳥インフルエンザ	鶏，あひる，七面鳥，うずら
54. 低病原性ニューカッスル病	鶏，あひる，七面鳥，うずら
55. 鶏　痘	鶏，うずら
56. マレック病	鶏，うずら
57. 伝染性気管支炎	鶏
58. 伝染性喉頭気管炎	鶏
59. 伝染性ファブリキウス嚢病	鶏
60. 鶏白血病	鶏
61. 鶏結核病	鶏
62. 鶏マイコプラズマ病	鶏，あひる，七面鳥，うずら
63. ロイコチトゾーン病	鶏，七面鳥
64. あひる肝炎	鶏
65. あひるウイルス性腸炎	鶏
66. ウサギウイルス性出血病	兎
67. 兎粘液腫	兎
68. バロア病	蜜　蜂
69. チョーク病	蜜　蜂
70. アカリンダニ病	蜜　蜂
71. ノゼマ病	蜜　蜂

8. 2. 4.　特定家畜伝染病防疫指針

家畜伝染病のうち特に発生した際に重大な影響を及ぼす特定の家畜伝染病について，家畜が患畜であるか否かを判定するための検査，消毒，家畜などの移動制限などの措置を総合的に実施するために，「特定家畜伝染病防疫指針」が作成されている（法第 3 条の 2）．現在，牛疫，牛肺疫，口蹄疫，牛海綿状脳症，豚コレラ，アフリカ豚コレラ，高病原性鳥インフルエンザ，低病原性鳥インフルエンザについて公表されている．これら以外で緊急の場合は，家畜伝染病，家畜の種類，地域，期間を指定し必要な措置を実施する「特定家畜伝染病緊急防疫指針」を作成し対応することとなっている．

8. 2. 5.　家畜の伝染性疾病の発生の予防

8. 2. 5. 1.　伝染性疾病の届出義務

届出伝染病についての届出義務は前述したが，家畜がこれまで知られている伝染性疾病とは異なる疾病（「新疾病」という.）に罹っている又は罹っている疑いがあることを発見した場合も，獣医師は都道府県知事に届け出なければならない（法第 4 条の 2）．

8. 2. 5. 2.　監視伝染病の発生状況等把握するための検査等

監視伝染病の発生を予防・予察するため，家畜の所有者に検査を命じることができる（法第 5 条）．現在，ブルセラ病，結核病，ヨーネ病および馬伝染性貧血については 5 年ごとに，伝達性海綿状脳症については 24 カ月齢以上の牛および 12 カ月齢以上のめん羊・山羊で死亡したもので実施されている（規則第 9 条）．その他の監視伝染病については必要に応じて検査されている（規則第 10 条）．

8. 2. 5. 3.　消　毒

消毒は，伝染病の発生を予防するために効果的であることから，畜舎，施設，敷地に消毒設備を設置することが義務付けられている（法第 8 条の 2）．消毒設備を設置しなければならない対象家畜は，牛，水牛，鹿，馬，めん羊，山羊，豚，いのしし，鶏，あひる，うずら，きじ，だちょう，ほろほろ鳥および七面鳥である（施行令第 2 条）．

8. 2. 5. 4.　飼養衛生管理基準

家畜（8. 2. 5. 3 で記述した対象家畜と同じ）の所有者が遵守すべき衛生管理方法に関する基準（飼養衛生管理基準）が制定されている（法第 12 条の 3）．この中では，家畜別に①家畜防疫に関する最新の情報を確認する，②農場の敷地を，衛生管理区域とそれ以外の区域に分ける，③衛生管理区域への病原体の持込みを防止し，野生動物による病原体の侵入を防ぐ，④衛生管理区域の衛生状態を保つ，⑤家畜の健康観察を行う，⑥埋却の土地を確保する，⑦各種の記録を作成する，⑧大規模農場における追加措置等が決められている（規則別表第 2）．家畜の所有者は，毎年，都道府県知事に飼養頭羽数や衛生管理状況を報告しなければならない．

8. 2. 6.　家畜伝染疾病のまん延の防止

8. 2. 6. 1.　患畜等の届出義務

患畜又は疑似患畜となったことを発見した獣医師は，都道府県知事に届け出なければならない（法第 13 条）．早期発見が肝心であることから，農林水産大臣が家畜ごとに指定する症状を呈している家畜を発見した場合も都道府県知事に届け出ることになり（法第 13 条の 2），現在，口蹄疫と高病原性・低病原性鳥インフルエンザの症状が告示されている．

8. 2. 6. 2.　隔離の義務

患畜又は疑似患畜は，隔離しなければならない（法第 14 条）．また，それらと同居している家畜等は，10 日を超えない期間，一定の区域以外へ移動させないことを命じることができる．口蹄疫，高病原性鳥インフルエンザなどが発生した場合，72 時間を超えない期間，通行の制限又は遮断をすることができる（法第 15 条）．

8. 2. 6. 3.　とさつの義務

牛疫，口蹄疫，豚コレラ，アフリカ豚コレラ，高病原性鳥インフルエンザ又は低病原性鳥インフルエンザの患畜・疑似患畜および牛肺疫の患畜は，直ちに殺さなければならない（法第 16 条）．これら以外の患畜・疑似患畜は，必要に応じて殺処分を命じることができる（法第 17 条）．さらに，口蹄疫の急速かつ広範囲なまん延を防止するためやむを得ないときは，患畜・疑似患畜以外の家畜を殺処分することができる（法第17条の2）．なお，病性鑑定のために家畜の死体を解剖したり，疑似患畜を殺し解剖することができる（法第20条）．

8. 2. 6. 4. 死体の焼却等の義務

口蹄疫，高病原性鳥インフルエンザ等の患畜又は疑似患畜の死体は，焼却又は埋却しなければならない（法第21条）．ただし，伝達性海綿状脳症の場合は全て焼却しなければならない．家畜伝染病の病原体に汚染した物品は，焼却，埋却又は消毒しなければならない．なお，埋却した場所は，通常3年間，芽胞を持つ炭疽および腐蛆病の場合は20年間発掘が禁止されている．

8. 2. 6. 5. 消毒の義務

患畜・疑似患畜のいた畜舎，病原体で汚染又は汚染した恐れある場所，車，ヒトなどは消毒しなければならない（法第25〜28条の2）．

8. 2. 7. 輸出入検疫

8. 2. 7. 1. 輸入禁止

省令で定める地域から発送又は経由した偶蹄類の死体，肉，臓器，それらを原料とするソーセージ・ハム・ベーコン，穀物のわら，飼料用乾草などは，輸入が禁止されている（法第36条）．具体的な地域として，口蹄疫，牛疫およびアフリカ豚コレラが発生している国などが指定されている（規則第43条）．また，監視伝染病および新疾病の病原体も輸入禁止である．本条にはただし書きがあり，試験研究の目的があるなどの場合は農林水産大臣の許可を受けて輸入することができる．

8. 2. 7. 2. 指定検疫物

動物，その死体又は骨肉卵皮毛類，穀物のわらなどは指定検疫物（**表 8-3**）とされ，輸出国政府機関の発行する検査証明書が添付されているものでなければ輸入できない（法第37条）．指定検疫物は輸入時に動物検疫所が検査や消毒を実施している．

8. 2. 7. 3. 水際検疫の強化

入国者の携帯品にも病原体が付着している場合があることから，監視伝染病が現に発生している国において使用した物品（例えばゴルフシューズ）に対して消毒することができる（法第46条の3）．

表 8-3　指定検疫物

1.	次の動物およびその死体 ①偶蹄類の動物および馬，②鶏，うずら，だちょう，きじ，ほろほろ鳥および七面鳥ならびにあひる，がちょうその他のかも目の鳥類（以下「かも類」という），③犬，④兎，⑤蜜蜂
2.	鶏，うずら，きじ，ほろほろ鳥，だちょう，七面鳥およびかも類の卵
3.	1の動物の骨，肉，脂肪，血液，皮，毛，羽，角，蹄，腱および臓器
4.	1の動物の生乳，精液，受精卵，未受精卵，ふんおよび尿
5.	1の①の動物の骨粉，肉紛，肉骨粉，血粉，皮紛，羽粉，蹄角紛および臓器粉
6.	3の物を原料とするソーセージ，ハムおよびベーコン
7.	規則第43条の表の上欄に掲げる地域から発送又はこれらの地域を経由した穀物のわらおよび飼料用の乾草
8.	試験研究に使用する目的で特別に輸入許可するもの

8.2.7.4.　輸出検疫

日本から輸出する動物などで相手国政府が求める場合は，事前に検査し，輸出検疫証明書の交付を受けなければならない．

8.2.8.　病原体の所持に関する措置

8.2.8.1.　家畜伝染病病原体の所持の許可

家畜伝染病の病原体のうち**表 8-4**に示した病原体（規則第56条の3）を家畜伝染病病原体といい，これらを所持する場合は，農林水産大臣の許可を受けなければならない（法第46条の5）．このうち牛疫ウイルス，口蹄疫ウイルスおよびアフリカ豚コレラウイルスは重点管理家畜伝染病病原体とされ，取扱い施設の基準が厳しく定められている（規則第56条の8）．残りの病原体は，要管理家畜伝染病病原体とされ，その取扱い施設の基準がやや緩く定められている（規則第57条の9）．

8.2.8.2.　届出伝染病等病原体の所持の届出

家畜伝染病病原体以外の家畜伝染病の病原体および届出伝染病の病原体であって省令で定めるもの（**表 8-5**）を所持する者は，所持した日から7日以内に

表 8-4　農林水産大臣の許可が必要な病原体

病　原　体
1. 牛疫ウイルス*（L 株，BA-YS 株および ROOK 株を除く）
2. 牛肺疫菌（マイコイデス SC 株に限る）
3. 口蹄疫ウイルス*
4. アフリカ馬疫ウイルス
5. 小反芻獣疫ウイルス
6. 豚コレラウイルス
7. アフリカ豚コレラウイルス*
8. 高病原性鳥インフルエンザウイルス
9. 低病原性鳥インフルエンザウイルス（ワクチン株などを除く）

＊重点管理家畜伝染病病原体，そのほかは要管理家畜伝染病病原体

農林水産大臣に届出なければならない（法 46 条の 19）.

8.2.9. そのほか

8.2.9.1. 動物用生物学的製剤の使用の制限

わが国で承認されていない動物用生物学的製剤，牛疫ワクチン，牛肺疫ワクチン，口蹄疫ワクチン，豚コレラワクチン，高病原性鳥インフルエンザワクチン，ツベルクリン，マレインおよびヨーニンは，都道府県知事の許可を受けなければ使用してはならない（法第 50 条，規則第 57 条）.

8.2.9.2. 手当金

本法の規定により殺された家畜や焼却・埋却した物品に対しては，適切な評価額を算出し，国が所有者に以下の手当金を交付する（法第 58 条第 1 項）.

①法第 16 条又は第 17 条で殺された患畜には評価額の 1/3

②ブルセラ病，結核病，ヨーネ病又は馬伝染性貧血に罹ったため法 17 条で殺された患畜には評価額の 4/5

③法第 16 条，第 17 条又は第 20 条第 1 項で殺された疑似患畜には評価額の 4/5

表 8-5　農林水産大臣への届出が必要な病原体

病　原　体
1. 牛疫ウイルス（L 株，BA-YS 株および ROOK 株に限る）
2. 水胞性口炎ウイルス・アラゴアスウイルス
3. 水胞性口炎ウイルス・インディアナウイルス
4. 水胞性口炎ウイルス・ニュージャージーウイルス
5. 出血性敗血症菌（莢膜抗原型が B 又は C で菌体抗原型が Heddleston の型別で 2 又は 2.5）
6. ブルセラ病菌
7. マイコバクテリウム・ボービス
8. マイコバクテリウム・カプレ
9. 馬伝染性貧血ウイルス
10. 豚水胞病ウイルス
11. 低病原性鳥インフルエンザウイルス（ワクチン株などに限る）
12. ニューカッスル病ウイルス（病原性の強いもの）
13. サルモネラ・プロラームおよびサルモネラ・ガリナルム
14. マカウイルス・アルセラパインヘルペスウイルス 1
15. マカウイルス・オバインヘルペスウイルス 2
16. 馬インフルエンザウイルス
17. 豚水疱疹ウイルス

④法第 23 条で焼却・埋却された物品には評価額の 4/5

8.2.9.3. 特別手当金

法第 16 条の規定により処分された患畜などには手当金のほかに以下の特別手当金が追加され（法第 58 条第 2 項），評価額の全額が交付されることとなった．

①患畜には評価額の 2/3

②疑似患畜には評価額の 1/5

③物品には評価額の 1/5

8.3. 薬事法

8.3.1. 歴史的背景

人用医薬品については，明治 19 年に「日本薬局方」が，明治 22 年に「薬品営業並薬品取締規則」が制定され，規制が行われていた．動物用医薬品については，大正 7 年に「家畜に応用する細菌学的予防治療品及び診断品取締規則」が制定され，農商務省が所管した．昭和 18 年に制定された旧薬事法では医薬品は，建前上人畜同じであるとのことで厚生省が所管した．昭和 23 年に制定された薬事法では，専ら動物に使用するものは農林大臣の所管とされた．現行の薬事法は，昭和 35 年に制定されたが，医薬品による副作用や動物用医薬品の残留などに対応するために昭和 54 年に改正された以降，数次の改正が行われ現在に至っている．

なお，薬事法は，平成 25 年 11 月「医薬品，医療機器等の品質・有効性及び安全性の確保等に関する法律」と題名を変え，医療機器や再生医療等製品の特性を踏まえた規制を加える改正法が公布され，平成 26 年中に施行される予定であるので，その改正を踏まえて以下に解説する．

8.3.2. 法の目的

この法律の目的は，①医薬品，医薬部外品，化粧品，医療機器および再生医療等製品の品質，有効性および安全性の確保ならびにこれらの使用による保健衛生上の危害の発生および拡大の防止のための必要な規制を行い，②指定薬物の規制に関する措置を講じ，③医療上特に必要性が高い医薬品，医療機器および再生医療等製品の研究開発の促進のために必要な措置を講ずることにより，保健衛生の向上を図ることである（法第 1 条）．

本法は，主に人用の医薬品等を規制するために制定されているので，条文上は「厚生労働大臣」や「厚生労働省令」と記載されているが，専ら動物に使用する医薬品などに関しては，法第 83 条に読み替え規定があり，それぞれ「農林水産大臣」，「農林水産省令」と読み替えることになっている．なお，動物には化粧品という概念はない．

8. 3. 3. 定　義

8. 3. 3. 1. 医薬品

医薬品とは，①日本薬局方に収載されているもの，②人又は動物の疾病の診断，治療，予防に使用するものであって，機械器具などでないもの，③人又は動物の身体の構造又は機能に影響を及ぼすものであって，機械器具などでないものと定義されている（法第 2 条第 1 項）.

8. 3. 3. 2. 医薬部外品

医薬部外品とは，以下の目的のために使用されるものであって，人体に対する作用が緩和なものをいう．①吐きけその他の不快感又は口臭若しくは体臭の防止，②あせも，ただれ等の防止，③脱毛の防止，育毛，又は除毛，④人又は動物の保健のためにするねずみ，はえ，蚊，のみその他これらに類する生物の防除（法第 2 条第 2 項）．なお，医薬部外品は，日本独特のもので，欧米にはこのような概念はない.

8. 3. 3. 3. 医療機器

医療機器とは，①人又は動物の疾病の診断，治療，予防に使用されること，②人又は動物の身体の構造又は機能に影響を及ぼすことが目的とされている機械器具等であって，政令で定めるものをいう（法第 2 条第 4 項）．それらを管理する程度により「高度管理医療機器」，「管理医療機器」および「一般医療機器」と分類されている.

8. 3. 3. 4. 再生医療等製品

再生医療等製品とは，①人又は動物の身体の構造又は機能の再建，修復又は形成，あるいは人又は動物の疾病の治療又は予防に使用されることが目的とされている物のうち，人又は動物の細胞に培養その他の加工を施したもの，②人又は動物の疾病の治療に使用されることが目的とされている物のうち，人又は動物の細胞に導入され，これらの体内で発現する遺伝子を含有させたものであって，政令で定めるものをいう（法第 2 条第 9 項）.

8. 3. 3. 5. 体外診断用医薬品

体外診断用医薬品とは，専ら疾病の診断に使用されることが目的とされている医薬品のうち，人又は動物の身体に直接使用されることのないものをいう

（法第 2 条第 14 項）.

8. 3. 3. 6. 薬　局

薬局とは，薬剤師が販売又は授与の目的で調剤の業務を行う場所をいう．ただし，病院，診療所，飼育動物診療施設の調剤所は除く（法第 2 条第 12 項）.

8. 3. 4. 医薬品を製造販売するためには

医薬品は，人や動物に強く作用し，場合によってはそれらの生命を奪うこともあり，誰でも製造販売できるようなものではなく，薬事法上，許可や承認を受けた者でなければ製造販売をしてはならないと規制されている．医薬品を製造販売するためには，①法第 12 条の製造販売業の許可，②法第 14 条の製造販売の承認および③法第 13 条の製造業の許可が必要である．③は，医薬品を製造する工場（製造所）の許可であり，工場を持たない者は製造を他社に委託することができる.

なお，「製造販売業」という言葉は，後述する「販売業」とは異なるので注意を要する.

8. 3. 5. 医薬品などの製造販売の承認

8. 3. 5. 1. 品目ごとの承認

医薬品や医薬部外品の製造販売をしようとする者は，品目ごとにその製造販売についての大臣の承認を受けなければならない（法第 14 条第 1 項）．なお，外国の製薬会社が直接申請し，承認を取ることもできる（法第 19 条の 2）.

承認には拒否事由があり，次のいずれかに該当するときは承認しないことになっている（法第 14 条第 2 項）.

（1）製造販売業の許可を受けていない.

（2）製造所の許可を受けていない.

（3）当該品目が，①効能，効果，性能がない，②有害な作用を有し利用価値がない，③性状又は品質が保健衛生上著しく不適な場合のいずれかに該当するとき.

（4）製造所における製造管理又は品質管理の方法が省令で定める基準（GMP）に適合していない.

上記（3）の②には読み替え規定があり，動物用医薬品が使用された動物の体内に残留し，対象動物の肉，乳そのほかの食用に供される生産物で人の健康を損なうものが生産される恐れがあることにより，医薬品としての価値がないと認められるときは承認されないことになっている．

8.3.5.2. 承認申請書に添付する試験資料

承認を受けようとする者は，申請書に臨床試験の試験成績に関する資料，そのほかの資料を添付して申請しなければならない（法第14条第3項）．具体的な試験資料は，規則第26条や局長通知で示されている．例えば，体外診断用医薬品を除く動物用医薬品では，①起源又は発見の経緯，外国での使用状況など，②物理的・化学的・生物学的性質，規格，試験方法など，③製造方法，④安定性，⑤毒性および安全性，⑥薬理作用，⑦吸収，分布，代謝および排せつ，⑧臨床試験の試験成績，⑨残留性となっている．なお，⑨の残留性に関する資料は，食用に供される動物の場合に必要な資料で，犬・猫等の愛がん動物では不要である．

8.3.5.3. 承認申請資料の信頼性の基準

上述①から⑨の試験資料は，正確に作成し，品質，有効性，安全性を疑う成績も記載しなければならないとされている（規則第29条第1項：一般基準）．

牛，馬，豚，鶏，うずら，みつばち，食用に供する養殖水産動物，犬又は猫に使用する医薬品では，さらに，「動物用医薬品の安全性に関する非臨床試験の実施の基準に関する省令」に従って収集・作成しなければならない（規則第29条第2項：GLP）．また，牛，馬，豚，鶏，犬又は猫に使用する医薬品では，さらに，「動物用医薬品の臨床試験の実施の基準に関する省令」に従って収集・作成しなければならない（規則第29条第3項：GCP）．ただし，GLPは，上述試験資料のうち⑤および⑨に，GCPは，⑧にのみ適用される．

8.3.5.4. 承認審査

製造販売業者から申請された書類は，農林水産省動物医薬品検査所で事務局審査がなされ，学識経験者から成る薬事・食品衛生審議会で審査される．本審議会は，調査会，部会，薬事分科会と三段階からなり，慎重に審査される．これらの審議以外に，食品安全委員会への食品健康影響評価に関する意見の聴取や厚生労働大臣への残留性の程度に係る意見の聴取が行われる．

8. 3. 6. 医薬品の再審査と再評価

8. 3. 6. 1. 再審査

新医薬品は，膨大な添付資料を基に事務局および審議会で慎重に審査されて承認されるが，特に臨床試験成績は，限られた症例数である．承認後，多数の症例で使用された場合，これまで発見されなかった副作用や有効性に疑義が生じることがある．そこで，原則として承認後 6 年間，安全性や有効性に関する使用成績などの調査を行わせ，再度審議する制度が取り入れられている（法第 14 条の 4）．

8. 3. 6. 2. 再評価

一旦，承認あるいは再審査されたものであっても，時代の経過や科学の進歩に即応し，絶えず見直しをすることが重要である．このため，最新の科学的知見などを基に医薬品を再評価する制度が取り入れられている（法第 14 条の 6）．基本的には，承認，再審査あるいは再評価が行われた時点から 5 年を経過したものについて行う定期的な再評価と必要に応じ随時行う臨時の再評価がある．

8. 3. 7. 医療機器・体外診断用医薬品を製造販売するためには

医療機器又は体外診断用医薬品の製造販売は，8. 3. 4. および 8. 3. 5. で述べた医薬品と基本的には同様である．すなわち，①法第 23 条の 2 の製造販売業の許可，②法第 23 条の 2 の 5 の製造販売の承認および③法第 23 条の 2 の 3 の製造業の登録が必要である．製造業は登録制になった点が医薬品と異なる．

8. 3. 8. 再生医療等製品を製造販売するためには

再生医療品等製品の製造販売も，8. 3. 4. および 8. 3. 5. で述べた医薬品と基本的には同様で，①法第 23 条の 20 の製造販売業の許可，②法第 23 条の 25 の製造販売の承認および③法第 23 条の 22 の製造業の許可が必要である．

製造販売の承認については以下のような条件および期限付承認（法第 23 条の 26）があり，再生医療品等製品が臨床現場へ提供し易い制度となっている．すなわち，当該製品が①均質でなく，②効能効果があると推定され，かつ③著しく有害な作用がなく利用価値があると推定される場合に7年を超えない範囲で承認される．この期限内に効能効果および安全性について証明できなければ承認がなくなる．

8. 3. 9. 医薬品の販売業

8. 3. 9. 1. 医薬品の販売業の許可

薬局開設者又は医薬品の販売業の許可を受けた者でなければ，業として，医薬品を販売し，授与し，又は販売・授与の目的で貯蔵・陳列してはならない（法第24条）．「業」とは，不特定多数の人に，繰り返し販売することである．したがって，特定のAさんに1回限り売る行為は，業とはならない．しかし，Bさんにも売ると業に当たるので注意しなければならない．また，販売には金銭の授受が伴うが，無料で手渡した場合は「授与」となり，本条に抵触することとなる．

医薬品の販売業としては，①店舗販売業，②配置販売業および③卸売販売業の3種類があり，（法第25条）．都道府県知事が許可することになっている．

8. 3. 9. 2. 店舗販売業

店舗販売業の許可があれば，一般用医薬品（人体に対する作用が著しくなく，需要者の選択により使用されるもの）を店舗で販売・授与することができる．なお，「一般用医薬品」は人用医薬品における概念で，動物用医薬品ついては法第83条の規定で「医薬品」と読み替えることになっている．

店舗販売では，農林水産大臣の指定する医薬品（指定医薬品）については薬剤師が販売又は授与しなければならなく，指定医薬品以外の医薬品については，薬剤師又は登録販売者が販売又は授与できる．登録販売者とは，法第36条の4第1項に規定する都道府県知事の試験に合格した者であって，同条第2項の登録を受けた者をいう．なお，人用医薬品の登録販売者試験の合格者についても動物用医薬品の登録販売者として都道府県知事の登録を受けることが可能である．

「指定医薬品」は，規則第115条の2で規定され，毒薬，劇薬，抗生物質製剤，合成抗菌剤，ホルモン製剤などが指定されている．

8. 3. 9. 3. 配置販売業

経年変化が起こりにくい一般医薬品を配置により販売・授与するもので，動物用医薬品については，配置販売業による販売はごく一部に限られている．

8. 3. 9. 4. 卸売販売業

卸売販売業とは，医薬品を薬局開設者，製造販売業者，製造業者，販売業者，病院・飼育動物診療施設の開設者に販売・授与する業種である．

8. 3. 9. 5. 動物用医薬品特例店舗販売業

動物用医薬品の販売に関する特例で，薬局や販売業が近くにないなどを勘案し，指定医薬品以外の医薬品について品目を指定して都道府県知事が許可を与えることができる（法第 83 条の 2 の 2）．動物用医薬品特例店舗販売業では薬剤師又は登録販売者を置かなくとも販売することができる．

8. 3. 10. 医薬品の基準と検定

8. 3. 10. 1. 日本薬局方

日本薬局方とは，医薬品の性状および品質の適正を図るため，厚生労働大臣が薬事・食品衛生審議会の意見を聴いて定めた医薬品の規格基準書である（法第 41 条）．日本で汎用されている医薬品が収載されている．

8. 3. 10. 2. 基　準

保健衛生上特別の注意を要する医薬品又は再生医療等製品について，その製法，性状，品質，貯法などに関し必要な基準を作ることができ（法第 42 条），動物用医薬品では動物用生物学的製剤基準，動物用抗生物質医薬品基準などがあり，動物医薬品検査所のホームページ（http://www.maff.go.jp/nval/）で閲覧することができる．

8. 3. 10. 3. 検　定

大臣の指定する医薬品は，検定を受け合格したものでなければ，販売することができないとされ（法第 43 条），特定のワクチンや診断薬について動物医薬品検査所で検定が行われている．

8. 3. 11. 医薬品の取扱い

8. 3. 11. 1. 毒薬と劇薬

毒薬および劇薬は，効果が期待される摂取量と中毒の恐れがある摂取量が接近し，安全域が狭いため，その取扱いに注意を要する医薬品である．医薬品のうち毒性が強いものは毒薬に，劇性が強いものは劇薬に指定されている（法第44条）．毒薬は，その容器に黒地に白枠を付け，その品名と「毒」の文字を白字で記載し，劇薬は，その容器に白地に赤枠を付け，その品名と「劇」の文字を赤字で記載することになっている．

一般の人が毒・劇薬を購入する場合は，品名，数量，使用目的，購入年月日，購入者の氏名・住所・職業を記入し，署名又は捺印しなければならない（法第46条）．業務上毒薬又は劇薬を取り扱う者は，他のものと区別して貯蔵しなければならず，毒薬を貯蔵する場所には鍵をかけなければならない（法第48条）ので注意が必要である．毒・劇薬は，規則第164条で規定され，具体的には規則の別表第二に掲げるものおよび薬事法施行規則別表第三に掲げられているもので専ら動物に使用するものとされている．劇薬の例としては，ワクチン，イベルメクチン製剤，インターフェロン製剤，チルミコシン製剤，メデトミジン製剤などがある．

8. 3. 11. 2. 要指示医薬品

動物用医薬品のうち，副作用が強い医薬品や，病原菌に耐性を生じやすいような医薬品を要指示医薬品として農林水産大臣が指定し，その使用の適正を図るために獣医師からの処方せんの交付又は指示を受けた者以外に販売・授与してはならないとされている（法第49条）．

要指示医薬品は，規則別表第三に掲げられている．ここで注意しなければならないことは，使用する対象動物が決まっていることである．すなわち，牛，馬，めん羊，山羊，豚，犬，猫又は鶏に使用することを目的とするものが指定されている．要指示医薬品の例としては，ワクチン（鶏痘ワクチンを除く），抗生物質，合成抗菌剤，ホルモン，インターフェロンなどである．

8. 3. 12. 動物用医薬品の使用の規制

8. 3. 12. 1. 動物用医薬品の使用の規制

動物用医薬品は，犬や猫などの愛がん動物のほか，肉，乳，卵などを生産する動物に対しても使用される．これらの家畜又は養殖魚に動物用医薬品を投与すると体内に残留することがある．そこで，農林水産大臣は，肉，乳，卵などに動物用医薬品が残留しないように動物用医薬品の使用者が遵守すべき基準を定めている（法第 83 条の 4 第 1 項）．これが昭和 55 年に制定された「動物用医薬品の使用の規制に関する省令」である．一方，人体用医薬品も動物に使用されることがあるため，平成 24 年に省令名を改正し「動物用医薬品及び医薬品の使用の規制に関する省令」（使用規制省令）とされた．

遵守すべき基準が定められた動物用医薬品又は医薬品の使用者は，当該基準に定めるところにより，当該動物用医薬品又は医薬品を使用しなければならない．ただし，獣医師がその診療に係る対象動物の疾病の治療又は予防のためやむを得ないと判断した場合において，農林水産省令で定めるところにより使用するときは，この限りでない（法第 83 条の 4 第 2 項）とされている．

8. 3. 12. 2. 使用規制省令

使用規制省令では，「対象動物」とは，薬事法に規定する対象動物，すなわち，①牛，馬および豚，②鶏およびうずら，③みつばち，および④食用に供する養殖水産動物と定義されている．具体的な基準（**表 8-6**）は，以下のとおりである．

（1）別表の動物用医薬品は，表の使用対象動物以外の動物に使用してはならない．

（2）別表の動物用医薬品を使用対象動物に使用するときは，表の用法および用量により使用しなければならない．

（3）別表の動物用医薬品を使用対象動物に使用するときは，表の使用禁止期間を除く期間において使用しなければならない．

（4）動物用医薬品であるクロラムフェニコール，ニトロフラゾンおよびマラカイトグリーンは，対象動物に使用してはならない．

（5）医薬品であるクロラムフェニコール，クロルプロマジンおよびメトロニ

表 8-6　使用者が遵守すべき基準の別表の一部

動物用医薬品	使用対象動物	用法及び用量	使用禁止期間
アスポキシシリンを有効成分とする注射剤	牛	1日量として体重1kg当たり10mg（力価）以下の量を静脈内に注射すること.	食用に供するためにと殺する前5日間又は食用に供するために搾乳する前36時間
	豚	1日量として体重1kg当たり5mg（力価）以下の量を筋肉内に注射すること.	食用に供するためにと殺する前5日間

ダゾールは対象動物に使用してはならない.

8.3.12.3. 獣医師の使用の特例

獣医師は，法第83条の4第2項但し書の規定により医薬品を使用する場合は，その診療に係る対象動物の所有者又は管理者に対し，当該対象動物の肉，乳その他の食用に供される生産物で人の健康を損なう恐れがあるものの生産を防止するために必要とされる出荷制限期間を出荷制限期間指示書により指示しなければならない．この場合において別表の医薬品を使用対象動物に使用するときは，動物の種類に応じ，表の使用禁止期間以上の期間を出荷制限期間として指示しなければならないとされている．しかし，その適切な出荷制限期間は，どこにも記載されていないことから，指示することはきわめて困難である．したがって，獣医師による使用の特例は，行わない方が賢明と思われる．

8.3.12.4. 使用禁止期間と休薬期間

畜水産物に残留し，人の健康を損なう医薬品（一般薬，抗菌性物質）は，残留試験を実施し，休薬期間を求めなければならない．休薬期間とは，当該医薬品投与後，各臓器（乳や卵も）から当該医薬品が消失するまで期間，又は人の健康を損なわない濃度までに減少するまでの期間をいう．使用規制省令ではこの休薬期間を使用禁止期間として定められている．使用規制省令に定められていない医薬品は，使用上の注意に「本剤投与後，下記の期間は食用に供する目的で出荷等を行わないこと　牛：○○日間」と記載することになっている．

一方，アジュバントを含むワクチンでは，アジュバントが消失するまでの期間を使用制限期間と呼び，ワクチン投与後その期間は出荷できないことになっており，その旨使用上の注意に記載されている．

医薬品を家畜などに使用した場合，これら使用禁止期間などを守って出荷しなければならないが，もし，誤って使用禁止期間内に出荷した場合でも，3年以下の懲役若しくは300万円以下の罰金が科せられるので注意しなければならない．

8.4. 牛海綿状脳症対策特別措置法

8.4.1. 歴史的背景および目的

牛海綿状脳症（BSE）は，1986年（昭和61年）に英国において最初に確認され，2011年末までに25カ国で約19万頭報告されている．その約97%は英国における発生で，1992年の発生ピーク時には約20%（約3万7千頭）が1年間に確認された．

わが国では，平成13年9月10日に第1例目のBSE感染牛が確認されたことから，「BSE問題に関する調査検討委員会」が設置され，危機管理体制について基本的なあり方について提言された．この提言受け，BSEの発生を予防し，まん延を防止することにより，安全な牛肉を安定的に供給する体制を確立し，国民の健康の保護ならびに肉用牛生産および酪農，牛肉に係る製造，加工，流通および販売の事業，飲食店営業等の健全な発展を図ることを目的として，BSE対策特別措置法（BSE特措法）が制定された（法第1条）．

8.4.2. BSE対策基本計画

BSEの防疫対策として国又は都道府県などが講ずべき措置について，①対応措置の基本方針　②基本計画の期間　③BSEのまん延防止に関する事項　④正確な情報の伝達に関する事項　⑤関係行政機関等の協力に関する事項　⑥その他対応措置の重要事項を定め，BSEが発生した場合又はその疑いがある場合には，この基本計画ならびに関連法令などに基づき，速やかにかつ適切にBSEのまん延防止対策を実施するものである（法第4条）．

8.4.3. 牛の肉骨粉を原料等とする飼料の使用禁止等

平成13年9月に初めてBSE感染牛が確認されたことから，BSE病原体（異常プリオン）が含まれる危険性のある飼料が牛に与えられることを防ぐため，BSE特措法の制定に先駆けて，同年9月18日から飼料及び飼料添加物の成分規格等に関する省令の改正により，反すう動物等由来たん白質（肉骨粉，血粉など）を牛に給与することが禁止された．さらに，同年10月からは，肉骨粉などについてすべての国からの輸入の一時停止」および「肉骨粉などの動物性たん白質を含む家畜用飼料の製造，販売ならびに家畜への給与」が禁止された．平成14年6月BSE特措法の制定により，牛の肉骨粉に関し，次のことが禁止されている（法第5条）．

①牛の肉骨粉を原料又は材料とする飼料を牛に給与すること．

②牛の肉骨粉を原料又は材料とする牛用飼料又は牛に給与される恐れがある飼料を販売，製造又は輸入すること．

8.4.4. 死亡牛の届出および検査

BSEのまん延防止と再発防止のためには，感染源と感染経路の究明が重要である．しかし，BSEの発生率が低く潜伏期間が長いという特徴を有しているため，死亡牛に対しBSEの検査を行い，検査陽性牛を適切に処理することが重要である．BSE特措法の制定と関連法令の改正により死亡牛について，次のことが義務付けられている．

①24カ月齢以上の死亡牛を検案した獣医師（又は死体の所有者）は，都道府県知事（その地域を管轄する家畜保健衛生所）に，牛の死亡を届出ること（法第6条第1項，施行規則第1条）．

②都道府県知事は，届け出のあった死亡牛に対し家畜防疫員によるBSE検査を行い，その結果，BSE陽性牛は焼却処分すること．ただし，BSE検査施設のない離島など地理的条件などによりBSE検査を行うことが困難な場合で都道府県知事が認める場合および火災，風水害等非常災害又は不慮の事故により牛の死体が滅失又は毀損し，BSE検査のための検体を確保できない場合などには，BSE検査を行わないこともある．

8.4.5. と畜場におけるBSEの検査等

平成13年10月10日わが国で最初のBSE感染牛が確認されたことから，国内産牛肉の安全性を確保するため，BSE特措法の制定に先駆け，と場法施行規則の改正により，平成13年10月18日から食肉処理場に搬入されたすべての牛についてBSE検査および舌，頬肉を除く頭部，脊髄および盲腸から2mまでの回腸遠位部の除去・焼却ならびにこれらにより食肉等が汚染されることがないよう衛生的に処理することが義務付けられた（法第7条）．国内におけるBSE感染牛はこれまでに36頭が確認され，平成21年以降は発生が確認されていない．この間に20カ月齢以下の発生例が確認されなかったことから，平成17年からは全頭検査を見直し検査対象を20カ月齢超に緩和した．さらに，牛の脳や脊髄など飼料として使用規制が行われた結果，世界中でBSEの発生が激減したことなどこれまでの対策や国際的な状況および最新の科学的知見に基づき，食品安全委員会による評価結果を受けて，平成25年4月1日から食肉処理場に搬入された牛のBSE検査と特定部位（牛の扁桃および盲腸から2mまでの回腸遠位部並びに30カ月齢超の牛の舌，頬肉および扁桃を除く頭部，および脊髄）の除去・焼却がなされている．さらに，わが国のBSE対策の妥当性・有効性が評価され，国際獣疫事務局（OIE）から「無視できるBSEリスク」の国として認定されたこと，平成14年1月以降に生まれた牛からBSEの発生がないことなどから平成25年7月1日からBSE検査対象の牛の月齢は48カ月齢超に引き上げられた（法第7条第1項，厚生労働省令第89号）．

①48カ月齢超の牛は，と畜場法又は関係法令などにより，BSE検査が義務付けられ，BSE検査陰性の牛の肉，内臓，血液，骨および皮でなければ，と畜場外に持ち出すことはできない．

②牛の特定部位は，と畜場法又は関連法令などにより，衛生上支障のないように焼却処理しなければならない．

③と畜場内での獣畜のとさつ又は解体は，と畜場法又は関連法令により，牛の特定部位による牛の枝肉および食用に供する内臓への汚染を防ぐように処理しなければならない．

8. 4. 6. 牛に関する情報の記録等

BSE は，潜伏期間が 2 年から 8 年と極めて長いことおよび BSE 病原体に汚染された肉骨粉の給餌が感染経路である．BSE 感染牛の確認後，速やかに患畜と同居したことがある同居牛を確認し，移動制限，疑似患畜の特定，殺処分等のまん延防止措置を実施しなければならい．そのために患畜との同居歴，移動等を確認できる牛の個体管理システムを構築し，国内に飼育されているすべての牛の移動履歴等の個体管理することとなった．

①国は，牛一頭ごとに，生年月日，移動履歴その他の情報を記録し，および管理するための体制を整備する（法第 8 条第 1 項）．

②牛の所有者又は管理者は，牛一頭ごとに，個体を識別するための耳標（個体識別番号）を装着し，牛の個体識別番号，生年月日，雌雄，種別，移動履歴その他の情報を国に提供しなければならない（法第 8 条第 2 項）．

この規定に基づき，「牛の個体識別のための情報の管理及び伝達に関する特別措置法」が，平成 15 年 6 月に制定された．（8. 6 参照）

8. 5. 飼料の安全性の確保及び品質の改善に関する法律

8. 5. 1. 歴史的背景および目的

昭和 20 年代後半の食糧不足の時代に悪質な飼料への対策と家畜家きんの生産力の増大のための飼料の確保を目的として，「飼料需要安定法」が，昭和 27 年に制定され，続いて，飼料の登録，検査等の実施と「品質の改善」を図ることを目的として，昭和 28 年に「飼料の品質改善に関する法律」が制定された．

その後，国民の食生活の向上に伴い畜産食品の需要の増大により，家畜の生産性向上のため，飼養形態は多頭化，大規模化した．このような飼養形態の変化に伴い新しい飼料の開発や微量で大きな効果を現す飼料添加物が大量に使用されるようになった．生肉，生乳および鶏卵等の安全性の観点から，その生産資材である飼料および飼料添加物（飼料等）について安全性の確保のため，昭和 50 年に従前の「飼料の品質改善に関する法律」から「飼料の安全性の確保及び品質の改善に関する法律」に改正された．

この法律は，飼料等の製造等に関する規制，飼料の公定規格の設定およびこれによる検定等を行うことにより，飼料の安全性の確保および品質の改善を図り，もって公共の安全の確保と畜産物等の生産の安定に寄与することを目的としている（法第 1 条）．

8. 5. 2. 対象動物および飼料等の定義

8. 5. 2. 1. 対象動物

本法の対象動物は，牛，豚，めん羊，山羊，しか，鶏，うずらの 7 種の家畜・家きんおよびみつばちならびに，ぶり，まだい，ぎんざけ，かんぱち，ひらめ，とらふぐ，しまあじ，まあじ，ひらまさ，たいりくすずき，すずき，すぎ，くろまぐろ，くるまえび，こい（食用に供するものに限る），うなぎ，にじます，あゆ，やまめ，あまご，にっこういわな，えぞいわな，やまといわなの 23 種の養殖水産魚類の合計 31 種の食用経済動物（家畜等）である（法第 2 条第 1 項，施行令第 1 条）．

8. 5. 2. 2. 飼　料

本法で飼料とは，家畜等の飼養農場や養殖場で，家畜等の栄養の目的で使用されるすべてのものである．通常，栄養価の違いにより粗飼料（ワラ類，乾草類，生草類，青刈作物，サイレージなど）と濃厚飼料（穀類，油粕類，食品製造粕類など）に，又飼料の原料となる単体飼料（とうもろこし，魚粉，大豆粕，米ぬか，乾草など），混合飼料（ある特定の成分などの補給を目的に，2 種類以上の飼料又は原料を混合したもの）および配合飼料（単独で生育を維持できるもの）に分類される．

8. 5. 2. 3. 飼料添加物

本法で飼料添加物とは，①飼料の品質の低下の防止　②飼料の栄養成分等の補給　③飼料が含有している栄養成分の有効利用の促進を目的として，飼料に添加，混和，浸潤によって用いられるものであって，農林水産大臣が指定したものである（法第 2 条第 3 項，施行規則第 1 条）．平成 26 年 2 月 6 日現在の飼料添加物を**表 8-7** に示した．飼料添加物のうち防かび剤，合成抗菌剤および抗生物質を総称して「抗菌性物質」という．

表 8-7　農林水産大臣が指定した飼料添加物一覧（平成 26 年 2 月 6 日現在）

用途	類別	指定されている飼料添加物の種類
飼料の品質の低下の防止（17 種）	抗酸化剤（3 種）	エトキシキン，ジブチルヒドロキシトルエン，ブチルヒドロキシアニソール
	防かび剤☆（3 種）	プロピオン酸，プロピオン酸カルシウム，プロピオン酸ナトリウム
	粘結剤（5 種）	アルギン酸ナトリウム，カゼインナトリウム，カルボキシメチルセルロースナトリウム，プロピレングリコール，ポリアクリル酸ナトリウム
	乳化剤（5 種）	グリセリン脂肪酸エステル，ショ糖脂肪酸エステル，ソルビタン脂肪酸エステル，ポリオキシエチレンソルビタン脂肪酸エステル，ポリオキシエチレングリセリン脂肪酸エステル
	調整剤（1 種）	ギ酸
飼料の栄養成分その他の有効成分の補給（87 種）	アミノ酸（13 種）	アミノ酢酸，DL-アラニン，L-アルギニン，塩酸 L-リジン，L-グルタミン酸ナトリウム，タウリン，2-デアミノ-2-ヒドロキシメチオニン，DL-トリプトファン，L-トリプトファン，L-トレオニン，L-バリン，DL-メチオニン，硫酸 L-リジン
	ビタミン（33 種）	L-アスコルビン酸，L-アスコルビン酸カルシウム，L-アスコルビン酸ナトリウム，L-アスコルビン酸-2-リン酸エステルナトリウムカルシウム，L-アスコルビン酸-2-リン酸エステルマグネシウム，アセトメナフトン，イノシトール，塩酸ジベンゾイルチアミン，エルゴカルシフェロール，塩化コリン，塩酸チアミン，塩酸ピリドキシン，β-カロチン，コレカルシフェロール，酢酸 dl-α-トコフェロール，シアノコバラミン，硝酸チアミン，ニコトン酸，ニコチン酸アミド，パラアミノ安息香酸，D-パントテン酸カルシウム，DL-パントテン酸カルシウム，d-ビオチン，ビタミン A 粉末，ビタミン A 油，ビタミン D 粉末，ビタミン D 3 油，ビタミン E 粉末，メナジオン亜硫酸水素ジメチルピリミジノール，メナジオン亜硫酸水素ナトリウム，葉酸，リボフラビン，リボフラビン酪酸エステル
	ミネラル（38 種）	塩化カリウム，クエン酸鉄，グルコン酸カルシウム，コハク酸クエン酸鉄ナトリウム，酸化マグネシウム，水酸化アルミ

用途	類別	指定されている飼料添加物の種類
（続き）飼料の栄養成分その他の有効成分の補給（87種）	ミネラル（38種）	ニウム，炭酸亜鉛，炭酸コバルト，炭酸水素ナトリウム，炭酸マグネシウム，炭酸マンガン，DL-トレオニン鉄，乳酸カルシウム，フマル酸第一鉄，ペプチド亜鉛，ペプチド鉄，ペプチド銅，ペプチドマンガン，ヨウ化カリウム，ヨウ素酸カリウム，ヨウ素酸カルシウム，硫酸亜鉛（乾燥），硫酸亜鉛（結晶），硫酸亜鉛メチオニン，硫酸ナトリウム（乾燥），硫酸マグネシウム（乾燥），硫酸マグネシウム（結晶），硫酸コバルト（乾燥），硫酸コバルト（結晶），硫酸鉄（乾燥），硫酸銅（乾燥），硫酸銅（結晶），硫酸マンガン，リン酸一水素カリウム（乾燥），リン酸一水素ナトリウム（乾燥），リン酸二水素カリウム（乾燥），リン酸二水素ナトリウム（乾燥），リン酸二水素ナトリウム（結晶）
	色素（3種）	アスタキサンチン，β-アポ-8'-カロチン酸エチルエステル，カンタキサンチン
飼料が含有している栄養成分の有効な利用の促進（52種）	合成抗菌剤☆（6種）	アンプロリウム・エトパベート，アンプロリウム・エトパベート・スルファキノキサリン，クエン酸モランテル，デコキネート，ナイカルバジン，ハロフジノンポリスチレンスルホン酸カルシウム
	抗生物質☆★（17種）	亜鉛バシトラシン，アビラマイシン，アルキルトリメチルアンモニウムカルシウムオキシテトラサイクリン，エフロトマイシン，エンラマイシン，クロルテトラサイクリン，サリノマイシンナトリウム，センデュラマイシンナトリウム，ナラシン，ノシヘプタイド，バージニアマイシン，ビコザマイシン，フラボフォスフォリポール，モネンシンナトリウム，ラサロシドナトリウム，硫酸コリスチン，リン酸タイロシン
	着香剤（1種）	着香料（エステル類，エーテル類，ケトン類，脂肪酸類，脂肪族高級アルコール類，脂肪族高級アルデヒド類，脂肪族高級炭化水素類，テルペン系炭化水素類，フェノールエーテル類，フェノール類，芳香族アルコール類，芳香族アルデヒド類およびラクトン類のうち，1種又は2種以上を有効成分として含有し，着香の目的で使用されるものをいう.）
	呈味料（1種）	サッカリンナトリウム

用途	類別	指定されている飼料添加物の種類
	酵素（12 種）	アミラーゼ，アルカリ性プロテアーゼ，キシラナーゼ，キシラナーゼ・ペクチナーゼ複合酵素，β-グルカナーゼ，酸性プロテアーゼ，セルラーゼ，セルラーゼ・プロテアーゼ・ペクチナーゼ複合酵素，中性プロテアーゼ，フィターゼ，ラクターゼ，リパーゼ
	生菌剤（11 種）	エンテロコッカス　フェカーリス，エンテロコッカス　フェシウム，クロストリジウム　ブチリカム，バチルス　コアグランス，バチルス　サブチルス，バチルス　セレウス，バチルス　バディウス，ビフィドバクテリウム　サーモフィラム，ビフィドバクテリウム　シュードロンガム，ラクトバチルス　アシドフィルス，ラクトバチルス　サリバリウス
	有機酸（4 種）	ギ酸カルシウム，グルコン酸ナトリウム，ニギ酸カリウム，フマル酸

備考　☆：抗菌性物質製剤　★：特定添加物

8. 5. 2. 4.　製造業者，輸入業者，販売業者

本法で製造業者とは，飼料等の製造を業とする者，輸入業者とは，飼料等の輸入を業とする者，および販売業者とは，飼料等の販売を業とする者である．

8. 5. 3.　飼料の製造等に関する規制

飼料等の使用が原因となって，人の健康を損なう恐れがある畜産物（有害畜産物）が生産され，又は家畜等に被害が生じ，畜産物の生産の阻害を防止するために，飼料等の製造，使用及び保存の方法の基準（製造等の基準）ならびに飼料等の成分の規格を定めることができる（法第 3 条第 1 項）．この規定に基づき，「飼料及び飼料添加物の成分規格等に関する省令」に，飼料の一般成分，動物性蛋白質又は動物性油脂および落花生油かす，尿素又はジウレイドイソブタンならびにこれらを含む飼料規格ならびに製造等の基準が定められている．

8. 5. 3. 1.　製造等の禁止

製造等の基準又は規格がある飼料等は，次の行為をしてはならない（法第 4 条）．

（1）飼料等を販売するために，基準に適合しない方法により製造，保存又は

使用すること.

(2) 基準に適合しない方法により製造又は保存された飼料等を販売，輸入すること.

(3) 基準に適合する表示がない飼料等を販売すること.

(4) 規格に適合しない飼料等を販売，製造，輸入又は使用すること.

8.5.3.2. 飼料一般の成分規格並びに製造等の基準

(1) 成分規格（省令第1条別表1）が定められた飼料等を原料又は材料とする場合は，その規格に適合するものを用いなければならない.

(2) 飼料は，抗菌性物質（飼料添加物である合成抗菌剤，抗生物質および防かび剤を除く）を含んではならない．ただし，飼料添加物に指定されている抗菌性物質であっても，家畜等の疾病の診断，治療又は予防等を目的として飼料に混ぜて使用する場合には，医薬品として薬事法の使用規制がある.

(3) 合成抗菌剤および抗生物質である飼料添加物を，牛，豚，鶏，ブロイラーおよびうずらの飼料以外の飼料に添加することは禁止されている．これら家畜・家きんの飼料に添加できる飼料添加物の種類および添加量を**表8-8**に示した．さらに，**表8-9**に示した同一欄内の2つ以上の飼料添加物を同一飼料に添加すること，又は同一欄内の2つ以上の飼料添加物を含む飼料を家畜・家きんに給与することは禁止されている.

(4) 表8-9の飼料添加物を含む飼料は，その飼料添加物の同一欄内の他の飼料添加物を含む飼料と併用して家畜・家きんに給与することは禁止されている.

(5) 給与対象家畜等が表示されている飼料は，その給与対象家畜等以外の家畜等に給与することは禁止されている．また，表8-8に掲げる飼料添加物を含む飼料は，搾乳中の牛又は産卵中の鶏又はうずらならびに食用のためとさつする前7日間は牛，豚，鶏又はうずらに給与することは禁止されている.

(6) 抗酸化剤，防かび剤，調整剤，色素，生菌剤又は有機酸である飼料添加物を添加することができる飼料の種類およびその含有量（又は添加量）が定められている.

（7）組換えDNA技術応用した飼料等は，家畜等が摂取する際の安全性および人が組換えDNA技術応用飼料等を給与された家畜の畜産物を摂取する際の安全性について，農林水産大臣により確認されたものでなければ使用することはできない．平成24年9月現在安全性の確認がなされた飼料には，なたね，とうもろこしなど6品種65品目および飼料添加物は3種5品目がある．

（8）食品衛生法の改正により食品中の農薬および動物医薬品等の残留については，残留基準値を定め，これを超えて残留する食品の流通を禁止する「ポジティブリスト制度」が導入された．このため飼料穀物等の残留基準値を設定し，畜産物中の農薬の残留基準値を超えないようにするものである．平成24年11月現在，麦類，とうもろこしおよび牧草などについては農薬60種ならびに家畜等の飼料については農薬8種の残留基準値が設定されている．

（9）食品衛生法に定める食品中の放射性物質の基準値を超えない畜産物を生産するため，飼料中の放射性セシウムの暫定許容値が牛用および馬用：100 Bq/kg，豚用：80 Bq/kg，家きん用：160 Bq/kgと設定されている（消費・安全局長平成23年8月消安第2444号）．

（10）有害な物質を含み，若しくは病原体に汚染され，又はこれらの疑いのある原料又は材料を用いて飼料を製造すること，輸入若しくは販売すること，又は家畜等に給与することは禁止されている（法第23条）．

8.5.3.3. 動物性たん白質又は動物性油脂又はこれらを含む飼料の成分規格ならびに製造等の基準

（1）動物性たん白質（肉骨粉，血粉，チキンミール，魚粉など）又は動物性油脂を原料とする飼料（動物性たん白質等）の成分規格並びに製造などの基準は省令により定められている．

（2）動物性たん白質・動物性油脂は，原料の由来および製造条件等により給与できる家畜等が限定されている（表8-10）．

（3）動物性たん白質・動物性油脂を含む飼料の使用上および保存上の注意事項として，「この飼料は，牛，めん羊，山羊およびしかに給与しないこ

（487ページへ続く）

表 8-8　対象飼料が含むことができる飼料

対象飼料[2)]		鶏用
飼料添加物名	(単位)	幼すう用 中すう用
亜鉛バシトラシン	(g 力価)	16. 8〜168
アビラマイシン	(g 力価)	2. 5〜10
アルキルトリメチルアンモニウムカルシウムオキシテトラサイクリン	(g 力価)	5〜55
エフロトマイシン	(g 力価)	
エンラマイシン	(g 力価)	1〜10
クロルテトラサイクリン	(g 力価)	10〜55
サリノマイシンナトリウム	(g 力価)	50
センデュラマイシンナトリウム	(g 力価)	25
ナラシン	(g 力価)	80
ノシヘプタイド	(g 力価)	2. 5〜10
バージニアマイシン	(g 力価)	5〜15
ビコザマイシン	(g 力価)	5〜20
フラボフォスフォリポール	(g 力価)	1〜5
モネンシンナトリウム	(g 力価)	80
ラサロシドナトリウム	(g 力価)	75
硫酸コリスチン	(g 力価)	2〜20
リン酸タイロシン	(g 力価)	
アンプロリウム・エトパベート	(g)	アンプロリウム 40〜250 エトパベート 2. 56〜16
アンプロリウム・エトパベート・スルファキノキサリン	(g)	アンプロリウム 100

添加物の量[1)]（平成26年2月6日現在）

ブロイラー用		豚　用		牛　用		
前期用	後期用	ほ乳期用	子豚期用	ほ乳期用	幼齢期用	肥育期用
16.8～68	16.8～68	42～420	16.8～68	42～420	16.8～68	
2.5～10	2.5～10	10～40	10～40			
5～55		5～70		20～50	20～50	
		2～16	2～16			
1～10	1～10	2.5～20	2.5～20			
10～55				10～50	10～50	
50	50				15	15
25	25					
80	80					
2.5～10	2.5～10	2.5～20	2.5～20			
5～15	5～15	10～20	10～20			
5～20	5～20	5～20	5～20			
1～5	1～5	2～10	2.5～5			
80	80				30	30
75	75					33
2～20	2～20	2～40	2～20	20		
		11～44				
40～250	40～250					
2.56～16	2.56～16					
100	100					

対象飼料[2)]		鶏用
飼料添加物名	(単位)	幼すう用 中すう用
アンプロリウム・エトパベート・スルファキノキサリン	(g)	エトパベート 5 スルファキノキサリン 60
クエン酸モランテル	(g)	
デコキネート	(g)	20～40
ナイカルバジン	(g)	
ハロフジノンポリスチレンスルホン酸カルシウム	(g)	40

備考 1) 対象飼料が含むことができる飼料添加物の量は，飼料1トン当たりの有効成
2) 対象飼料とは，次のものをいう.

鶏用	幼すう用
	中すう用
ブロイラー用	前期用
	後期用
豚用	前期
	後期
牛用	ほ乳期用
	幼齢期用
	肥育期用

表 8-9 飼料添加物の併用の禁止（平成26年2月6日現在）

第1欄	アンプロリウム・エトパベート，アンプロリウム・エトパベート・スルファキノキサリン，サリノマイシンナトリウム，センデュラマイシンナトリウム，デコキネート，ナイカルバジン，ナラシン，ハロフジノンポリスチレンスルホン酸カルシウム，モネンシンナトリウム，ラサロシドナトリウム
第2欄	クエン酸モランテル

プロイラー用		豚　用		牛　用		
前期用	後期用	ほ乳期用	子豚期用	ほ乳期用	幼齢期用	肥育期用
5	5					
60	60					
		30	30			
20〜40	20〜40					
100						
40	40					

分量である.

ふ化後おおむね4週間以内の鶏用飼料
ふ化後おおむね4週間を超え10週間以内の鶏用飼料
ふ化後おおむね3週間以内のブロイラー用飼料
ふ化後おおむね3週間を超え食用としてと殺する前7日までのブロイラー用飼料
体重がおおむね30kg以内の豚用飼料
体重がおおむね30kgを超え70kg以内の豚（種豚育成中のものを除く.）用飼料
生後おおむね3月以内の牛用飼料
生後おおむね3月を超え6月以内の牛用飼料
生後おおむね6月を超えた肥育牛（搾乳中のものを除く.）用飼料

第3欄	亜鉛バシトラシン，アビラマイシン，アルキルトリメチルアンモニウムカルシウムオキシテトラサイクリン，エフロトマイシン，エンラマイシン，クロルテトラサイクリン，ノシヘプタイド，バージニアマイシン，フラボフォスフォリポール，リン酸タイロシン
第4欄	アルキルトリメチルアンモニウムカルシウムオキシテトラサイクリン，クロルテトラサイクリン，ビコザマイシン，硫酸コリスチン

表 8-10　動物性たん白質・動物性油脂の家畜等への給与規制

（平成 24 年 11 月 22 日現在）

主な対象品目		由　来	給与対象			
			牛等	豚	家きん	養殖水産動物
動物性たん白質	乳・乳製品，卵・卵製品，骨灰，骨炭，第二リン酸カルシウム（鉱物由来，脂肪，タン白を含まないもの），ゼラチン及びコラーゲン（確認済みのもの）	ほ乳動物 家きん 魚介類	○	○	○	○
	魚粉等（確認済みのもの）	魚介類	×	○	○	○
	チキンミール，フェザーミール（確認済みのもの）	家きん				
	血粉，血しょうたん白（確認済みのもの）	豚・馬 家きん				
	肉骨粉，加水分解たん白，蒸製骨粉，蹄粉，角粉，皮粉，獣脂かす等	牛等	×	×	×	×
	肉骨粉，加水分解たん白，蒸製骨粉（確認済みのもの）	豚 豚・家きん混合	×	○	○	○
	動物性たん白質を含む食品残さ（残飯など）	ほ乳動物 家きん 魚介類	×	○	○	×
動物用油脂等	動物性油脂（特定動物性油脂）	ほ乳動物	○	○	○	○
	動物性油脂（確認済みのものであって牛等を含まないもの）	豚 家きん	△	○	○	○
	動物性油脂（確認済みのものであって牛等を含むもの）	牛等 豚 家きん	×	○	○	○

主な対象品目		由　来	給与対象			
			牛等	豚	家きん	養殖水産動物
(続き)動物用油脂等	動物性油脂（左頁の各欄に記載された以外のもの）	ほ乳動物 家きん	×	×	×	×
	魚油（魚以外のたん白質の混入のないもの）	魚介類	○	○	○	○
	植物性油脂	植物	○	○	○	○

注1　「牛等」とは，牛，めん羊，山羊およびしかをいう．
注2　「家きん」とは，鶏およびうずらをいう．
注3　「確認済みのもの」とは，基準に適合していることについて農林水産大臣の確認を受けた製造所の製品をいう．
注4　「特定動物性油脂」とは，食用の肉から採取した脂肪由来で，不溶性不純物の含有量が0.02％以下であるものをいう．
注5　△は，ほ乳期子牛育成用代用乳配合飼料に使用できない．

（481ページからの続き）

とおよびこれら家畜用飼料に混入しないよう保存すること.」が定められている.

8.5.3.4.　落花生油かす，尿素又はジウレイドイソブタン又はそれらを含む飼料の成分規格並びに製造等の基準

(1)　落花生油かすのアフラトキシン B_1 含有量は1 ppm以下でなあければならない．又，飼料への落下生油かすの配合は，鶏用，豚用および牛用飼料については4％以下又は搾乳牛用飼料については2％以下と定められている．

(2)　尿素又はジウレイドブタンは純度，水分，重金属等の成分規格が定められ，生後6カ月を超える牛用飼料に，尿素は2％以下又はジウレイドブタンは1.5％以下と定められている．

8.5.3.5.　飼料の製造業者等

(1)　特定飼料等および規格設定飼料の製造業者又は輸入業者若しくは販売業者は，その事業を開始する2週間前までに，農林水産大臣（販売業者は都道府県知事）に，氏名および住所，事業場の名称および所在地等を届

出なければならない．また，その届出事項に変更，事業の廃止をしたときは，1月以内に農林水産大臣（又は都道府県知事）に届け出なければならない（法第50条）．

(2) 尿素又はジウレイドイソブタンを含む飼料，インド産落花生油かす（特定飼料），抗菌性物質を含む飼料等の製造業者は，事業所ごとに飼料製造管理者の配置が義務付けられている．自家配合農家においても，特定飼料および飼料添加物である抗菌性物質（防かび剤を除く）を含む飼料を配合製造する場合には飼料製造管理者を置かなければならない（法第25条）．

8.5.4. 飼料の公定規格および表示の基準

8.5.4.1. 公定規格並びに規格設定飼料製造業者等

(1) 飼料の栄養成分に関する品質の改善を図るため，飼料の種類ごとに栄養成分（粗たん白質，粗脂肪等）量等が公定規格（**表8-11**）として定められている（法第26条）．

(2) 飼料の製造等において基準および規格の定めのある飼料（「規格設定飼料」という．）の製造業者は，規格設定飼料の種類とその事業所ごとに農林水産大臣の登録を受けなければならない（第7条）．

(3) 規格設定飼料のうち，有害畜産物の生産の恐れ，又は畜産物の生産阻害が特に多いと認められるものとして，特定飼料および飼料添加物である抗生物質（「特定添加物」という．）を総称して「特定飼料等」といい，飼料等の製造業者は，製造した特定飼料等につき農林水産省消費安全技術センターの検定を受けなければならない（法第5条）．

8.5.4.2. 規格適合の表示等

(1) 飼料製造の登録を受けた者が，成分規格のある飼料について登録検定機関の検定を受け，規格に適合するときは，当該規格設定飼料又はその容器・包装に規格適合の表示をすることができる（法第27条）．

(2) 農林水産大臣は，飼料の消費者がその購入に際し，栄養成分の品質表示が必要として，政令（施行令第6条）で定める大豆油かす，魚粉，フェ

（495ページへ続く）

表 8-11　飼料の公定規格（平成 24 年 3 月 23 日現在）

1　配合飼料

（1）鶏用配合飼料

飼料の種類	成分量の最小量（%）				成分量の最大量（%）		代謝エネルギーの最小量（1kg 中 kcal）
	粗たん白質	粗脂肪	カルシウム	リン	粗繊維	粗灰分	
ア）幼すう育成用配合飼料（幼すう（ふ化後おおむね 4 週間以内の鶏で肥育用以外のものをいう.）の育成の用に供する配合飼料をいう.）	18. 5	2. 0	0. 70	0. 55	6. 0	8. 0	2, 800
イ）中すう育成用配合飼料（中すう（ふ化後おおむね 4 週間を超え 10 週間以内の鶏で肥育用以外のものをいう.）の育成の用に供する配合飼料をいう.）	15. 5	2. 0	0. 65	0. 50	6. 0	9. 0	2, 700
ウ）大すう育成用配合飼料（大すう（ふ化後おおむね 10 週間を超えた産卵開始前の鶏で肥育用以外のものをいう.）の育成の用に供する配合飼料をいう.）	12. 5	2. 0	0. 55	0. 45	8. 0	9. 0	2, 600
エ）成鶏育成用配合飼料（成鶏（産卵開始後の鶏で種鶏以外のものをいう.）の飼育の用に供する配合飼料をいう.）	14. 5	2. 0	2. 70	0. 50	8. 0	14. 5	2, 800

飼料の種類	成分量の最小量（%）				成分量の最大量（%）		代謝エネルギーの最小量（1kg 中 kcal）
	粗たん白質	粗脂肪	カルシウム	リン	粗繊維	粗灰分	
オ）種鶏飼育用配合飼料（産卵開始後の種鶏の飼育の用に供する配合飼料をいう.）	14. 5	2. 5	2. 70	0. 50	8. 0	13. 5	2, 800
カ）ブロイーラー肥育前期用配合飼料（ふ化後おおむね 3 週間以内の鶏の肥育の用に供する配合飼料をいう.）	20. 5	3. 0	0. 80	0. 60	8. 0	8. 0	2, 800
キ）ブロイーラー肥育後期用配合飼料（ふ化後おおむね 3 週間を超えた鶏の肥育の用に供する配合飼料をいう.）	16. 5	3. 0	0. 70	0. 55	5. 0	8. 0	2, 800

注　配合飼料中のカルシウムの重量は，リンの重量を超える量とする.

（2）豚用配合飼料

飼料の種類	成分量の最小量（%）				成分量の最大量（%）		代謝エネルギーの最小量（%）
	粗たん白質	粗脂肪	カルシウム	リン	粗繊維	粗灰分	
ア）ほ乳期子豚育成用配合飼料（生後おおむね 30kg 以内の豚の育成の用に供する配合飼料をいう.）	17. 0	3. 0	0. 60	0. 50	4. 0	9. 0	76
イ）子豚育成用配合飼料（生後おおむね 30kg を超え 70kg 以内の豚の育成の用に供する配合飼料をいう.）	14. 0	2. 0	0. 50	0. 40	5. 5	9. 0	74

飼料の種類	成分量の最小量（%）				成分量の最大量（%）		代謝エネルギーの最小量（%）
	粗たん白質	粗脂肪	カルシウム	リン	粗繊維	粗灰分	
エ）種豚育成用配合飼料（生後おおむね 60kg を超え 120kg 以内の豚種の育成の用に供する配合飼料をいう.）	12.0	1.5	0.70	0.55	8.5	10.0	67
オ）種豚飼育用配合飼料（生後おおむね 120kg を超えた種豚の飼育の用に供する配合飼料をいう.）	11.5	1.5	0.70	0.55	10.0	10.5	66

注　配合飼料中のカルシウムの重量は，リンの重量を超える量とする.

（3）牛用配合飼料

飼料の種類	成分量の最小量（%）				成分量の最大量（%）		代謝エネルギーの最小量（%）
	粗たん白質	粗脂肪	カルシウム	リン	粗繊維	粗灰分	
ア）ほ乳期子牛育成用代用乳用配合飼料（ほ乳期子牛（生後おおむね3月以内の牛をいう.以下同じ.）の育成の用に供する配合飼料であって，脱脂粉乳を主原料とするものをいう.）	17.0	7.0	0.80	0.40	1.0	10.5	79
イ）ほ乳期子牛育成用配合飼料（ほ乳期子牛の育成の用に供する配合飼料であって，ほ乳期子牛育成用代用乳用配合飼料以外のものをいう.）	14.0	2.0	0.60	0.40	6.0	9.0	70

飼料の種類	成分量の最小量（%）				成分量の最大量（%）		代謝エネルギーの最小量（%）
	粗たん白質	粗脂肪	カルシウム	リン	粗繊維	粗灰分	
ウ）若令牛育成用配合飼料（若令牛（生後おおむね3月を超え18月以内の牛をいう.）の育成の用に供する配合飼料をいう.）	10.0	1.5	0.50	0.30	11.5	10.0	65
エ）乳用牛飼育用配合飼料（生後おおむね18月を超えた乳用牛の飼育の用に供する配合飼料をいう.）	9.0	1.0	0.50	0.40	11.0	10.0	65
オ）幼令肉用牛育成用配合飼料（幼令肉用牛（生後おおむね3月を超え6月以内の肉用牛をいう.）の育成の用に供する配合飼料をいう.）	10.0	2.0	0.40	0.30	10.0	10.0	69
カ）肉用牛育成用配合飼料（生後おおむね6月を超えた肉用牛の肥育の用に供する配合飼料をいう.）	10.0	1.5	0.35	0.30	10.0	10.0	65

注　配合飼料中のカルシウムの重量は，リンの重量を超える量とする.

（4）養殖水産動物用配合飼料

飼料の種類	成分量の小量（%）		成分量の最大量（%）	
	粗たん白質	粗脂肪	粗繊維	粗灰分
ア）うなぎ餌付け用配合飼料 （おおむね体重1g以下のうなぎの餌付けの用に供する配合飼料をいう.）	50.0	3.0	1.0	17.0
イ）うなぎ稚魚用配合飼料 （おおむね体重1グラムを超え10g以下のうなぎの育成の用に供する配合飼料をいう.）	47.0	3.0	1.0	17.0
ウ）うなぎ育成用配合飼料 （おおむね体重10gを超えるうなぎの育成の用に供する配合飼料をいう.）	45.0	3.0	1.0	17.0
エ）こい稚魚用配合飼料 （おおむね体重10g以下のこいの育成に供する配合飼料をいう.）	39.0	3.0	4.0	15.0
オ）こい育成用配合飼料 （おおむね体重10gを超えるこいの育成の用に供する配合飼料をいう.）	37.0	3.0	5.0	15.0
カ）にじます餌付け用配合飼料 （おおむね体重2g以下のにじますの餌付けの用に供する配合飼料をいう.）	48.0	4.0	3.0	17.0
キ）にじます稚魚用配合飼料 （おおむね体重2gを超え10g以下のにじますの育成の用に供する配合飼料をいう.）	45.0	3.5	3.0	16.0
ク）にじます育成用配合飼料 （おおむね体重10gを超えるにじますの育成の用に供する配合飼料をいう.）	43.0	3.0	3.0	15.0
ケ）あゆ餌付け用配合飼料 （おおむね体重1g以下のあゆの餌付けの用に供する配合飼料をいう.）	50.0	4.0	3.0	17.0

飼料の種類	成分量の小量（%）		成分量の最大量（%）	
	粗たん白質	粗脂肪	粗繊維	粗灰分
コ）あゆ稚魚用配合飼料 （おおむね体重 1g を超え 10g 以下のあゆの育成の用に供する配合飼料をいう.）	46. 0	3. 5	3. 0	16. 0
サ）あゆ育成用配合飼料 （おおむね体重 10g を超えるあゆの育成の用に供する配合飼料をいう.）	44. 0	3. 0	4. 0	15. 0

2　混合飼料

飼料の種類	成分量の最小量（%）	成分量の最大量（%）			その他の事項
	粗たん白質	粗脂肪	粗繊維	粗灰分	
ア）とうもろこし・魚粉二種混合飼料 （とうもろこしと魚粉（粗たん白質の成分量が 50 パーセントのものに限る.）とを混合した飼料であって，魚粉の配合割合が 2 パーセント以上であるものに限る.）	9. 0	—	—	2. 5	—
イ）フィッシュソリュブル吸着飼料 （フィッシュソリュブル（いか又はこのソリュブルを含む.）を米ぬかその他の農産物加工かす若しくはピート粉末又はこれらの二種以上を混合したものに吸着させた飼料をいう.）	45. 0	14. 0	10. 0	18. 0	水溶性窒素の賀乳量は，窒素全量の 65% 以上であること.

注　水溶性窒素とは，水で浸透抽出し，ケルダール法によって定量した窒素の量をいう.

3　単体飼料

飼料の種類	成分量の最小量（%）	成分量の最大量（%）		その他の事項
	粗たん白質	粗繊維	粗灰分	
ア）魚粉	12.0	50.0	27.0	―
イ）フェザーミール	80.0	―	3.0	ペプシン消化率は，75% 以上であること．

注　ペプシン消化率とは，ペプシンで消化されたたん白質量の粗たん白質量に対する割合をいう．

（488 ページからの続き）

ザーミール，肉骨粉および血粉ならびに 2 種以上の飼料を原料又は材料とする飼料について，次に掲げる事項を表示しなければならない（法第 32 条）．

1）表示事項：栄養成分量，原料又は材料その他品質に関する事項

2）遵守事項：製造業者，輸入業者又は販売業者が遵守すべき事項

8. 5. 5.　そのほか

8. 5. 5. 1.　虚偽の宣伝の禁止

基準又は規格が定められた飼料等の製造業者，輸入業者又は販売業者は，その製造し，輸入し，又は販売する当該飼料等の成分又は効果に関して虚偽の宣伝をしてはならない（法第 48 条）．

8. 5. 5. 2.　容器等の不正使用の禁止

何人も，他の製造業者，輸入業者又は販売業者の氏名，商標若しくは商号又は他の飼料等の名称若しくは成分を表示した容器又は包装を不正に用いてはならない（法第 49 条）．

8. 5. 5. 3.　立入検査等

農林水産大臣又は都道府県知事は，その職員に，製造業者，輸入業者又は飼料等の運送業，倉庫業者の事業場，倉庫，船舶，車両等に立ち入り，帳簿，書類等の検査し，関係者への質問し，又は飼料等若しくはこれらの原料を試験のため必要最小量を収去させることができる（法第 56 条）．

8.6. 牛の個体識別のための情報の管理及び伝達に関する特別措置法

8.6.1. 背景および目的

牛海綿状脳症（BSE）の家畜伝染病予防法（8.2. 参照）に基づく，まん延防止措置の的確な実施および BSE の発生により牛肉の消費が減退した牛肉に対する信頼を回復し牛肉に対する安全性の確保などを目的として，牛海綿状脳症対策特別措置法（8.4. 参照）の規定に基づき，牛を個体識別番号により一元管理し，生産，流通の各段階において個体識別番号を正確に伝達するための牛個体識別情報伝達制度を構築するとともに，牛肉に係る個体識別情報の提供を促進し，もって畜産およびその関連産業の健全な発展ならびに消費者の利益の増進を図ることを目的としている（法第 1 条）.

この法律の概要を図 8-3 に示した.

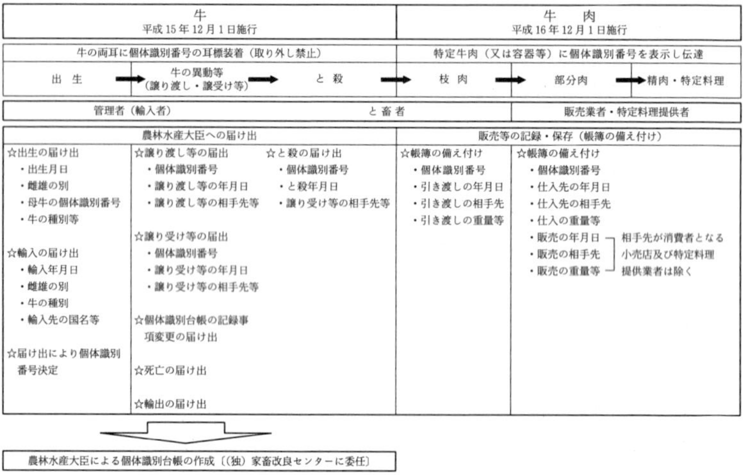
牛
平成 15 年 12 月 1 日施行
牛　肉
平成 16 年 12 月 1 日施行
牛の両耳に個体識別番号の耳標装着（取り外し禁止）
特定牛肉（又は容器等）に個体識別番号を表示し伝達
出　生
牛の異動等
（譲り渡し・譲受け等）
と　殺
枝　肉
部分肉
精肉・特定料理
管理者（輸入者）
と 畜 者
販売業者・特定料理提供者
農林水産大臣への届け出
販売等の記録・保存（帳簿の備え付け）
☆出生の届け出
・出生月日
・雌雄の別
・母牛の個体識別番号
・牛の種別等
☆輸入の届け出
・輸入年月日
・雌雄の別
・牛の種別
・輸入先の国名等
☆届け出により個体識別番号決定
☆譲り渡し等の届出
・個体識別番号
・譲り渡し等の年月日
・譲り渡し等の相手先等
☆譲り受け等の届出
・個体識別番号
・譲り受け等の年月日
・譲り受け等の相手先等
☆個体識別台帳の記録事項変更の届け出
☆死亡の届け出
☆輸出の届け出
☆と殺の届け出
・個体識別番号
・と殺年月日
・譲り受け等の相手先等
☆帳簿の備え付け
・個体識別番号
・引き渡しの年月日
・引き渡しの相手先
・引き渡しの重量等
☆帳簿の備え付け
・個体識別番号
・仕入先の年月日
・仕入先の相手先
・仕入の重量等
・販売の年月日
・販売の相手先
・販売の重量等
相手先が消費者となる小売店及び特定料理提供業者は除く
農林水産大臣による個体識別台帳の作成〔(独) 家畜改良センターに委任〕

図 8-3　牛の個体識別のための情報の管理及び伝達に関する特別措置法の概要

8.6.2. 個体識別番号および管理者等の定義

8.6.2.1. 個体識別番号

本法で個体識別番号とは，牛の個体を識別するために牛ごとに定められる番号である．

8.6.2.2. 管理者

本法で管理者とは，牛の所有者又は牛を管理する者である．

8.6.2.3. 特定牛肉

本法で特定牛肉とは，牛個体識別台帳に記録されている牛から得られるもので，卸売段階では枝肉および部分肉，小売り段階では牛ロース，スライスなどの精肉である．

8.6.2.4. 特定料理

本法で特定料理とは，牛肉を主たる材料とする焼き肉，しゃぶしゃぶ，すき焼きおよびステーキである．

8.6.2.5. 販売業者

本法で販売業者とは，牛肉の販売業を行う者および「特定料理提供業者」は，特定料理の専門店を営む者である．

8.6.3. 牛個体識別台帳

8.6.3.1. 牛個体識別台帳の作成

農林水産大臣の委任を受けた独立行政法人家畜改良センター（センター）は，牛個体識別台帳を作成し，牛ごとに個体識別番号，出生年月日，雌雄の別，管理者の氏名，牛の農場搬入・搬出，とさつ，死亡又は輸出の年月日などに関する事項を記録する（法第3条）．

8.6.3.2. 牛個体識別台帳の記録等

牛個体識別台帳の記録および記録の修正又は消去は，センターが管理者等の届出に基づき，又は職権で行うものとする．この牛個体識別台帳は，当該牛のとさつ，死亡又は輸出の日から3年間保存する（法第4条，施行令第4条）．

8.6.3.3. 牛個体識別台帳の記録情報の公表

センターは，牛個体識別台帳に記録された管理者の氏名，管理の開始および終了の年月日，飼養施設の所在地，と畜者の氏名および連絡先などの牛個体情報をインターネットの利用などにより公表する（法第6条）.

8.6.4. 牛の出生等の届出および耳標の管理

8.6.4.1. 出生又は輸入の届出

管理者（又は輸入者）は，牛が出生（又は牛を輸入）したときは，出生年月日（又は輸入年月日），雌雄の別，母牛の個体識別番号，管理者（又は輸入者）の氏名および住所，飼養施設の所在地等をセンターに届け出る（法第8条）.

8.6.4.2. 耳標の装着

（1）センターは，出生又は輸入の届出を受理したときは，個体識別番号を決定し，管理者又は輸入者に通知する.

（2）管理者又は輸入者は，通知された個体識別番号を牛の両耳にその個体識別番号を表示した耳標を装着する（法9条第2項）.

（3）管理者は，耳標が滅失し，き損し，又は個体識別番号の識別が困難となった場合には，新たにその個体識別番号の耳標を装着する.

8.6.4.3. 耳標の取り外し等の禁止

（1）何人も，耳標を取り外し，そのほか個体識別番号の識別を困難にする行為をしてはならない（法第10条）.

（2）何人も，両耳に耳標が着けられていない牛の譲渡し，若しくは引渡し（譲渡し等）又は譲受け若しくは引取り（譲受け等）をしてはならない.

8.6.4.4. 譲渡し等および譲受け等の届出

（1）管理者又は輸入者は，牛の譲渡し等をしたときは，その牛の個体識別番号，相手方の氏名および譲渡しなどの年月日などをセンターに届け出る（法第11条）.

（2）牛の譲受け等をした者は，氏名および住所，牛の個体識別番号，相手方の氏名および譲受け等の年月日ならびに飼養施設の所在地などをセンターに届け出る.

（3）牛個体識別台帳の記録事項に変更があったときは，牛の管理者は，センターに届け出る.

8.6.4.5. 死亡，とさつおよび輸出の届出

（1）牛が死亡（とさつを除く.）したときは，その管理者は，牛の個体識別番号および死亡年月日などをセンターに届け出る（法第 13 条第 1 項）.

（2）牛をとさつした者（と畜者）は，牛の個体識別番号，とさつ年月日および譲受けなどの相手方の氏名などをセンターに届け出る（法第 11 条第 2 項）.

（3）牛を輸出した者（輸出者）は，牛の個体識別番号，輸出の年月日，譲受け等の相手方の氏名および輸出国等をセンターに届け出る.

8.6.5. 特定牛肉等の表示等

牛がとさつされ食肉処理された特定牛肉の流通において，と畜者，販売業者，特定料理提供業者は，特定牛肉又は容器等に牛の個体識別番号を表示し伝達するとともに，特定牛肉の引渡し，販売および仕入れに関する事項を記録し，その帳簿を 2 年間保存する（法第 17 条，施行規則第 27 条）.

（1）と畜者は，とさつした牛の特定牛肉を他の者に引き渡しときは，特定牛肉の牛個体識別番号を表示し伝達する（法第 14 条）.

（2）販売業者は，特定牛肉の販売をするときは，特定牛肉若しくはその容器，包装，送り状又はその店舗の見やすい場所に，特定牛肉の牛個体識別番号を表示する（法第 15 条）.

（3）販売業者は，一つの特定牛肉に一つの個体識別番号を表示する．ただし，いずれの牛から得られたものであるかを識別することが困難な特定牛肉で，50 頭以下の牛から得られた特定牛肉の場合は二つ以上の個体識別番号を表示することができる.

（4）特定料理提供業者は，特定料理又はその店舗の見易い場所に，特定牛肉の牛個体識別番号を表示する（法第 16 条）.

（5）と畜者，販売業者および特定料理提供業者は，帳簿又は磁気ディスクを備え，特定牛肉の引渡し，販売又は仕入する特定牛肉ごとに，牛の個体識別番号，引渡し，販売又は仕入の年月日，相手方の氏名および住所ならびに特定牛肉の重量などを記録する（法第 17 条）.

8.7. 家畜排せつ物の管理の適正化及び利用の促進に関する法律

8.7.1. 目　的

家畜排せつ物は，これまでも，畜産業における資源として，農産物や飼料作物の生産に有効に利用されてきた．しかし，近年，畜産経営の急激な大規模化の進行，高齢化に伴う農作業の省力化等を背景として．資源としての利用が困難になりつつあり，素掘りや野積みといった不適切な管理によって，悪臭の発生や水質汚濁など地域の生活環境の悪化の原因となっている．

このため，畜産業における家畜排せつ物の管理の適正化を図るための措置および利用を促進するための支援措置を講ずることにより，わが国畜産の健全な発展を図る（平成 11 年 11 月 1 日施行）．

8.7.2. 概　要

図 8-4 示すように，家畜排せつ物の処理・保管の基準（管理基準）を策定し，

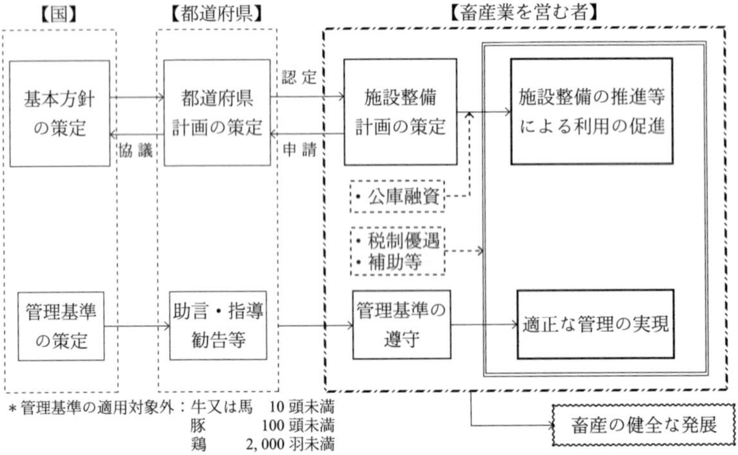

図 8-4　家畜排せつ物法の管理の適正化及び利用の促進に関する法律の基本的枠組み

これに係る行政指導や罰則のほか，利用の促進に関する事項を規定している．国に対して家畜排せつ物の利用の促進を図るための基本方針（基本方針）の策定を義務づけ，都道府県は基本方針に則した「都道府県計画」を定める．

このことによって，畜産業は，補助事業を始め各種の支援策によって都道府県計画に即した施設整備などを推進することができる．

8. 7. 3. 管理基準

法第 3 条にあるように管理基準を定めなければならず，施行規則第 1 条にあるように，施設構造に関して，コンクリートやそのほか不浸透材料で築造した構造とするなどの基準を設け，家畜排せつ物は施設において適切に管理し，年間発生量，処理の方法，処理量について記録することとなっている．なお，牛 10 頭未満，豚 100 頭未満，鶏 2, 000 羽未満，馬 10 頭未満の小規模畜産農家は管理基準適用外である．

8. 7. 4. 基本方針

法第 7 条第 2 項にあるように，堆肥化を基本とした家畜排せつ物処理を推進し，処理高度化施設（送風装置を備えた堆肥舎その他家畜排せつ物処理の高度化を図る施設）の整備に関する目標を設定し，さらに家畜排せつ物利用の促進に関する技術の向上を図るとともに，畜産と耕種の連携を強化するなど，平成 20 年度を目標年度とする基本方針を平成 11 年 11 月 1 日に定めた．

その後，管理基準の達成率が高まり，畜産を取り巻く情勢が変化したことなどによって，平成 19 年 3 月 30 日に基本方針が改定された．新たな基本方針は，目標年度を平成 27 年度とし，耕畜連携の強化，耕種のニーズに即した堆肥づくり，家畜排せつ物のエネルギーとしての利用などの推進にポイントを置いた内容となっている．

8.8. 食品衛生法

8.8.1. 歴史的背景

食品衛生に関する法規としては明治11年に着色料について施行されたものが最初である．その後，旧法である「飲食物其の他の物品取締に関する法律」が明治33年に施行され，主に有毒，有害な飲食物を排除することに主力が注がれ，その取締り業務も警察が担当していた．昭和22年に，全食品，全食品営業の取締りを網羅した「食品衛生法」が制定された．その後，たびたび改正されたが，平成15年には，牛海綿状脳症の発生を契機に食品安全基本法が制定され，食品衛生法も大きく改正された．ここでは家畜衛生と関連が深い項目について解説する．

8.8.2. 法の目的

この法律の目的は，食品の安全性の確保のために公衆衛生の見地から必要な規制その他の措置を講ずることにより，飲食に起因する衛生上の危害の発生を防止し，国民の健康の保護を図ることである（法第1条）．

8.8.3. 食品および添加物

8.8.3.1. 食品および添加物の定義

食品とは，全ての飲食物をいうと定義され，薬事法に規定する医薬品および医薬部外品は除かれている（法第4条第1項）．

添加物とは，食品の製造の過程において又は食品の加工若しくは保存の目的で，食品に添加，混和，浸潤その他の方法によって使用する物をいうと定義されている（法第4条第2項）．

8.8.3.2. 食品および添加物の販売

販売する食品・添加物の製造，加工，使用等は清潔で衛生的に行われなければならないとされており，以下のものは販売が禁止されている（法第6条）．

①腐敗し，若しくは変敗したもの又は未熟であるもの

②有毒な，若しくは有害な物質が含まれ，若しくは付着し，又はこれらの疑

いがあるもの

③病原微生物により汚染され，又はその疑いがあり，人の健康を損なう恐れがあるもの

④不潔，異物の混入又は添加その他の事由により，人の健康を損なう恐れがあるもの

8. 8. 3. 3.　病肉等の販売等の禁止

一定の疾病に罹った獣畜・家きんの肉等は，人の健康を害する恐れが大きく，社会通念上も食品としては不適であることから販売等が禁止されている（法第 9 条）．具体的な疾病は，「と畜場法」および「食鳥処理の事業の規制及び食鳥検査に関する法律」で規定されているが，家畜伝染病予防法の監視伝染病が全て対象となっている．

8. 8. 4.　食品に残留する農薬等のポジティブリスト制度

8. 8. 4. 1.　ポジティブリスト制度とは

平成 15 年の本法の改正に基づき，食品中に残留する農薬，飼料添加物および動物用医薬品（農薬等）について，一定の量を超えて農薬等が残留する食品の販売等を原則禁止する（法第 11 条第 3 項）という制度（ポジティブリスト制度）が，平成 18 年 5 月から施行された（図 8-5）．

ポジティブリストとは，原則規制（禁止）された状態で例外（使用，残留）を認めるものについてリスト化するもので，平成 18 年の施行前は，原則規制がない状態で規制するものをリスト化していた（ネガティブリスト）．

なお，カリウム，塩素，亜鉛，カルシウム，クエン酸など 66 物質は，人の健康を損なう恐れのないものとしてポジティブリスト制度の対象外となっている（平成 17 年厚生労働省告示第 498 号）．

8. 8. 4. 2.　残留基準

厚生労働大臣は，公衆衛生の見地から薬事・食品衛生審議会の意見を聴いて，販売の用に供する食品・添加物の製造等について基準又はその成分につき規格を定めることができる（法第 11 条第 1 項）とされ，「食品・添加物等の規格基準」（昭和 34 年厚生省告示第 370 号）が定められている．この中で「食品は，抗生物質又は化学的合成品たる抗菌性物質および放射性物質を含有してはならな

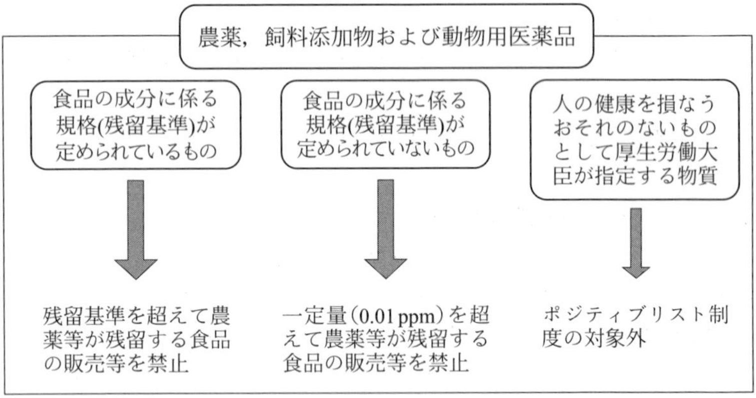
農薬，飼料添加物および動物用医薬品
食品の成分に係る規格(残留基準)が定められているもの
食品の成分に係る規格(残留基準)が定められていないもの
人の健康を損なうおそれのないものとして厚生労働大臣が指定する物質
残留基準を超えて農薬等が残留する食品の販売等を禁止
一定量(0.01 ppm)を超えて農薬等が残留する食品の販売等を禁止
ポジティブリスト制度の対象外

図 8-5　食品に残留する農薬等のポジティブリスト制度

表 8-12　食品に残留する農薬等の成分である物質の量の限度の例

第 1 欄	第 2 欄	第 3 欄
アモキシシリン	牛・豚の筋肉	0. 04 ppm
	牛・豚の脂肪	0. 04 ppm
	牛・豚の肝臓	0. 04 ppm
	牛・豚の腎臓	0. 04 ppm
	乳	0. 008 ppm
	鶏の筋肉	0. 02 ppm
	鶏の肝臓	0. 02 ppm
	鶏の腎臓	0. 02 ppm
	鶏の卵	0. 01 ppm

い．ただし，成分規格が定められている場合などにあっては，この限りでない．」とされている．

食品において不検出とされる農薬等としてクロラムフェニコール，カルバドックス，ニトロフラゾンなど 18 成分が指定されている．食品に残留する農薬等の成分である物質の量（いわゆる残留基準）は，**表 8-12** のように示され，第 1 欄に掲げる農薬等の成分である物質は，第 2 欄に掲げる食品の区分に応じ，それぞれ第 3 欄に定める量を超えて当該食品に含有されるものであってはならないとされている．

8. 8. 5.　乳及び乳製品の成分規格等に関する省令

法第 11 条第 1 項等の規定に基づき，「乳及び乳製品の成分規格等に関する省令」（厚生省令第 52 号）が昭和 26 年に制定されている．本省令第 2 条で牛乳，バター，アイスクリームなどが定義されおり，別表に具体的な規格や基準が記載されている．

8. 8. 5. 1.　総合衛生管理製造過程の承認基準（HACCP）

牛乳，アイスクリームや食肉製品などの製造・加工については，その施設ごとに厚生労働大臣が承認しており，HACCP と呼ばれる衛生管理手法が承認の要件とされている（法第 13 条）．乳および乳製品については，本省令で規定され（省令第 4 条～第 6 条），詳細は別表に記載されている．

8. 8. 5. 2.　乳等一般の成分規格および製造の方法の基準

乳および乳製品ならびにこれらを主要原料とする食品（乳等）は，抗生物質，合成抗菌剤および放射性物質を含有してはならないとされ，8. 8. 4. 2 で述べたと同様，成分規格が定められたものはそれに適合していなければならない．また，①分べん後 5 日以内のもの，②乳に影響ある薬剤を服用させ，又は注射した後，その薬剤が乳に残留している期間内のもの，③生物学的製剤を注射し著しく反応を呈しているもの，に該当する牛，山羊又はめん羊から乳を搾取してはならないとされているので注意が必要である．使用する生乳の要件としては，比重，酸度および細菌数（400 万/mL 以下）が定められている．

8. 8. 5. 3.　乳等の成分規格，製造および保存方法の基準

乳 7 種類および乳製品 25 種類について決められている．例えば，牛乳の成分規格は，無脂乳固形分（8% 以上），乳脂肪分（3% 以上），比重，酸度，細菌数（5 万/mL 以下），大腸菌群陰性とされ，加熱殺菌する製造基準および 10℃以下の保存基準が示されている．

なお，本省令の別表にはこれら成分規格に関する試験法も具体的に記載されている．

8. 8. 6. 食中毒とその対策

8. 8. 6. 1. 食中毒の届出

食品などに起因して中毒した患者若しくはその疑いのある者を診断した医師は，保健所長に届け出ることになっている（法第 58 条）．保健所長は，都道府県知事に報告するとともに，①中毒の原因となった食品および病因物質を追及するために必要な疫学的調査，②中毒患者などの血液，ふん便，尿若しくは吐物その他の物又は中毒の原因と思われる食品などについての微生物学的若しくは理化学的試験又は動物を用いる試験による調査を行う（施行令第 36 条）．患者数や調査結果は，報告を受けた都道府県知事から厚生労働大臣に報告され，取りまとめられる．なお，都道府県知事が大臣に報告すべき義務があるのは，患者が 50 名以上の場合や以下の病因物質に起因し，又は起因すると疑われる場合などである（規則第 73 条，別表第 17）．規定されている病原物質は，①サルモネラ属菌，②ボツリヌス菌，③腸管出血性大腸菌，④エルシニア・エンテロコリチカ O 8，⑤カンピロバクター・ジェジュニ/コリ，⑥コレラ菌，⑦赤痢菌，⑧チフス菌，⑨パラチフス A 菌および⑩化学物質（元素および化合物をいう）である．食中毒の原因物質は多様であるため，ここではこれまで被害の大きかった細菌が主に指定されている．近年ノロウイルスによる食中毒が多発し，その患者数は，全食中毒患者数の半数を超えているので注意が必要である．

8. 8. 6. 2. 食品衛生管理者の責務

乳製品，その他製造・加工の過程において特に衛生上の考慮を必要とする食品等の製造・加工を行う営業者は，その製造・加工を衛生的に管理させるために，その施設ごとに専任の食品衛生管理者を置かなければならないとされている（法第 48 条）．また，食品等事業者が実施すべき管理運営基準に関するガイドラインや学校・社会福祉施設などの大量調理施設衛生管理マニュアルが出されている．

8. 8. 6. 3. 牛のレバーの生食用の販売・提供禁止

牛の生レバーを食べ腸管出血性大腸菌による重篤な食中毒が発生したことから，牛のレバーを生食用として販売・提供することが平成 24 年 7 月から禁止された．「食品・添加物等の規格基準」の B 食品一般の製造，加工および調理基準に，「牛の肝臓は，飲食に供する際に加熱を要するものとして販売の用に供されなければならない．牛の肝臓を直接一般消費者に販売する場合は，その販売者は，飲食に供する際に牛の肝臓の中心部まで十分な加熱を要するなどの必要な情報を一般消費者に提供しなければならない.」と記載されている.

なお，豚の生レバーにはE型肝炎やカンピロバクターなどのさまざまな食中毒のリスクがあるので，豚レバーの生食は，止めるよう厚生労働省は呼びかけている.

8.9. と畜場法

8.9.1. 歴史的背景および目的

わが国の食肉検査は，明治4年8月大蔵省通達「屠牛取締方」に始まるが，牛肉の消費が増し，これに伴い私営と畜場が多数設置されたが，衛生管理や制度が整備されるまでに至らなかった．しかし，明治39年に「屠場法」が制定され，衛生上，保安上の見地にたって，と畜場は優先的に公共団体により設立された．その後昭和22年保健所法の制定により，都道府県の職員であると畜検査員による検査制度が導入された．昭和28年8月には，と畜場およびと畜検査を包括した「と畜場法」が制定され，食肉に関する基本的な衛生管理の体制が確立された.

この法律は，と畜場の経営および食用に供する獣畜の適正な処理を確保するために公衆衛生の見地から必要な規制その他の措置を講じ，もって国民の健康の保護を図ることを目的とする（法第1条).

8.9.2. 対象獣畜およびと畜場の設置

この法律の対象とする獣畜は，牛（水牛を含む)，馬，豚，めん羊および山羊の5種の動物である（法第3条第1項)．生後1年以上の牛や馬又は1日に豚，めん羊および山羊を11頭以上とさつし又は解体できると畜場を「一般と畜場」(法第3条第3項）といい，それ以外のと畜場は「簡易と畜場」である.

一般と畜場又は簡易と畜場の設置は，都道府県知事（保健所設置市の市長）の

表 8-13　開設者別のと畜場数

開設者	一般と畜場	簡易と畜場	合　計
国都道府県	3	11	14
市町村	68	1	69
民間会社	77	0	77
組合その他	44	0	44
	192	12	204

資料：厚生労働省調べ，平成 24 年 4 月 1 日現在

許可を受けなければならない（法第 4 条）．これらと畜場は，人家が密集している場所，公衆の飲料水が汚染される恐れがある場所およびその他都道府県知事が公衆衛生上危害を生ずる恐れがあると認める場所に設置することはできない．平成 24 年 4 月現在，一般と畜場および簡易と畜場の設置数を**表 8-13** に示した．

8. 9. 3.　と畜場の衛生管理等

と畜場の設置者又は管理者は，と畜場の内外を常に清潔にし，汚物処理を十分に行い，ネズミ，昆虫などの発生の防止および駆除に努め，厚生労働省令の定める基準に従いと畜場を衛生的に管理し，公衆衛生上必要な措置を講じなければならない（法第 6 条）．

①と畜場の管理者又は設置者は，と畜場を衛生的に管理させるため，衛生管理責任者を置かなければならない（法第 7 条）．

②衛生管理責任者は，衛生管理に関してこの法律等に違反が行われないように，と畜場の衛生管理に従事する者を監督し，と畜場の構造設備を管理し，その他当該と畜場の衛生管理につき，必要な注意をしなければならない．

③衛生管理責任者は，衛生管理に関してこの法律等に違反が行われないように，と畜場の衛生管理につき，設置者又は管理者に対し必要な意見を述べなければならない．

④衛生管理者は，獣医師，大学等で獣医学又は畜産学の課程を修めて卒業した者若しくは中学校等を卒業した者で，と畜場の衛生管理に 3 年以上従事し都道府県（又は保健所設置市）の行う講習会を修了した者でなければなら

ない．

⑤と畜業者その他獣畜のとさつ又は解体を行う者（と畜業者等）は，と畜場内において獣畜のとさつ又は解体を行う場合には，厚生労働省令で定める基準に従い，獣畜のとさつ又は解体を衛生的に管理し，その他公衆衛生上必要な措置を講じなければならない．

⑥と畜業者等は，衛生管理者に準ずる作業衛生責任者を置いて，獣畜のとさつ又は解体を衛生的に管理しなければならない．

8.9.4. 食肉（と畜）検査

8.9.4.1. とさつ又は解体の禁止

と畜場以外の場所において，食用目的で獣畜をとさつ又は解体してはならない（法第13条）．ただし，食肉販売業，食肉処理業，食肉製品製造業，飲食店営業およびそうざい製造業を営む以外の者が，あらかじめ，都道府県知事に届け出て，自己およびその同居者の食用目的で，獣畜をとさつする場合，獣畜が不慮の災害により，負傷し，又は救うことができない状態に陥り，直ちにとさつすることが必要である場合又は獣畜が難産，産褥麻痺又は急性鼓張症などの疾病に罹り，直ちにとさつすることが必要である場合は除かれる．

8.9.4.2. とさつ又は解体の検査

①と畜検査員の生体検査に合格した獣畜以外の獣畜をとさつしてはならない（法第14条第1項）．

②と畜検査員の解体前検査に合格した獣畜以外の獣畜を解体してはならない（法第14条第2項）．

③解体された獣畜の肉，内臓，血液，骨および皮は，と畜検査員の行う解体後検査および海綿状脳症（BSE）スクリーニング検査（牛，めん羊および山羊に限る．）に合格したものでなければと畜場外に持ち出してはならない（法第14条第3項）．ただ，精密検査の検体として解体された獣畜の肉，内臓，血液，骨又は皮の一部又はBSEスクリーニング検査のために牛の頭部（皮）を持ち出すことは除かれる．獣畜がと場に搬入されてから搬出までの概要を**図8-6**に示した．

④生体検査，解体前および解体後検査の検査は，家畜伝染病予防法に定める

搬　入

⇓

生体検査

各個体の外観を肉眼による検査，行動の異常等を検査する．

合　格　　**不合格**

⇓　　とさつ禁止

解体前検査

再度，外観や血液等の状態を検査する．

合　格　　**不合格**

⇓　　解体禁止

解体後検査

解体した各個体の頭部，内臓，枝肉は目視検査し，病気が全身に及ぶ場合は1頭すべて破棄し，異常が一部分の場合は，その臓器や部位を破棄する．肉眼で判断できない場合は精密検査を行う．

⇓　　**不合格**

一部又は全部廃棄

BSE（又はTSE）スクリーニング検査および確認検査

牛はBSE，めん羊及び山羊はTSEスのクリーニング検査を行い，陽性個体は確認検査により確定診断を行う。

合　格　　**不合格**：確定診断陽性

⇓　　⇓

検　印　　個体全部焼却処分

⇓

搬　出

図8-6　食肉（と畜）検査の流れ

家畜伝染病および届出伝染病の他，水腫，外傷，炎症，変性，臓器の異常などについて，望診，検温，触診，解剖検査，顕微鏡検査又は細菌検査，理化学検査等の精密検査である（法第14条第7項，施行令第8条）．

8.9.4.3.　譲受けおよびとさつ解体等の禁止

①と畜場以外の場所で解体された獣畜の肉，内臓，又はと畜検査員の検査を

受けないでと畜場から持ち出された獣畜の肉，内臓を，食品として販売する目的で譲り受けてはならない（法第15条）.

②と畜検査員は，検査の結果，疾病にかかり又は異常があり食用に供することができないと認めたとき（異常畜），又は異常畜若しくは異常畜のとさつ，解体により病毒を伝染させる恐れがあると認めたときは，次に掲げる措置をとることができる（法第16条）.

a）獣畜のとさつ又は解体を禁止すること.

b）獣畜の所有者又は管理者，と畜場の設置者又は管理者，と畜業者その他の関係者に対し，異常畜の隔離，と畜場内の消毒等の措置を命じ，又は職員が措置すること.

c）異常畜の肉，内臓等の所有者又は管理者に対し，食用にできないと認められる肉，内臓その他の異常畜の部分について廃棄等の措置を命じ，又は職員が措置すること.

8. 9. 5.　と畜検査員

食肉（と畜）検査および食用のための獣畜の適正な処理を確保するための指導の職務のため，都道府県知事又は保健所を設置する市又は特別区の市長又は区長は，獣医師の資格を有する職員のうちからと畜検査員を命ずる（法第19条，施行令第10条）.

8. 10.　食鳥処理の事業の規制及び食鳥検査に関する法律

8. 10. 1.　背景と目的

わが国における食鳥肉の生産量（処理量）は，昭和50年は約43, 700万羽（85. 6万トン）であったが，昭和63年には約74, 400万羽（187. 3万トン）に達し，食鳥は約1, 200処理場（昭和49年）で解体処理され，食鳥肉小売店から卸売・販売されている．食鳥処理場や食鳥肉小売店は，都道府県知事が定める施設や衛生管理の基準が定められているものの，その基準は食品全般を対象とするものであり，特に食鳥について定めたものではなく，病気や異常を有する法的規制はなかった．食鳥処理業者は，昭和53年（1978年）の食鳥処理加工指導要領に基づき自主的な検査により，安全で衛生的な食鳥肉を提供してきた．

一方，鶏肉輸入量は，昭和50年2.7万トンであったが，昭和63年26.3万トンで，9.8倍に増加し，その輸入量は国内生産量の14%にも達した．欧米では以前から衛生的に処理され安全な食鳥肉を提供するため国レベルで保証する食鳥肉検査制度が導入されていることから，消費者の食品に対する安全性への意識の高まりもあり，食鳥肉の輸入量増となった．このような食鳥肉業界の背景から衛生で安全な食鳥肉を国民に提供するために国レベルで保証するため法的に規制することとなった．

この法律は，食鳥処理の事業について公衆衛生の見地から必要な規制その他の措置を講ずるとともに，食鳥検査の制度を設けることにより，食鳥肉等に起因する衛生上の危害の発生を防止し，もって国民の健康の保護を図ることを目的とする（法第1条）．

8.10.2. 食鳥処理事業の許可及び事業者の遵守事項

この法律の対象となる食鳥は，鶏，あひる（かも，あいがもを含む）および七面鳥である（政令）．これらの食鳥処理事業者は，都道府県知事（又は保健所を設置する市又は特別区の市長又は区長）の許可を受けなければならない（法第3条）．また，食鳥処理場の施設および設備は，厚生生労働省令で定める基準に適合していなければならない．さらに，食鳥肉等に起因する衛生上の危害の発生を防止するため，食鳥処理業者は，次の事項を遵守しなければならない．

①食鳥処理業者は，食鳥処理場を衛生的に管理し，食鳥，食鳥とたい（とさつし，羽毛を除去した食鳥で，内臓摘出前のもの），食鳥中抜とたい（食鳥とたいから内臓を摘出したもの）および食鳥肉等を衛生的に取り扱い，その他公衆衛生上必要な措置を講じなければならない（法第11条）．

②食鳥処理業者は，食鳥処理衛生管理者を置き，食鳥処理を衛生的に管理しなければならない．

③食鳥処理衛生管理者は，食鳥処理場の構造設備を管理ならびに食鳥処理従事者を監督し，食鳥処理においてこの法律等に違反が行われないように必

要な注意をしなければならない．

④食鳥処理衛生管理者は，食鳥処理においてこの法律等に違反が行われないように必要な意見を食鳥処理業者に述べなければならない．

⑤食鳥処理業者は，前項の規定による食鳥処理衛生管理者の意見を尊重しなければならない．

⑥食鳥処理衛生管理者は，獣医師，大学等で獣医学又は畜産学の課程を修了した者，食鳥処理衛生管理者養成施設で所定の課程を修了した者若しくは食鳥処理の実務経験が3年以上あり，厚生労働大臣の指定する講習会を修了した者でなければならない．

8. 10. 3. 食鳥検査等

平成22年農林水産省食鳥流通統計によれば，年間処理羽数が30万羽以上の肉用若鶏の処理場は165カ所，採卵期間を終えた雌鶏廃鶏の食鳥処理場は272カ所および30万羽未満の食鳥処理場は約2, 300余りある．これらの食鳥処理場では食鳥処理衛生管理者および食鳥検査員により食鳥検査が行われている．

8. 10. 3. 1. 食鳥検査

①食鳥処理業者は，食鳥処理作業工程において，都道府県知事が行う「とさつ前検査」（とさつする前の食鳥に対する検査），「脱羽後検査」（食鳥とたいに対する検査）ならびに「内臓摘出後検査」（食鳥中抜とたいおよび摘出した内臓に対する検査）を受けなければならない（法第15条）．

②とさつ前検査，脱羽後検査および内臓摘出後検査は，次の項目について行う．

a）家畜伝染病および届出伝染病に罹患の有無

b）厚生労働省令で定める疾病又は異常の有無

c）潤滑油の付着その他の厚生労働省令で定める異常の有無

③食鳥処理業者は，食鳥処理場の構造および施設が，厚生労働省令で定める基準に適合するときは，内臓摘出後検査を受ける際に同時に脱羽後検査を受けることができる．

④食鳥処理業者は，食鳥処理衛生管理者に食鳥の生体の状況，食鳥とたいの体表の状況又は食鳥中抜とたいの内側面および摘出した内臓の状況（食鳥

の状況）について，厚生労働省令で定める基準に適合する旨の確認をさせた場合は，都道府県知事の行う脱羽後検査および内臓摘出後検査の方法を簡略化することができる．

8. 10. 3. 2. 認定小規模食鳥処理業者に係る食鳥検査の特例

①年間 30 万羽未満の食鳥処理業は，食鳥の状況の確認の方法，確認の手順ならびに確認の結果の記録およびその保存方法に関する事項を記載した確認規程を作成し，都道府県知事に提出して，その確認規程が厚生労働省令で定める基準に適合する旨の認定を受けることができる．この認定を受けた食鳥処理業者を「認定食鳥処理業者」という．

②認定食鳥処理業者は，年間 30 万羽を超えて処理してはならない．

③認定食鳥処理業者は，食鳥処理衛生管理者に食鳥の状況について，厚生労働省令に定める基準に適合するか否かの確認をさせ，その確認の状況を都道府県知事に報告しなければならない．

8. 10. 3. 3. 持ち出し等の禁止

何人も，食鳥検査に合格した後又は厚生労働省令で定める基準に適合する旨の確認がなされた後でなければ，食鳥とたい，食鳥中抜とたい又は食鳥肉等を食鳥処理場の外に持ち出してはならない（法第 17 条）．

8. 10. 3. 4. 譲受けの禁止

何人も，食鳥処理場以外の場所で食鳥処理をした若しくは持出し等の禁止に違反し食鳥処理場の外に持ち出された食鳥とたい，食鳥中抜とたい又は食鳥肉等を，食品として販売してはならない（法第 18 条）．

8. 10. 4. 指定検査機関

食鳥検査は，都道府県の職員の中で獣医師の資格を持つ者が任命される食鳥検査員と厚生労働大臣省の指定した指定検査機関であって，当道府県知事から食鳥検査について委任された指定検査機関の職員（検査員）により行われている．平成 25 年 2 月現在の指定検査機関は，社団法人各県獣医師会，公益社団法人各県食肉衛生協会など 15 団体が指定されている．

8. 10. 4. 1. 食鳥検査の義務

指定検査機関は，食鳥検査を求められたときは，獣医師の資格のある検査員に食鳥検査を実施させ，その検査結果を都道府県知事に報告しなければならない．

8. 10. 4. 2.　役員等，業務規程，事業計画の許可等

①指定検査機関の役員の選任および解任は，厚生労働大臣の許可を受けなければならない．

②指定検査機関は，食鳥検査の業務の実施に関する業務規程を定め，厚生労働大臣の認可を受けなければならない．

③毎年の事業計画および収支予算を作成し，厚生労働大臣の認可を受けなければならない．

④毎年の事業報告書および収支決算書を作成し，厚生労働大臣および都道府県知事に提出しなければならない．

コラム

・再生医療等製品への期待

山中教授の iPS 細胞の発見は，再生医療に拍車をかけている．動物においても再生獣医療として注目を集めている．既に，犬 iPS 細胞由来の血小板が作成され，今後の臨床応用への発展が期待されている．法律の面からもそれらの開発を促進するために薬事法の改正が行われ，新たに「再生医療等製品」というジャンルが追加された．施行令において，動物細胞加工製品の具体例として①動物体細胞加工製品，②動物体性幹細胞加工製品，③動物胚性幹細胞加工製品，④動物人工多能性幹細胞加工製品等が挙げられている．

一方，患犬から採取したリンパ球を培養し，活性化リンパ球として当該患犬に戻す療法が行われている．これは，自家（自分由来の細胞を培養して自分に戻すので「自家」と称する.）の再生医療等製品で上記①に相当するものであるが，自分の動物病院で自分が培養して患犬に投与する場合は，獣医師の裁量となり，薬事法の規制が及ばない．現在もこのような治療を実施している動物病院が少なからず存在する．しかし，開業獣医師が自ら培養するよりは，専門の製造業者に任せた方が品質的にも優れたものができ，今後の獣医療の進展にもプラスとなると思われる．薬事法上の再生医療等製品として製造販売の許可と承認を取得する業者の出現に期待したい．

（平山紀夫）

索　引

ア　行

カ　行

サ　行

タ 行

ナ 行

ハ　行

マ　行

ヤ　行

ラ　行

ワ　行

英　字

JCOPY <（社）出版者著作権管理機構 委託出版物>

2014
最 新
家畜衛生ハンドブック

著者との申
し合せによ
り検印省略

ⓒ著作権所有

定価（本体10,000円＋税）

2014年10月20日 第1版第1刷発行

編著者 日本家畜衛生学会
代表者 押田敏雄

発行者 株式会社 養賢堂
代表者 及川 清

印刷者 株式会社 三秀舎
責任者 山本静男

〒113-0033 東京都文京区本郷5丁目30番15号
発行所 株式会社 養賢堂
TEL 東京(03)3814-0911 ［振替00120
FAX 東京(03)3812-2615 7-25700］
URL http://www.yokendo.co.jp/
ISBN978-4-8425-0530-5 C3061

PRINTED IN JAPAN 製本所 株式会社三水舎